U1013833

谈美·谈修养·谈文学

朱光潜 著

中国文史出版社

图书在版编目（CIP）数据

谈美·谈修养·谈文学 / 朱光潜著. —北京：中国文史出版社，2021.1
（政协委员文库）
ISBN 978-7-5205-2429-2

Ⅰ. ①谈… Ⅱ. ①朱… Ⅲ. ①美学②个人—修养③文学理论 Ⅳ. ① B83 ② B825 ③ I0

中国版本图书馆 CIP 数据核字（2020）第 208358 号

责任编辑：张春霞

出版发行：中国文史出版社
社　　址：北京市海淀区西八里庄路 69 号院　邮编：100142
电　　话：010-81136606　81136602　81136603（发行部）
传　　真：010-81136655
印　　装：北京新华印刷有限公司
经　　销：全国新华书店
开　　本：787mm × 1092mm　1/16
印　　张：25
字　　数：395 千字
版　　次：2021 年 3 月第 1 版
印　　次：2021 年 3 月第 1 次印刷
定　　价：69.80 元

文史版图书，版权所有，侵权必究。
文史版图书，印装错误可与发行部联系退换。

目录

第一辑 谈美

第二辑 谈美书简

081–168

第三辑

谈修养

169–282

第四辑 谈文学

283–393

谈美

开场话

朋友：

从写十二封信给你之后，我已经歇三年没有和你通消息了。你也许怪我疏懒，也许忘记几年前的一位老友了，但是我仍是时时挂念你。在这几年之内，国内经过许多不幸的事变，刺耳痛心的新闻不断地传到我这里来。听说我的青年朋友之中，有些人已遭惨死，有些人已因天灾人祸而废学，有些人已经拥有高官厚禄或是正在“忙”高官厚禄。这些消息使我比听到日本出兵东三省和轰炸淞沪时更伤心。在这种时候，我总是提心吊胆地念着你。你还是在惨死者之列呢？还是已经由党而官、奔走于大人先生之门而扬扬自得呢？

在这些提心吊胆的时候，我常想写点什么寄慰你。我本有许多话要说而终于缄默到现在者，也并非完全由于疏懒。在我的脑际盘旋的实际问题都很复杂错乱，它们所引起的感想也因而复杂错乱。现在青年不应该再有复杂错乱的心境了。他们所需要的不是一盆八宝饭而是一帖清凉散。想来想去，我决定来和你谈美。

谈美！这话太突如其来了！在这个危急存亡的年头，我还有心肝来“谈风月”么？是的，我现在谈美，正因为时机实在是太紧迫了。朋友，你知道，我是一个旧时代的人，流落在这纷纭扰攘的新时代里面，虽然也出过一番力来领略新时代的思想和情趣，仍然不免抱有许多旧时代的信仰。我坚信中国社会闹得如此之糟，不完全是制度的问题，是大半由于人心太坏。我坚信情感比理智重要，要洗刷人心，并非几句道德家言所可了事，一定要从“怡情养性”做起，一定要于饱食暖衣、高官厚禄等之外，别有较高尚、较纯洁的企求。要求人心净化，先要求人生美化。

人要有出世的精神才可以做入世的事业。现世只是一个密密无缝的利害网，一般人不能跳脱这个圈套，所以转来转去，仍是被利害两个大字系住。在利害关系方面，人已最不容易调协，人人都把自己放在首位，欺诈、凌虐、劫夺种种罪孽都种根于此。美感的世界纯粹是意象世界，超乎利害关系而独立。在创造或是欣赏艺术时，人都是从有利害关系的实用世界搬家到绝无利害关系的理想世界里去。艺术的活动是“无所为而为”的。我以为无论是讲学问或是做事业的人都要抱有一副“无所为而为”的精神，把自己所做的学问事业当作一件艺术品看待，只求满足理想和情趣，不斤斤于利害得失，才可以有一番真正的成就。伟大的事业都出于宏远的眼界和豁达的胸襟。如果这两层不讲究，社会上多一个讲政治经济的人，便是多一个借党忙官的人；这种人愈多，社会愈趋于腐浊。现在一般借党忙官的政治学者和经济学者以及冒牌的哲学家和科学家所给人的印象只要一句话就说尽了——“俗不可耐”。

人心之坏，由于“未能免俗”。什么叫作“俗”？这无非是像蛆钻粪似的求温饱，不能以“无所为而为”的精神做高尚纯洁的企求；总而言之，“俗”无非是缺乏美感的修养。

在这封信里我只有一个很单纯的目的，就是研究如何“免俗”。这事本来关系各人的性分，不易以言语晓谕，我自己也还是一个“未能免俗”的人，但是我时常领略到能免俗的趣味，这大半是在玩味一首诗、一幅画或是一片自然风景的时候。我能领略到这种趣味，自信颇得力于美学的研究。在这封信里我就想把这一点心得介绍给你。假若你看过之后，看到一首诗、一幅画或是一片自然风景的时候，比较从前感觉到较浓厚的趣味，懂得像什么样的经验才是美感的，然后再以美感的态度推到人生世相方面去，我的心愿就算达到了。

在写这封信之前，我曾经费过一年的光阴写了一部《文艺心理学》。这里所说的话大半在那里已经说过，我何必又多此一举呢？在那部书里我向专门研究美学的人说话，免不了引经据典，带有几分掉书囊的气味；在这里我只是向一位亲密的朋友随便谈谈，竭力求明白晓畅。

在写《文艺心理学》时，我要先看几十部书才敢下笔写一章；在写这封信时，我和平时写信给我的弟弟妹妹一样，面前一张纸，手里一管笔，想到什么便写什么，什么书也不去翻看，我所说的话都是你所能了解的，但是我不敢勉强要你全盘接收。这是一条思路，你应该趁着这条路自己去想。一切事物都有几种看法，我所说的只是一种看法，你不妨有你自己的看法。我希望你把你自己所想到的写一封回信给我。

我们对于一棵古松的三种态度

——实用的、科学的、美感的

我刚才说，一切事物都有几种看法。你说一件事物是美的或是丑的，这也只是一种看法；换一个看法，你说它是真的或是假的；再换一种看法，你说它是善的或是恶的。同是一件事物，看法有多种，所看出来的现象也就有多种。

比如园里那一棵古松，无论是你是我或是任何人一看到它，都说它是古松。但是你从正面看，我从侧面看，你以幼年人的心境去看，我以中年人的心境去看，这些情境和性格的差异都能影响到所看到的古松的面目。古松虽只是一件事物，你所看到的和我所看到的古松却是两件事。假如你和我各把所得的古松的印象画成一幅画或是写成一首诗，我们俩艺术手腕尽管不分上下，你的诗和画与我的诗和画相比较，却有许多重要的异点。这是什么缘故呢？这就由于知觉不完全是客观的，各人所见到的物的形象都带有几分主观的色彩。

假如你是一位木商，我是一位植物学家，另外一位朋友是画家，三人同时来看这棵古松。我们三人可以说同时都“知觉”到这一棵树，可是三人所“知觉”到的却是三种不同的东西。你脱离不了你的木商的心习，你所知觉到的只是一棵做某事用值几多钱的木料。我也脱离不了我的植物学家的心习，我所知觉到的只是一棵叶为针状、果为球状、四季常青的显花植物。我们的朋友——画家——什么事都不管，只管审美，他所知觉到的只是一棵苍翠劲拔的古树。我们三人的反应态度也不一致。你心里盘算它是宜于架屋或是制器，思量怎样去买它、砍它、运它。我把它归到某类某科里去，注意它和其他松树的异点，思量它何以活得这样老。我们的朋友却不这样东想西想，他只在聚精会神地观赏它的苍翠的颜色，它的盘屈如龙蛇的线纹以及它的昂然高举、不受屈挠的气概。

从此可知这棵古松并不是一件固定的东西，它的形象随观者的性格和情趣而变化。各人所见到的古松的形象都是各人自己性格和情趣的返照。古松的形象一半是天生的，一半也是人为的。极平常的知觉都带有几分创造性；极客观的东西之中都有几分主观的成分。

美也是如此。有审美的眼睛才能见到美。这棵古松对于我们的画画的朋友是美的，因为他去看它时就抱了美感的态度。你和我如果也想见到它的美，你须得把你那种木商的实用的态度丢开，我须得把植物学家的科学的态度丢开，专持美感的态度去看它。

这三种态度有什么分别呢？

先说实用的态度。做人的第一件大事就是维持生活。既要生活，就要讲究如何利用环境。“环境”包含我自己以外的一切人和物在内，这些人和物有些对于我的生活有益，有些对于我的生活有害，有些对于我不关痛痒。我对于他们于是有爱恶的情感，有趋就或逃避的意志和活动。这就是实用的态度。实用的态度起于实用的知觉，实用的知觉起于经验。小孩子初出世，第一次遇见火就伸手去抓，被它烧痛了，以后他再遇见火，便认识它是什么东西，便明了它是烧痛手指的，火对于他于是有意义。事物本来都是很混乱的，人为便利实用起见，才像被火烧过的小孩子根据经验把四围事物分类立名，说天天吃的东西叫作“饭”，天天穿的东西叫作“衣”，某种人是朋友，某种人是仇敌，于是事物才有所谓“意义”。意义大半都起于实用。在许多人看来，衣除了是穿的，饭除了是吃的，女人除了是生小孩的一类意义之外，便寻不出其他意义。所谓“知觉”，就是感官接触某种人或物时心里明了他的意义。明了他的意义起初都只是明了他的实用。明了实用之后，才可以对他起反应动作，或是爱他，或是恶他，或是求他，或是拒他。木商看古松的态度便是如此。

科学的态度则不然，它纯粹是客观的、理论的。所谓客观的态度就是把自己的成见和情感完全丢开，专以“无所为而为”的精神去探求真理。理论是和实用相对的。理论本来可以见诸实用，但是科学家的直接目的却不在于实用。科学家见到一个美人，不说我要去向她求婚，她可以替我生儿子，只说我看她这人很有趣味，我要来研究她的生理构造，分析她的心理组织。科学家见到一堆粪，不说它的气味太坏，我要掩鼻走开，只说这堆粪是一个病人排泄的，我要分析它的化学成分，看看有没有病菌在里面。科学家自然也有见到美人就求婚，见到粪就掩鼻走开的时候，但是那时候他已经由科学家还到实际人的地位了。科学的态度之中很少有情感和意志，它的最重要的心理活动是抽象的思考。科学家要在这个混乱的世界中寻出事物的关系和条理，纳个物于概念，从原理演个例，分出某者为因，某者为果，某者为特征，某者为偶然性。植物学家看古松的态度便是如此。

木商由古松而想到架屋、制器、赚钱等，植物学家由古松而想到根茎花叶、日光水分等，他们的意识都不能停止在古松本身上面，不过把古松当作一块踏脚石，由它跳到和它有关系的种种事物上面去。所以，在实用的态度中和科学的态度中，所得到的事物的意象都不是独立的、绝缘的，观者的注意力都不是专注在所观事物本身上面的。注意力的集中，意象的孤立绝缘，便是美感的态度的最大特点。比如我们的画画的朋友看古松，他把全副精神都注在松的本身上面，古松对于他便成了一个独立自足的世界。他忘记他的妻子在家里等柴烧饭，他忘记松树在植物教科书里叫作显花植物，总而言之，古松完全占领住他的意识，古松以外的世界他都视而不见、听而不闻了。他只把古松摆在心眼面前当作一幅画去玩味。他不计较实用，所以心中没有意志和欲念；他不推求关系、条理、因果等，所以不用抽象的思考。这种脱净了意志和抽象思考的心理活动叫作“直觉”，直觉所见到的孤立绝缘的意象叫作“形象”。美感经验就是形象的直觉，美就是事物呈现形象于直觉时的特质。

实用的态度以善为最高目的，科学的态度以真为最高目的，美感的态度以美为最高目的。在实用态度中，我们的注意力偏在事物对于人的利害，心理活动偏重意志；在科学的态度中，我们的注意力偏在事物间的互相关系，心理活动偏重抽象的思考；在美感的态度中，我们的注意力专在事物本身的形象，心理活动偏重直觉。真善美都是人所定的价值，不是事物所本有的特质。离开人的观点而言，事物都混然无别，善恶、真伪、美丑就漫无意义。真善美都含有若干主观的成分。

就“用”字的狭义说，美是最没有用处的。科学家的目的虽只在辨别真伪，他所得的结果却可效用于人类社会。美的事物如诗文、图画、雕刻、音乐等都是寒不可以为衣，饥不可以为食的。从实用的观点看，许多艺术家都是太不切实用的人物。然则我们又何必来讲美呢？人性本来是多方的，需要也是多方的。真善美三者俱备才可以算是完全的人。人性中本有饮食欲，渴而无所饮，饥而无所食，固然是一种缺乏；人性中本有求知欲而没有科学的活动，本有美的嗜好而没有美感的活动，也未始不是一种缺乏。真和美的需要也是人生中的一种饥渴——精神上的饥渴。疾病衰老的身体才没有口腹的饥渴；同理，你遇到一个没有精神上的饥渴的人或民族，你可以断定他的心灵已到了疾病衰老的状态。

人所以异于其他动物的就是于饮食男女之外还有更高尚的企求，美就是其中之一。是壶就可以贮茶，何必又求它形式、花样、颜色都要好看呢？吃饱了饭就可以睡觉，何必又呕心血去作诗、画画、奏乐呢？“生命”是与“活动”同义的，活动愈自由，生命也就愈有意义。人的实用的活动全是有所为而为，是受环境需要限制的；人的美感的活动全是无所为而为，是环境不需要他活动而他自己愿意去活动的。在有所为而为的活动中，人是环境需要的奴隶；在无所为而为的活动中，人是自己心灵的主宰。这是单就人说，就物说呢，在实用的和科学的世界中，事物都借着和其他事物发生关系而得到意义，到了孤立绝缘时就都没有意义；但是在美感世界中它却能孤立绝缘，却能在本身现出价值。照这样看，我们可以说，美是事物的最有价值的一面，美感的经验是人生中最有价值的一面。

许多轰轰烈烈的英雄和美人都过去了，许多轰轰烈烈的成功和失败也都过去了，只有艺术作品真正是不朽的。数千年前的《采采卷耳》和《孔雀东南飞》的作者还能在我们心里点燃很强烈的火焰，虽然在当时他们不过是大皇帝脚下的不知名的小百姓。秦始皇并吞六国，统一车书；曹孟德带八十万人马下江东，舳舻千里，旌旗蔽空，这些惊心动魄的成败对于你有什么意义？对于我有什么意义？但是长城和《短歌行》对于我们还是很亲切的，还可以使我们心领神会这些骸骨不存的精神气魄。这几段墙在，这几句诗在，他们永远对于人是亲切的。由此类推，在几千年或是几万年以后看，现在纷纷扰扰的“帝国主义”“反帝国主义”“主席”“代表”“电影明星”之类对于人有什么意义？我们这个时代是否也有类似长城和《短歌行》的纪念坊留给后人，让他们觉得我们也还是很亲切的吗？悠悠的过去只是一片漆黑的天空，我们所以还能认识出来这漆黑的天空者，全赖思想家和艺术家所散布的几点星光。朋友，让我们珍重这几点星光！让我们也努力散布几点星光去照耀那和过去一般漆黑的未来！

“当局者迷，旁观者清”

——艺术和实际人生的距离

有几件事实我觉得很有趣味，不知道你有同感没有？

我的寓所后面有一条小河通莱茵河。我在晚间常到那里散步一次，走成了习惯，总是沿东岸去，过桥沿西岸回来。走东岸时我觉得西岸的景物比东岸的美；走西岸时适得其反，东岸的景物又比西岸的美。对岸的草木房屋固然比较这边的美，但是它们又不如河里的倒影。同是一棵树，看它的正身本极平凡，看它的倒影却带有几分另一世界的色彩。我平时又欢喜看烟雾朦胧的远树、大雪笼盖的世界和更深夜静的月景。本来是习见不以为奇的东西，让雾、雪、月盖上一层白纱，便见得很美丽。

北方人初看到西湖，平原人初看到峨眉，即使审美力薄弱的村夫，也惊讶它们的奇景；但对于生长在西湖或峨眉的人，除了以居近名胜自豪以外，心里往往觉得西湖和峨眉实在也不过如此。新奇的地方都比熟悉的地方美。东方人初到西方，或是西方人初到东方，都往往觉得面前景物件件值得玩味。本地人自以为不合时尚的服装和举动，在外方人看，却往往有一种美的意味。

古董癖也是很奇怪的。一个周朝的铜鼎或是一个汉朝的瓦瓶在当时也不过是盛酒盛肉的日常用具，在现在却变成很稀有的艺术品。固然有些好古董的人是贪它值钱，但是觉得古董实在可玩味的人却不少。我到外国人家去时，主人常欢喜拿一点中国东西给我看。这总不外瓷罗汉、蟒袍、渔樵耕读图之类的装饰品，我看到每每觉得羞涩，而主人却诚心诚意地夸奖它们好看。

种田人常羡慕读书人，读书人也常羡慕种田人。竹篱瓜架旁的黄粱浊酒和朱门大厦中的山珍海鲜，在旁观者所看出来的滋味都比当局者亲口尝出来的好。读陶渊明的诗，我们常觉到农人的生活真是理想的生活，可是农人自己在烈日寒风之中耕作时所尝到的况味，绝不似陶渊明所描写的那样闲逸。

人常是不满意自己的境遇而羡慕他人的境遇，所以俗话说："家花不比野花香。"人对于现在和过去的态度也有同样的分别。本来是很酸辛的遭遇，到后来往往变成很甜美的回忆。我小时在乡下住，早晨看到的是那几座茅屋、几畦田、几排青山，晚上看到的也还是那几座茅屋、几畦田、几排青山，觉得它们真是单调无味，现在回忆起来，却不免有些留恋。

这些经验你一定也注意到了。它们是什么缘故呢?

这全是观点和态度的差别。看倒影，看过去，看旁人的境遇，看稀奇的景物，都好比站在陆地上远看海雾，不受实际的切身的利害牵绊，能安闲自在地玩味目前美妙的景致。看正身，看现在，看自己的境遇，看习见的景物，都好比乘海船遇着海雾，只知它妨碍呼吸，只嫌它耽误程期、预兆危险，没有心思去玩味它的美妙。持实用的态度看事物，它们都只是实际生活的工具或障碍物，都只能引起欲念或嫌恶。要见出事物本身的美，我们一定要从实用世界跳开，以"无所为而为"的精神欣赏它们本身的形象。总而言之，美和实际人生有一个距离，要见出事物本身的美，须把它摆在适当的距离之外去看。

再就上面的实例说，树的倒影何以比正身美呢?它的正身是实用世界中的一片段，它和人发生过许多实用的关系。人一看见它，不免想到它在实用上的意义，发生许多实际生活的联想。它是避风息凉的或是架屋烧火的东西。在散步时我们没有这些需要，所以就觉得它没有趣味。倒影是隔着一个世界的，是幻境的，是与实际人生无直接关联的。我们一看到它，就立刻注意到它的轮廓、线纹和颜色，好比看一幅图画一样。这是形象的直觉，所以是美感的经验。总而言之，正身和实际人生没有距离，倒影和实际人生有距离，美的差别即起于此。

同理，游历新境时最容易见出事物的美。习见的环境都已变成实用的工具。比如我久住在一个城市里面，出门看见一条街就想到朝某方向走是某家酒店，朝某方向走是某家银行；看见了一座房子就想到它是某个朋友的住宅，或是某个总长的衙门。这样的"由盘而之钟"，我的注意力就迁到旁的事物上去，不能专心致志地看这条街或是这座房子究竟像个什么样子。在崭新的环境中，我还没有认识事物的实用的意义，事物还没有变成实用的工具，一条街还只是一条街而不是到某银行或某酒店的指路标，一座房子还只是某颜色某线形的组合而不是私家住宅或是总长衙门，所以我能见出它们本身的美。

一件本来惹人嫌恶的事情，如果你把它推远一点看，往往可以成为很美的意象。卓文君不守寡，私奔司马相如，陪他当垆卖酒。我们现在把这段情史传为佳话。我们读李长吉的“长卿怀茂陵，绿草垂石井。弹琴看文君，春风吹鬓影”几句诗，觉得它是多么幽美的一幅画！但是在当时人看，卓文君失节却是一件秽行丑迹。袁子才尝刻一方“钱塘苏小是乡亲”的印，看他的口吻是多么自豪！但是钱塘苏小究竟是怎样的一个伟人？她原来不过是南朝的一个妓女。和这个妓女同时的人谁肯攀她做“乡亲”呢？当时的人受实际问题的牵绊，不能把这些人物的行为从极繁复的社会信仰和利害观念的圈套中划出来，当作美丽的意象来观赏。我们在时过境迁之后，不受当时的实际问题的牵绊，所以能把它们当作有趣的故事来谈。它们在当时和实际人生的距离太近，到现在则和实际人生距离较远了，好比经过一些年代的老酒，已失去它的原来的辣性，只留下纯淡的滋味。

一般人迫于实际生活的需要，都把利害认得太真，不能站在适当的距离之外去看人生世相，于是这丰富华严的世界，除了可效用于饮食男女的营求之外，便无其他意义。他们一看到瓜就想它是可以摘来吃的，一看到漂亮的女子就起性欲的冲动。他们完全是占有欲的奴隶。花长在园里何尝不可以供欣赏？他们却欢喜把它摘下来挂在自己的襟上或是插在自己的瓶里。一个海边的农夫逢人称赞他的门前海景时，便很羞涩地回过头来指着屋后一园菜说：“门前虽没有什么可看的，屋后这一园菜却还不差。”许多人如果不知道周鼎汉瓶是很值钱的古董，我相信他们宁愿要一个不易打烂的铁锅或瓷罐，不愿要那些不能煮饭藏菜的破铜破铁。这些人都是不能在艺术品或自然美和实际人生之中维持一种适当的距离。

艺术家和审美者的本领就在能不让屋后的一园菜压倒门前的海景，不拿盛酒盛菜的标准去估定周鼎汉瓶的价值，不把一条街当作到某酒店和某银行去的指路标。他们能跳开利害的圈套，只聚精会神地观赏事物本身的形象。他们知道在美的事物和实际人生之中维持一种适当的距离。

我说“距离”时总不忘冠上“适当的”三个字，这是要注意的。“距离”可以太过，可以不及。艺术一方面要能使人从实际生活牵绊中解放出来，一方面也要使人能了解、能欣赏，“距离”不及，容易使人回到实用世界，距离太远，又容易使人无法了解欣赏。这个道理可以拿一个浅例来说明。

王渔洋的《秋柳诗》中有两句说：“相逢南雁皆愁侣，好语西乌莫夜飞。”在不知这诗的历史的人看来，这两句诗是漫无意义的，这就是说，它的距离太远，读者不能了解它，所以无法欣赏它。《秋柳诗》原来是悼明亡的，“南雁”是指国亡无所依附的故旧大臣，“西乌”是指有意屈节降清的人物。假使读这两句诗的人自己也是一个“遗老”，他对于这两句诗的情感一定比旁人较能了解。但是他不一定能取欣赏的态度，因为他容易看这两句诗而自伤身世，想到种种实际人生问题上面去，不能把注意力专注在诗的意象上面，这就是说，《秋柳诗》对于他的实际生活距离太近了，容易把他由美感的世界引回到实用的世界。

许多人欢喜从道德的观点来谈文艺，从韩昌黎的“文以载道”说起，一直到现代“革命文学”以文学为宣传的工具止，都是把艺术硬拉回到实用的世界里去。一个乡下人看戏，看见演曹操的角色扮老奸巨猾的样子惟妙惟肖，不觉义愤填胸，提刀跳上舞台，把他杀了。从道德的观点评艺术的人们都有些类似这位杀曹操的乡下佬，义气虽然是义气，无奈是不得其时、不得其地。他们不知道道德是实际人生的规范，而艺术是与实际人生有距离的。

艺术须与实际人生有距离，所以艺术与极端的写实主义不相容。写实主义的理想在妙肖人生和自然，但是艺术如果真正做到妙肖人生和自然的境界，总不免把观者引回到实际人生，使他的注意力旁迁于种种无关美感的问题，不能专心致志地欣赏形象本身的美。比如裸体女子的照片常不免容易刺激性欲，而裸体雕像如《密罗斯爱神》[1]，裸体画像如法国安格尔的《汲泉女》，都只能令人肃然起敬。这是什么缘故呢？这就是因为照片太逼肖自然，容易像实物一样引起人的实用的态度；雕刻和图画都带有若干形式化和理想化，都有几分不自然，所以不易被人误认为实际人生中的一片段。

艺术上有许多地方，乍看起来，似乎不近情理。古希腊和中国旧戏的角色往往戴面具，穿高底鞋，表演时用歌唱的声调，不像平常说话；埃及雕刻对于人体

1　即《米洛斯的维纳斯》，又称《米洛斯的阿芙洛蒂忒》或《断臂的维纳斯》，后同。——编者注

加以抽象化，往往千篇一律；波斯图案画把人物的肢体加以不自然的扭曲；中世纪“哥特式”诸大教寺的雕像把人物的肢体加以不自然的延长；中国和西方古代的画都不用远近阴影。这种艺术上的形式化往往遭浅人唾骂，它固然时有流弊，其实也含有至理。这些风格的创始者都未尝不知道它不自然，但是他们的目的正在使艺术和自然之中有一种距离。说话不押韵，不论平仄，作诗却要押韵，要论平仄，道理也是如此。艺术本来是弥补人生和自然缺陷的。如果艺术的最高目的仅在妙肖人生和自然，我们既已有人生和自然了，又何取乎艺术呢？

艺术都是主观的，都是作者情感的流露，但是它一定要经过几分客观化。艺术都要有情感，但是只有情感不一定就是艺术。许多人本来是笨伯而自信是可能的诗人或艺术家。他们常埋怨道：“可惜我不是一个文学家，否则我的生平可以写成一部很好的小说。”富于艺术材料的生活何以不能产生艺术呢？艺术所用的情感并不是生糙的而是经过反省的。蔡琰在丢开亲生子回国时绝写不出《悲愤诗》，杜甫在“入门闻号咷，幼子饥已卒”时绝写不出《自京赴奉先县咏怀五百字》。这两首诗都是“痛定思痛”的结果。艺术家在写切身的情感时，都不能同时在这种情感中过活，必定把它加以客观化，必定由站在主位的尝受者退为站在客位的观赏者。一般人不能把切身的经验放在一种距离以外去看，所以情感尽管深刻，经验尽管丰富，终不能创造艺术。

“子非鱼，安知鱼之乐？”

——宇宙的人情化

> 庄子与惠子游于濠梁之上。
>
> 庄子曰：“鲦鱼出游从容，是鱼乐也！”
>
> 惠子曰：“子非鱼，安知鱼之乐？”
>
> 庄子曰：“子非我，安知我不知鱼之乐？”

这是《庄子·秋水》篇里的一段故事，是你平时所欢喜玩味的。我现在借这段故事来说明美感经验中的一个极有趣味的道理。

我们通常都有“以己度人”的脾气，因为有这个脾气，对于自己以外的人和物才能了解。严格地说，各个人都只能直接地了解他自己，都只能知道自己处某种境地，有某种知觉，生某种情感。至于知道旁人旁物处某种境地、有某种知觉、生某种情感时，则是凭自己的经验推测出来的。比如我知道自己在笑时心里欢喜，在哭时心里悲痛，看到旁人笑也就以为他心里欢喜，看见旁人哭也以为他心里悲痛。我知道旁人旁物的知觉和情感如何，都是拿自己的知觉和情感来比拟的。我只知道自己，我知道旁人旁物时是把旁人旁物看成自己，或是把自己推到旁人旁物的地位。庄子看到鲦鱼“出游从容”便觉得它乐，因为他自己对于“出游从容”的滋味是有经验的。人与人，人与物，都有共同之点，所以他们都有互相感通之点。假如庄子不是鱼就无从知鱼之乐，每个人就要各成孤立世界，和其他人物都隔着一层密不通风的墙壁，人与人以及人与物之中便无心灵交通的可能了。

这种“推己及物”“设身处地”的心理活动不尽是有意的、出于理智的，所以它往往发生幻觉。鱼没有反省的意识，是否能够像人一样“乐”，这种问题大概在庄子时代的动物心理学也还没有解决，而庄子硬拿“乐”字来形容鱼的心境，其实不过把他自己的“乐”的心境外射到鱼的身上罢了，他的话未必有科学的谨严与精确。我们知觉外物，常把自己所得的感觉外射到物的本身上去，把它误认为物所固有的属性，于是本来在我的就变成在物的了。比如我们说“花是红的”时，是把红看作花所固有的属性，好像是以为纵使没有人去知觉它，它也还是在那里。其实花本身只有使人觉到红的可能性，至于红却是视觉的结果。红是长度为若干的光波射到眼球网膜上所生的印象。如果光波长一点或是短一点，眼球网膜的构造换一个样子，红的色觉便不会发生。患色盲的人根本就不能辨别红色，就是眼睛健全的人在薄暮光线暗淡时也不能把红色和绿色分得清楚。从此可知，严格地说，我们只能说“我觉得花是红的”。我们通常都把“我觉得”三字略去而直说“花是红的”，于是在我的感觉遂被误认为在物的属性了。日常对于外物的知觉都可作如是观。“天气冷”其实只是“我觉得天气冷”，鱼也许和我不一致；“石头太沉重”其实只是“我觉得它太沉重”，大力士或许还嫌它太轻。

云何尝能飞？泉何尝能跃？我们却常说云飞泉跃。山何尝能鸣？谷何尝能应？我们却常说山鸣谷应。在说云飞泉跃、山鸣谷应时，我们比说花红、石头重，又更进一层了。原来我们只把在我的感觉误认为在物的属性，现在我们却把无生气的东西看成有生气的东西，把它们看作我们的侪辈，觉得它们也有性格，也有情感，也能活动。这两种说话的方法虽不同，道理却是一样，都是根据自己的经验来了解外物。这种心理活动通常叫作“移情作用”。

“移情作用”是把自己的情感移到外物身上去，仿佛觉得外物也有同样的情感。这是一个极普遍的经验。自己在欢喜时，大地山河都在扬眉带笑；自己在悲伤时，风云花鸟都在叹气凝愁。惜别时蜡烛可以垂泪，兴到时青山亦觉点头。柳絮有时“轻狂”，晚峰有时“清苦”。陶渊明何以爱菊呢？因为他在傲霜残枝中见出孤臣的劲节；林和靖何以爱梅呢？因为他在暗香疏影中见出隐者的高标。

从这几个实例看，我们可以看出移情作用是和美感经验有密切关系的。移情作用不一定就是美感经验，而美感经验却常含有移情作用。美感经验中的移情作用不单是由我及物的，同时也是由物及我的；它不仅把我的性格和情感移注于物，同时也把物的姿态吸收于我。所谓美感经验，其实不过是在聚精会神之中，我的情趣和物的情趣往复回流而已。

姑先说欣赏自然美。比如我在观赏一棵古松，我的心境是什么样状态呢？我的注意力完全集中在古松本身的形象上，我的意识之中除了古松的意象之外，一无所有。在这个时候，我的实用的意志和科学的思考都完全失其作用，我没有心思去分别我是我而古松是古松。古松的形象引起清风亮节的类似联想，我心中便隐约觉到清风亮节所常伴着的情感。因为我忘记古松和我是两件事，我就于无意之中把这种清风亮节的气概移置到古松上面去，仿佛古松原来就有这种性格。同时我又不知不觉地受古松的这种性格影响，自己也振作起来，模仿它那一副苍老劲拔的姿态。所以古松俨然变成一个人，人也俨然变成一棵古松。真正的美感经验都是如此，都要达到物我同一的境界；在物我同一的境界中，移情作用最容易发生，因为我们根本就不分辨所生的情感到底是属于我还是属于物的。

再说欣赏艺术美，比如说听音乐。我们常觉得某种乐调快活，某种乐调悲伤。乐调自身本来只有高低、长短、急缓、宏纤的分别，而不能有快乐和悲伤的分别。换句话说，乐调只能有物理而不能有人情。我们何以觉得这本来只有物理的东西居然有人情呢？这也是由于移情作用。这里的移情作用是如何起来的呢？音乐的命脉在节奏。节奏就是长短、高低、急缓、宏纤相继承的关系。这些关系前后不同，听者所费的心力和所用的心的活动也不一致。因此听者心中自起一种节奏和音乐的节奏相平行。听一曲高而缓的调子，心力也随之做一种高而缓的活动；听一曲低而急的调子，心力也随之做一种低而急的活动。这种高而缓或是低而急的心力活动，常蔓延浸润到全部心境，使它变成和高而缓的活动或是低而急的活动相同调，于是听者心中遂感觉一种欢欣鼓舞或是抑郁凄恻的情调。这种情调本来属于听者，在聚精会神之中，他把这种情调外射出去，于是音乐也就有快乐和悲伤的分别了。

再如说书法。书法在中国向来自成艺术，和图画有同等的身份，近来才有人怀疑它是否可以列于艺术，这般人大概是看到西方艺术史中向来不留位置给书法，所以觉得中国人看重书法有些离奇。其实书法可列于艺术，是无可置疑的。它可以表现性格和情趣。颜鲁公的字就像颜鲁公，赵孟頫的字就像赵孟頫。所以字也可以说是抒情的，不但是抒情的，而且是可以引起移情作用的。横直钩点等笔画原来是墨涂的痕迹，它们不是高人雅士，原来没有什么“骨力”“姿态”“神韵”和“气魄”。但是在名家书法中我们常觉到“骨力”“姿态”“神韵”和“气魂”。我们说柳公权的字“劲拔”，赵孟頫的字“秀媚”，这都是把墨涂的痕迹看作有生气有性格的东西，都是把字在心中所引起的意象移到字的本身上面去。

移情作用往往带有无意的模仿。我在看颜鲁公的字时，仿佛对着巍峨的高峰，不知不觉地耸肩聚眉，全身的筋肉都紧张起来，模仿它的严肃；我在看赵孟頫的字时，仿佛对着临风荡漾的柳条，不知不觉地展颐摆腰，全身的筋肉都松懈起来，模仿它的秀媚。从心理学看，这本来不是奇事。凡是观念都有实现于运动的倾向。念到跳舞时脚往往不自主地跳动，念到“山”字时口舌往往不由自主地说出“山”字。通常观念往往不能实现于动作者，由于同时有反对的观念阻止它。同时念到打球又念到泅水，则既不能打球，又不能泅水。如果心中只有一个观念，没有旁的观念和它对敌，则它常自动地现于运动。聚精会神看赛跑时，自己也往往不知不觉地弯起胳膊动起脚来，便是一个好例。在美感经验之中，注意力都是集中在一个意象上面，所以极容易起模仿的运动。

移情的现象可以称为“宇宙的人情化”，因为有移情作用，然后本来只有物理的东西可具人情，本来无生气的东西可有生气。从理智观点看，移情作用是一种错觉，是一种迷信。但是如果把它勾销，不但艺术无由产生，即宗教也无由出现。艺术和宗教都是把宇宙加以生气化和人情化，把人和物的距离以及人和神的距离都缩小。它们都带有若干神秘主义的色彩。所谓神秘主义其实并没有什么神秘，不过是在寻常事物之中见出不寻常的意义。这仍然是移情作用。从一草一木之中见出生气和人情以至于极玄奥的泛神主义，深浅程度虽有不同，道理却是一样。

美感经验既是人的情趣和物的姿态的往复回流，我们可以从这个前提中抽出两个结论来：

一、物的形象是人的情趣的返照。物的意蕴深浅和人的性分密切相关。深人所见于物者亦深，浅人所见于物者亦浅。比如一朵含露的花，在这个人看来只是一朵平常的花，在那个人看或以为它含泪凝愁，在另一个人看或以为它能象征人生和宇宙的妙谛。一朵花如此，一切事物也是如此。因我把自己的意蕴和情趣移于物，物才能呈现我所见到的形象。我们可以说，各人的世界都由各人的自我伸张而成。欣赏中都含有几分创造性。

二、人不但移情于物，还要吸收物的姿态于自我，还要不知不觉地模仿物的形象。所以美感经验的直接目的虽不在陶冶性情，而却有陶冶性情的功效。心里印着美的意象，常受美的意象浸润，自然也可以少存些浊念。苏东坡诗说：“宁可食无肉，不可居无竹；无肉令人瘦，无竹令人俗。”竹不过是美的形象之一种，一切美的事物都有不令人俗的功效。

希腊女神的雕像和血色鲜丽的英国姑娘

——美感与快感

我在以上三章所说的话都是回答“美感是什么”这个问题。我们说过，美感起于形象的直觉。它有两个要素：

一、目前意象和实际人生之中有一种适当的距离。我们只观赏这种孤立绝缘的意象，一不问它和其他事物的关系如何，二不问它对于人的效用如何。思考和欲念都暂时失其作用。

二、在观赏这种意象时，我们处于聚精会神以至于物我两忘的境界，所以于无意之中以我的情趣移注于物，以物的姿态移注于我。这是一种极自由的（因为是不受实用目的牵绊的）活动，说它是欣赏也可，说它是创造也可，美就是这种活动的产品，不是天生现成的。

这是我们的立脚点。在这个立脚点上站稳，我们可以打倒许多关于美感的误解。在以下两三章里我要说明美感不是许多人所想象的那么一回事。

我们第一步先打倒享乐主义的美学。

“美”字是不要本钱的，喝一杯滋味好的酒，你称赞它“美”，看见一朵颜色很鲜明的花，你称赞它“美”，碰见一位年轻姑娘，你称赞她“美”，读一首诗或是看一座雕像，你也还是称赞它“美”。这些经验显然不尽是一致的。究竟怎样才算“美”呢？一般人虽然不知道什么叫作“美”，但是都知道什么样就是愉快。拿一幅画给一个小孩子或是未受艺术教育的人看，征求他的意见，他总是说：“很好看。”如果追问他：“它何以好看？”他不外是回答说：“我欢喜看它，看了它就觉得很愉快。”通常人所谓“美”大半就是指“好看”，指“愉快”。

不仅是普通人如此，许多声名煊赫的文艺批评家也把美感和快感混为一件事。英国十九世纪有一位学者叫作罗斯金，他著过几十册书谈建筑和图画，就曾经很坦白地告诉人说：“我从来没有看见过一座希腊女神雕像，有一位血色鲜丽的英国姑娘的一半美。”从愉快的标准看，血色鲜丽的姑娘引诱力自然是比女神雕像的大；但是你觉得一位姑娘“美”和你觉得一座女神雕像“美”时是否相同呢？《红楼梦》里的刘姥姥想来不一定有什么风韵，虽然不能邀罗斯金的青眼，在艺术上却仍不失其为美。一个很漂亮的姑娘同时做许多画家的“模特儿”，可是她的画像在一百张之中不一定有一张比得上伦勃朗（荷兰人物画家）的“老太婆”。英国姑娘的“美”和希腊女神雕像的“美”显然是两件事，一个是只能引起快感的，一个是只能引起美感的。罗斯金的错误在把英国姑娘的引诱性做“美”的标准，去测量艺术作品。艺术是另一世界里的东西，对于实际人生没有引诱性，所以他以为比不上血色鲜丽的英国姑娘。

美感和快感究竟有什么分别呢？有些人见到快感不尽是美感，替它们勉强定一个分别来，却又往往不符事实。英国有一派主张“享乐主义”的美学家就是如此。他们所见到的分别彼此又不一致。有人说耳、目是“高等感官”，其余鼻、舌、皮肤、筋肉等都是“低等感官”，只有“高等感官”可以尝到美感而“低等感官”则只能尝到快感。有人说引起美感的东西可以同时引起许多人的美感，引起快感的东西则对于这个人引起快感，对于那个人或引起不快感。美感有普遍性，快感没有普遍性。这些学说在历史上都发生过影响，如果分析起来，都是一钱不值。拿什么标准说耳、目是“高等感官”？耳、目得来的有些是美感，有些也只是快感，我们如何去分别？“客去茶香余舌本”[1]“冰肌玉骨，自清凉无汗”等名句是否与“低等感官”不能得美感之说相容？至于普遍不普遍的话更不足为凭。口腹有同嗜而艺术趣味却往往随人而异。陈年花雕是吃酒的人大半都称赞它美的，一般人却不能欣赏后期印象派的图画。我曾经听过一位很时髦的英国老太婆说道：“我从来没有见过比金字塔再拙劣的东西。”

从我们的立脚点看，美感和快感是很容易分别的。美感与实用活动无关，而快感则起于实际要求的满足。口渴时要喝水，喝了水就得到快感；腹饥时要吃

1　原句为“客散茶甘留舌本”，陆游《晚兴》中的诗句。——编者注

饭，吃了饭也就得到快感。喝美酒所得的快感由于味感得到所需要的刺激，和饱食暖衣的快感同为实用的，并不是起于“无所为而为”的形象的观赏。至于看血色鲜丽的姑娘，可以生美感也可以不生美感。如果你觉得她是可爱的，给你做妻子你还不讨厌她，你所谓“美”就只是指合于满足性欲需要的条件，“美人”就只是指对于异性有引诱力的女子。如果你见了她不起性欲的冲动，只把她当作线纹匀称的形象看，那就和欣赏雕像或画像一样了。美感的态度不带意志，所以不带占有欲。在实际上性欲本能是一种最强烈的本能，看见血色鲜丽的姑娘而能“心如古井”地不动，只一味欣赏曲线美，是一般人所难能的。所以就美感说，罗斯金所称赞的血色鲜丽的英国姑娘对于实际人生距离太近，不一定比希腊女神雕像的价值高。

谈到这里，我们可以顺便地说一说弗洛伊德派心理学在文艺上的应用。大家都知道，弗洛伊德把文艺认为是性欲的表现。性欲是最原始最强烈的本能，在文明社会里，它受道德、法律种种社会的牵制，不能得充分的满足，于是被压抑到“隐意识”里去成为“情意综”[1]。但是这种被压抑的欲望还是要偷空子化装求满足。文艺和梦一样，都是戴着假面具逃开意识检察的欲望。举一个例来说，男子通常都特别爱母亲，女子通常都特别爱父亲。依弗洛伊德看，这就是性爱。这种性爱是反乎道德、法律的，所以被压抑下去，在男子则成“俄狄浦斯情意综”，在女子则成“厄勒克特拉情意综”。这两个奇怪的名词是怎样讲呢？俄狄浦斯原来是古希腊的一个王子，曾于无意中弑父娶母，所以他可以象征子对于母的性爱。厄勒克特拉是古希腊的一个公主，她的母亲爱了一个男子，把丈夫杀了，她怂恿她的兄弟把母亲杀了，替父亲报仇，所以她可以象征女对于父的性爱。在许多民族的神话里面，伟大的人物都有母而无父，耶稣和孔子就是著例，耶稣是上帝授胎的，孔子之母祷于尼丘而生孔子。在弗洛伊德派学者看，这都是“俄狄浦斯情意综”的表现。许多文艺作品都可以用这种眼光来看，都是被压抑的性欲因化装而得满足。

依这番话看，弗洛伊德的文艺观还是要纳到享乐主义里去，他自己就常欢喜用“快感原则”这个名词。在我们看，他的毛病也在把快感和美感混淆，把艺术

1 Complex 的中译，现译为“情结”。——编者译

的需要和实际人生的需要混淆。美感经验的特点在“无所为而为”地观赏形象。在创造或欣赏的一刹那中，我们不能仍然在所表现的情感里过活，一定要站在客位把这种情感当一幅意象去观赏。如果作者写性爱小说，读者看性爱小说，都是为着满足自己的性欲，那就无异于为着饥而吃饭，为着冷而穿衣，只是实用的活动而不是美感的活动了。文艺的内容尽管有关性欲，可是我们在创造或欣赏时却不能同时受性欲冲动的驱遣，须站在客位把它当作形象看。世间自然也有许多人欢喜看淫秽的小说去刺激性欲或是满足性欲，但是他们所得的并不是美感。弗洛伊德派的学者的错处不在主张文艺常是满足性欲的工具，而在把这种满足认为美感。

美感经验是直觉的而不是反省的。在聚精会神之中我们既忘去自我，自然不能觉到我是否欢喜所观赏的形象，或是反省这形象所引起的是不是快感。我们对于一件艺术作品欣赏的浓度愈大，就愈不觉得自己是在欣赏它，愈不觉得所生的感觉是愉快的。如果自己觉到快感，我便是由直觉变而为反省，好比提灯寻影，灯到影灭，美感的态度便已失去了。美感所伴的快感，在当时都不觉得，到过后才回忆起来。比如读一首诗或是看一幕戏，当时我们只是心领神会，无暇他及，后来回想，才觉得这一番经验很愉快。

这个道理一经说破，本来很容易了解。但是许多人因为不明白这个很浅显的道理，遂走上迷路。近来德国和美国有许多研究“实验美学”的人就是如此。他们拿一些颜色、线形或是音调来请受验者比较，问他们欢喜哪一种，讨厌哪一种，然后做出统计来，说某种颜色是最美的，某种线形是最丑的。独立的颜色和画中的颜色本来不可相提并论。在艺术上部分之和并不等于全体，而且最易引起快感的东西也不一定就美。他们的错误是很显然的。

“记得绿罗裙，处处怜芳草”

——美感与联想

美感与快感之外，还有一个更易惹误解的纠纷问题，就是美感与联想。

什么叫作联想呢？联想就是见到甲而想到乙。甲唤起乙的联想通常不外起于两种原因：或是甲和乙在性质上相类似，例如看到春光想起少年，看到菊花想到节士；或是甲和乙在经验上曾相接近，例如看到扇子想起萤火虫，走到赤壁想起曹孟德或苏东坡。类似联想和接近联想有时混在一起，牛希济的“记得绿罗裙，处处怜芳草”两句词就是好例。词中主人何以“记得绿罗裙”呢？因为罗裙和他的欢爱者相接近；他何以“处处怜芳草”呢？因为芳草和罗裙的颜色相类似。

意识在活动时就是联想在进行，所以我们差不多时时刻刻都在起联想。听到声音知道说话的是谁，见到一个词知道它的意义，都是起于联想作用。联想是以旧经验诠释新经验，如果没有它，知觉、记忆和想象都不能发生，因为它们都得根据过去的经验。从此可知联想为用之广。

联想有时可用意志控制，作文构思时或追忆一时记不起的过去经验时，都是勉强把联想挤到一条路上去走。但是在大多数情境之中，联想是自由的、无意的、飘忽不定的。听课读书时本想专心，而打球、散步、吃饭、邻家的猫儿种种意象总是不由你自主地闯进脑里来；失眠时越怕胡思乱想，越禁止不住胡思乱想。这种自由联想好比水流湿、火就燥，稍有勾搭，即被牵绊，未登九天，已入黄泉。比如我现在从“火”字出发，就想到红、石榴、家里的天井、浮山、雷鲤的诗、鲤鱼、孔夫子的儿子等，这个联想线索前后相承，虽有关系可寻，但是这些关系都是偶然的。我的“火”字的联想线索如此，换一个人或是我自己在另一时境，“火”字的联想线索却另是一样。从此可知联想的散漫飘忽。

联想的性质如此。多数人觉得一件事物美时，都是因为它能唤起甜美的联想。

在“记得绿罗裙，处处怜芳草”的人看，芳草是很美的。颜色心理学中有许多同类的事实。许多人对于颜色都有所偏好，有人偏好红色，有人偏好青色，有人偏好白色。据一派心理学家说，这都是由于联想作用。例如红是火的颜色，所以看到红色可以使人觉得温暖；青是田园草木的颜色，所以看到青色可以使人想到乡村生活的安闲。许多小孩子和乡下人看画，都只是欢喜它的花红柳绿的颜色。有些人看画，欢喜它里面的故事，乡下人欢喜把孟姜女、薛仁贵、桃园三结义的图糊在壁上做装饰，并不是因为那些木板雕刻的图好看，是因为它们可以提起许多有趣故事的联想。这种脾气并不只是乡下人才有。我每次陪朋友们到画馆里去看画，见到他们所特别注意的第一是几张有声名的画，第二是有历史性的作品如耶稣临刑图、拿破仑结婚图之类，像伦勃朗所画的老太公、老太婆和后期印象派的山水风景之类的作品，他们却不屑一顾。此外又有些人看画（和看一切其他艺术作品一样），偏重它所含的道德教训。道学先生看到裸体雕像或画像，都不免起若干嫌恶。记得詹姆斯在他的某一部书里说过，有一次见过一位老修道妇，站在一幅耶稣临刑图面前合掌仰视，悠然神往。旁边人问她那幅画何如，她回答说：“美极了，你看上帝是多么仁慈，让自己的儿子去牺牲，来赎人类的罪孽！”

在音乐方面，联想的势力更大。多数人在听音乐时，除了联想到许多美丽的意象之外，便别无所得。他们欢喜这个调子，因为它使他们想起清风明月；不欢喜那个调子，因为它唤醒他们以往的悲痛的记忆。钟子期何以负知音的雅名？因他听伯牙弹琴时，惊叹说：“善哉！峨峨兮若泰山，洋洋兮若江河。”李颀在胡笳声中听到什么？他听到的是“空山百鸟散还合，万里浮云阴且晴”。白乐天在琵琶声中听到什么？他听到的是“银瓶乍破水浆迸，铁骑突出刀枪鸣”。苏东坡怎样形容洞箫？他说：“其声呜呜然，如怨如慕，如泣如诉。余音袅袅，不绝如缕。舞幽谷之潜蛟，泣孤舟之嫠妇。”这些数不尽的例子都可以证明多数人欣赏音乐，都是欣赏它所唤起的联想。

联想所伴的快感是不是美感呢？

历来学者对于这个问题可分两派，一派的答案是肯定的，一派的答案是否定的。这个争辩就是在文艺思潮史中闹得很凶的形式和内容的争辩。依内容派说，文艺是表现情思的，所以文艺的价值要看它的情思内容如何而决定。第一流文艺作品都必有高深的思想和真挚的情感。这句话本来是不可辩驳的，但是侧重内容的人往往从这个基本原理抽出两个其他的结论。第一个结论是题材的重要。所谓题材就是情节。他们以为有些情节能唤起美丽堂皇的联想，有些情节只能唤起丑陋凡庸的联想。比如做史诗和悲剧，只应采取英雄为主角，不应采取愚夫愚妇。第二个结论就是文艺应含有道德的教训。读者所生的联想既随作品内容为转移，则作者应设法把读者引到正经路上去，不要用淫秽卑鄙的情节摇动他的邪思。这些学说发源较早，它们的影响到现在还是很大。从前人所谓"思无邪""言之有物""文以载道"，现在人所谓"哲理诗""宗教艺术""革命文学"等，都是侧重文艺的内容和文艺的无关美感的功效。

这种主张在近代颇受形式派的攻击，形式派的标语是"为艺术而艺术"。他们说，两个画家同用一个模特儿，所成的画价值有高低；两个文学家同用一个故事，所成的诗文意蕴有深浅。许多大学问家、大道德家都没有成为艺术家，许多艺术家并不是大学问家、大道德家。从此可知艺术之所以为艺术，不在内容而在形式。如果你不是艺术家，纵有极好的内容，也不能产生好作品出来；反之，如果你是艺术家，极平庸的东西经过灵心妙运点铁成金之后，也可以成为极好的作品。印象派大师如莫奈、凡·高诸人不是往往在一张椅子或是几间破屋之中表现一个情深意永的世界出来吗？这一派学说到近代才逐渐占势力。在文学方面的浪漫主义，在图画方面的印象主义，尤其是后期印象主义，在音乐方面的形式主义，都是看轻内容的。单拿图画来说，一般人看画，都先问里面画的是什么，是怎样的人物或是怎样的故事。这些东西在术语上叫作"表意的成分"。近代有许多画家就根本反对画中有任何"表意的成分"。看到一幅画，他们只注意它的颜色、线纹和阴影，不问它里面有什么意义或是什么故事。假如你看到这派的作品，你起初只望见许多颜色凑合在一起，须费过一番审视和猜度，才知道所画的是房子或是崖石。这一派人是最反对杂联想于美感的。

这两派的学说都持之有故，言之成理，我们究竟何去何从呢？我们否认艺术的内容和形式可以分开来讲（这个道理以后还要谈到），不过关于美感与联想这个问题，我们赞成形式派的主张。

就广义说，联想是知觉和想象的基础，艺术不能离开知觉和想象，就不能离开联想。但是我们通常所谓联想，是指由甲而乙，由乙而丙，辗转不止的乱想。就这个普通的意义说，联想是妨碍美感的。美感起于直觉，不带思考，联想却不免带有思考。在美感经验中我们聚精会神于一个孤立绝缘的意象上面，联想则最易使精神涣散，注意力不专一，使心思由美感的意象旁迁到许多无关美感的事物上面去。在审美时我看到芳草就一心一意地领略芳草的情趣；在联想时我看到芳草就想到罗裙，又想到穿罗裙的美人，既想到穿罗裙的美人，心思就已不复在芳草了。

联想大半是偶然的。比如说，一幅画的内容是“西湖秋月”，如果观者不聚精会神于画的本身而信任联想，则甲可以联想到雷峰塔，乙可以联想到往日同游西湖的美人。这些联想纵然有时能提高观者对于这幅画的好感，画本身的美却未必因此而增加，而画所引起的美感则反因精神涣散而减少。

知道这番道理，我们就可以知道许多通常被认为美感的经验其实并非美感了。假如你是武昌人，你也许特别欢喜崔颢的《黄鹤楼》诗；假如你是陶渊明的后裔，你也许特别欢喜《陶渊明集》；假如你是道德家，你也许特别欢喜《打鼓骂曹》的戏或是韩退之的《原道》；假如你是古董贩，你也许特别欢喜河南新出土的龟甲文或是敦煌石窟里面的壁画；假如你知道达·芬奇的声名大，你也许特别欢喜他的《蒙娜丽莎》。这都是自然的倾向，但是这都不是美感，都是持实际人的态度，在艺术本身以外求它的价值。

“灵魂在杰作中的冒险”

——考证、批评与欣赏

把快感认为美感，把联想认为美感，是一般人的误解，此外还有一种误解是学者们所特有的，就是把考证和批评认为欣赏。

在这里我不妨稍说说自己的经验。我自幼就很爱好文学。在我所谓“爱好文学”，就是欢喜哼哼有趣味的诗词和文章。后来到外国大学读书，就顺本来的偏好，决定研究文学。在我当初所谓“研究文学”，原来不过是多哼哼有趣味的诗词和文章。我以为那些外国大学的名教授可以告诉我哪些作品有趣味，并且向我解释它们何以有趣味的道理。我当时隐隐约约地觉得这门学问叫作“文学批评”，所以在大学里就偏重“文学批评”方面的功课。哪知道我费过五六年的工夫，所领教的几乎完全不是我原来所想望的。

比如拿莎士比亚这门功课来说，教授在讲堂上讲些什么呢？现在英国的学者最重“版本的批评”。他们整年地讲莎士比亚的某部剧本在某一年印第一次“四折本”，某一年印第一次“对折本”，“四折本”和“对折本”有几次翻印，某一个字在第一次“四折本”怎样写，后来在“对折本”里又改成什么样，某一段在某版本里为阙文，某一个字是后来某个编辑者校改的。在我只略举几点已经就够使你看得不耐烦了，试想他们费毕生的精力做这种勾当！

自然他们不仅讲这一样，他们也很重视“来源”的研究。研究“来源”的问些什么问题呢？莎士比亚大概读过些什么书？他是否懂得希腊文？他的《哈姆雷特》一部戏是根据哪些书？这些书他读时是用原文还是用译本？他的剧中情节和史实有哪几点不符？为了要解决这些问题，学者们个个在埋头于灰封虫咬的向来没有人过问的旧书堆中，寻求他们的所谓“证据”。

此外他们也很重视“作者的生平”。莎士比亚生前操什么职业？几岁到伦敦当戏子？他少年偷鹿的谣传是否确实？他的十四行诗里所说的“黑姑娘”究竟是谁？“哈姆雷特”是否是莎士比亚现身说法？当时伦敦有几家戏院？他和这些戏院和同行戏子的关系如何？他死时的遗嘱能否见出他和他的妻子的情感？为了这些问题，学者跑到法庭里翻几百年前的文案，跑到官书局里查几百年前的书籍登记簿，甚至于跑到几座古老的学校去看看墙壁上和板凳上有没有或许是莎士比亚画的简笔姓名。他们如果寻到片纸只字，就以为是至宝。

这三种功夫合在一块讲，就是中国人所说的“考据学”。我的讲莎士比亚的教师除了这种考据学以外，自己不做其他的功夫，对于我们学生们也只讲他所研究的那一套，至于剧本本身，他只让我们凭我们自己的能力去读，能欣赏也好，不能欣赏也好，他是不过问的，像他这一类的学者在中国向来就很多，近来似乎更时髦。许多人是把“研究文学”和“整理国故”当作一回事。从美学观点来说，我们对于这种考据的工作应该发生何种感想呢？

考据所得的是历史的知识。历史的知识可以帮助欣赏却不是欣赏本身。欣赏之前要有了解。了解是欣赏的预备，欣赏是了解的成熟。只就欣赏说，版本、来源以及作者的生平都是题外事，因为美感经验全在欣赏形象本身，注意到这些问题，就是离开形象本身。但是就了解说，这些历史的知识却非常重要。例如要了解曹子建的《洛神赋》，就不能不知道他和甄后的关系；要欣赏陶渊明的《饮酒》诗，就不能不先考定原本中到底是“悠然望南山”还是“悠然见南山”。

了解和欣赏是互相补充的。未了解绝不足以言欣赏，所以考据学是基本的功夫。但是只了解而不能欣赏，则只是做到史学的功夫，却没有走进文艺的领域。一般富于考据癖的学者通常都不免犯两种错误。第一种错误就是穿凿附会。他们以为作者一字一画都有来历，于是拉史实来附会它。他们不知道艺术是创造的，虽然可以受史实的影响，却不必完全受史实的支配。《红楼梦》一部书有多少“考证”和“索引”？它的主人究竟是纳兰成德，是清朝某个皇帝，还是曹雪芹自己？“红学家”大半都忘记艺术生于创造的想象，不必实有其事。考据家的第二种错误在因考据而忘欣赏。他们既然把作品的史实考证出来之后，便以为能事已尽，而不进一步去玩味玩味。他们好比食品化学专家，把一席菜的来源、成分以及烹调方法研究得有条有理之后，便袖手旁观，不肯染指。就我个人说呢，我是一个饕餮汉，对于这般考据家的苦心孤诣虽是十二分的敬佩和感激，我自己却不肯学他们那样“斯文”，我以为最要紧的事还是伸箸把菜取到口里来咀嚼，领略领略它的滋味。

在考据学者们自己看，考据就是一种批评。但是一般人所谓批评，意义实不仅如此。所以我当初想望研究文学批评，而教师却只对我讲版本来源种种问题，我很惊讶，很失望。普通意义的批评究竟是什么呢？这也并没有定准，向来批评学者有派别的不同，所认识的批评的意义也不一致。我们把他们区分起来，可以得四大类。

第一类批评学者自居“导师”的地位。他们对于各种艺术先抱有一种理想而自己却无能力把它实现于创作，于是拿这个理想来期望旁人。他们欢喜向创作家发号施令，说小说应该怎样做，说诗要用音韵或是不要用音韵，说悲剧应该用伟大人物的材料，说文艺要含有道德的教训，如此等类的教条不一而足。他们以为创作家只要遵守这些教条，就可以做出好作品来。坊间所流行的《诗学法程》《小说作法》《作文法》等书籍的作者都属于这一类。

第二类批评学者自居“法官”地位。“法官”要有“法”，所谓“法”便是“纪律”。这班人心中预存几条纪律，然后以这些纪律来衡量一切作品，和它们相符合的就是美，违背它们的就是丑。这种“法官”式的批评家和上文所说的“导师”式的批评家常合在一起。他们最好的代表是欧洲假古典主义的批评家。“古典”是指古希腊和罗马的名著，“古典主义”就是这些名著所表现的特殊风格，“假古典主义”就是要把这种特殊风格定为“纪律”让创作家来模仿。处“导师”的地位，这派批评家向创作家发号施令说：“从古人的作品中我们抽绎出这几条纪律，你要谨遵无违，才有成功的希望！”处“法官”的地位，他们向创作家下批语说：“亚里士多德明明说过坏人不能做悲剧主角，你莎士比亚何以要用一个杀皇帝的麦克白？作诗用字忌俚俗，你在麦克白的独白中用‘刀’字，刀是屠户和厨夫的用具，拿来杀皇帝，岂不太损尊严，不合纪律？”（“刀”字的批评出诸约翰逊，不是我的杜撰。）这种批评的价值是很小的。文艺是创造的，谁能拿死纪律来范围活作品？谁读《诗歌作法》如法炮制而作成好诗歌？

第三类批评学者自居“舌人”的地位。“舌人”的功用在把外乡话翻译为本地话，叫人能够懂得。站在“舌人”的地位的批评家说：“我不敢发号施令，我也不敢判断是非，我只把作者的性格、时代和环境以及作品的意义解剖出来，让欣赏者看到易于明了。”这一类批评家又可细分为两种。一种如法国的圣伯夫，以自然科学的方法去研究作者的心理，看他的作品与个性、时代和环境有什么关系。一种为注疏家和上文所说的考据家，专以追溯来源、考订字句和解释意义为职务。这两种批评家的功用在帮助了解，他们的价值我们在上文已经说过。

第四类就是近代在法国闹得很久的印象主义的批评。属于这类的学者所居的地位可以说是“饕餮者”的地位。“饕餮者”只贪美味，尝到美味便把它的印象描写出来。他们的领袖是法朗士，他曾经说过：“依我看来，批评和哲学与历史一样，只是一种给深思好奇者看的小说；一切小说，精密地说起来，都是一种自传。凡是真批评家都只叙述他的灵魂在杰作中的冒险。”这是印象派批评家的信条。他们反对“法官”式的批评，因为“法官”式的批评相信美丑有普遍的标准，印象派则主张各人应以自己的嗜好为标准，我自己觉得一个作品好就说它好，否则它虽然是人人所公认为杰作的《荷马史诗》，我也只把它和许多我所不欢喜的无名小卒一样看待。他们也反对“舌人”式的批评，因为“舌人”式的批评是科学的、客观的，印象派则以为批评应该是艺术的、主观的，它不应像餐馆的使女只捧菜给人吃，应该亲自尝菜的味道。

一般讨论读书方法的书籍往往劝读者持“批评的态度”。这所谓“批评”究竟取哪一个意义呢？它大半是指“判断是非”。所谓持“批评的态度”去读书，就是说不要“尽信书”，要自己去分判书中何者为真，何者为伪，何者为美，何者为丑。这其实就是“法官”式的批评。这种“批评的态度”和“欣赏的态度”（就是美感的态度）是相反的。批评的态度是冷静的，不杂情感的，其实就是我们在开头时所说的“科学的态度”；欣赏的态度则注重我的情感和物的姿态的交流。批评的态度须用反省的理解，欣赏的态度则全凭直觉。批评的态度预存有一种美丑的标准，把我放在作品之外去评判它的美丑；欣赏的态度则忌杂有任何成见，把我放在作品里面去分享它的生命。遇到文艺作品如果始终持批评的态度，则我是我而作品是作品，我不能沉醉在作品里面，永远得不到真正的美感的经验。

印象派的批评可以说就是“欣赏的批评”。就我个人说，我是倾向这一派的，不过我也明白它的缺点。印象派往往把快感误认为美感。在文艺方面，各人的趣味本来有高低。比如看一幅画，“内行”有“内行”的印象，“外行”有“外行”的印象，这两种印象的价值是否相同呢？我小时候欢喜读《花月痕》和《吕东莱博议》[1]一类的东西，现在回想起来不禁赧颜，究竟是我从前对还是现在对呢？文艺虽无普遍的纪律，而美丑的好恶却有一个道理。遇见一个作品，我们只说“我觉得它好”还不够，我们还应说出我何以觉得它好的道理。说出道理就是一般人所谓批评的态度了。

总而言之，考据不是欣赏，批评也不是欣赏，但是欣赏却不可无考据与批评。从前老先生们太看重考据和批评的功夫，现在一般青年又太不肯做脚踏实地的功夫，以为有文艺的嗜好就可以谈文艺，这都是很大的错误。

---

1 即《东莱集》。——编者注

“情人眼底出西施”

——美与自然

我们关于美感的讨论，到这里可以告一段落了，现在最好把上文所说的话回顾一番，看我们已经占住了多少领土。美感是什么呢？从积极方面说，我们已经明白美感起于形象的直觉，而这种形象是孤立自足的，和实际人生有一种距离；我们已经见出美感经验中我和物的关系，知道我的情趣和物的姿态交感共鸣，才见出美的形象。从消极方面说，我们已经明白美感一不带意志欲念，有异于实用态度，二不带抽象思考，有异于科学态度；我们已经知道一般人把寻常快感、联想以及考据与批评认为美感的经验是一种大误解。

美生于美感经验，我们既然明白美感经验的性质，就可以进一步讨论美的本身了。

什么叫作美呢？

在一般人看，美是物所固有的。有些人物生来就美，有些人物生来就丑。比如称赞一个美人，你说她像一朵鲜花，像一颗明星，像一只轻燕，你绝不说她像一个布袋，像一条犀牛或是像一只癞虾蟆。这就分明承认鲜花、明星和轻燕一类事物原来是美的，布袋、犀牛和癞虾蟆一类事物原来是丑的。说美人是美的，也犹如说她是高是矮是肥是瘦一样，她的高矮肥瘦是她的星宿定的，是她从娘胎带来的，她的美也是如此，和你看者无关。这种见解并不限于一般人，许多哲学家和科学家也是如此想。所以他们费许多心力去实验最美的颜色是红色还是蓝色，最美的形体是曲线还是直线，最美的音调是 G 调还是 F 调。

但是这种普遍的见解显然有很大的难点，如果美本来是物的属性，则凡是长眼睛的人们应该都可以看到，应该都承认它美，好比一个人的高矮，有尺可量，是高大家就要都说高，是矮大家就要都说矮。但是美的估定就没有一个公认的标准。假如你说一个人美，我说她不美，你用什么方法可以说服我呢？有些人欢喜辛稼轩而讨厌温飞卿，有些人欢喜温飞卿而讨厌辛稼轩，这究竟谁是谁非呢？同是一个对象，有人说美，有人说丑，从此可知美本在物之说有些不妥了。

因此，有一派哲学家说美是心的产品。美如何是心的产品，他们的说法却不一致。康德以为美感判断是主观的而却有普遍性，因为人心的构造彼此相同。黑格尔以为美是在个别事物上见出"概念"或理想。比如你觉得峨眉山美，由于它表现"庄严""厚重"的概念。你觉得《孔雀东南飞》美，由于它表现"爱"与"孝"两种理想的冲突。托尔斯泰以为美的事物都含有宗教和道德的教训。此外还有许多其他的说法。说法既不一致，就只有都是错误的可能而没有都是不错的可能，好比一个数学题生出许多不同的答数一样。大约哲学家们都犯过信理智的毛病，艺术的欣赏大半是情感的而不是理智的。在觉得一件事物美时，我们纯凭直觉，并不是在下判断，如康德所说的，也不是在从个别事物中见出普遍原理，如黑格尔、托尔斯泰一般人所说的；因为这些都是科学的或实用的活动，而美感并不是科学的或实用的活动。还不仅此，美虽不完全在物却亦非与物无关，你看到峨眉山才觉得庄严、厚重，看到一个小土墩却不能觉得庄严、厚重。从此可知物须先有使人觉到美的可能性，人不能完全凭心灵创造出美来。

依我们看，美不完全在外物，也不完全在人心，它是心物婚媾后所产生的婴儿。美感起于形象的直觉。形象属物而却不完全属于物，因为无我即无由见出形象；直觉属我却又不完全属于我，因为无物则直觉无从活动。美之中要有人情也要有物理，二者缺一都不能见出美。再拿欣赏古松的例子来说，松的苍翠劲直是物理，松的清风亮节是人情。从"我"的方面说，古松的形象并非天生自在的，同是一棵古松，千万人所见到的形象就有千万不同，所以每个形象都是每个人凭着人情创造出来的，每个人所见到的古松的形象就是每个人所创造的艺术品，它有艺术品通常所具的个性，它能表现各个人的性分和情趣。从"物"的方面说，创造都要有创造者和所创造物，所创造物并非从无中生有，也要有若干材料，这材料也要有创造成美的可能性。松所生的意象和柳所生的意象不同，和癞虾蟆所生的意象更不同。所以松的形象这一个艺术品的成功，一半是我的贡献，一半是松的贡献。

这里我们要进一步研究我与物如何相关了。何以有些事物使我觉得美，有些事物使我觉得丑呢？我们最好用一个浅例来说明这个道理。比如我们看下列六条垂直线，往往把它们看成三个柱子，觉得这三个柱子所围的空间（即 A 与 B、C 与 D 和 E 与 F 所围的空间）离我们较近，而 B 与 C 以及 D 与 E 所围的空间则看成背景，离我们较远。还不仅此。我们把这六条垂直线摆在一块看，它们仿佛自成一个谐和的整体；至于 G 与 H 两条没有规律的线则仿佛是这整体以外的东西，如果勉强把它搭上前面的六条线一块看，就觉得它不和谐。

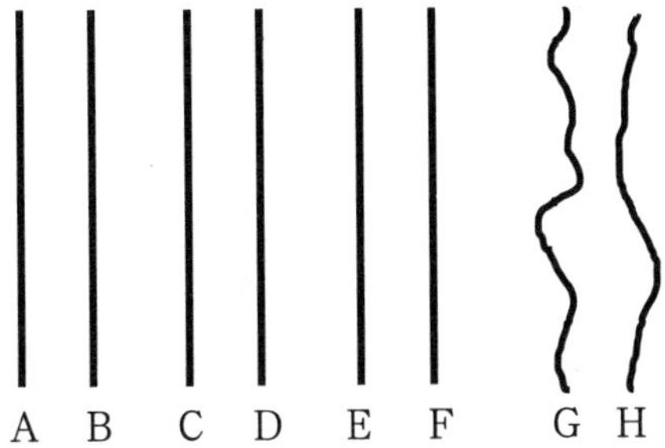

（1）A 与 B、C 与 D、E 与 F 距离都相等。
（2）B与C、D与E距离相等，略大于 A 与 B 的距离。
（3）F与 G 的距离较 B 与 C 的距离大。
（4）A、B、C、D、E、F 为六条平行垂直线，G 与 H 为两条没有规律的线。

从这个有趣的事实，我们可以看出两个很重要的道理：

一、最简单的形象的直觉都带有创造性。把六条垂直线看成三个柱子，就是直觉到一种形象。它们本来同是垂直线，我们把 A 和 B 选在一块看，却不把 B 和 C 选在一块看；同是直线所围的空间，本来没有远近的分别，我们却把 A、B 中空间看得近，把 B、C 中空间看得远。从此可知在外物者原来是散漫混乱，经过知觉的综合作用，才现出形象来。形象是心灵从混乱的自然中所创造成的整体。

二、心灵把混乱的事物综合成整体的倾向却有一个限制，事物也要本来就有可综合为整体的可能性。A 至 F 六条线可以看成一个整体，G 与 H 两条线何以不能纳入这个整体里面去呢？这里我们很可以见出在觉美觉丑时心和物的关系。我们从左看到右时，看出 C、D 和 A、B 相似，D、E 又和 B、C 相似。这两种相似的感觉便在心中形成一个有规律的节奏，使我们预料此后都可由此例推，右边所有的线都顺着左边诸线的节奏。视线移到 E、F 两线时，所预料的果然出现，E、F 果然与 C、D 也相似。预料而中，自然发生一种快感。但是我们再向右看，看到 G 与 H 两线时，就猛觉与前不同，不但 G 和 F 的距离猛然变大，原来是像柱子的平行垂直线，现在却是两条毫无规律的线。这是预料不中，所以引起不快感。因此 G 与 H 两线不但在物理方面和其他六条线不同，在情感上也和它们不能谐和，所以被摒于整体之外。

这里所谓“预料”自然不是有意的，好比深夜下楼一样，步步都踏着一步梯，就无意中预料以下都是如此，倘若猛然遇到较大的距离，或是踏到平地，才觉得这是出于意料。许多艺术都应用规律和节奏，而规律和节奏所生的心理影响都以这种无意的预料为基础。

懂得这两层道理，我们就可以进一步来研究美与自然的关系了。一般人常欢喜说“自然美”，好像以为自然中已有美，纵使没有人去领略它，美也还是在那里。这种见解就是我们在上文已经驳过的美本在物的说法。其实“自然美”三个字，从美学观点看，是自相矛盾的，是“美”就不“自然”，只是“自然”就还没有成为“美”。说“自然美”就好比说上文六条垂直线已有三个柱子的形象一样。如果你觉得自然美，自然就已经过艺术化，成为你的作品，不复是生糙的自然了。比如你欣赏一棵古松，一座高山，或是一湾清水，你所见到的形象已经不是松、山、水的本色，而是经过人情化的。各人的情趣不同，所以各人所得于松、山、水的也不一致。

流行语中有一句话说得极好：“情人眼底出西施。”美的欣赏极似“柏拉图式的恋爱”。你在初尝恋爱的滋味时，本来也是寻常血肉做的女子却变成你的仙子。你所理想的女子的美点她都应有尽有。在这个时候，你眼中的她也不复是她自己原身而是经你理想化过的变形。你在理想中先酝酿成一个尽美尽善的女子，然后把她外射到你的爱人身上去，所以你的爱人其实不过是寄托精灵的躯骸。你只见到精灵，所以觉得无瑕可指；旁人冷眼旁观，只见到躯骸，所以往往诧异道：“他爱上她，真是有些奇怪。”一言以蔽之，恋爱中的对象是已经艺术化过的自然。

美的欣赏也是如此，也是把自然加以艺术化。所谓艺术化，就是人情化和理想化。不过美的欣赏和寻常恋爱有一个重要的异点。寻常恋爱都带有很强烈的占有欲，你既恋爱一个女子，就有意无意地存有“欲得之而甘心”的态度。美感的态度则丝毫不带占有欲。一朵花无论是生在邻家的园子里或是插在你自己的瓶子里，你只要能欣赏，它都是一样美。老子所说的“为而不有，功成而不居”，可以说是美感态度的定义。古董商和书画金石收藏家大半都抱有“奇货可居”的态度，很少有能真正欣赏艺术的。我在上文说过，美的欣赏极似“柏拉图式的恋爱”，所谓“柏拉图式的恋爱”对于所爱者也只是无所为而为的欣赏，不带占有欲。这种恋爱是否可能，颇有人置疑，但是历史上有多少著例，凡是到极浓度的初恋者也往往可以达到胸无纤尘的境界。

“依样画葫芦”

——写实主义和理想主义的错误

从美学观点看，“自然美”虽是一个自相矛盾的名词，但是通常说“自然美”时所用的“美”字却另有一种意义，和说“艺术美”时所用的“美”字不应该混为一事，这个分别非常重要，我们须把它剖析清楚。

自然本来混整无别，许多分别都是从人的观点看出来的。离开人的观点而言，自然本无所谓真伪，真伪是科学家所分别出来以便利思想的；自然本无所谓善恶，善恶是伦理学家所分别出来以规范人类生活的。同理，离开人的观点而言，自然也本无所谓美丑，美丑是观赏者凭自己的性分和情趣见出来的。自然界唯一无二的固有的分别，只是常态与变态的分别。通常所谓“自然美”就是指事物的常态，所谓“自然丑”就是指事物的变态。

举个例来说，比如我们说某人的鼻子生得美，它大概应该像什么样子呢？太大的、太小的、太高的、太低的、太肥的、太瘦的鼻子都不能算得美。美的鼻子一定大小、肥瘦、高低件件都合式。我们说它不太高，说它件件都合式，这就是承认鼻子的大小高低等原来有一个标准。这个标准是如何定出来的呢？你如果仔细研究，就可以发现它是取决多数，像选举投票一样。如果一百人之中有过半数的鼻子是一寸高，一寸就成了鼻高的标准。不及一寸高的鼻子就使人嫌它太低，超过一寸高的鼻子就使人嫌它太高。鼻子通常都是从上面逐渐高到下面来，所以称赞生得美的鼻子，我们往往说它“如悬胆”。如果鼻子上下都是一样粗细，像腊肠一样，或是鼻孔朝天露出，那就太稀奇古怪了，稀奇古怪便是变态。通常人说一件事丑，其实不过是因为它稀奇古怪。

照这样说，世间美鼻子应该多于丑鼻子，何以实际上不然呢？自然美的难，难在件件都合式。高低合式的大小或不合式，大小合式的肥瘦或不合式。所谓“式”就是标准，就是常态，就是最普遍的性质。自然美为许多最普遍的性质之总和。就每个独立的性质说，它是最普遍的；但是就总和说，它却不可多得，所以成为理想，为人称美。

一切自然事物的美丑都可以作如是观。宋玉形容一个美人说：

> 天下之佳人莫若楚国，楚国之丽者莫若臣里，臣里之美者莫若臣东家之子。东家之子增之一分则太长，减之一分则太短，著粉则太白，施朱则太赤。

照这样说，美人的美就在安不上“太”字，一安上“太”字就不免有些丑了。“太”就是超过常态，就是稀奇古怪。

人物都以常态为美。健全是人体的常态，耳聋、口吃、面麻、颈肿、背驼、足跛，都不是常态，所以都使人觉得丑。一般生物的常态是生气蓬勃，活泼灵巧。所以就自然美而论，猪不如狗，龟不如蛇，樗不如柳，老年人不如少年人。非生物也是如此。山的常态是巍峨，所以巍峨最易显出山的美；水的常态是浩荡明媚，所以浩荡明媚最易显出水的美。同理，花宜清香，月宜皎洁，春风宜温和，秋雨宜凄厉。

通常所谓“自然美”和“自然丑”，分析起来，意义不过如此。艺术上所谓美丑，意义是否相同呢？

一般人大半以为自然美和艺术美的对象和成因虽不同，而其为美则一。自然丑和艺术丑也是如此。这个普遍的误解酿成艺术史上两种表面相反而实在都是错误的主张，一是写实主义，一是理想主义。

写实主义是自然主义的后裔。自然主义起于法人卢梭。他以为上帝经手创造的东西，本来都是尽美尽善，人伸手进去搅扰，于是它们才被弄糟。人工造作，无论如何精巧，终比不上自然。自然既本来就美，艺术家最聪明的办法就是模仿它。在英人罗斯金看，艺术原来就是从模仿自然起来的。人类本来住在露天的树林中，后来他们建筑房屋，仍然是以树林和天空为模型。建筑如此，其他艺术亦然。人工不敌自然，所以用人工去模仿自然时，最忌讳凭己意选择去取。罗斯金说：

> 纯粹主义者拣选精粉，感官主义者杂取秕糠，至于自然主义则兼容并包，是粉就拿来制饼，是草就取来塞床。

这段话后来变成写实派的信条。写实主义最盛于十九世纪后半叶的法国，尤其是在小说方面。左拉是大家公认的代表。所谓写实主义就是完全照实在描写，愈像愈妙。比如描写一个酒店就要活像一个酒店，描写一个妓女就要活像一个妓女。既然是要像，就不能不详尽精确，所以写实派作者欢喜到实地搜集“凭据”，把它们很仔细地写在笔记簿上，然后把它们整理一番，就成了作品。他们写一间房屋时至少也要用三五页的篇幅，才肯放松它。

这种艺术观的难点甚多，最显著的有两端。第一，艺术的最高目的既然只在模仿自然，自然本身既已美了，又何必有艺术呢？如果妙肖自然，是艺术家的唯一能事，则寻常照相家的本领都比吴道子、唐六如高明了。第二，美丑是相对的名词，有丑然后才显得出美。如果你以为自然全体都是美，你看自然时便没有美丑的标准，便否认有美丑的比较，连“自然美”这个名词也没有意义了。

理想主义有见于此。依它说，自然中有美有丑，艺术只模仿自然的美，丑的东西应丢开。美的东西之中又有些性质是重要的，有些性质是琐屑的，艺术家只选择重要的，琐屑的应丢开。这种理想主义和古典主义通常携手并行。古典主义最重“类型”，所谓“类型”就是全类事物的模子。一件事物可以代表一切其他同类事物时就可以说是类型。比如说画马，你不应该画得只像这匹马或是只像那匹马，你该画得像一切马，使每个人见到你的画都觉得他所知道的马恰是像那种模样。要画得像一切马，就须把马的特征、马的普遍性画出来，至于这匹马或那匹马所特有的个性则“琐屑”不足道。假如你选择某一匹马来做模型，它一定也要富于代表性。这就是古典派的类型主义。从此可知类型就是我们在上文所说的事物的常态，就是一般人的“自然美”。

这种理想主义似乎很能邀信任常识者的同情，但是它和近代艺术思潮颇多冲突。艺术不像哲学，它的生命全在具体的形象，最忌讳的是抽象化。凡是一个模样能套上一切人物时就不能适合于任何人，好比衣帽一样。古典派的类型有如几何学中的公理，虽然应用范围很广泛，却不能引起观者的切身的情趣。许多人所公有的性质，在古典派看，虽是精深，而在近代人看，却极平凡、粗浅。近代艺术所搜求的不是类型而是个性，不是彰明较著的色彩而是毫厘之差的阴影。直鼻子、横眼睛是古典派所谓类型。如果画家只能够把鼻子画直，眼睛画横，结果就难免千篇一律，毫无趣味。他应该能够把这个直鼻子所以异于其他直鼻子的，这个横眼睛所以异于其他横眼睛的地方表现出来，才算是有独到的功夫。

在表面上看，理想主义和写实主义似乎相反，其实它们的基本主张是相同的，它们都承认自然中本来就有所谓美，它们都以为艺术的任务在模仿，艺术美就是从自然美模仿得来的。它们的艺术主张都可以称为“依样画葫芦”的主义。它们所不同者，写实派以为美在自然全体，只要是葫芦，都可以拿来做画的模型；理想派则以为美在类型，画家应该选择一个最富于代表性的葫芦。严格地说，理想主义只是一种精练的写实主义，以理想派攻击写实派，不过是以五十步笑百步罢了。

艺术对于自然，是否应该持“依样画葫芦”的态度呢？艺术美是否从模仿自然美得来的呢？要回答这个问题，我们应该注意到两件事实：

一、自然美可以化为艺术丑。长在藤子上的葫芦本来很好看，如果你的手艺不高明，画在纸上的葫芦就不很雅观。许多香烟牌和月份牌上面的美人画就是如此，以人而论，面孔倒还端正，眉目倒还清秀；以画而论，则往往恶劣不堪。毛延寿有心要害王昭君，才把她画丑。世间有多少王昭君都被有善意而无艺术手腕的毛延寿糟蹋了。

二、自然丑也可以化为艺术美。本来是一个很丑的葫芦，经过大画家点铁成金的手腕，往往可以成为杰作。大醉大饱之后睡在床上放屁的乡下老太婆未必有什么风韵，但是我们谁不高兴看醉卧怡红院的刘姥姥？从前艺术家大半都怕用丑材料，近来艺术家才知道熔自然丑于艺术美，可以使美者更见其美。荷兰画家伦勃朗欢喜画老朽人物，法国文学家波德莱尔欢喜拿死尸一类的事物做诗题，雕刻家罗丹和爱泼斯坦也常用在自然中为丑的人物，都是最显著的例子。

这两件事实所证明的是什么呢？

一、艺术的美丑和自然的美丑是两件事。

二、艺术的美不是从模仿自然美得来的。

从这两点看，写实主义和理想主义都是一样错误，它们的主张恰与这两层道理相反。要明白艺术的真性质，先要推翻它们的“依样画葫芦”的办法，无论这个葫芦是经过选择，或是没有经过选择。

我们说“艺术美”时，“美”字只有一个意义，就是事物现形象于直觉的一个特点。事物如果要能现形象于直觉，它的外形和实质必须融化成一气，它的姿态必可以和人的情趣交感共鸣。这种“美”都是创造出来的，不是天生自在俯拾即是的，它都是“抒情的表现”。我们说“自然美”时，“美”字有两种意义。第一种意义的“美”就是上文所说的常态，例如背通常是直的，直背美于驼背。第二种意义的“美”其实就是艺术美。我们在欣赏一片山水而觉其美时，就已经把自己的情趣外射到山水里去，就已把自然加以人情化和艺术化了。所以有人说：“一片自然风景就是一种心境。”一般人的错误在只知道第一种意义的自然美，以为艺术美和第二种意义的自然美原来也不过如此。

法国画家德拉克洛瓦说得好：“自然只是一部字典而不是一部书。”人人尽管都有一部字典在手边，可是用这部字典中的字来做出诗文，则全凭各人的情趣和才学。做得好诗文的人都不能说是模仿字典，说自然本来就美（“美”字用“艺术美”的意义）者也犹如说字典中原来就有《陶渊明集》和《红楼梦》一类作品在内。这显然是很荒谬的。

“大人者不失其赤子之心”

——艺术与游戏

一直到现在，我们所讨论的都偏重欣赏。现在我们可以换一个方向来讨论创造了。

既然明白了欣赏的道理，进一步来研究创造，便没有什么困难，因为欣赏和创造的距离并不像一般人所想象的那么远。欣赏之中都寓有创造，创造之中也都寓有欣赏。创造和欣赏都是要见出一种意境，造出一种形象，都要根据想象与情感。比如说姜白石的“数峰清苦，商略黄昏雨”一句词含有一个受情感饱和的意境。姜白石在做这句词时，先须从自然中见出这种意境，然后拿这九个字把它翻译出来。在见到意境的一刹那中，他是在创造也是在欣赏。我在读这句词时，这九个字对于我只是一种符号，我要能认识这种符号，要凭想象与情感从这种符号中领略出姜白石原来所见到的意境，须把他的译文翻回到原文。我在见到他的意境一刹那中，我是在欣赏也是在创造，倘若我丝毫无所创造，他所用的九个字对于我就漫无意义了。一首诗做成之后，不是就变成个个读者的产业，使他可以坐享其成。它也好比一片自然风景，观赏者要拿自己的想象和情趣来交接它，才能有所得。他所得的深浅和他自己的想象与情趣呈比例。读诗就是再作诗，一首诗的生命不是作者一个人所能维持住，也要读者帮忙才行。读者的想象和情感是生生不息的，一首诗的生命也就是生生不息的，它并非是一成不变的。一切艺术作品都是如此，没有创造就不能有欣赏。

创造之中都寓有欣赏，但是创造却不全是欣赏。欣赏只要能见出一种意境，而创造却须再进一步，把这种意境外射出来，成为具体的作品。这种外射也不是易事，它要有相当的天才和人力，我们到以后还要详论它，现在只就艺术的雏形来研究欣赏和创造的关系。

艺术的雏形就是游戏。游戏之中就含有创造和欣赏的心理活动。个个人不都是艺术家，但个个人却都做过儿童，对于游戏都有几分经验。所以要了解艺术的创造和欣赏，最好是先研究游戏。

骑马的游戏是很普遍的，我们就把它做例来说。儿童在玩骑马的把戏时，他的心理活动可以用这么一段话说出来："父亲天天骑马在街上走，看他是多么好玩！多么有趣！我们也骑来试试看。他的那匹大马自然不让我们骑。小弟弟，你弯下腰来，让我骑！特！特！走快些！你没有气力了吗？我去换一匹马罢。"于是厨房里的竹帚夹在胯下又变成一匹马了。

从这个普遍的游戏中间，我们可以看出几个游戏和艺术的类似点。

一、像艺术一样，游戏把所欣赏的意象加以客观化，使它成为一个具体的情境。小孩子心里先印上一个骑马的意象，这个意象变成他的情趣的集中点（这就是欣赏）。情趣集中时意象大半孤立，所以本着单独观念实现于运动的普遍倾向，从心里外射出来，变成一个具体的情境（这就是创造），于是有骑马的游戏。骑马的意象原来是心镜从外物界所摄来的影子。在骑马时儿童仍然把这个影子交还给外物界。不过这个影子在摄来时已顺着情感的需要而有所选择去取，在脑里打一个翻转之后，又经过一番意匠经营，所以不复是生糙的自然。一个人可以当马骑，一个竹帚也可以当马骑。换句话说，儿童的游戏不完全是模仿自然，它也带有几分创造性。他不仅做骑马的游戏，有时还捡一支粉笔或土块在地上画一个骑马的人。他在一个圆圈里画两点一直一横就成了一个面孔，在下面再安上两条线就成了两只腿。他原来看人物时只注意到这些最刺眼的运动的部分，他是一个印象派的作者。

二、像艺术一样，游戏是一种"想当然耳"的勾当。儿童在拿竹帚当马骑时，心里完全为骑马这个有趣的意象占住，丝毫不注意到他所骑的是竹帚而不是马。他聚精会神到极点，虽是在游戏而却不自觉是在游戏。本来是幻想的世界，却被他看成实在的世界了。他在幻想世界中仍然持着郑重其事的态度。全局尽管荒唐，而各部分却仍须合理。有两位小姊妹正在玩做买卖的把戏，她们的母亲从外面走进来向扮店主的姐姐亲了个嘴，扮顾客的妹妹便抗议说："妈妈，你为什么同开店的人亲嘴？”从这个实例看，我们可以知道儿戏很类似写剧本或是写小说，在不近情理之中仍须不背乎情理，要有批评家所说的“诗的真实”。成人们往往嗤不郑重的事为儿戏，其实成人自己很少像儿童在游戏时那么郑重、那么专心、那么认真。

三、像艺术一样，游戏带有移情作用，把死板的宇宙看成活跃的生灵。我们成人把人和物的界线分得很清楚，把想象的和实在的分得很清楚。在儿童心中这种分别是很模糊的。他把物视同自己一样，以为它们也有生命，也能痛能痒。他拿竹帚当马骑时，你如果在竹帚上扯去一条竹枝，那就是在他的马身上扯去一根毛，在骂你一场之后，他还要向竹帚说几句温言好语。他看见星说是天眼，看见露说是花垂泪。这就是我们在前面说过的“宇宙的人情化”。人情化可以说是儿童所特有的体物的方法。人越老就越不能起移情作用，我和物的距离就日见其大，实在的和想象的隔阂就日见其深，于是这个世界也就越没有趣味了。

四、像艺术一样，游戏是在现实世界之外另造一个理想世界来安慰情感。骑竹马的小孩子一方面觉得骑马的有趣，一方面又苦于骑马的不可能，骑马的游戏是他弥补现实缺陷的一种方法。近代有许多学者说游戏起于精力的过剩，有力没处用，才去玩把戏。这话虽然未可尽信，却含有若干真理。人生来就好动，生而不能动，便是苦恼。疾病、老朽、幽囚都是人所最厌恶的，就是它们夺去动的可能。动愈自由即愈使人快意，所以人常厌恶有限而追求无限。现实界是有限制的，不能容人尽量自由活动。人不安于此，于是有种种苦闷厌倦。要消遣这种苦闷厌倦，人于是自架空中楼阁。苦闷起于人生对于“有限”的不满，幻想就是人生对于“无限”的寻求，游戏和文艺就是幻想的结果。它们的功用都在帮助人摆脱实在的世界的缰锁，跳出到可能的世界中去避风息凉。人愈到闲散时愈觉单调生活不可耐，愈想在呆板平凡的世界中寻出一点出乎常规的偶然的波浪，来排忧解闷。所以游戏和艺术的需要在闲散时愈紧迫。就这个意义说，它们确实是一种“消遣”。

儿童在游戏时意造空中楼阁，大概都现出这几个特点。他们的想象力还没有受经验和理智束缚死，还能去来无碍。只要有一点实事实物触动他们的思路，他们立刻就生出一种意境，在一弹指间就把这种意境渲染成五光十彩。念头一动，随便什么事物都变成他们的玩具，你给他们一个世界，他们立刻就可以造出许多变化离奇的世界来交还你。他们就是艺术家。一般艺术家都是所谓“大人者不失其赤子之心”。

艺术家虽然“不失其赤子之心”，但是他究竟是“大人”，有赤子所没有的老练和严肃。游戏究竟只是雏形的艺术而不就是艺术。它和艺术有三个重要的异点。

一、艺术都带有社会性，而游戏却不带社会性。儿童在游戏时只图自己高兴，并没有意思要拿游戏来博得旁观者的同情和赞赏。在表面看，这似乎是偏于唯我主义，但是这实在由于自我观念不发达。他们根本就没有把物和我分得很清楚，所以说不到求人同情于我的意思。艺术的创造则必有欣赏者。艺术家见到一种意境或是感到一种情趣，自得其乐还不甘心，他还要旁人也能见到这种意境，感到这种情趣。他固然不迎合社会心理去沽名钓誉，但是他是一个热情者，总不免希望世有知音同情。因此艺术不像克罗齐派美学家所说的，只达到“表现”就可以了事，它还要能“传达”。在原始时期，艺术的作者就是全民众，后来艺术家虽自成一阶级，他们的作品仍然是全民众的公有物。艺术好比一颗花，社会好比土壤，土壤比较肥沃，花也自然比较茂盛。艺术的风尚一半是作者造成的，一半也是社会造成的。

二、游戏没有社会性，只顾把所欣赏的意象“表现”出来；艺术有社会性，还要进一步把这种意象传达于天下后世，所以游戏不必有作品而艺术则必有作品。游戏只是逢场作戏，比如儿童堆砂为屋，还未堆成，即已推倒，既已尽兴，便无留恋。艺术家对于得意的作品常加意珍护，像慈母待婴儿一般。音乐家贝多芬常言生存是一大痛苦，如果他不是心中有未尽之蕴要谱于乐曲，他久已自杀。司马迁也是因为要做《史记》，所以隐忍受腐刑的羞辱。从这些实例看，可知艺术家对于艺术比一切都看重。他们自己知道珍贵美的形象，也希望旁人能同样地珍贵它。他自己见到一种精灵，并且想使这种精灵在人间永存不朽。

三、艺术家既然要借作品“传达”他的情思给旁人，使旁人也能同赏共乐，便不能不研究“传达”所必需的技巧。他第一要研究他所借以传达的媒介，第二要研究应用这种媒介如何可以造成美形式出来。比如说做诗文，语言就是媒介。这种媒介要恰能传出情思，不可任意乱用。相传欧阳修《昼锦堂记》首两句本是“仕宦至将相，富贵归故乡”，送稿的使者已走过几百里路了，他还要打发人骑快马去添两个“而”字。文人用字不苟且，通常如此。儿童在游戏时对于所用的媒介绝不这样谨慎选择。他戏骑马时遇着竹帚就用竹帚，遇着板凳就用板凳，反正这不过是一种代替意象的符号，只要他自己以为那是马就行了，至于旁人看见时是否也恰能想到马的意象，他却丝毫不介意。倘若画家意在马而画一个竹帚出来，谁人能了解他的原意呢？艺术的内容和形式都要恰能融合一气，这种融合就是美。

总而言之，艺术虽伏根于游戏本能，但是因为同时带有社会性，须留有作品传达情思于观者，不能不顾到媒介的选择和技巧的锻炼。它逐渐发达到现在，已经在游戏前面走得很远，令游戏望尘莫及了。

“空中楼阁”

——创造的想象

艺术和游戏都是意造空中楼阁来慰情遣兴。现在我们来研究这种楼阁是如何建筑起来的，这就是说，看看诗人在作诗或是画家在作画时的心理活动到底像什么样。

为说话易于明了起见，我们最好拿一个艺术作品做实例来讲。本来各种艺术都可以供给这种实例，但是能拿真迹摆在我们面前的只有短诗。所以我们姑且选一首短诗，不过心里要记得其他艺术作品的道理也是一样。比如王渔洋所推许为唐人七绝“压卷”作的王昌龄的《长信怨》：

> 奉帚平明金殿开，暂将团扇共徘徊。玉颜不及寒鸦色，犹带昭阳日影来。

大家都知道，这首诗的主人是班婕妤。她从失宠于汉成帝之后，谪居长信宫奉侍太后。昭阳殿是汉成帝和赵飞燕住的地方。这首诗是一个具体的艺术作品。王昌龄不曾留下记载来，告诉我们他作诗时心理历程如何，他也许并没有留意到这种问题。但是我们用心理学的帮助来从文字上分析，也可以想见大概。他作这首诗时有哪些心理的活动呢？

一、他必定使用想象。

什么叫作想象呢？它就是在心里唤起意象。比如看到寒鸦，心中就印下一个寒鸦的影子，知道它像什么样，这种心镜从外物摄来的影子就是“意象”。意象在脑中留有痕迹，我眼睛看不见寒鸦时仍然可以想到寒鸦什么样，甚至于你从来没有见过寒鸦，别人描写给你听，说它像什么样，你也可以凑合已有意象推知大概。这种回想或凑合以往意象的心理活动叫作“想象”。

想象有再现的，有创造的。一般的想象大半是再现的。原来从知觉得来的意象如此，回想起来的意象仍然是如此，比如我昨天看见一只鸦，今天回想它的形状，丝毫不用自己的意思去改变它，就是只用再现的想象。艺术作品不能不用再现的想象。比如这首诗里“奉帚”“金殿”“玉颜”“寒鸦”“日影”“团扇”“徘徊”等，在独立时都只是再现的想象。“团扇”一个意象尤其如此。班婕妤自己在《怨歌行》里已经用过秋天丢开的扇子自比，王昌龄不过是借用这个典故。诗作出来总须旁人能懂得，“懂得”这是能够唤起以往的经验来印证。用以往的经验来印证新经验大半凭借再现的想象。

但是只有再现的想象绝不能创造艺术。艺术既是创造的，就要用创造的想象。创造的想象也并非从无中生有，它仍用已有意象，不过把它们加以新配合。王昌龄的《长信怨》精彩全在后两句，这后两句就是用创造的想象做成的。个个人都见过“寒鸦”和“日影”，从来却没有人想到班婕妤的“怨”可以见于带昭阳日影的寒鸦。但是这话一经王昌龄说出，我们就觉得它实在是至情至理。从这个实例看，创造的定义就是：平常的旧材料之不平常的新综合。

王昌龄的题目是《长信怨》。“怨”字是一个抽象的字，他的诗却画出一个如在目前的具体的情境，不言怨而怨自见。艺术不同于哲学，它最忌讳抽象。抽象的概念在艺术家的脑里都要先翻译成具体的意象，然后才表现于作品。具体的意象才能引起深切的情感。比如说“贫富不均”一句话入耳时只是一笔冷冰冰的总账，杜工部的“朱门酒肉臭，路有冻死骨”才是一幅惊心动魄的图画。思想家往往不是艺术家，就因为不能把抽象的概念翻译为具体的意象。

从理智方面看，创造的想象可以分析为两种心理作用：一是分想作用，一是联想作用。

我们所有的意象都不是独立的，都是嵌在整个经验里面的，都是和许多其他意象固结在一起的。比如我昨天在树林里看见一只鸦，同时还看见许多其他事物，如树林、天空、行人等。如果这些记忆都全盘复现于意识，我就无法单提鸦的意象来应用。好比你只要用一根丝，它裹在一团丝里，要单抽出它而其他的丝也连带地抽出来一样。“分想作用”就是把某一个意象（比如说鸦）和与它相关的许多意象分开而单提出它来。这种分想作用是选择的基础。许多人不能创造艺术就因为没有这副本领。他们常常说：“一部十七史从何处说起？”他们一想到某一个意象，其余许多平时虽有关系而与本题却不相干的意象都一齐涌上心头来，叫他们无法脱围。小孩子读死书，往往要从头背诵到尾，才想起一篇文章中某一句话来，也就是吃不能“分想”的苦。

有分想作用而后有选择，只是选择有时就已经是创造。雕刻家在一块顽石中雕出一座爱神来，画家在一片荒林中描出一幅风景画来，都是在混乱的情境中把用得着的成分单提出来，把用不着的成分丢开，来造成一个完美的形象。诗有时也只要有分想作用就可以做成。例如“采菊东篱下，悠然见南山”“寒波澹澹起，白鸟悠悠下”“风吹草低见牛羊”诸名句都是从混乱的自然中划出美的意象来，全无机杼的痕迹。

不过创造大半是旧意象的新综合，综合大半借“联想作用”。我们在上文谈美感与联想时已经说过错乱的联想妨碍美感的道理，但是我们却保留过一条重要的原则：“联想是知觉和想象的基础。艺术不能离开知觉和想象，就不能离开联想。”现在我们可以详论这番话的意义了。

我们曾经把联想分为“接近”和“类似”两类。比如这首诗里所用的“团扇”这个意象，在班婕妤自己第一次用它时，是起于类似联想，因为她见到自己色衰失宠类似秋天的弃扇；在王昌龄用它时则起于接近联想，因为他读过班婕妤的《怨歌行》，提起班婕妤就因经验接近而想到团扇的典故。不过他自然也可以想到她和团扇的类似。

“怀古”“忆旧”的作品大半起于接近联想，例如看到赤壁就想起曹操和苏东坡，看到遗衣挂壁就想到已故的妻子。类似联想在艺术上尤其重要。《诗经》中“比”“兴”两体都是根据类似联想。比如《关关雎鸠》章就是拿雎鸠的挚爱比夫妇的情谊。《长信怨》里的“玉颜”在现在已成滥调，但是第一次用这两个字的人却费了一番想象。“玉”和“颜”本来是风马牛不相及，只因为在色泽肌理上相类似，就嵌合在一起了。语言文字的引申义大半都是这样起来的。例如“云破月来花弄影”一句词中三个动词都是起于类似联想的引申义。

因为类似联想的结果，物固然可以变成人，人也可变成物。物变成人通常叫作“拟人”。《长信怨》的“寒鸦”是实例。鸦是否能寒，我们不能直接感觉到，我们觉得它寒，便是设身处地地想。不但如此，寒鸦在这里是班婕妤所羡慕而又妒忌的受恩承宠者，它也许是隐喻赵飞燕。一切移情作用都起类似联想，都是“拟人”的实例。例如“感时花溅泪，恨别鸟惊心”和“水是眼波横，山是眉峰聚”一类的诗句都是以物拟人。

人变成物通常叫作“托物”。班婕妤自比“团扇”，就是托物的实例。“托物”者大半不愿直言心事，故婉转以隐语出之。曹子建被迫于乃兄，在走七步路的时间中做成一首诗说：

> 煮豆燃豆萁，豆在釜中泣。本是同根生，相煎何太急！

清朝有一位诗人不敢直骂爱新觉罗氏以胡人夺了明朝的江山，乃在咏《紫牡丹》诗里寄意说：

> 夺朱非正色，异种亦称王。

这都是托物的实例。最普通的托物是“寓言”，寓言大半拿动植物的故事来隐射人类的是非善恶。托物是中国文人最喜欢的玩意儿。庄周、屈原首开端倪。但是后世注疏家对于古人诗文往往穿凿附会太过。黄山谷说得好：

> 彼喜穿凿者弃其大旨，取其发兴，于所遇林泉人物草木鱼虫，以为物物皆有所托，如世间商度隐语者，则诗委地矣！[1]

“拟人”和“托物”都属于象征。所谓“象征”，就是以甲为乙的符号。甲可以做乙的符号，大半起于类似联想。象征最大的用处就是以具体的事物来代替抽象的概念。我们在上文说过，艺术最怕抽象和空泛，象征就是免除抽象和空泛的无二法门。象征的定义可以说是：“寓理于象。”梅圣俞《续金针诗格》里有一段

1 原为“则子美之诗委地矣”。——编者注

话很可以发挥这个定义：

> 诗有内外意，内意欲尽其理，外意欲尽其象。内外意含蓄，方入诗格。

上面诗里的“昭阳日影”便是象征皇帝的恩宠。“皇帝的恩宠”是“内意”，是“理”，是一个空泛的抽象概念，所以王昌龄拿“昭阳日影”这个具体的意象来代替它，“昭阳日影”便是“象”，便是“外意”。不过这种象征是若隐若现的。诗人用“昭阳日影”时，原来因为“皇帝的恩宠”一类的字样不足以尽其意蕴，如果我们一定要把它明白指为“皇帝的恩宠”的象征，这又未免剪云为裳，以迹象绳玄渺了。诗有可以解说出来的地方，也有不可以解说出来的地方，不可以言传的全赖读者意会。在微妙的境界我们尤其不可拘虚绳墨。

“超以象外，得其环中”

——创造与情感

二、诗人于想象之外又必有情感。

分想作用和联想作用只能解释某意象的发生如何可能，不能解释作者在许多可能的意象之中何以独抉择该意象。再就上文所引的王昌龄的《长信怨》来说，长信宫四围的事物甚多，他何以单择寒鸦？和寒鸦可发生联想的事物甚多，他何以单择昭阳日影？联想并不是偶然的，有几条路可走时而联想只走某一条路，这就由于情感的阴驱潜率。在长信宫四围的许多事物之中，只有带昭阳日影的寒鸦可以和弃妇的情怀相照映，只有它可以显出一种“怨”的情境。在艺术作品中人情和物理要融成一气，才能产生一个完整的境界。

这个道理可以再用一个实例来说明，比如王昌龄的《闺怨》：

> 闺中少妇不知愁，春日凝妆上翠楼。
> 忽见陌头杨柳色，悔教夫婿觅封侯！

杨柳本来可以引起无数的联想，桓温因杨柳而想到“树犹如此，人何以堪”！萧道成因杨柳而想起“此柳风流可爱，似张绪当年”！韩君平因杨柳而想起“昔日青青今在否”的章台妓女，何以这首诗的主人独懊悔当初劝丈夫出去谋官呢？因为“夫婿”的意象对于“春日凝妆上翠楼”的闺中少妇是一种受情感饱和的意象，而杨柳的浓绿又最易惹起春意，所以经它一触动，“夫婿”的意象就立刻浮上她的心头了。情感是生生不息的，意象也是生生不息的。换一种情感就是换一种意象，换一种意象就是换一种境界。即景可以生情，因情也可以生景。所以诗是作不尽的。有人说，风花雪月等都已经被前人说滥了，所有的诗都被前人作尽了，诗是没有未来的了。这般人不但不知诗为何物，也不知生命为何物。诗是生命的表现。生命像柏格森所说的，时时在变化中即时时在创造中。说诗已经作穷了，就不啻说生命已到了末日。

王昌龄既不是班婕妤，又不是“闺中少妇”，何以能感到她们的情感呢？这又要回到“子非鱼，安知鱼之乐”的老问题了。诗人和艺术家都有“设身处地”和“体物入微”的本领。他们在描写一个人时，就要钻进那个人的心孔，在霎时间就要变成那个人，亲自享受他的生命，领略他的情感。所以我们读他们的作品时，觉得它深中情理。在这种心灵感通中我们可以见出宇宙生命的连贯。诗人和艺术家的心就是一个小宇宙。

一般批评家常欢喜把文艺作品分为“主观的”和“客观的”两类，以为写自己经验的作品是主观的，写旁人的作品是客观的。这种分别其实非常肤浅。凡是主观的作品都必同时是客观的，凡是客观的作品亦必同时是主观的。比如说班婕妤的《怨歌行》：

> 新裂齐纨素，皎洁如霜雪，裁为合欢扇，团团似明月。出入君怀袖，动摇随风发。常恐秋节至，凉飙敚（夺）炎热。弃捐箧笥中，恩情中道绝。

她拿团扇自喻，可以说是主观的文学。但是班婕妤在作这首诗时就不能同时在怨的情感中过活，她须暂时跳开切身的情境，看看它像什么样子，才能发现它像团扇。这就是说，她在作《怨歌行》时须退处客观的地位，把自己的遭遇当作一幅画来看。在这一刹那中，她就已经由弃妇变而为歌咏弃妇的诗人了，就已经在实际人生和艺术之中辟出一种距离来了。

再如说王昌龄的《长信怨》。他以一位唐朝的男子来写一位汉朝的女子，他的诗可以说是客观的文学。但是他在作这首诗时一定要设身处地地想象班婕妤谪居长信宫的情况如何。像班婕妤自己一样，他也是拿弃妇的遭遇当作一幅画来欣赏。在想象到聚精会神时，他达到我们在前面所说的物我同一的境界，霎时之间，他的心境就变成班婕妤的心境了，他已经由客观的观赏者变而为主观的享受者了。总之，主观的艺术家在创造时也要能“超以象外”，客观的艺术家在创造时也要能“得其环中”，像司空图所说的。

文艺作品都必具有完整性。它是旧经验的新综合，它的精彩就全在这综合上面见出。在未综合之前，意象是散漫零乱的；在既综合之后，意象是谐和整一的。这种综合的原动力就是情感。凡是文艺作品都不能拆开来看，说某一笔平凡，某一句精辟，因为完整的全体中各部分都是相依为命的。人的美往往在眼睛上现出，但是也要全体健旺，眼中精神才饱满，不能把眼睛单拆开来，说这是造化的“警句”。严沧浪说过：“汉魏古诗，气象混沌，难以句摘；晋以还始有佳句。”这话本是见道语而实际上又不尽然。晋以还始有佳句，但是晋以还的好诗像任何时代的好诗一样，仍然“难以句摘”。比如《长信怨》的头两句，“奉帚平明金殿开，暂将团扇共徘徊”，拆开来单看，本很平凡，但是如果没有这两句所描写的荣华冷落的情境，便显不出后两句的精彩。功夫虽从点睛见出，却从画龙做起。凡是欣赏或创造文艺作品，都要先注意到总印象，不可离开总印象而细论枝节。比如古诗《采莲曲》[1]：

> 江南可采莲，莲叶何田田！鱼戏莲叶间，鱼戏莲叶东，鱼戏莲叶南，鱼戏莲叶西，鱼戏莲叶北。

单看起来，每句都无特色，合看起来，全篇却是一幅极幽美的意境。不仅汉魏古诗是如此，晋以后的作品如陈子昂《登幽州台》：

> 前不见古人，后不见来者。念天地之悠悠，独怆然而涕下。

也是要在总印象上玩味，绝不能字斟句酌。晋以后的诗和晋以后的词大半都是细节胜于总印象，聪明气和斧凿痕迹都露在外面，这的确是艺术的衰落现象。

情感是综合的要素，许多本来不相关的意象如果在情感上能调协，便可形成

---

1 即汉乐府《江南可采莲》。——编者注

完整的有机体，比如李太白的《长相思》收尾两句说：

> 相思黄叶落，白露点青苔。

钱起的《湘灵鼓瑟》收尾两句说：

> 曲终人不见，江上数峰青。

温飞卿的《菩萨蛮》前阕说：

> 水晶帘里颇黎枕，暖香惹梦鸳鸯锦。江上柳如烟，雁飞残月天。

秦少游的《踏莎行》前阕说：

> 雾失楼台，月迷津渡，桃源望断无寻处。可堪孤馆闭春寒，杜鹃声里斜阳暮。

这里加点的字句所传出的意象都是物景，而这些诗词全体原来都是着重人事。我们仔细玩味这些诗词时，并不觉得人事之中猛然插入物景为不伦不类，反而觉得它们天然地联络在一起，互相烘托，益见其美。这就由于它们在感情上是谐和的。单拿“曲终人不见，江上数峰青”两句诗来说，曲终人杳虽然与江上峰青绝不相干，但是这两个意象都可以传出一种凄清冷静的情感，所以它们可以调和。如果只说“曲终人不见”而无“江上数峰青”，或是只说“江上数峰青”而无“曲终人不见”，意味便索然了。从这个例子看，我们可以见出创造如何是平常的意象的不平常的综合，诗如何要论总印象，以及情感如何使意象整一种种道理了。

因为有情感的综合，原来似散漫的意象可以变成不散漫，原来似重复的意象也可以变成不重复。《诗经》里面的诗大半每篇都有数章，而数章所说的话往往无大差别。例如《王风·黍离》：

彼黍离离，彼稷之苗。行迈靡靡，中心摇摇。知我者，谓我心忧；不知我者，谓我何求！悠悠苍天，此何人哉？

彼黍离离，彼稷之穗。行迈靡靡，中心如醉。知我者，谓我心忧；不知我者，谓我何求！悠悠苍天，此何人哉？

彼黍离离，彼稷之实。行迈靡靡，中心如噎。知我者，谓我心忧；不知我者，谓我何求！悠悠苍天，此何人哉？

这三章诗每章都只更换两三个字，只有“苗”“穗”“实”三字指示时间的变迁，其余“醉”“噎”两字只是为押韵而更换的；在意义上并不十分必要。三章诗合在一块不过是说：“我一年四季心里都在忧愁。”诗人何必把它说一遍又说一遍呢？因为情感原是往复低回、缠绵不尽的。这三章诗在意义上确似重复而在情感上则不重复。

总之，艺术的任务是在创造意象，但是这种意象必定是受情感饱和的。情感或出于己，或出于人，诗人对于出于己者须跳出来视察，对于出于人者须钻进去体验。情感最易感通，所以“诗可以群”。

“从心所欲，不逾矩”

——创造与格律

三、在艺术方面，受情感饱和的意象是嵌在一种格律里面的。

我们再拿王昌龄的《长信怨》来说，在上文我们已经从想象和情感两个观点研究过它，话虽然已经说得不少，但是如果到此为止，我们就不免抹杀了这首诗的一个极重要的成分。《长信怨》不仅是一种受情感饱和的意象，而这个意象又是嵌在调声押韵的“七绝”体里面的。“七绝”是一种格律。《长信怨》的意象是王昌龄的特创，这种格律却不是他的特创。他以前有许多诗人用它，他以后也有许多诗人用它。它是诗人们父传子、子传孙的一套家当。其他如五古、七古、五律、七律以及词的谱调等也都是如此。

格律的起源都是归纳的，格律的应用都是演绎的。它本来是自然律，后来才变为规范律。

专就诗来说，我们来看格律如何本来是自然的。

诗和散文不同。散文叙事说理，事理是直截了当、一往无余的，所以它忌讳迂回往复，贵能直率流畅。诗遣兴表情，兴与情都是低回往复、缠绵不尽的，所以它忌讳直率，贵有一唱三叹之音，使情溢于辞。粗略地说，散文大半用叙述语气，诗大半用惊叹语气。

拿一个实例来说，比如看见一位年轻的姑娘，你如果把这段经验当作“事”来叙，你只需说：“我看见一位年轻姑娘。”如果把它当作“理”来说，你只需说：“她年纪轻所以漂亮。”事既叙过了，理既说明了，你就不必再说什么，听者就可以完全明白你的意思。但是如果你一见就爱了她，你只说“我爱她”还不能了事，因为这句话只是叙述一桩事而不是传达一种情感，你是否真心爱她，旁人在这句话本身中还无从见出。如果你真心爱她，你此刻念她，过些时候还是念她。你的情感来而复去，去而复来。它是一个最不爽快的搅扰者。这种缠绵不尽的神情就要一种缠绵不尽的音节才表现得出。这个道理随便拿一首恋爱诗来看就会明白。比如古诗《华山畿》：

奈何许！天下人何限？慊慊只为汝！

这本来是一首极简短的诗，不是讲音节的好例，但是在这极短的篇幅中我们已经可以领略到一种缠绵不尽的情感，就因为它的音节虽短促而却不直率。它的起句用“许”字落脚，第二句虽然用一个和“许”字不协韵的“限”字，末句却仍回到和“许”字协韵的“汝”字落脚。这种音节是往而复返的。（由“许”到“限”是往，由“限”到“汝”是返。）它所以往而复返者，就因为情感也是往而复返的。这种道理在较长的诗里更易见出，你把《诗经》中《卷耳》或是上文所引过的《黍离》玩味一番，就可以明白。

韵只是音节中一个成分。音节除韵以外，在章句长短和平仄交错中也可以见出。章句长短和平仄交错的存在理由也和韵一样，都是顺着情感的自然需要。分析到究竟，情感是心感于物的激动，和脉搏、呼吸诸生理机能都密切相关。这些生理机能的节奏都是抑扬相间、往而复返、长短轻重成规律的。情感的节奏见于脉搏、呼吸的节奏，脉搏、呼吸的节奏影响语言的节奏。诗本来就是一种语言，所以它的节奏也随情感的节奏于往复中见规律。

最初的诗人都无意于规律而自合于规律，后人研究他们的作品，才把潜在的规律寻绎出来。这种规律起初都只是一种总结账，一种统计，例如“诗大半用韵”“某字大半与某字协韵”“章句长短大半有规律”“平声和仄声的交错次第大半如此如此”之类。这本来是一种自然律。后来作诗的人看见前人做法如此，也就如法炮制。从前诗人多用五言或七言，他们于是也用五言或七言；从前诗人五言起句用仄仄平平仄，次句往往用平平仄仄平，于是他们调声也用同样的次第。

这样一来，自然律就变成规范律了。诗的声韵如此，其他艺术的格律也是如此，都是把前规看成定例。

艺术上的通行的做法是否可以定成格律，以便后人如法炮制呢？

这是一个很难的问题，绝对的肯定答复和绝对的否定答复都不免有流弊。从历史看，艺术的前规大半是先由自然律变而为规范律，再由规范律变而为死板的形式。一种作风在初盛时，自身大半都有不可磨灭的优点。后来闻风响应者得其形似而失其精神，有如东施学西施捧心，在彼为美者在此反适增其丑。流弊渐深，反动随起，于是文艺上有所谓“革命运动”。文艺革命的首领本来要把文艺从格律中解放出来，但是他们的闻风响应者又把他们的主张定为新格律。这种新格律后来又因经形式化而引起反动。一波未平，一波又起。一部艺术史全是这些推陈翻新、翻新为陈的轨迹。王静安在《人间词话》里所以说：

> 四言敝而有《楚辞》，《楚辞》敝而有五言，五言敝而有七言，古诗敝而有律绝，律绝敝而有词。盖文体通行既久，染指遂多，自成习套。豪杰之士亦难于其中自出新意，故遁而作他体以自解脱。一切文体所以始盛终衰者皆由于此。

在西方文艺中，古典主义、浪漫主义、写实主义和象征主义相代谢的痕迹也是如此。各派有各派的格律，各派的格律都有因成习套而“敝”的时候。

格律既可“敝”，又何取乎格律呢？格律都有形式化的倾向，形式化的格律都有束缚艺术的倾向。我们知道这个道理，就应该知道提倡要格律的危险。但是提倡不要格律也是一桩很危险的事。我们固然应该记得格律可以变为死板的形式，但是我们也不要忘记第一流艺术家大半都是从格律中做出来的。比如陶渊明的五古，李太白的七古，王摩诘的五律以及温飞卿、周美成诸人所用的词调，都不是出自作者心裁。

提倡格律和提倡不要格律都有危险，这岂不是一个矛盾吗？这并不是矛盾。创造不能无格律，但是只做到遵守格律的地步也绝不足与言创造。我们现在把这个道理解剖出来。

诗和其他艺术都是情感的流露。情感是心理中极原始的一种要素。人在理智未发达之前先已有情感；在理智既发达之后，情感仍然是理智的驱遣者。情感是心感于物所起的激动，其中有许多人所共同的成分，也有某个人特有的成分。这就是说，情感一方面有群性，一方面也有个性，群性是得诸遗传的，是永恒的，不易变化的；个性是成于环境的，是随环境而变化的。所谓“心感于物”，就是以得诸遗传的本能的倾向对付随人而异、随时而异的环境。环境随人随时而异，所以人类的情感时时在变化；遗传的倾向为多数人所共同，所以情感在变化之中有不变化者存在。

这个心理学的结论与本题有什么关系呢？艺术是情感的返照，它也有群性和个性的分别，它在变化之中也要有不变化者存在。比如单拿诗来说，四言、五言、七言、古、律、绝、词的交替是变化，而音节的需要则为变化中的不变化者。变化就是创造，不变化就是因袭。把不变化者归纳成为原则，就是自然律。这种自然律可以用为规范律，因为它本来是人类共同的情感的需要。但是只有群性而无个性，只有整齐而无变化，只有因袭而无创造，也就不能产生艺术。末流忘记这个道理，所以往往把格律变成死板的形式。

格律在经过形式化之后往往使人受拘束，这是事实，但是这绝不是格律本身的罪过，我们不能因噎废食。格律不能束缚天才，也不能把庸手提拔到艺术家的地位。如果真是诗人，格律会受他奴使；如果不是诗人，有格律他的诗固然腐滥，无格律它也还是腐滥。

古今大艺术家大半都从格律入手。艺术须寓整齐于变化。一味齐整，如钟摆摇动声，固然是单调；一味变化，如市场嘈杂声，也还是单调。由整齐到变化易，由变化到整齐难。从整齐入手，创造的本能和特别情境的需要会使作者在整齐之中求变化以避免单调。从变化入手，则变化之上不能再有变化，本来是求新奇而结果却仍还于单调。

古今大艺术家大半后来都做到脱化格律的境界。他们都从束缚中挣扎得自由，从整齐中酝酿出变化。格律是死方法，全赖人能活用。善用格律者好比打网球，打到娴熟时虽无心于球规而自合于球规，在不识球规者看，球手好像纵横如意，略无迁就规范的痕迹；在识球规者看，他却处处循规蹈矩。姜白石说得好：

“文以文而工，不以文而妙。”工在格律而妙则在神髓风骨。

孔夫子自道修养经验说：“七十而从心所欲，不逾矩。”这是道德家的极境，也是艺术家的极境。“从心所欲，不逾矩”，艺术的创造活动尽于这七个字了。“从心所欲”者往往“逾矩”，“不逾矩”者又往往不能“从心所欲”。凡是艺术家都要能打破这个矛盾。孔夫子到快要死的时候才做到这种境界，可见循格律而能脱化格律，大非易事了。

“不似则失其所以为诗，似则失其所以为我”

——创造与模仿

创造与格律的问题之外，还有一个和它密切相关的问题，就是创造与模仿。因袭格律本来就已经是一种模仿，不过艺术上的模仿并不限于格律，最重要的是技巧。

技巧可以分为两项说：一项是关于传达的方法；一项是关于媒介的知识。

先说传达的方法。我们在上文见过，凡是创造之中都有欣赏，但是创造却不仅是欣赏。创造和欣赏都要见到一种意境。欣赏见到意境就止步，创造却要再进一步，把这种意境外射到具体的作品上去。见到一种意境是一件事，把这种意境传达出来让旁人领略又是一件事。

比如我此刻想象到一个很美的夜景，其中园亭、花木、湖山、风月，件件都了然于心，可是我不能把它画出来。我何以不能把它画出来呢？因为我不能动手，不能像支配筋肉一样任意活动。我如果勉强动手，我所画出来的全不像我所想出来的，我本来要画一条直线，画出来的线却是七弯八扭，我的手不能听我的心指使。穷究到底，艺术的创造不过是手能从心，不过是能任所欣赏的意象支配筋肉的活动，使筋肉所变的动作恰能把意象画在纸上或是刻在石上。

这种筋肉活动不是天生自在的，它须费一番工夫才学得来。我想到一只虎不能画出一只虎来，但是我想到“虎”字却能信手写一个“虎”字出来。我写“虎”字毫不费事，但是不识字的农夫看我写“虎”字，正犹如我看画家画虎一样可惊羡。一只虎和一个“虎”字在心中时都不过是一种意象，何以“虎”字的意象能供我的手腕做写“虎”字的活动，而虎的意象却不能使我的手腕做画虎的活动呢？这个分别全在有练习与没有练习。我练习过写字，却没有练习过作画。我的手腕筋肉只有写“虎”字的习惯，没有画虎的习惯。筋肉活动成了习惯以后就非常纯熟，可以从心所欲，意到笔随；但是在最初养成这种习惯时，好比小孩子学走路，大人初学游水，都要跌几跤或是喝几次水，才可以学会。

各种艺术都各有它的特殊的筋肉的技巧。例如写字、作画、弹琴等要有手腕筋肉的技巧，唱歌、吹箫要有喉舌、唇齿诸筋肉的技巧，跳舞要有全身筋肉的技巧（严格地说，各种艺术都要有全身筋肉的技巧）。要想学一门艺术，就要先学它的特殊的筋肉的技巧。

学一门艺术的特殊的筋肉技巧，要用什么方法呢？起初都要模仿。“模仿”和“学习”本来不是两件事。姑且拿写字做例来说。小儿学写字，最初是描红，其次是写印本，再其次是临帖。这些方法都是借旁人所写的字做榜样，逐渐养成手腕筋肉的习惯。但是就我自己的经验来说，学写字最得益的方法是站在书家的身旁，看他如何提笔，如何运用手腕，如何使全身筋肉力量贯注在手腕上。他的筋肉习惯已养成了，在实地观察他的筋肉如何动作时，我可以讨一点诀窍来，免得自己去暗里摸索，尤其重要的是免得自己养成不良的筋肉习惯。

推广一点说，一切艺术上的模仿都可以作如是观。比如说作诗做文，似乎没有什么筋肉的技巧，其实也是一理。诗文都要有情感和思想。情感都见于筋肉的活动，我们在前面已经说过。思想离不开语言，语言离不开喉舌的动作。比如想到“虎”字时，喉舌间都不免起若干说出“虎”字的筋肉动作。这是行为派心理学的创见，现在已逐渐为一般心理学家所公认。诗人和文人常欢喜说“思路”，所谓“思路”并无若何玄妙，也不过是筋肉活动所走的特殊方向而已。

诗文上的筋肉活动是否可以模仿呢？它也并不是例外。中国诗人和文人向来着重“气”字，我们现在来把这个“气”字研究一番，就可以知道模仿筋肉活动的道理。曾国藩在《家训》里说过一段话，很可以值得我们注意：

> 凡作诗最宜讲究声调，须熟读古人佳篇，先之以高声朗诵，以昌其气；继之以密咏恬吟，以玩其味。二者并进，使古人之声调拂拂然若与我喉舌相习，则下笔时必有句调奔赴腕下，诗成自读之，亦自觉琅琅可诵，引出一种兴会来。

从这段话看，可知“气”与声调有关，而声调又与喉舌运动有关。韩昌黎也说过：“气盛则言之短长与声之高下皆宜。”声本于气，所以想得古人之气，不得不求之于声；求之于声，即不能不朗诵。朱晦庵曾经说过："韩昌黎、苏明允做文，敝一生之精力，皆从古人声响学。"所以从前古文家教人作文最重朗诵。姚姬传与陈硕士书说：

> 大抵学古文者，必须放声疾读，又缓读，只久之自悟。若但能默看，即终身作外行也。

朗诵既久，则古人之声就可以在我的喉舌筋肉上留下痕迹，"拂拂然若与我之喉舌相习"，到我自己下笔时，喉舌也自然顺这个痕迹而活动，所谓"必有句调奔赴腕下"。要看自己的诗文的气是否顺畅，也要吟哦才行，因为吟哦时喉舌间所习得的习惯动作就可以再现出来。从此可知从前人所谓"气"也就是一种筋肉技巧了。

关于传达的技巧大要如此，现在再讲关于媒介的知识。

什么叫作"媒介"？它就是艺术传达所用的工具。比如颜色、线形是图画的媒介，金石是雕刻的媒介，文字语言是文学的媒介。艺术家对于他所用的媒介也要有一番研究。比如达·芬奇的《最后的晚餐》是文艺复兴时代最大的杰作。但是他的原迹是用一种不耐潮湿的油彩画在一个易受潮湿的墙壁上，所以没过多少时候就剥落消失去了。这就是对于媒介欠研究。再如建筑，它的媒介是泥石，它要把泥石砌成一个美的形象。建筑家都要有几何学和力学的知识，才能运用泥石；他还要明白他的媒介对于观者所生的影响，才不至于乱用材料。希腊建筑家往往把石柱的腰部雕得比上下都粗壮些，但是看起来它的粗细却和上下一律，因为腰部是受压时最易折断的地方，容易引起它比上下较细弱的错觉，把腰部雕粗些，才可以弥补这种错觉。

在各门艺术之中都有如此等类的关于媒介的专门知识，文学方面尤其显著。诗文都以语言文字为媒介。作诗文的人一要懂得字义，二要懂得字音，三要懂得字句的排列法，四要懂得某字某句的音义对于读者所生的影响。这四样都是专门的学问。前人对于这些学问已逐渐蓄积起许多经验和成绩，而不是任何人只手空拳、毫无凭借地在一生之内所可得到的。自己既不能件件去发明，就不得不利用前人的经验和成绩。文学家对于语言文字是如此，一切其他艺术家对于他的特殊的媒介也莫不然。各种艺术都同时是一种学问，都有无数年代所积成的技巧。学一门艺术，就要学该门艺术所特有的学问和技巧。这种学习就是利用过去经验，就是吸收已有文化，也就是模仿的一端。

古今大艺术家在少年时所做的功夫大半都偏在模仿。米开朗琪罗费过半生的工夫研究希腊罗马的雕刻，莎士比亚也费过半生的工夫模仿和改作前人的剧本，这是最显著的例。中国诗人中最不像用过功夫的莫过于李太白，但是他的集中模拟古人的作品极多，只略看看他的诗题就可以见出。杜工部说过："李侯有佳句，往往似阴铿。"他自己也说过："解道长江静如练，令人长忆谢玄晖。"他对于过去诗人的关系可以想见了。

艺术家从模仿入手，正如小儿学语言，打网球者学姿势，跳舞者学步法一样，并没有什么玄妙，也并没有什么荒唐。不过这步功夫只是创造的始基。没有做到这步功夫和做到这步功夫就止步，都不足以言创造。我们在前面说过，创造是旧经验的新综合。旧经验大半得诸模仿，新综合则必自出心裁。

像格律一样，模仿也有流弊，但是这也不是模仿本身的罪过。从前学者有人提倡模仿，也有人唾骂模仿，往往都各有各的道理，其实并不冲突。顾亭林的《日知录》里有一条说：

> 诗文之所以代变，有不得不然者。一代之文，沿袭已久，不容人人皆道此语。今且千数百年矣，而犹取古人之陈言一一而模仿之，以是为诗可乎？故不似则失其所以为诗，似则失其所以为我。

这是一段极有意味的话，但是他的结论是突如其来的。"不似则失其所以为诗"一句和上文所举的理由恰相反。他一方面见到模仿古人不足以为诗，一方面又见到不似古人则失其所以为诗。这不是一个矛盾吗？

这其实并不是矛盾。诗和其他艺术一样，须从模仿入手，所以不能不似古人，不似则失其所以为诗；但是它须归于创造，所以又不能全似古人，全似古人则失其所以为我。创造不能无模仿，但是只有模仿也不能算是创造。

凡是艺术家都须有一半是诗人，一半是匠人。他要有诗人的妙悟，要有匠人的手腕，只有匠人的手腕而没有诗人的妙悟，固不能有创作；只有诗人的妙悟而没有匠人的手腕，即创作亦难尽善尽美。妙悟来自性灵，手腕则可得于模仿。匠人虽比诗人身份低，但亦绝不可少。青年作家往往忽略这一点。

“读书破万卷，下笔如有神”

——天才与灵感

知道格律和模仿对于创造的关系，我们就可以知道天才和人力的关系了。

生来死去的人何止恒河沙数？真正的大诗人和大艺术家是在一口气里就可以数得完的。何以同是人，有的能创造，有的不能创造呢？在一般人看，这全是由于天才的厚薄。他们以为艺术全是天才的表现，于是天才成为懒人的借口。聪明人说，我有天才，有天才何事不可为？用不着去下功夫。迟钝人说，我没有艺术的天才，就是下功夫也无益。于是艺术方面就无学问可谈了。

“天才”究竟是怎么一回事呢？

它自然有一部分得诸遗传。有许多学者常欢喜替大创造家和大发明家理家谱，说莫扎特有几代祖宗会音乐，达尔文的祖父也是生物学家，曹操一家出了几个诗人。这种证据固然有相当的价值，但是它绝不能完全解释天才。同父母的兄弟贤愚往往相差很远。曹操的祖宗有什么大成就呢？曹操的后裔又有什么大成就呢？

天才自然也有一部分成于环境。假令莫扎特生在音阶简单、乐器拙陋的蒙昧民族中，也绝不能作出许多复音的交响曲。“社会的遗产”是不可蔑视的。文艺批评家常欢喜说，伟大的人物都是他们的时代的骄子，艺术是时代和环境的产品。这话也有不尽然。同是一个时代而成就却往往不同。英国在产生莎士比亚的时代和西班牙是一般隆盛，而当时西班牙并没有产生伟大的作家。伟大的时代不一定能产生伟大的艺术。美国的独立、法国的大革命在近代都是极重大的事件，而当时艺术却卑卑不足高论。伟大的艺术也不必有伟大的时代做背景，席勒和歌德的时代，德国还是一个没有统一的纷乱的国家。

我承认遗传和环境的影响非常重大，但是我相信它们都不能完全解释天才。在固定的遗传和环境之下，个人还有努力的余地。遗传和环境对于人只是一个机会、一种本钱，至于能否利用这个机会，能否拿这笔本钱去做出生意来，则所谓“神而明之，存乎其人”。有些人天资颇高而成就则平凡，他们好比有大本钱而没有做出大生意；也有些人天资并不特异而成就则斐然可观，他们好比拿小本钱而做出大生意。这中间的差别就在努力与不努力了。牛顿可以说是科学家中一个天才了，他常常说：“天才只是长久的耐苦。”这话虽似稍嫌过火，却含有很深的真理。只有死功夫固然不尽能发明或创造，但是能发明创造者却大半是下过死功夫来的。哲学中的康德、科学中的牛顿、雕刻图画中的米开朗琪罗、音乐中的贝多芬、书法中的王羲之、诗中的杜工部，这些实例已经够证明人力的重要，又何必多举呢？

最容易显出天才的地方是灵感。我们只需就灵感研究一番，就可以见出天才的完成不可无人力了。

杜工部尝自道经验说：“读书破万卷，下笔如有神。”所谓“灵感”就是杜工部所说的“神”，“读书破万卷”是功夫，“下笔如有神”是灵感。据杜工部的经验看，灵感是从功夫出来的。如果我们借心理学的帮助来分析灵感，也可以得到同样的结论。

灵感有三个特征：

一、它是突如其来的，出于作者自己意料的。根据灵感的作品大半来得极快。从表面看，我们寻不出预备的痕迹。作者丝毫不费心血，意象涌上心头时，他只要信笔疾书。有时作品已经创造成功了，他自己才知道无意中又成了一件作品。歌德著《少年维特之烦恼》的经过，便是如此。据他自己说，他有一天听到一位少年失恋自杀的消息，突然间仿佛见到一道光在眼前闪过，立刻就想出全书的框架。他费两个星期的工夫一口气把它写成。在复看原稿时，他自己很惊讶，没有费力就写成一本书，告诉人说：“这部小册子好像是一个患睡行症者在梦中做成的。”

二、它是不由自主的，有时苦心搜索而不能得的偶然在无意之中涌上心头。希望它来时它偏不来，不希望它来时它却蓦然出现。法国音乐家柏辽兹有一次替一首诗作乐谱，全诗都谱成了，只有收尾一句（“可怜的兵士，我终于要再见法兰西！”）无法可谱。他再三思索，不能想出一段乐调来传达这句诗的情思，终于把它搁起。两年之后，他到罗马去玩，失足落水，爬起来时口里所唱的乐调，恰是两年前所再三思索而不能得的。

三、它也是突如其去的，练习作诗文的人大半都知道“败兴”的味道。“兴”也就是灵感。诗文和一切艺术一样都宜于乘兴会来时下手。兴会一来，思致自然滔滔不绝。没有兴会时写一句极平常的话倒比写什么还难。兴会来时最忌外扰。本来文思正在源源而来，外面狗叫一声，或是墨水猛然打倒了，便会把思路打断。断了之后就想尽方法也接不上来。谢无逸问潘大临近来作诗没有，潘大临回答说：“秋来日日是诗思。昨日捉笔得‘满城风雨近重阳’之句，忽催租人至，令人意败。辄以此一句奉寄。”这是“败兴”的最好的例子。

灵感既然是突如其来，突然而去，不由自主，那不就无法可以用人力来解释吗？从前人大半以为灵感非人力，以为它是神灵的感动和启示。在灵感之中，仿佛有神灵凭附作者的躯体，暗中驱遣他的手腕，他只是坐享其成。但是从近代心理学发现潜意识活动之后，这种神秘的解释就不能成立了。

什么叫作“潜意识”呢？我们的心理活动不尽是自己所能觉到的。自己的意识所不能察觉到的心理活动就属于潜意识。意识既不能察觉到，我们何以知道它存在呢？变态心理中有许多事实可以为凭。比如说催眠，受催眠者可以谈话、做事、写文章、做数学题，但是醒过来后对于催眠状态中所说的话和所做的事往往完全不知道。此外还有许多精神病人现出“两重人格”。例如一个人乘火车在半途跌下，把原来的经验完全忘记，换过姓名在附近镇市上做了几个月的买卖。有一天他忽然醒过来，发现身边事物都是不认识的，才自疑何以走到这么一个地方。旁人告诉他说他在那里开过几个月的店，他绝对不肯相信。心理学家根据许多类似事实，断定人于意识之外又有潜意识，在潜意识中也可以运用意志、思想，受催眠者和精神病人便是如此。在通常健全心理中，意识压倒潜意识，只让它在暗中活动。在变态心理中，意识和潜意识交替来去。它们完全分裂开来，意识活动时潜意识便沉下去，潜意识涌现时，便把意识湮没。

灵感就是在潜意识中酝酿成的情思猛然涌现于意识。它好比伏兵，在未开火之前，只是鸦雀无声地准备，号令一发，它乘其不备地发动总攻击，一鼓而下敌。在没有侦探清楚的敌人（意识）看，它好比周亚夫将兵从天而至一样。这个道理我们可以拿一件浅近的事实来说明。我们在初练习写字时，天天觉得自己在进步，过几个月之后，进步就猛然停顿起来，觉得字越写越坏。但是再过些时候，自己又猛然觉得进步。进步之后又停顿，停顿之后又进步，如此辗转几次，字才写得好。学别的技艺也是如此。据心理学家的实验，在进步停顿时，你如果索性不练习，把它丢开去做旁的事，过些时候再起手来写，字仍然比停顿以前较进步。这是什么道理呢？就因为在意识中思索的东西应该让它在潜意识中酝酿一些时候才会成熟。功夫没有错用的，你自己以为劳而不获，但是你在潜意识中实在仍然于无形中收效果。所以心理学家有“夏天学溜冰，冬天学泅水”的说法。溜冰本来是在前一个冬天练习的，今年夏天你虽然是在做旁的事，没有想到溜冰，但是溜冰的筋肉技巧却恰在这个不溜冰的时节暗里培养成功。一切脑的工作也是如此。

灵感是潜意识中的工作在意识中的收获。它虽是突如其来，却不是毫无准备。法国大数学家庞加莱常说他的关于数学的发明大半是在街头闲逛时无意中得来的。但是我们从来没有听过有一个人向来没有在数学上用功夫，猛然在街头闲逛时发明数学上的重要原则。在罗马落水的如果不是素习音乐的柏辽兹，跳出水时也绝不会随口唱出一曲乐调。他的乐调是费过两年的潜意识酝酿的。

从此我们可以知道“读书破万卷，下笔如有神”两句诗是至理名言了。不过灵感的培养正不必限于读书。人只要留心，处处都是学问。艺术家往往在他的艺术范围之外下功夫，在别种艺术之中玩索得一种意象，让它沉在潜意识里去酝酿一番，然后再用他的本行艺术的媒介把它翻译出来。吴道子生平得意的作品为洛阳天宫寺的神鬼，他在下笔之前，先请裴旻舞剑一回给他看，在剑法中得着笔意。张旭是唐朝的草书大家，他尝自道经验说：“始吾见公主担夫争路，而得笔法之意；后见公孙氏舞剑器，而得其神。”王羲之的书法相传是从看鹅掌拨水得来的。法国大雕刻家罗丹也说道：“你问我在什么地方学来的雕刻？在深林里看树，在路上看云，在雕刻室里研究模型学来的。我在到处学，只是不在学校里。”

从这些实例看，我们可知各门艺术的意象都可触类旁通。书画家可以从剑的飞舞或鹅掌的拨动之中得到一种特殊的筋肉感觉来助笔力，可以得到一种特殊的胸襟来增进书画的神韵和气势。推广一点说，凡是艺术家都不宜只在本行小范围之内用功夫，须处处留心玩索，才有深厚的修养。鱼跃鸢飞，风起水涌，以至于一尘之微，当其接触感官时我们虽常不自觉其在心灵中可生若何影响，但是到挥毫运斤时，他们都会涌到手腕上来，在无形中驱遣它、左右它。在作品的外表上我们虽不必看出这些意象的痕迹，但是一笔一画之中都潜寓它们的神韵和气魄。这样意象的蕴蓄便是灵感的培养。它们在潜意识中好比桑叶到了蚕腹，经过一番咀嚼组织而成丝，丝虽然已不是桑叶而却是从桑叶变来的。

“慢慢走，欣赏啊！”

——人生的艺术化

一直到现在，我们都是讨论艺术的创造与欣赏。在收尾这一节中，我提议约略说明艺术和人生的关系。

我在开章明义时就着重美感态度和实用态度的分别，以及艺术和实际人生之中所应有的距离，如果话说到这里为止，你也许误解我把艺术和人生看成漠不相关的两件事。我的意思并不如此。

人生是多方面而却互相和谐的整体，把它分析开来看，我们说某部分是实用的活动，某部分是科学的活动，某部分是美感的活动，为正名析理起见，原应有此分别；但是我们不要忘记，完满的人生见于这三种活动的平均发展，它们虽是可分别的而却不是互相冲突的。“实际人生”比整个人生的意义较为窄狭。一般人的错误在把它们认为相等，以为艺术对于“实际人生”既是隔着一层，它在整个人生中也就没有什么价值。有些人为维护艺术的地位，又想把它硬纳到“实际人生”的小范围里去。这般人不但是误解艺术，而且也没有认识人生。我们把实际生活看作整个人生之中的一片段，所以在肯定艺术与实际人生的距离时，并非肯定艺术与整个人生的隔阂。严格地说，离开人生便无所谓艺术，因为艺术是情趣的表现，而情趣的根源就在人生；反之，离开艺术也便无所谓人生，因为凡是创造和欣赏都是艺术的活动，无创造、无欣赏的人生是一个自相矛盾的名词。

人生本来就是一种较广义的艺术。每个人的生命史就是他自己的作品。这种作品可以是艺术的，也可以不是艺术的，正犹如同是一种顽石，这个人能把它雕成一座伟大的雕像，而另一个人却不能使它“成器”，分别全在性分与修养。知道生活的人就是艺术家，他的生活就是艺术作品。

过一世生活好比做一篇文章。完美的生活都有上品文章所应有的美点。

第一，一篇好文章一定是一个完整的有机体，其中全体与部分都息息相关，不能稍有移动或增减。一字一句之中都可以见出全篇精神的贯注。比如陶渊明的《饮酒》诗本来是“采菊东篱下，悠然见南山”，后人把“见”字误印为“望”字，原文的自然与物相遇相得的神情便完全丧失。这种艺术的完整性在生活中叫作“人格”。凡是完美的生活都是人格的表现。大而进退取与，小而声音笑貌，都没有一件和全人格相冲突。不肯为五斗米折腰向乡里小儿，是陶渊明的生命史中所应有的一段文章，如果他错过这一个小节，便失其为陶渊明。下狱不肯脱逃，临刑时还叮咛嘱咐还邻人一只鸡的债，是苏格拉底的生命史中所应有的一段文章，否则他便失其为苏格拉底。这种生命史才可以使人把它当作一幅图画去惊赞，它就是一种艺术的杰作。

第二，“修辞立其诚”是文章的要诀，一首诗或是一篇美文一定是至性深情的流露，存于中然后形于外，不容有丝毫假借。情趣本来是物我交感共鸣的结果。景物变动不居，情趣亦自生生不息。我有我的个性，物也有物的个性，这种个性又随时地变迁而生长发展。每人在某一时会所见到的景物，和每种景物在某一时会所引起的情趣，都有它的特殊性，断不容与另一人在另一时会所见到的景物，和另一景物在另一时会所引起的情趣完全相同。毫厘之差，微妙所在。在这种生生不息的情趣中，我们可以见出生命的造化。把这种生命流露于语言文字，就是好文章；把它流露于言行风采，就是美满的生命史。

文章忌俗滥，生活也忌俗滥。俗滥就是自己没有本色而蹈袭别人的成规旧矩。西施患心病，常捧心颦眉，这是自然的流露，所以愈增其美。东施没有心病，强学捧心颦眉的姿态，只能引人嫌恶。在西施是创作，在东施便是滥调。滥调起于生命的干枯，也就是虚伪的表现。“虚伪的表现”就是“丑”，克罗齐已经说过。“风行水上，自然成纹”，文章的妙处如此，生活的妙处也是如此。在什么地位，是怎样的人，感到怎样情趣，便现出怎样言行风采，叫人一见就觉其谐和完整，这才是艺术的生活。

俗语说得好，“唯大英雄能本色”，所谓艺术的生活就是本色的生活。世间有两种人的生活最不艺术，一种是俗人，一种是伪君子。“俗人”根本就缺乏本色，

"伪君子"则竭力遮盖本色。朱晦庵有一首诗说：

> 半亩方塘一鉴开，天光云影共徘徊，问渠那得清如许？为有源头活水来。

艺术的生活就是有"源头活水"的生活。俗人迷于名利，与世浮沉，心里没有"天光云影"，就因为没有源头活水。他们的大病是生命的干枯。"伪君子"则于这种"俗人"的资格之上，又加上"沐猴而冠"的伎俩。他们的特点不仅见于道德上的虚伪，一言一笑、一举一动，都叫人起不美之感。谁知道风流名士的架子之中掩藏了几多行尸走肉？无论是"俗人"或是"伪君子"，他们都是生活中的"苟且者"，都缺乏艺术家在创造时所应有的良心。像柏格森所说的，他们都是"生命的机械化"，只能做喜剧中的角色。生活落到喜剧里去的人大半都是不艺术的。

艺术的创造之中都必寓有欣赏，生活也是如此。一般人对于一种言行常欢喜说它"好看""不好看"，这已有几分是拿艺术欣赏的标准去估量它。但是一般人大半不能彻底，不能拿一言一笑、一举一动纳在全部生命史里去看，他们的"人格"观念太淡薄，所谓"好看""不好看"往往只是"敷衍面子"。善于生活者则彻底认真，不让一尘一芥妨碍整个生命的和谐。一般人常以为艺术家是一班最随便的人，其实在艺术范围之内，艺术家是最严肃不过的。在锻炼作品时常呕心呕肝，一笔一画也不肯苟且。王荆公做"春风又绿江南岸"一句诗时，原来"绿"字是"到"字，后来由"到"字改为"过"字，由"过"字改为"入"字，由"入"字改为"满"字，改了十几次之后才定为"绿"字。即此一端可以想见艺术家的严肃了。善于生活者对于生活也是这样认真。曾子临死时记得床上的席子是季路的，一定叫门人把它换过才瞑目。吴季札心里已经暗许赠剑给徐君，没有实行徐君就已死去，他很郑重地把剑挂在徐君墓旁树上，以见"中心契合死生不渝"的风谊。像这一类的言行看来虽似小节，而善于生活者却不肯轻易放过，正犹如诗人不肯轻易放过一字一句一样。小节如此，大节更不消说。董狐宁愿断头不肯掩盖史实，夷齐饿死不愿降周，这种风度是道德的也是艺术的。我们主张人生的艺术化，就是主张对于人生的严肃主义。

艺术家估定事物的价值，全以它能否纳入和谐的整体为标准，往往出于一般人意料之外。他能看重一般人所看轻的，也能看轻一般人所看重的。在看重一件事物时，他知道执着；在看轻一件事物时，他也知道摆脱。艺术的能事不仅见于知所取，尤其见于知所舍。苏东坡论文，谓如水行山谷中，行于其所不得不行，止于其所不得不止。这就是取舍恰到好处，艺术化的人生也是如此。善于生活者对于世间一切，也拿艺术的口味去评判它，合于艺术口味者毫毛可以变成泰山，不合于艺术口味者泰山也可以变成毫毛。他不但能认真，而且能摆脱。在认真时见出他的严肃，在摆脱时见出他的豁达。孟敏堕甑，不顾而去，郭林宗见到以为奇怪。他说："甑已碎，顾之何益？"哲学家斯宾诺莎宁愿靠磨镜过活，不愿当大学教授，怕妨碍他的自由。王徽之居山阴，有一天夜雪初霁，月色清朗，忽然想起他的朋友戴逵，便乘小舟到剡溪去访他，刚到门口便把船划回去。他说："乘兴而来，兴尽而返。"这几件事彼此相差很远，却都可以见出艺术家的豁达。伟大的人生和伟大的艺术都要同时并有严肃与豁达之胜。晋代清流大半只知道豁达而不知道严肃，宋朝理学又大半只知道严肃而不知道豁达。陶渊明和杜子美庶几算得恰到好处。

一篇生命史就是一种作品，从伦理的观点看，它有善恶的分别，从艺术的观点看，它有美丑的分别。善恶与美丑的关系究竟如何呢？

就狭义说，伦理的价值是实用的，美感的价值是超实用的；伦理的活动都是有所为而为，美感的活动则是无所为而为。比如仁义忠信等都是善，问它们何以为善，我们不能不着眼到人群的幸福。美之所以为美，则全在美的形象本身，不在它对于人群的效用（这并不是说它对于人群没有效用）。假如世界上只有一个人，他就不能有道德的活动，因为有父子才有慈孝可言，有朋友才有信义可言。但是这个想象的孤零零的人还可以有艺术的活动，他还可以欣赏他所居的世界，他还可以创造作品。善有所赖而美无所赖，善的价值是"外在的"，美的价值是"内在的"。

不过这种分别究竟是狭义的。就广义说，善就是一种美，恶就是一种丑。因为伦理的活动也可以引起美感上的欣赏与嫌恶。希腊大哲学家柏拉图和亚里士多德讨论伦理问题时都以为善有等级，一般的善虽只有外在的价值，而"至高的善"则有内在的价值。这所谓"至高的善"究竟是什么呢？柏拉图和亚里士多德本来是一走理想主义的极端，一走经验主义的极端，但是对于这个问题，意见却一致。他们都以为“至高的善”在“无所为而为的玩索”（disinterested contemplation）。这种见解在西方哲学思潮上影响极大，斯宾诺莎、黑格尔、叔本华的学说都可以参证。从此可知西方哲人心目中的“至高的善”还是一种美，最高的伦理的活动还是一种艺术的活动了。

“无所为而为的玩索”何以看成“至高的善”呢？这个问题涉及西方哲人对于神的观念。从耶稣教盛行之后，神才是一个大慈大悲的道德家。在希腊哲人以及近代莱布尼茨、尼采、叔本华诸人的心目中，神却是一个大艺术家，他创造这个宇宙出来，全是为着自己要创造、要欣赏。其实这种见解也并不减低神的身份。耶稣教的神只是一班穷叫花子中的一个肯施舍的财主佬，而一般哲人心中的神，则是以宇宙为乐曲而要在这种乐曲之中见出和谐的音乐家。这两种观念究竟是哪一个伟大呢？在西方哲人想，神只是一片精灵，他的活动绝对自由而不受限制，至于人则为肉体的需要所限制而不能绝对自由。人愈能脱肉体需求的限制而做自由活动，则离神亦愈近。“无所为而为的玩索”是唯一的自由活动，所以成为最上的理想。

这番话似乎有些玄渺，在这里本来不应说及。不过无论你相信不相信，有许多思想却值得当作一个意象悬在心眼前来玩味玩味。我自己在闲暇时也欢喜看看哲学书籍。老实说，我对于许多哲学家的话都很怀疑，但是我觉得他们有趣。我以为穷到究竟，一切哲学系统也都只能当作艺术作品去看。哲学和科学穷到极境，都是要满足求知的欲望。每个哲学家和科学家对于他自己所见到的一点真理（无论它究竟是不是真理）都觉得有趣味，都用一股热忱去欣赏它。真理在离开实用而成为情趣中心时就已经是美感的对象了。“地球绕日运行”“勾方加股方等于弦方”一类的科学事实，和《密罗斯爱神》或《第九交响曲》一样可以摄魂震魄。科学家去寻求这一类的事实，穷到究竟，也正因为它们可以摄魂震魄。所以科学的活动也还是一种艺术的活动，不但善与美是一体，真与美也并没有隔阂。

艺术是情趣的活动，艺术的生活也就是情趣丰富的生活。人可以分为两种，一种是情趣丰富的，对于许多事物都觉得有趣味，而且到处寻求享受这种趣味。一种是情趣干枯的，对于许多事物都觉得没有趣味，也不去寻求趣味，只终日拼命和蝇蛆在一块争温饱。后者是俗人，前者就是艺术家。情趣愈丰富，生活也愈美满，所谓人生的艺术化就是人生的情趣化。

“觉得有趣味”就是欣赏。你是否知道生活，就看你对于许多事物能否欣赏。欣赏也就是“无所为而为的玩索”。在欣赏时人和神仙一样自由、一样有福。

阿尔卑斯山谷中有一条大汽车路，两旁景物极美，路上插着一个标语牌劝告游人说：“慢慢走，欣赏啊！”许多人在这车如流水马如龙的世界过活，恰如在阿尔卑斯山谷中乘汽车兜风，匆匆忙忙地急驰而过，无暇一回首流连风景，于是这丰富华丽的世界便成为一个了无生趣的囚牢。这是一件多么可惋惜的事啊！

朋友，在告别之前，我采用阿尔卑斯山路上的标语，在中国人告别习用语之下加上三个字奉赠：

“慢慢走，欣赏啊！”

光潜

1932年夏，莱茵河畔

后记　这部稿子承朱自清、萧石君、奚今吾三位朋友替我仔细校改过。我每在印成的文章上发现自己不小心的地方就觉得头痛，所以对他们特别感谢。

光潜

附录 《谈美》序

新文化运动以来，文艺理论的介绍各新杂志上常常看见；就中自以关于文学的为主，别的偶然一现而已。同时各杂志的插图却不断地复印西洋名画，不分时代，不论派别，大都凭编辑人或他们朋友的嗜好。也有选印雕像的，但比较少。他们有时给这些名作来一点儿说明，但不说明的时候多。青年们往往将杂志当水火，当饭菜；他们从这里得着美学的知识，正如从这里得着许多别的知识一样。他们也往往应用这点知识去欣赏，去批评别人的作品，去创造自己的。不少的诗文和绘画就如此形成。但这种东鳞西爪积累起来的知识只是“杂拌儿”——还赶不上“杂拌儿”，因为“杂拌儿”总算应有尽有，而这种知识不然。应用起来自然是够苦的，够张罗的。

从这种凌乱的知识里，得不着清清楚楚的美感观念。徘徊于美感与快感之间，考据批评与欣赏之间，自然美与艺术美之间，常使自己冲突、自己烦恼，而不知道怎样去解那连环。又如写实主义与理想主义就像是难分难解的一对冤家，公说公有理，婆说婆有理，各有一套天花乱坠的话。你有时乐意听这一造的，有时乐意听那一造的，好教你左右做人难！还有近年来习用的“主观的”“客观的”两个名字，也不只一回“缠夹二先生”。因此许多青年腻味了，索性一切不管，只抱着一条道理，“有文艺的嗜好就可以谈文艺”。这是“以不了了之”，究竟“谈”不出什么来。留心文艺的青年，除这等难处外，怕更有一个切身的问题等着解决的。新文化是“外国的影响”，自然不错；但说一般青年不留余地地鄙弃旧的文学艺术，却非真理。他们觉得单是旧的“注”“话”“评”“品”等不够透彻，必须放在新的光里看才行。但他们的力量不够应用新知识到旧材料上去，于是只好搁浅，并非他们愿意如此。

这部小书便是帮助你走出这些迷路的。它让你将那些杂牌军队改编为正式军队；裁汰冗弱，补充械弹，所谓“兵在精而不在多”。其次指给你一些简捷不绕弯的道路让你走上前去，不至于彷徨在大野里，也不至于彷徨在牛角尖里。其次它告诉你怎样在咱们的旧环境中应用新战术；它自然只能给你一两个例子看，让你可以举一反三。它矫正你的错误，针砭你的缺失，鼓励你走向前去。作者是你的熟人，他曾写给你十二封信；他的态度的亲切和谈话的风趣，你是不会忘记的。在这书里他的希望是很大的，他说：“悠悠的过去只是一片漆黑的天空，我们所以还能认识出来这漆黑的天空者，全赖思想家和艺术家所散布的几点星光。朋友，让我们珍重这几点星光！让我们也努力散布几点星光去照耀和那过去一般漆黑的未来。”（第一章）

这却不是大而无当、远不可几的例话；他散布希望在每一个心里，让你相信你所能做的比你想你所能做的多。他告诉你美并不是天上掉下来的；它一半在物，一半在你，在你的手里，“一首诗的生命不是作者一个人所能维持住，也要读者帮忙才行。读者的想象和情感是生生不息的，一首诗的生命也就是生生不息的，它并非是一成不变的”（第九章）。“情感是生生不息的，意象也是生生不息的。……即景可以生情，因情也可以生景。所以诗是作不尽的。……诗是生命的表现。说诗已经作穷了，就不啻说生命已到了末日。”（第十一章）这便是“欣赏之中都寓有创造，创造之中也都寓有欣赏”（第九章）；是精粹的理解，同时结结实实地鼓励你。

孟实先生还写了一部大书，《文艺心理学》。但这本小册子（《谈美》）并非节略，它自成一个完整的有机体，有些处是那部大书所不详的，有些是那里面没有的——《人生的艺术化》一章是著名的例子；这是孟实先生自己最重要的理论。他分人生为广狭两义：艺术虽与“实际人生”有距离，与“整个人生”却并无隔阂；“因为艺术是情趣的表现，而情趣的根源就在人生。反之，离开艺术也便无所谓人生；因为凡是创造和欣赏都是艺术的活动”。他说：“生活上的艺术家也不但能认真而且能摆脱。在认真时见出他的严肃，在摆脱时见出他的豁达。”又引西方哲人之说，“至高的善在无所为而为的玩索”，以为这“还是一种美”。又说：

“一切哲学系统也都只能当作艺术作品去看。”又说：“真理在离开实用而成为情趣中心时，就已经是美感的对象；……所以科学的活动也还是一种艺术的活动。”这样真善美便成了三位一体了。孟实先生引读者由艺术走入人生，又将人生纳入艺术之中。这种“宏远的眼界和豁达的胸襟”，值得学者深思。文艺理论当有以观其会通；局于一方一隅，是不会有真知灼见的。

朱自清，1932年4月，伦敦。

谈美书简

第一辑　谈　美

第二辑　谈美书简

第三辑　谈修养

第四辑　谈文学

代前言：怎样学美学

朋友们：

从1965年到1977年，我有十多年没有和你们互通消息了。“四人帮”反党集团被一举粉碎之后，我才得到第二次解放，怀着舒畅的心情和老骥伏枥的壮志，重理美学旧业，在报刊上发表了几篇文章。相识和不相识的朋友们才知道我这个本当“就木”的老汉居然还在人间，纷纷来信向我提出一些关于学习美学中所遇到的问题，使我颇有应接不暇之势。能抽暇回答的我就回答了，大多数却还来不及回答。我的健康状况，赖经常坚持锻炼，还不算太坏，但今年已八十二岁，毕竟衰老了，而且肩上负担还相当重，要校改一些译稿和文稿，带了两名西方文艺批评史方面的研究生，自己也还在继续学习和研究，此外因为住在首都，还有些要参加的社会活动，够得上说“忙”了。所以来信多不能尽回，对我是一个很大的精神负担。朋友们的不耻下问的盛情都很可感，我怎么能置之不理呢？都理吧，确实有困难，如何是好呢？

不久前，社会科学院外文所在广州召开了工作规划会议。在会议中碰见上海文艺出版社的同志，谈起我1949年前写的一本《谈美——给青年的第十三封信》，认为文字通俗易懂，颇合初学美学的青年们的需要，于是向我建议另写一部新的《谈美》，在这些年来不断学习马列主义、毛泽东思想的基础上，对美学上一些关键性的问题谈点新的认识。听到这个建议，我“灵机一动”，觉得这是一个好机会，让我给来信未复的朋友们做一次总的回答，比草草作复或许可以谈得详细一点。而且到了这样大年纪了，也该清理一下过去发表的美学言论，看看其中有哪些是放毒，有哪些还可继续商讨。放下这个包袱之后，才可轻装上路，去见马克思。这不免使我想起孟子说过的一个故事：从前有一位冯妇力能搏虎，搏过一次虎，下次又遇到一只虎，他又“攘臂下车”去搏，旁观的士大夫们都耻笑冯妇“不知止”。现在我就冒蒙士大夫耻笑的危险，也做一回冯妇吧！

朋友们提的问题很多。最普遍的是：怎样学美学？该具备哪些条件？用什么方法？此外当然还有就具体美学问题征求意见的。例如说：“你过去在美学讨论中坚持所谓‘主客观统一’，还宣扬什么‘直觉说’‘距离说’‘移情说’之类‘主观唯心主义货色’，经过那么久的批判，是否现在又要‘翻案’或‘回潮’呢？”

这类问题在以后信中当相继谈到，现在先谈较普遍的一个问题：怎样学美学？

西方有一句谚语：“条条大路通罗马。”足见通罗马的路并非只有一条。各人资禀不同，环境不同，工作任务的性质不同，就难免要走不同的道路。学美学也是如此，没有哪一条是学好美学的唯一的路。我只能劝诸位少走弯路，千万不要走上邪路。“四人帮”在文艺界进行法西斯专政时，我们都亲眼看到一些人在买空卖空，弄虚作假，公式随便套，帽子满天飞，或者随风转舵，哪里可谋高官厚禄，就拼命往哪里钻，不知人间有羞耻事。这是一条很不正派的邪路，不能再走了。再走就不但要断送个人的前途，而且要耽误我们建设四个现代化的社会主义国家的大业。

我们干的是科学工作，是一项必须实事求是、玩弄不得一点虚假的艰苦工作，既要清醒的头脑和坚定的恒心，也要有排除一切阻碍和干扰的勇气。马克思在《政治经济学批判》序言末尾曾教导我们说：“在科学的入口处，正像在地狱的入口处一样，必须提出这样的要求：‘到这里人们就应该排除一切疑虑；这个领域里不容许有丝毫畏惧！’”[1]归根结底，这要涉及人生态度，是敷敷衍衍、蝇营狗苟地混过一生呢？还是下定决心，做一点有益于人类文化的工作呢？立志要研究任何一门科学的人首先都要端正人生态度，认清方向，要“做老实人，说老实话，办老实事”。一切不老实的人做任何需要实事求是的科学工作都不会走上

---

1 《马克思恩格斯选集》第二卷，第 85 页，人民出版社 1972 年版。这是但丁《神曲·地狱篇》题在地狱门楣上的两句诗，译文略有改动。

正路的。

正路并不一定就是一条平平坦坦的直路，难免有些曲折和崎岖险阻，要绕一些弯，甚至难免误入歧途。哪个重要的科学实验一次就能成功呢？“失败者成功之母。”失败的教训一般比成功的经验更有益。现在是和诸位谈心，我不妨约略谈一下自己在美学这条路上是怎样走过来的。我在1936年由开明书店出版的《文艺心理学》里曾写过这样一段“自白”：

“从前我绝没有梦想到我有一天会走到美学的路上去。我前后在几个大学里做过十四年的大学生，学过许多不相干的功课，解剖过鲨鱼，制造过染色切片，读过艺术史，学过符号逻辑，用过薰烟鼓和电气反应仪器测验过心理反应，可是我从来没有上过一次美学课。我原来的兴趣中心第一是文学，其次是心理学，第三是哲学。因为欢喜文学，我被逼到研究批评的标准、艺术与人生、艺术与自然、内容与形式、语文与思想等问题；因为欢喜心理学，我被逼到研究想象与情感的关系、创造和欣赏的心理活动以及文艺趣味上的个别差异；因为欢喜哲学，我被逼到研究康德（Kant）、黑格尔（Hegel）和克罗齐诸人的美学著作。这样一来，美学便成为我所欢喜的几种学问的联络线索了。我现在相信：研究文学、艺术、心理学和哲学的人们如果忽略美学，那是一个很大的欠缺。”

事隔四五十年，现在翻看这段自白，觉得大体上是符合事实的，只是最后一句话还只顾到一面而没有顾到另一面。我现在（四五十年后的今天）相信：研究美学的人如果不学一点文学、艺术、心理学、历史和哲学，那会是一个更大的欠缺。

为什么要做这点补充呢？因为近几十年我碰见过不少的不学文学、艺术、心理学、历史和哲学，也并没有认真搞过美学的文艺理论“专家”，这些“专家”的“理论”既没有文艺创作和欣赏的基础，又没有心理学、历史和哲学的基础，那就难免要套公式，玩弄抽象概念，你抄我的，我抄你的，以讹传讹。这不但要坑害自己，而且还会在爱好文艺和美学的青年朋友们中造成难以估计的不良影响，现在看来还要费大力，而且主要还要靠有觉悟的青年朋友们自己来清除这种影响。但我是乐观的，深信美学和其他科学一样，终有一天要走上正轨，这是人心所向，历史大势所趋。

我自己在学习美学过程中也走过一些弯路和错路。1949年前几十年中我一直在东奔西窜，学了一些对美学用处不大的学科。例如在罗素的影响之下我认真地学过英、意、德、法几个流派的符号逻辑，还写过一部介绍性的小册子，稿子交给商务印书馆，在抗日战争早期遭火烧掉了。在弗洛伊德（Frend）的影响之下，我费过不少精力研究过变态心理学和精神病治疗，还写过一部《变态心理学》（商务印书馆出版）和一部《变态心理学派别》（开明书店出版）。在抗日战争时期，我心情沉闷，在老友熊十力先生影响之下，读过不少的佛典，认真钻研过“成唯识论”，还看了一些医书和谈碑帖的书，可谓够“杂”了。

此外，我还有一个坏习惯：学到点什么，马上就想拿来贩卖。我的一些主要著作如《文艺心理学》《谈美》《诗论》和英文论文《悲剧心理学》之类都是在学生时代写的。当时作为穷学生，我的动机确实有很大一部分是追求名利。不过这种边买边卖的办法也不是完全没有益处。为着写，学习就得认真些，要就所学习的问题多费些心思来把原书吃透，整理自己的思想和斟酌表达的方式。我发现这也是一个很好的学习方式和思想训练。问题出在我学习得太少了，写得太多太杂了。假如我不那样东奔西窜，在专和精上多下些功夫，效果也许较好些。“事后聪明”，不免有些追悔。所以每逢青年朋友们问我怎样学美学时，我总是劝他们切记毛泽东同志集中精力打歼灭战和先攻主要矛盾的教导。一个战役接着一个战役打，不要东奔西窜，浪费精力。就今天多数青年人来说，目前主要矛盾在资料太少，见闻太狭窄，老是抱着几本“理论专家”的小册子转，一定转不出什么名堂来。学通一两种外语可以勉强看外文书籍了，就可以陆续试译几种美学名著。翻译也是学好外文的途径之一。读了几部美学名著，掌握了必要的资料，就可以开始就专题学习写出自己的心得。选题一定要针对我国当前的文艺动态及其所引起的大家都想解决的问题。例如毛泽东同志给陈毅同志的一封谈诗的信发表之后，全国展开了关于“形象思维”的讨论。这确实是美学中一个关键性的问题，你从事美学，能不闻不问吗？不闻不问，你怎能使美学为现实社会服务呢？你自己怎能得到集思广益和百家争鸣的好处呢？为着弄清“形象思维”问题，你就得多读些有关的资料和书籍，多听些群众的意见，逐渐改正自己的初步想法，从而逐渐深入到问题的核心，逐渐提高自己的认识能力和思考能力。这样学美学，我认为比较踏实些。我希望青年朋友们不要再蹈我的覆辙，轻易动手写什么美学史。美学史或文学史好比导游书，你替旁人导游而自己却不曾游过，就难免道听途说，养成武断和不老实的习惯，不但对美学无补，而且对文风和学风都要起败坏作用。

在我所走过的弯路和错路之中，后果最坏的还是由于很晚才接触到马列主义、毛泽东思想，长期陷在唯心主义和形而上学的泥淖中。1949 年后，特别在五十年代全国范围的美学批判和讨论中，我才开始认真地学习辩证唯物主义和历史唯物主义，从而逐渐认识到自己过去的一些美学观点的错误。学习逐渐深入，我也逐渐认识到真正掌握和运用马列主义并不是一件易事。如果把它看成易事，就必然有公式化和概念化的危险。我还逐渐认识到历史上一些唯心主义的美学大师，从柏拉图、普洛丁到康德和黑格尔，都还应一分为二地看，在美学领域里他们毕竟做出不可磨灭的贡献。这一点认识使我进一步懂得了文化批判继承的道理和钻研马列主义的重要性。所以我在指导我的研究生时，特别要求他们努力掌握马列主义。要掌握马列主义，首先就要一切从具体的现实生活出发，实事求是，彻底清除公式化和概念化的恶劣积习，下次信中再着重地谈一谈这个问题。

从现实生活出发还是从抽象概念出发

朋友们：

在我接到心向美学的朋友们来信中，经常出现的问题是究竟怎样才算美，“美的本质”是什么？

提问“怎样才算美”的朋友们未免有些谦虚。实际上这些朋友们每天都在接触到一些美的和丑的事物，在情感上都有不同程度的感受甚至激动。例如一个年轻小伙子碰见一位他觉得中意的姑娘，他能没有一点美的感受吗？一个人如果不是白痴，对于具体的美和丑都有些认识，这种认识不一定马上就对，但在不断地体验现实生活和加强文艺修养中，它会逐渐由错误到正确，由浅到深，这正是审美教育的发展过程。而现在有些人放弃亲身接触过和感受过的事物不管，而去追问什么美的本质这个极端抽象的概念，我敢说他们会永远抓不着所谓“美的本质”。法国人往往把“美”叫作“我不知道它是什么”（Je ne sais quoi）。可不是吗？柏拉图说的是一套，亚里士多德说的又是一套；康德说的是一套，黑格尔说的又是一套。从马克思主义立场来看，它们都可一分为二，各有对和不对的两方面。事情本来很复杂，你能把它简单化成一个“美的定义”吗？就算你找到“美的定义”了，你就能据此来解决一切文艺方面的实际问题吗？这问题也涉及文艺创作和欣赏中的一系列问题，以后还要谈到，现在只谈研究美学是要从现实生活中的具体的事例出发，还是从抽象概念出发。

引起我先谈这个问题的是一位老朋友的来信。这位朋友在五十年代美学讨论中和我打过一些交道。他去年写过一篇题为《美的定义及其解说》的近万言长文，承他不弃，来信要我提意见。他的问题在现在一般青年美学研究工作者中有普遍意义，所以趁这次机会来公开作复。

请先读他的“美的定义”：

> 美是符合人类社会生活向前发展的历史规律及相应的理想的那些事物的，以其相关的自然性为必要条件，而以其相关的社会性（在有阶级的社会时期主要被阶级性所规定）为决定因素。矛盾统一起来的内在好本质之外部形象特征，诉诸一定人们感受上的一种客观价值。

既是客观规律，又是主观理想；既是内在好本质，又是外部形象特征；既是自然性，又是社会性；既是一定人们感受，又是客观价值。定义把这一大堆抽象概念拼凑在一起，仿佛主观和客观的矛盾就统一起来了。这种玩弄积木似的拼凑倒也煞费苦心，可是解决了什么问题呢？难道根据这样拼凑起来的阁楼，就可以进行文艺创作、欣赏和批评了吗？

“定义”之后还附了十三条“解说”，仍旧是玩弄一些抽象概念，说来说去，并没有把“定义”解说清楚。作者始终一本正经，丝毫不用一点具体形象，丝毫不流露一点情感。他是从艺术学院毕业的，听说搞过雕塑和绘画，但始终不谈一点亲身经验，不举一点艺术实践方面的例证。十九世纪法国帕尔纳斯派诗人为着要突出他们的现实主义，曾标榜所谓“不动情”（impassivité）。“定义”的规定者确实做到了这一点，在文章里怕犯“人情味”的忌讳，阉割了自己，也阉割了读者，不管读者爱听不爱听，他硬塞给你的就只有这种光秃秃硬邦邦的枯燥货色，连文字也还似通不通。到什么时候才能看到这种文风改变过来呢！

读到这个“美的定义”，我倒有“如逢故人”的感觉。这位故人仍是五十年代美学讨论中的故人。当前，党的工作重点实行了转移，“实现四个现代化”成了全国人民的中心任务，各条战线正在热火朝天地大干快上，文艺界面貌也焕然一新。但这一切在这位搜寻“美的定义”的老朋友身上，仿佛都没有起一点作用，他还是那样坐井观天，纹风不动！

十三条“解说”之后又来了一个“附记”。作者在引了毛泽东同志的研究工作不应当从定义出发的教导后，马上就来了一个一百八十度大转弯的“然而”：

“然而同时并不排除经过实事求是的研究而从获得的结论中，归纳、概括、抽绎出定义。”是呀，你根据什么“实事”，求出什么“是”呢？你这是遵循毛主席的“辩证唯物主义路线”吗？

接着作者还来了一个声明：

> 以上“美”的定义，无非自己在美学研究长途中的一个小小暂时“纪程”而已。以后于其视为绊脚石时，自己或旁人，都可以而且应当无所爱惜地踢开它！

这里有一个惊叹号，是文中唯一的动了一点情感的地方，表现出决心和勇气。不过作为一个老友，我应该直率地说，你的定义以及你得出定义所用的方法正是你的绊脚石。你如何处理这块绊脚石，且观后效吧！

读过这篇“美的定义”之后不久，我有机会上过一堂生动的美学课，看到新上演的意大利和法国合摄的电影片《巴黎圣母院》。听到那位既聋哑而又奇丑的敲钟人在见到那位能歌善舞的吉卜赛女郎时，结结巴巴地使劲连声叫“美！美、美……”，我不禁联想起“美的定义”。我想这位敲钟人一定没有研究过“美的定义”，但他的一生事迹，使我深信他是个真正懂得什么是美的人，他连声叫出的“美”确实是出自肺腑的。听到就使我受到极大的震动，悲喜交集，也惊赞雨果毕竟是个名不虚传的伟大作家。这位敲钟人本是一个孤儿，受尽流离困苦才当上一个在圣母院里敲钟的奴隶。圣母院里的一个高级僧侣偷看到吉卜赛女郎歌舞，便动了淫念，迫使敲钟人去把她劫掠过来。在劫掠中敲钟人遭到了群众的毒打，渴得要命，奄奄一息之际，给他水喝因而救了他命的正是他被恶棍主人差遣去劫夺的吉卜赛女郎。她不但不跟群众一起去打他，而且出于对同受压迫的穷苦人的同情，毅然站出来救了他的命。她不仅面貌美，灵魂也美。这一口水之恩使敲钟人认识到什么是善和恶、美和丑，什么是人类的爱和恨。以后到每个紧要关头，他都是吉卜赛女郎的救护人，甚至设法去成全她对卫队长的单相思。把她藏在钟楼里使她免于死的是他，识破那恶棍对她的阴谋的是他，最后把那个恶棍从高楼上扔下摔死，因而替女郎报了仇、雪了恨的也还是他。这个女郎以施行魔术的罪名被处死，尸首抛到地下墓道里，他在深夜里探索到尸首所在，便和她并头躺下，自己也就断了气。就是这样一个五官不全而又奇丑的、处在社会最下层的小人物，却显出超人的大力、大智和大勇乃至大慈大悲。这是我在文艺作品中很少见到的小人物的高大形象。不瞒你说，我受到了很大的感动。

我说这次我上了一堂生动的美学课。这不仅使我坚定了一个老信念——现实生活经验和文艺修养是研究美学所必备的基本条件，而且使我进一步想到美学中的一些关键问题。首先是自然美与艺术美的关系和区别问题。现实中有没有像敲钟人那样的小人物的高大形象呢？我不敢做出肯定或否定的回答，我只能说，至少我是没有见过。我认为雨果所写的敲钟人是艺术创造出来的奇迹，是经过夸张虚构、集中化和典型化才创造出来的。敲钟人的身体丑烘托出而且提高了他的灵魂美。这样，自然丑本身作为这部艺术作品中的一个重要因素，也就转化为艺术美。艺术必根据自然，但艺术美并不等于自然美，而自然丑也可以转化为艺术美，这就说明了艺术家有描写丑恶的权利。

这部影片也使我回忆起不久前读过的人民美术出版社1978年印行的《罗丹艺术论》及其附载的一篇《读后记》。罗丹的《艺术论》是一位艺术大师总结长期艺术实践的经验之谈，既亲切而又深刻，在读过《罗丹艺术论》正文之后再读《读后记》，不免感到《读后记》和正文太不协调了。不协调在哪里呢？罗丹是从亲身实践出发的，句句话都出自肺腑；《读后记》是从公式概念出发的，不但蔑视客观事实，而且帽子棍子满天飞。

过去这些年写评论文章和文艺史著作的都要硬套一个千篇一律的公式。先是拼凑一个历史背景，给人一个运用历史唯物主义的假象；接着就“一分为二”，先褒后贬，或先贬后褒，大发一番空议论，歪曲历史事实来为自己的片面论点打掩护。往往是褒既不彻底，贬也不彻底，褒与贬互相抵消。凭什么褒，凭什么贬呢？法官式的评论员心中早有一套法典，其中条文不外是“进步”“反动”“革命”“人民性”“阶级性”“现实主义”“浪漫主义”“世界观”“创作方法”“自然主义”“理想主义”“人性论”“人道主义”“颓废主义”之类离开具体内容就很空洞的抽象概念，随处都可套上，随处都不很合适。任何一位评论员用不着对文艺作品有任何感性认识，就可以大笔一挥，洋洋万言。我很怀疑这种评论有几个人真正要看。这不仅浪费执笔者和读者的时间，而且败坏了文风和学风。现在是应该认真对待这个问题的时候了！

《读后记》的作者对罗丹确实有褒有贬，不过贬抵消了褒。我们先看他对罗丹所控诉的罪状，再考虑一下如果这些罪状能成立，罗丹还有什么可褒的？为什么把他介绍到中国来？

作者一方面肯定了罗丹的现实主义，另一方面又指责罗丹的现实主义“不过是‘写真实’的别名”。我们还记得“写真实”过去在我们中间成了一条罪状，难道现实主义就不要“写真实”吗？作者还挑剔罗丹不该把现实主义说成“诚挚是唯一的法则”，理由是“根本不可能有什么超阶级的‘诚挚’”，试问过去公认的一些阶级成分并不怎么好的现实主义大师，例如莎士比亚、费尔丁、巴尔扎克、易卜生、托尔斯泰等，都不“诚挚”，都在以说谎骗人为业吗？作者还重点地讨论了艺术如何运用丑的问题。他先褒了一笔，肯定罗丹描绘丑陋有不肯粉饰生活的“积极内容”，没有否认自然丑可以转化为艺术美，接着就指责罗丹“偏爱残缺美”，毕竟“含有不健康的消极因素”，因为他“受到了颓废思潮的很深的影响”，“罗丹思想上同颓废派的联系，使他不能正确辨认生活与艺术中的一切美丑现象”。试问罗丹既不能正确辨认生活与艺术中的一切美丑现象，他不就成了白痴吗？还凭什么创造出那些公认为杰出的作品呢？罪状还不仅此，罗丹“偏爱残缺美”，“也破坏了艺术的形式美”，“罗丹作品形式上的缺点正是反映了内容空虚和消极反动”。总之，一戴上“颓废派”的帽子，一个艺术家就必须一棍子打死。请问广大读者们，《罗丹艺术论》和罗丹的作品究竟在哪一点上表明他是个颓废派呢？就历史事实来说，罗丹在思想上同颓废派究竟有什么联系呢？和他联系较多的人是雨果和巴尔扎克，他替这两位伟大小说家都雕过像，此外还有大诗人波德莱尔（Baudelaire），他和罗丹是互相倾慕的。波德莱尔的诗集命名为《罪恶之花》，一出版就成了一部最畅销的书，可见得到了广大群众的批准。但是《罪恶之花》这个不雅驯的名称[1]便注定了他在某些人心目中成了“颓废派”的代表。罗丹和他确实有联系，那他也就成了颓废派。依这种逻辑，雨果和巴尔扎克当然也就应归入颓废派了。要深文罗织，找罪证也不难，雨果不是在《巴黎圣母院》里塑造了五官不全的奇丑的敲钟人吗？巴尔扎克不也写过许多丑恶的人和丑恶的事吗？

1　趁便指出，原文 Mal 应译为“病”，即“世纪病”中的“病”，“罪恶”是误译。

我们在这里并不是要为颓废派辩护。在19世纪末，据说颓废主义是普遍流行的“世纪病”。这是客观事实，而且也有它的历史根源。处在帝国主义渐就没落时期，一般资产阶级文化人和文艺工作者大半既不满现状而又看不清出路，有些颓废倾向，而且还宣扬人性论、人道主义、天才论、不可知论和一些其他奇谈怪论。他们的作品难免有这样和那样的毒素，但毕竟有“不粉饰现实生活的积极内容”，而且在艺术上还有些达到很高的成就，我们究竟应该如何对待他们呢？为着保健防疫，是不是就应干脆把他们一扫而空，在历史上留一段空白为妙呢？这其实就是“割断历史”的虚无主义，与马克思主义毫无共通之处。

朋友们，我和诸位在文艺界和美学界有“同行”之雅，在这封信里与诸位谈心，一个年过八十的老汉还经常带一点火气，难免要冒犯一些人。我实在忍不下去啦！请原谅这种苦口婆心吧！让我们振奋精神，解放思想，肃清余毒，轻装上阵吧！

谈　人

朋友们：

谈美，我得从人谈起，因为美是一种价值，而价值属于经济范畴，无论是使用还是交换，总离不开人这个主体。何况文艺活动，无论是创造还是欣赏、批评，同样也离不开人。

你我都是人，还不知道人是怎么回事吗？世间事物最复杂因而最难懂的莫过人，懂得人就会懂得你自己。希腊人把“懂得你自己”看作人的最高智慧。可不是吗？人不像木石只有物质，而且还有意识，有情感，有意志，总而言之，有心灵。西方还有一句古谚：“人有一半是魔鬼，一半是仙子。”魔鬼固诡诈多端，仙子也渺茫难测。

作为一种动物，人是人类学的研究对象。他经过无数亿万年才由单细胞生物发展到猿，又经过无数亿万年才由类人猿发展到人。正如人的面貌还有类人猿的遗迹，人的习性中也还保留一些兽性，即心理学家所说的“本能”。

我们这些文明人是由原始人或野蛮人演变而来的，除兽性之外，也还保留着原始人的一些习性。要了解现代社会人，还须了解我们的原始祖先。所以马克思特别重视摩根的《古代社会》，把它细读过而且加过评注。恩格斯也根据古代社会的资料，写出《家庭、私有制和国家的起源》。在《自然辩证法》一书中，恩格斯还详细论述了劳动在从猿到人转变过程中的作用，谈到了人手的演变，这对研究美学是特别重要的。古代社会不仅是家庭、私有制和国家政权的摇篮，而且也是宗教、神话和艺术的发祥地。数典不能忘祖，这笔账不能不算。

从人类学和古代社会的研究来看，艺术和美是怎样起源的呢？并不是起于抽象概念，而是起于吃饭穿衣、男婚女嫁、猎获野兽、打群仗来劫掠食物和女俘以及劳动生产之类日常生活实践中极平凡卑微的事物。中国的儒家有一句老话："食、色，性也。""食"就是保持个体生命的经济基础，"色"就是绵延种族生命的男女配合。艺术和美也最先见于食色。汉文"美"字就起于羊羹的味道，中外文都把"趣味"用来指"审美力"。原始民族很早就很讲究美，从事艺术活动。他们用发亮耀眼的颜料把身体涂得漆黑或绯红，唱歌作乐和跳舞来吸引情侣，或庆祝狩猎、战争的胜利。关于这些，谷鲁斯（K. Groos）在《艺术起源》里讲得很详细，较易得到的普列汉诺夫的《没有地址的信》也可以参看。

在近代，人是心理学的主要研究对象。一个活人时时刻刻要和外界事物（自然和社会）打交道，这就是生活。生活是人从实践到认识，又从认识到实践的不断反复流转的发展过程。为着生活的需要，人在不断地改造自然和社会，同时也在不断地改造自己。心理学把这种复杂过程简化为刺激到反应往而复返的循环弧。外界事物刺激人的各种感觉神经，把映像传到脑神经中枢，在脑里引起对对象的初步感性认识，激发了伏根很深的本能和情感（如快感和痛感以及较复杂的情绪和情操），发动了采取行动来应付当前局面的思考和意志，于是脑中枢把感觉神经拨转到运动神经，把这意志转达到相应的运动器官，如手、足、肩、背之类，使它实现为行动。哲学和心理学一向把这整个运动分为知（认知）、情（情感）和意（意志）这三种活动，大体上是正确的。

心理学在近代已成为一种自然科学，在过去是附属于哲学的。过去哲学家主要是意识形态制造者，他们大半只看重认识而轻视实践，偏重感觉神经到脑中枢那一环而忽视脑中枢到运动神经那一环，也就是忽视情感、思考和意志到行动那一环。他们大半止于认识，不能把认识转化为行动。不过这种认识也可以起指导旁人行动的作用。马克思《关于费尔巴哈的提纲》第十一条说"哲学家们只是用不同的方式解释世界，而问题在于改变世界"[1]，就是针对这些人说的。

就连在认识方面，较早的哲学家们也大半过分重视"理性"认识而忽视感

1　马克思：《关于费尔巴哈的提纲》，《马克思恩格斯选集》第一卷，第19页，人民出版社1972年版。

性认识，而他们所理解的“理性”是先验的甚至是超验的，并没有感性认识的基础。这种局面到十七八世纪启蒙运动中英国的培根和霍布士等经验派哲学家才把它转变过来，把理性认识移置到感性认识的基础上，把理性认识看作感性认识的进一步发展。英国经验主义在欧洲大陆上发生了深远影响，它是机械唯物主义的先驱，费尔巴哈就是一个著例。他“不满意抽象的思维而诉诸感性的直观；但是他把感性不是看作实践的、人类感性的活动”[1]，对现实事物“只是从客体的或者直观的形式去理解，而不是把它们当作人的感性活动，当作实践去理解”，结果是人作为主体的感性活动、实践活动、能动的方面，却让唯心主义抽象地发展了。而且“他没有把人的活动本身理解为客体的活动”[2]。这份《提纲》[3]是马克思主义哲学的核心，但在用词和行文方面有些艰晦，初学者不免茫然，把它的极端重要性忽视过去。这里所要解释的主要是认识和实践的关系，也就是主体（人）和客体（对象）的关系。费尔巴哈由于片面地强调感性的直观（对客体所观照到的形状），忽视了这感性活动来自人的能动活动方面（实践）。毛病出在他不了解人（主体）和他的认识和实践的对象（客体）既是相对立而又相依为命的，客观世界（客体）靠人来改造和认识。而人在改造客观世界中既体现了自己，也改造了自己。因此物（客体）之中有人（主体），人之中也有物。马克思批评费尔巴哈“没有把人的活动本身理解为客体的活动”。参加过五十年代国内美学讨论的人们都会记得多数人坚持“美是客观的”，我自己是从“美是主观的”转变到“主客观统一”的。当时我是从对客观事实的粗浅理解达到这种转变的，还没有懂得马克思在《提纲》中关于主体和客体统一的充满唯物辩证法的阐述的深刻意义。这场争论到现在似还没有彻底解决，来访或来信的朋友们还经常问到这一点，所以不嫌词费，趁此做一番说明，同时也想证明哲学（特别是马克思主义哲学）和心理学的知识对于研究美学的极端重要性。

谈到观点的转变，我还应谈一谈近代美学的真正开山祖康德这位主观唯心论

1　马克思：《关于费尔巴哈的提纲》，《马克思恩格斯选集》第一卷，第 17 页，人民出版社 1992 年版。“感性的”（Sinnlich），有“具体的”和“物质的”意思。

2　马克思：《关于费尔巴哈的提纲》，《马克思恩格斯选集》第一卷，第 16 页，人民出版社 1992 年版。“客体的”，原译为“客观的”，不妥。

3　即《关于费尔巴哈的提纲》，后同。——编者注

者对我的影响，并且进行一点力所能及的批判。大家都知道，我过去是意大利美学家克罗齐的忠实信徒，可能还不知道对康德的信仰坚定了我对克罗齐的信仰。康德自己承认英国经验派怀疑论者休谟把他从哲学酣梦中震醒过来，但他始终没有摆脱他的“超验”理性或“纯理性”。在《判断力的批判》上部，康德对美进行了他的有名的分析。我在《西方美学史》第十二章里对他的分析结果做了如下的概括叙述：

> 审美判断不涉及欲念和利害计较，所以有别于一般快感以及功利的和道德的活动，即不是一种实践活动；审美判断不涉及概念，所以有别于逻辑判断，即不是一种概念性认识活动；它不涉及明确的目的，所以与审美的判断有别，美并不等于（目的论中的）完善。
>
> 审美判断是对象的形式所引起的快感。这种形式之所以能引起快感，是因为它适应人的认识功能（即想象力和知解力），使这些功能可以自由活动并且和谐地合作。这种心理状态虽不是可以明确地认识到的，却是可以从情感的效果上感觉到的。审美的快感就是对于这种心理状态的肯定，它可以说是对于对象形式（客体）与主体的认识功能的内外契合……所感到的快慰。这是审美判断中的基本内容。

康德的这种美的分析有一个明显的致命伤。他把审美活动和整个人的其他许多功能都割裂开来，思考力、情感和追求目的的意志在审美活动中都从人这个整体中阉割掉了，留下来的只是想象力和知解力这两种认识功能的自由运用与和谐合作所产生的那一点快感。这两种认识功能如何自由运用与和谐合作，也还是一个不可知的秘密，因为他明确地说过“审美趣味方面没有客观规则”，艺术是“由自然通过天才来规定法则的”。他把美分为“纯粹的”和“依存的”两种，“美的分析”只针对“纯粹美”，到讨论“依存美”时，康德又把他原先所否定的因素偷梁换柱式地偷运回来，前后矛盾百出。就对象（客体）方面来看也是如此，他先肯定审美活动只涉及对象的形式，也就是说，与对象的内容无关；可是后来讨论“理想美”时却又说“理想是把个别事物作为适合于表现某一观念的形象显现”，这种“观念”就是“一种不确定的理性概念”，“它只能在人的形体上见出，在人的形体上，理想是道德精神的表现”。

指出如此等类的矛盾，并不是要把康德一棍子打死。康德对美学问题是经过深思熟虑的，发现其中有不少难解决的矛盾。他自己虽没有解决这些矛盾，却没有掩盖它们，而是认为可以激发后人的思考，推动美学的进一步发展。不幸的是后来他的门徒大半只发展了他的美只涉及对象的形式和主体的不带功利性的快感，即只涉及“美的分析”那一方面，而忽视了他对于“美的理想”“依存美”和对“崇高”的分析那另一方面。因此就产生了“为艺术而艺术”“形式主义”，克罗齐的“艺术即直觉”“美学只管美感经验”，美感经验是“孤立绝缘的”［明斯特贝格（Münsterberg）］、和实际事物保持“距离”的（缪勒·弗兰因斐尔斯）以及“超现实主义”，象征派的“纯诗”运动，帕尔纳斯派的“不动情感”“取消人格”之类五花八门的流派和学说，其中有大量的歪风邪气，康德在这些方面都是始作俑者。

近一百年中对康德持异议的也大有人在。例如康德把情感和意志排斥到美的领域之外，继起的叔本华就片面强调意志，尼采就宣扬狂歌狂舞、动荡不停的“酒神精神”和“超人”，都替后来德国法西斯暴行建立了理论基础。这种事例反映了帝国主义垂危时期的社会动荡和个人自我扩张欲念的猖獗。这个时期变态心理学开始盛行，主要的代表也各有一套美学或文艺理论，都明显地受到尼采和叔本华的影响。首屈一指的是弗洛伊德。他认为原始人类婴儿对自己父母的性爱和妒忌所形成的“情意综”（男孩对母亲的性爱和对父亲的妒忌叫作“俄狄浦斯情意综”，女孩对父亲的性爱和对母亲的妒忌叫作“厄勒克特拉情意综”）。到了现在还暗中作祟，采取化装，企图在文艺中得到发泄。于是文艺就成了“原始性欲本能的升华”。弗洛伊德的门徒之一阿德勒却以个人的自我扩张欲（叫作“自我本能”）代替了性欲。自我本能表现于“在人上的意志”，特别是生理方面有缺陷的人受这种潜力驱遣，努力向上，来弥补这种缺陷。例如贝多芬、莫扎特和舒曼都有耳病，却都成了音乐大师。

像上面所举的这类学说现在在西方美学界还很流行，其通病和康德一样，都在把人这个整体宰割开来成为若干片段，单挑其中一块来，就说人原来如此，或是说，这一点就是打开人这个秘密的锁钥，也是打开美学秘密的锁钥。这就如同传说中的盲人摸象，这个说象是这样，那个说象是那样，实际上都不知道真象究竟是个啥样。

谈到这里，不妨趁便提一下，十九世纪以来西方美学界在研究方法上有机械观与有机观的分野。机械观来源于牛顿的物理学。物理学的对象本来是可以拆散开来分零件研究，把零件合拢起来又可以还原的。有机观来源于生物学和有机化学。有机体除单纯的物质之外还有生命，这就必须从整体来看，分割开来，生命就消灭了。解剖死尸，就无法把活人还原出来。机械观是一种形而上学，有机观就接近于唯物辩证法。上文所举的康德以来的一些美学家主要是持机械观的。当时美学界有没有持有机观的呢？为数不多，德国大诗人歌德便是一个著例，他在《搜藏家和他的伙伴们》的第五封信中有一段话是我经常爱引的：

> 人是一个整体，一个多方面的内在联系着的各种能力的统一体。艺术作品必须向人这个整体说话，必须适应人的这种丰富的统一体，这种单一的杂多。

这就是有机观。这是伟大诗人从长期文艺创作和文艺欣赏中所得到的经验教训，不是从抽象概念中出来的。着重人的整体这种有机观，后来在马克思的《经济学—哲学手稿》里得到进一步发展，为辩证唯物主义和历史唯物主义奠定了基础。关于这一点，我们在以后的信里还要详谈。

关于马克思主义与美学的一些误解

朋友们：

前信提到马克思关于人的全面发展的整体看法。在说明这个看法之前，先要瞭望一眼马克思主义与美学这个总的局势以及对这个问题的一些流行的误解。

头一个基本问题是：我们如果不弄通马克思主义，是否也可以研究美学？我想，口头上大概是没有人会说研究美学用不着马克思主义的。但是口头上承认，不等于实际上就认真去做。我们提倡“解放思想”，但不能从马克思主义思想中“解放”出来。搞文艺理论的人满街走，是不是所有的人都在认真钻研马克思主义呢？这是值得注意的一个问题。不肯钻研的人有很多借口，其中之一就是马克思主义创始人并没有写过一部美学或文艺理论的专著，说不上有一个完整的美学体系。关于这一点，待以后信中再谈。此外林彪、“四人帮”横行时期，打着马克思主义大旗来反对马克思主义，严重破坏了我们的学风，至今余毒犹存，也影响了一些同志的学习热情。还有些真心实意要想运用马克思主义来搞美学的同志，有时也会误入与马克思主义背道而驰的道路上去。比如，片面强调美的客观性，坚持美与主观思想感情无关，硬说形象思维是子虚乌有，闭口不敢谈人性论、人道主义和人情味，等等。在学会就具体问题进行具体分析的马克思主义的科学方法之前，简单化总是走抵抗力最弱的道路。

我自己经常就这个问题进行反省，还是不敢打包票，保证自己已免疫了。柏拉图、康德、黑格尔和克罗齐这些唯心主义的美学大师统治了我前大半生的思想，先入为主，我怎么能打这种包票呢？不过有一点我现在是确信不移的，这就是：研究美学如果不弄通马克思主义，那就会走入死胡同。有人会问：你的那些祖师爷，柏拉图、康德、黑格尔等都没有接触到马克思主义，不是在美学上都有很高的造诣吗？我回答说：他们行，我们现在可不行，理由很简单，历史在进展，我们和他们处在不同时代和不同类型的社会。他们的现实生活不是我们的现实生活，我们所要解决的问题和所凭借的物质基础、思想资料和他们的已大不相同。马克思主义在今天已掌握了广大群众，工人阶级已成了主宰世界的力量。我们已进入了大工业时代，我们的文艺的服务对象是广大的劳动人民而不是少数有闲阶级和精神贵族；我们的文艺媒介已经发展到电影和电视而不仅仅是书本、小剧场或小型展览。现在全世界各民族之间的文化交流已比过去远为广泛而迅速，没有哪一个民族可以"闭关自守"。凡此种种都说明历史在前进。马克思主义的诞生和传播，社会主义国家的兴起和发展都标志着人类历史上的一个空前重大的转折点，难道今天进行任何部门的科学研究，能抛开马克思主义吗？就我个人来说，尽管我很晚才接触到马克思主义，近二十多年来一直还在摸索，但已感觉到这方面的学习已给我带来了新生，使我认识到对我的那些唯心主义祖师爷也要运用辩证唯物主义和历史唯物主义进行分析批判，去伪存真，批判继承，为我所用，而绝不能亦步亦趋地走他们的老路，走老路就是古人所说的"刻舟求剑"，总不免劳而无功。在踏上四个现代化的新的征途上，全国人民意气风发，形势一片大好，眼看经济高涨会带来科学文化的高涨。我对马克思主义美学在我国的宏大远景抱有坚定不移的信心，下定决心要趁余年尽一点绵薄的力量。我不一定亲身就能看得到这种宏大远景的到来，但是深信广大的新生力量一定会同心协力地沿着马克思主义的光明大道，把美学这把火炬传递下去，胜利终究是属于我们的！

第二个问题是上文已提到的，马克思主义创始人没有写过一部美学或文艺理论专著，是否就没有一个完整的美学体系呢？写过或没有写过美学专著，和有没有完整的美学体系并不是一回事。马克思主义创始人没有写过美学专著，这是事实；说因此就没有一个完整的美学体系，这却不是事实。某些人有这种误解，和《马克思恩格斯论文艺》的选本有关。选本对于普及马列文艺思想和帮助初学者入门，应该说还是有点用处的。但目前流行的几种选本有个共同的毛病：就是画了一些专题的鸽子笼，把马克思主义创始人的论著整章整段地割裂开来，打散了，把上下文的次第也颠倒过来了，于是东捡一鳞，西拾一爪，放进那些专题鸽子笼里去，这样支离破碎，使读者见不到一部或一篇论著的整体和前后的内在联系。这样怎么还能见出马列主义的完整体系呢？这类选本之中也有比较好的，例如较早的东德李夫希兹（Lifschitz）的《马克思恩格斯论艺术》（有中译本）和苏联国家出版社编的较简赅的《马克思恩格斯论文学》。编得最坏的是俄文本《马克思恩格斯论艺术》（也有中译本），其中一开始便是“艺术创作的一般问题”，用大量篇幅选些关于“革命悲剧”“现实历史中的悲剧和喜剧”“黑格尔的美学”等方面论著，仿佛这些就是艺术理论中的首要问题。至于真正的首要问题——辩证唯物主义和历史唯物主义，反降到次要地位，选目也很零碎。例如马克思的《关于费尔巴哈的提纲》这样对马克思主义的实践观点特别重要的文献竟没有入选。我们自己根据这类选本编的《马克思恩格斯论文艺》也有同样的毛病而分量更单薄，而各大专院校所经常讨论的项目就更单薄，注意力往往集中到评论具体作者和具体作品的几封信上去。从这些零星片面的资料来看，当然很难看得出马克思主义创始人已经有一套完整的美学体系了。

问题还在于什么才是美学体系？以往的美学大师没有哪一位没有完整的体系，唯心的或是唯物的，形而上学的或是辩证的。单拿马克思来说，美学在他的整个思想大体系中只是一个小体系。小体系是不能脱离大体系来理解的。马克思主义大体系就是辩证唯物主义和历史唯物主义，以及从此生发出来的认识来自实践的基本观点。实践是具有社会性的人凭着他的“本质力量”或功能对改造自然和社会所采取的行动，主要见于劳动生产和社会革命斗争。应用到美学里来说，文艺也是一种劳动生产，既是一种精神劳动，也并不脱离体力劳动；既能动地反映自然和社会，也对自然和社会起改造和推进作用。作为一种意识形态，文艺归根到底要受经济基础的决定作用，反过来又对经济基础和政法的上层建筑发生反作用。人与自然（包括社会）绝不是两个互不相干的对立面，而是不断地互相斗争又互相推进的。因此，人之中有自然的影响，自然也体现着人的本质力量，这就是“人化的自然”和“人的对象化”，也就是主客观统一的基本观点。从这个基础的实践观点出发，马克思既揭示了文艺的起源和性质，又追溯了文艺经过不同社会类型的长久演变，还趁便分析一些具体文艺作家和作品，从而解决了一系列文艺创作方面的重要问题，例如现实主义与浪漫主义，莎士比亚化与席勒方式，人物性格与典型环境的关系，文艺与物质媒介的关系，文艺与批判继承的关系，以及作为对需要的供应，文艺与读者、观众的关系，如此等等。试问这一切还不能构成马克思主义美学的完整体系吗？对我们造成困难的是这个完整体系是经过长期发展而且散见于一系列著作中的，例如从《经济学—哲学手稿》《德意志意识形态》《关于费尔巴哈的提纲》《政治经济学批判》，直到《剩余价值论》《资本论》和一系列通信。要说体系，马克思主义美学体系比起过去任何美学大师（从柏拉图、亚里士多德到康德、黑格尔和克罗齐）所构成的任何体系都更宏大，更完整，而且有更结实的物质基础和历史发展的线索。我们的困难就在于要掌握这个完整体系，就非亲自钻研上述一系列的完整的经典著作不可。这是一条曲折而又崎岖的道路，许多马克思主义美学信徒都没有勇气战胜困难而妄想找“捷径”，于是语录式的《马克思恩格斯论文艺》之类支离破碎的选本就应运而起。人们就认为这些选本已把马克思主义美学的山珍海味烹调成了一盘“全家福”，足供我们享受而有余了。专靠“吃现成饭”过活的人生活就不会过得好。要弄通马克思主义美学的完整体系，就不但要亲口咀嚼，不要靠人喂，而且还要亲自费力去采集原料，亲手去烹调，这样吃下去才易消化，才真正地受用。

宇宙是一个整体，人类社会和自然界也是一个整体，自然科学和社会科学也日渐构成一个整体。“荷叶藕，满塘转”，互相因依，牵一发即动全身。所以我们绝不能把美学看成一门独立自足的科学，把门关起来靠“自力更生”。有些立志要搞美学的人既不学哲学，又不学历史，又没有文艺实践经验，连与美学密切相关的心理学、社会学、文学史、艺术史、语言学乃至宗教神话之类也不想问津，甚至对当前文艺动态也漠不关心，而关起门来“深思默索”，玩弄概念游戏，像蜘蛛一样，只图把肚子里的丝吐出来，就结成一面包罗万象的大网。这是妄想！只学马克思主义而不学其他，也绝学不通马克思主义。美学也是如此，试想一想马克思在指导工人运动之外，还积蓄了多么渊博的学识！而且还写出那么多的不朽著作！学马克思主义也好，学马克思主义美学也好，首先要学习马克思的这种认真刻苦、勇猛前进的精神。

目前我们都还有一个外语难关要破。试想一想，马克思、恩格斯和列宁之中哪一位不精通几种外语？不但能用外语阅读，而且能用外语写作。为什么学习美学也要攻克外语难关？因为学会外语，才能掌握不可缺少的资料。马克思、恩格斯在《共产党宣言》里就已指出，在世界市场既已形成的资本主义时代：

……过去那种地方和民族的自给自足和闭关自守状态，被各民族的各方面的互相往来和各方面的互相依赖所代替了。物质的生产是如此，精神的生产也是如此。各民族的精神产品成了公共的财产。民族的片面性和局限性日益成为不可能，于是由许多种民族的和地方的文学形成了一种世界文学。[1]

这里“文学”一词原文是 Literatur，原指“文献”，包括各门学问的资料，当然也包括文学艺术方面的资料。搞一门科学，先要占领它的主要资料（书本的和实地调查的）。无论是马克思主义经典论著，还是美学论著，我们已占领的资料实在贫乏得可怜。我经常接到许多青年美学爱好者来信托我买书寄资料，我体会到他们的难处，但是我也无法可设，常叫他们失望，我感到这是很大的精神负担。不但他们，我自己近二三十年来在资料方面也长久与世隔绝，真是束手无策，坐井观天。近来我又在重新摸索二十多年前就已摸索过的马克思在 1844 年写的而在 1932 年才在柏林出版的《经济学—哲学手稿》，因为这部手稿对学习马克思主义美学是必不可少的。我仍经常遇到困难。我找了两部中译本来读，想得到些帮助。可是原来没有懂的还是不易搞懂，而且发现译文比原文更难懂，一则对原文误解不少，二则中文也嫌拖沓生硬。因此我更感到外语这一关必须攻破，中文也还有研究的必要。作为练习，我就从这部手稿中关键性的两章自己摸索着译，译出来自己还是不满意，不过对原文比过去似懂得多一点，功夫还不是白费的。我也趁此摸了摸这方面的资料的底，才知道近三十年来全世界马克思主义研究者都在对这部手稿进行着热烈的争论，西方已出的书刊就有无数种，而我却毫无所知。科学资料工作我们实在太落后了，科学研究工作怎么能搞得上去呢？听说社会科学院有关部门也在研究这部手稿和翻译介绍有关的资料，我祝愿这项工作早日成功，把译出的资料公开发行。

1 《马克思恩格斯选集》第一卷，第 255 页，人民出版社 1972 年版。

艺术是一种生产劳动

朋友们：

前两信收尾时曾谈到马克思的辩证唯物主义彻底解决了人与自然、主体与客体、心与物这些对立面的统一，现在就单从艺术方面来看这种辩证统一是如何通过劳动来实现的。艺术是一种生产劳动，是精神方面的生产劳动，其实精神生产与物质生产是一致的，而且是互相依存的。我们的根据主要是马克思的《经济学—哲学手稿》和《资本论》第一卷里关于“劳动”和恩格斯的《自然辩证法》中关于“从猿到人”的论述。

在《经济学—哲学手稿》里，马克思要论证人类何以必然要废除资本主义社会的私有制，才能达到共产主义。他是从劳动者及其劳动来看这个问题的。在私有制之下，一切财富都是由劳动者生产出来的，而劳动者却不但被剥夺去他的生产资料、生活资料和劳动产品，而且还被剥夺去他作为社会人的“本质力量”或固有才能，沦为机器零件，沦为商品，过着非人的生活。马克思把这种情况叫作“异化”。要彻底废除私有制，才能彻底消除这种“异化”，才能进入共产主义。马克思给真正的共产主义下了一个意义深远的定义：

> 共产主义就是作为人的自我异化的私有制的彻底废除，因而就是通过人而且为着人，来真正占有人的本质。所以共产主义就是人在此前发展出来的全部财富范围之内，全面地自觉地回到人自己，即回到一种社

会性的（即人性的）人的地位。这种共产主义作为完善化的[1]自然主义，就等于人道主义；作为完善化的人道主义也就等于自然主义。共产主义就是人与自然之间和人与人之间的对立冲突的真正解决，也就是存在与本质，对象化与自我肯定，自由与必然，个体与物种之间纠纷的真正解决。共产主义就是历史谜语的解决，而且认识到自己就是这种解决。[2]

这是辩证唯物主义的一个较早的提法，是贯穿在全部手稿中的一条红线。马克思在下文又就人与社会的关系做了补充：

自然中所含的人性的本质只有对于社会的人才存在；因为在社会里，自然对于人才作为人和人的联系纽带而存在——他为旁人而存在，旁人也为他而存在——这是人类世界的生活要素[3]。只有这样，自然才作为人自己的人性的存在的基础而存在。只有这样，对人原是自然的存在才变成他的人性的存在，自然对于他就成了人。因此，社会就是人和自然的完善化的统一体——自然的真正复活——人的彻底的自然主义和自然的彻底的人道主义。

从此可见，人道主义与自然主义的辩证统一含有两点互相因依的要义：人之中有自然，自然之中也有人。人得到充分发展要靠自然得到充分发展，自然得到充分发展也要靠人得到充分发展。自然是人的肉体食粮和精神食粮的来源，是人的生产劳动的基础和手段。人在劳动中才开始形成社会。生产劳动就是社会性的人凭他的本质力量对自然的加工改造。在这过程中，自然日益受到人的改造，就日益丰富化，就成了“人化的自然”；人发挥了他的本质力量，就是肯定了他自己，他的本质力量就在改造的自然中“对象化”了，因而也日益加强和提高了。这就是人在改造自然之中也改造了自己。人类历史就这样日益进展下去，直到共产主

1　“完善化的”，即“充分发展的”“彻底的”。

2　本篇所引《经济学—哲学手稿》《资本论》和《自然辩证法》三部经典著作的译文都根据德文版重新做了校正，书中不再一一注明中译本页码。

3　“要素”，即“基本原则”。

义，人和自然双方都会得到充分发展，这就是“人的彻底的自然主义和自然的彻底的人道主义”的辩证统一。

中国先秦诸子有一句老话：“人尽其能，地尽其利。”“人尽其能”就是彻底的人道主义，“地尽其利”就是彻底的自然主义。不过这句中国老话没有揭示人与自然的统一和互相因依，只表达了对太平盛世的一种朴素的愿望。马克思却不仅揭示了人与自然的统一，而且替共产主义奠定了一个稳实的哲学基础，实际上也替美学和艺术奠定了一个马克思主义的哲学基础。就是在讨论人与自然的统一时，马克思提出了“美的规律”，我们不妨细心研究一下马克思的原话：

> 通过实践来创造一个对象世界，即对有机自然界进行加工改造，就证实了人是一种存在。……动物固然也生产，它替自己营巢造窝，例如蜜蜂、海狸和蚂蚁之类。但是动物只制造它自己及其后代直接需要的东西，它们只片面地生产，而人却全面地生产；动物只有在肉体直接需要的支配之下才生产，而人却在不受肉体需要的支配时也生产，而且只有在不受肉体需要的支配时，人才真正地生产；动物只生产动物，而人却在生产整个自然界；动物的产品直接联系到它的肉体，而人却自由地对待他的产品。动物只按照它所属的那个物种的标准和需要去制造，而人却知道怎样按照每一个物种的标准来生产，而且知道怎样到处把本身固有的标准运用到对象上来制造，因此，人还按照美的规律来制造。

从这段重要文献可以看出以下几点：

一、精神生产和物质生产的一致性。人通过劳动实践对自然加工改造，创造出一个对象世界。这条原则既适用于工农业的物质生产，也适用于包括文艺在内的精神生产。这两种生产都既要根据自然，又要对自然加工改造，这就肯定了文艺的现实主义，排除了文艺流派中的自然主义。

二、人不同于动物在于人有自意识（自觉性）。他意识到自己就是人类一个成员，而且根据这种认识来生产。动物只在受肉体直接需要的支配之下片面地生产，人却是根据人类的深远需要全面地自由地生产。这就肯定了文艺的广阔题材和社会功用。具体的实例是蜜蜂营巢和建筑师仿制蜂房的分别。

三、“人还按照美的规律来制造。”人的生产无论是精神的还是物质的，都与美有联系，而美有美的规律。这句话前面有“因此”连接词，足见是总结全段上文。“此”显然指上文所列的两条。一条是“人知道怎样按照每个物种的标准来生产”。标准就是由每个物种的需要来决定的规律。动物只按自己所属的那个物种的直接需要来制造，例如蜂营巢，人却全面地自由地生产，能运用每个物种的标准，例如建筑师既能仿制蜂巢，又能建造高楼大厦和其他工程。这就是前一条的要求。另一条比前一条更进了一步，“人知道怎样到处把本身固有的标准运用到对象上去来制造”。这本身固有标准是属于对象的，也就是根据对象本身固有的规律。恩格斯论述“从猿到人”时说：“我们对自然界的整个统治，是在于我们比一切其他动物强，能够认识和正确运用自然规律。”马克思所说的“对象本身固有的规律”也就是恩格斯所说的“自然规律”。就文艺来说，这就涉及认识整个客观世界和人们所曾探讨的文艺本身的各种规律。可见“美的规律”是非常广泛的，也可以说就是美学本身的研究对象。

马克思在《经济学—哲学手稿》里还说过：“人是用全面的方式，因而是作为整体的人，来掌握他的全面本质。”这个“人的整体”观点也是文艺方面的一条基本规律。“本质”有时也叫作“本质力量”，究竟是些什么呢，马克思举例如下：

> 视、听、嗅、味、触、思维、观照、情感、意志、活动、生活，总之，人的个体所有的全部器官以及在形式上属于社会器官[1]一类的那些器官，都是针对着对象，要占领或掌管该对象，要占领或掌管人类的现实界，它们针对对象的活动就是人类的现实生活的活动。

过去心理学只把视、听、嗅、味、触叫作“五官”，每一种器官管一种感觉。马克思把器官扩大到人的肉体和精神两方面的全部本质力量和功能。五官之外他还提到思维、意志、情感[2]。器官的功用不仅在认识或知觉，更重要的是

1 “社会器官”，即交流思想情感的器官，主要指语言器官。

2 在另一段还提到“爱情”。

“占领或掌管人类的现实界”的“人类现实生活的活动”。这就必然要包括生产劳动的实践活动，其中包括艺术和审美活动。各种感官都是在长期历史发展中由实践经验逐渐形成的，“各种感官的形成是从古到今全部世界史的工作成果”。

举听觉为例，马克思说过：

> 正如只有音乐才能唤醒人的音乐感觉。对于不懂音乐的耳朵，最美的音乐也没有意义，就不是它的对象，因为我的对象只能是我的本质的表现。

这两句极简单的话解决了美和美感以及美的主观性或客观性的问题。上句说音乐美感须以客观存在的音乐为先决条件，下句说音乐美也要靠有“懂音乐的耳朵”这个主观条件。请诸位想一想：第一，美单是主观的，或单是客观的吗？第二，美能否离开美感而独立存在呢？想通了这两个问题，许多美学上的问题就可以迎刃而解了。

马克思的《资本论》是他的思想成熟时期的主要著作，它是否就已抛弃了《经济学—哲学手稿》的一些基本论点呢？我们现在就来研究一下《资本论》第一卷第三篇第五章中马克思对“劳动过程”所做的著名的总结，其中关键性段落如下：

> 劳动首先是人和自然都参加的一种过程，在这种过程中，人凭自己的活动作为媒介，来调节和控制他跟自然之间的物质变换。人自己也作为一种自然物质来对待自然物质。他为着要用一种对自己生活有利的方式去占领自然物质，于是发动肉体的各种自然力，例如肩膀、腿以及头和手。人在通过这种运动对自然加工改造之中，也就在改造他本身的自然（本性），促使他的原来睡眠着的各种潜力得到发展，并且服从他的控制。我们在这里讨论的不是原始动物的本能的劳动，现在的劳动是由劳动者拿到市场上出卖的一种商品，和原始动物的本能劳动的情况已隔着无数亿万年了。我们现在谈的是人类所特有的那种劳动。蜘蛛结网，颇类似织工纺织；蜜蜂用蜡来造蜂房，使许多人类建筑师都感到惭愧。

但是就连最拙劣的建筑师也比最灵巧的蜜蜂要高明，因为建筑师在着手用蜡来造蜂房之前，就已经在头脑里把那蜂房构成了。劳动过程结束时所取得的成果在劳动过程开始时就已存在于劳动者的观念中了，已经以观念的形式存在着了。他不仅造成自然物的一种形态改变，同时还在自然中实现了他所意识到的目的。这个目的就给他的动作的方式和方法规定了法则（或规律）。他还必须使自己的意志服从这个目的。这种服从并不仅在一些零散动作上，而是在整个劳动过程中各种劳动器官都要紧张起来，此外还要行使符合目的的意志，具体表现为集中注意（聚精会神）。劳动的内容和进行方式对劳动者（须有吸引力）[1]，吸引力愈少，劳动者就愈不能从劳动中感到运用肉体和精神两方面的各种力量的乐趣，同时也就愈需要加强集中注意。

这段引文有以下几个要点值得特别注意：

一、开宗明义就指出“劳动首先是人和自然都参加的一种过程”，说明主体和客体都不可偏废。人在劳动过程中改造了自然也改造了自己。这还是贯穿在《经济学—哲学手稿》中的人道主义与自然主义统一那条红线。

二、这里沿用了蜜蜂造蜂房的例证来重申人的自觉性。人与动物的分别在人在劳动生产之前心里已先有蓝图，有了观念（idea，即“意象”）和目的（生产品的功用），而这个目的就规定了动作的方式和方法的法则（规律），即《经济学—哲学手稿》中“物种标准”和对象“本身固有的规律”。成品出产以前先以观念或意象（蓝图）的形式存在脑里，这就肯定了形象思维。

三、这里重申了各种劳动器官的全面合作，都要紧张起来，这就表现为“注意”或“聚精会神”。能引起“注意”和“紧张”就说明劳动的内容和方式都有吸引力，使劳动者在劳动中感到发挥全身本质力量的“乐趣”。这“乐趣”就是美感。美感首先是由生产劳动本身引起的。所以说，艺术起源于劳动。

《经济学—哲学手稿》和《资本论》里的论“劳动”对未来美学的发展具有我们多数人还没有想象到的重大意义。它们会造成美学领域的彻底革命，我们只

1　括号中内容是为了读起来通顺而加入的。——引者

消回顾一下以往统治西方美学的从康德到克罗齐那一系列的唯心主义大师的论点，把它们和马克思主义的论点细心比较一下，便会明白这个道理。

《资本论》里关于“劳动”的论述足以证明马克思在成熟时期并没有放弃《经济学—哲学手稿》中的一些基本论点。能证明这一点的还有恩格斯的《自然辩证法》中的关于“从猿到人”的论述。这篇一八七六年才写成的论文是《经济学—哲学手稿》的最透辟的阐明和进一步的发挥。文字较通俗易读，读者如果细心对照一下，便会看出它和《经济学—哲学手稿》是一脉相承的。

恩格斯也是从生产劳动来看人和社会发展的。他一开始就说：“劳动和自然界一起才是一切财富的源泉，……它是整个人类生活的第一基本条件，……劳动创造了人本身。”在人本身各种器官之中恩格斯特别强调了人手、人脑和语言器官的特殊作用。人手在劳动中得到高度发展，到能制造劳动工具时，手才“变得自由”，“所以人手不仅是劳动的工具，它还是劳动的产物”。人手在长期历史发展中通过劳动愈来愈完善、愈灵巧：

> 在这个基础上人手才能仿佛凭着魔力似的产生了拉斐尔的绘画、托尔瓦德森的雕刻以及帕格尼尼的音乐。

这个实例就足能生动地说明艺术起源于劳动了。

恩格斯还根据达尔文的生长关联律，证明手不是孤立的，手的改变也引起脚和其他器官的改变。人脚能直立，行动更方便，人的眼界也扩大了，在自然事物中不断发现新的属性了。劳动的发展必然促进人与人的互助协作，“到了彼此间有些什么非说不可了”，这就产生了语言的器官。语言是从劳动中并和劳动一起产生出来的。不但人，就连某些动物（如鸟），也能学会一种语言，从此就获得“依恋、感谢等表现情感的能力”了。“首先是劳动，然后是语言和劳动一起，成了两个最主要的推动力，使人的脑髓及其所统辖的各种器官一齐发展起来，日渐趋于完善化，从而人的意识也愈来愈清楚，抽象能力和推理能力也日渐发展起来了。等到人完全形成，就产生了社会这个新因素，作为一种有力的推动力，同时也使人的行动有更确定的方向。”

这里说的“社会”不是本能式的社会性，而是有组织的、形成制度的团体。

有了社会，“人有能力进行愈来愈复杂的活动，提出和达到愈来愈高的目的”，劳动本身也日益多样化和完善化，游牧打猎之外又有了农业、商业、手工业和航行术。接着恩格斯对社会发展史做了简括的叙述：

同商业和手工业一起，最后出现了艺术和科学，从部落发展成了民族和国家。法律和政治发展起来了，而且和它们一起，人的存在在人脑中的幻想的反映——宗教，也发展起来了。

由于这些意识形态都“首先表现为头脑的产物”，头脑似乎是统治着人类社会的东西，手所制造的东西就退到次要地位，手的活动便仿佛只是执行脑所计划好的劳动，人们便习惯于把全部文明归功于脑的活动即思维的活动，这样就产生了唯心主义世界观，认识不到劳动在社会发展中所起的作用了。

恩格斯尽管指出唯心主义世界观使存在与思维的关系本末倒置，却也丝毫不贬低人在统治自然之中思维所起的巨大作用，他拿人和动物比较说：

但是人离开动物愈远，他们对自然界的作用就愈带有经过思考的，有计划的，向着一定的和事先知道的目标前进的特征。

此外，人统治自然的能力也远比动物大：

动物仅仅利用外部自然界……而人则通过他所做出的改变来使自然界为他的目的服务，来支配自然界。这便是人同其他动物的最后的本质的区别所在，而造成这一区别的还是劳动。

……我们对自然界的整个统治，是在于我们比其他一切动物强，能够认识和正确运用自然规律。

人愈正确地理解自然规律，也就愈会认识到：

人自身和自然界的一致，而那种把精神和物质、人类和自然、灵魂和肉体对立起来的荒谬的反自然的观点，也就愈不可能存在了。

这是一个极其重要的结论，这正是马克思在《经济学—哲学手稿》里所做出的人道主义与自然主义的统一那个结论。从此可以见出认为《经济学—哲学手稿》的基本观点已过时以及“美纯粹是客观的”之类说法是多么“荒谬和反自然”了。

冲破文艺创作和美学中的一些禁区

朋友们：

我国从1949年以来，在党的百花齐放、推陈出新的方针指引下，文艺才获得了新生，在短短的三十年之中，出现了前所未有的繁荣景象。不过，发展的道路向来是崎岖曲折的，在这三十年之中，我们不断受到左的和右的干扰……对文艺创作和理论凭空设置了一些禁区，强迫文艺界就范，因而造成了万马齐喑的局面。今天，一场马克思主义的思想解放运动正在深入展开，形势是很好的；但有些同志面对着过去形成的一些禁区仍畏首畏尾，裹足不前。这种徘徊观望状态是和四个现代化的步伐不合拍的。让我们运用马克思主义的思想武器，一起来冲破禁区吧。

要冲破的究竟有哪些禁区呢？

一、首先就是"人性论"。什么叫作"人性"？它就是人类自然本性。古希腊有一句流行的文艺信条，说"艺术模仿自然"，这个"自然"主要就指"人性"。西方从古希腊一直到现代还有一句流行的信条，说文艺作品的价值高低取决于它模仿（表现、反映）自然是否真实。我想不出一个伟大作家或理论家曾经否定过这两个基本信条，或否定过这两个信条的出发点，尽管"人性论"在性善性恶的问题上常有分歧。我们中国过去在人性论问题上也基本上和西方一致，可是近来"人性论"在我们中间却成了一条罪状或一个禁区。特别在流行的文学史课本中说某个作家的出发点是人性论，就是对他判了刑，至少是嫌他美中不足。为什么出现了这种论调呢？据说是相信人性论，就要否定阶级观点，仿佛是自从人有了阶级性，就失去了人性，或者说，人性就不再起作用。显而易见，这对马克思主义者所强调的阶级观点是一种歪曲。人性和阶级性的关系是共性与特殊性或全体与部分的关系。部分并不能代表或取消全体，肯定阶级性并不是否定人性。在前信里，我们已经看出马克思所强调的“人的肉体和精神两方面的本质力量”便是人性，马克思早年正是由此出发来论证无产阶级革命的必要性和必然性，论证要使人的本质力量得到充分的自由发展，就必须消除私有制的。毛主席关于“人性”的阐述也很明确：

> 有没有人性这种东西？当然有的。但是只有具体的人性，没有抽象的人性。在阶级社会里就是只有带着阶级性的人性，而没有什么超阶级的人性。[1]

很明显，阶级性也是在人性的基础上形成的。到了共产主义时代，阶级消失了，人性不但不消失，而且会日渐丰富化和高尚化。那时文艺虽不再具有阶级性，却仍必然要反映人性，当然反映的是具体的人性。所谓“具体”，就是体现于阶级性以外的其他特性，体现于共产主义时代的具体人物和具体情节。

总之，凭阶级观点围起来的这种“人性论”禁区是建筑在空虚中的，没有结实基础的。望人性论而生畏的作家们就必然要放弃对人性的深刻理解和忠实描绘，这样怎么能产生名副其实的文艺作品呢？有不少的作家正坐此弊，因而只能产生一些田园诗式或牧歌式的歌颂和一些抽象的空洞概念的图解。要打破这种固定不变的公式，首先就要打破“人性论”这个禁区。打破这个禁区，新文艺才能踏上康庄大道。这也是“不破不立”大原则中的一个事例。

二、与“人性论”这个禁区密切相联系的还有壁垒同样森严的“人道主义”禁区。人道主义是西方文艺复兴时代作为反封建、反教会而提出来的一个口号。尽管它有时还披着宗教的伪装，但是以人道代替神道的基本思想最后终于冲破了基督教会在西方长达一千余年的黑暗统治。在法国资产阶级革命中《人权宣言》所标榜的“自由”和“平等”以及后来添上的“博爱”，就是人道主义的具体政

1 《毛泽东选集》第三卷，第 827 页，人民出版社 1967 年版。

治内容。所以人道主义在近代西方起过推动历史前进的作用，后来基督教会把“博爱”这个它早已用过的口号片面地加以夸大，遂使人道主义狭窄化为“慈善主义”或“慈悲主义”，成了帝国主义对内宣扬阶级妥协、对外宣扬殖民统治的武器。总之，人道主义在西方是历史的产物，它有一个总的核心思想，就是尊重人的尊严，把人放在高于一切的地位，因为人虽是一种动物，却具有一般动物所没有的自觉心和精神生活。人道主义可以说是人的本位主义，这就是古希腊人所说的“人是衡量一切事物的标准”，我们中国人所常说的“人为万物之灵”。人的这种“本位主义”虽然显得抽象、空泛，是在孤立地谈论人的本质，而且资产阶级在实际上追求的，还是个人的绝对自由和个性解放，但在剥削阶级占统治地位的社会中，显然有它的积极的社会效用，人自觉到自己的尊严地位，就要在言行上争取配得上这种尊严地位。马克思早期也曾谈到过人道主义，他把人道主义与自然主义的统一看作真正共产主义的体现。在美学方面，且不说贯穿康德和黑格尔美学著作的都是人道主义，就连激进派车尔尼雪夫斯基也说得很明确：

> 在整个感性世界里，人是最高级的存在物；所以人的性格是我们所能感觉到的世界上最高的美。至于世界上其他各级存在物只有按照它们暗示到人或令人想到人的程度，才或多或少地获得美的价值。[1]

为什么我们中间有些理论家特别是文学史课本的编写者，一遇到人道主义就嗤之以鼻呢？难道因为它是资产阶级货色，便连作为研究对象的资格也没有吗？这无异于要倒掉洗婴儿的脏水，就连婴儿也要一起倒掉。真正的马克思主义者，既要看到人道主义的时代局限和阶级局限，又要看到它在历史上的进步作用，不能因为人道主义的发明权是资产阶级的，便连革命人道主义也不讲了。

三、由于否定了人性论，“人情味”也就成了一个禁区，因为人情也还是人性中的一个重要因素。在文艺作品中人情味就是人民所喜闻乐见的东西。有谁爱好文艺而不要求其中有一点人情味呢？可是极“左”思潮泛滥时，人情味居然成了文艺作品的一条罪状。对巴金和老舍等同志的一些小说杰作、艾青同志的一些

---

1 《美学论文选》，第 41—42 页，人民文学出版社 1959 年版。译文有改动。

诗歌以及对影片《早春二月》的批判和打击至今记忆犹新，而余毒也似未尽消除。人情味的反面是呆板乏味。文艺作品而没有人情味会成什么玩意儿呢？那只能是公式教条的图解或七巧板式的拼凑。今天敲敲打打吹上了天，明日便成了泄了气的气球，难道这种“文艺作品”的命运我们看到的还少吗？无论在中国还是在外国，最富于人情味的母题莫过于爱情。自从否定了人情味，细腻深刻的爱情描绘就很难见到了。为什么有相当长的一个时期中人们都不爱看我们自己的诗歌、戏剧、小说和电影，等到一打倒“四人帮”，大家都如饥似渴地寻找外国文艺作品和影片呢？还不是因为我们自己的作品人情味太少、“道学气”太重了吗？道学气都有一点伪善或弄虚作假。难道这和现实主义文艺或浪漫主义文艺有任何共同之处吗？提到政治思想的高度来说，难道社会主义社会中的男男女女都要变成和尚尼姑，不许尝到、也不许表现出人世间的悲欢离合吗？人们也许责骂我的这种想法是要求文艺“自由化”，也就是说，要社会主义文艺向资本主义国家的文艺投降。但是文艺究竟能不能“交流”和“借鉴”而不至于“投降”呢？如果把冲破“四人帮”极左思想的桎梏理解为“自由化”，我就不瞒你说，我要求的正是“自由化”！

四、人性论和人情味既然都成了禁区，“共同美感”当然也就不能幸免。有人认为肯定了共同美感，就势必否定阶级观点。毫无疑问，不同的阶级确实有不同的美感。焦大并不欣赏贾宝玉所笃爱的林妹妹，文人学士也往往嫌民间大红大绿的装饰“俗气”。可是这只是事情的一个方面，事情还有许多其他方面，因为美感这个概念是很模糊的，美感的来源也是很复杂的。过去有些美学家认为美仅在形色的匀称、声音的调和之类形式美，另外一些美学家却把重点放在内容意义上，辩证唯物主义则强调内容和形式的统一。就美感作为一种情感来说，它也是非常复杂的，过去美学家们大半认为美感是一种愉快的感觉，可是它又不等于一般的快感，不像渴时饮水或困倦后酣睡那种快感。有时美感也不全是快感，悲剧和一般崇高事物如狂风巨浪、悬崖陡壁等所产生的美感之中却夹杂着痛感。喜剧和滑稽事物所产生的美感也是如此。同一美感中也有发展转变的过程，往往是生理和心理交互影响的。过去心理学在这方面已做过不少的实验和分析工作，已得到了一些公认的结论，但是需要进一步研究的问题也还很多。现在我们中间不少人对这方面的科学研究还毫无所知，或只是道听途说，就轻易对美感下结论，轻易把“共同美感”打入禁区，这也是一个学风问题。

究竟有没有共同美感呢？

根据何其芳同志在1977年《人民文学》第九期里回忆毛泽东同志谈话的文章，毛泽东同志是肯定了共同美感的。他说：“各个阶级有各个阶级的美，各个阶级也有共同的美，‘口之于味，有同嗜焉’。”我们在前面介绍《经济学—哲学手稿》和《资本论》的那封信里也已经看到马克思肯定了人类物质生产和精神生产要符合“美的规律”，而且肯定了这两种生产都因为人在劳动中发挥了肉体和精神两方面的本质力量而感到乐趣。这种乐趣不就是美感吗？马克思因此进一步肯定了艺术起源于劳动。劳动是人类的共同职能，它所产生的美感能不是人类共同美感吗？

马克思和毛泽东同志都是全世界无产阶级革命导师，同时也都是“共同美感”的见证人。马克思在一系列的著作中高度评价了过去奴隶社会、封建社会和资本主义社会的一系列的文艺杰作，从古希腊的神话、史诗、悲剧、喜剧，文艺复兴时代的但丁的《神曲》、莎士比亚的悲剧、塞万提斯的《堂吉诃德》，直至近代巴尔扎克的《人间喜剧》，而且早年还亲自写过爱情诗。毛泽东同志也是如此，对中国古典文学有着渊博、深湛的认识和终生不倦的钻研和爱好，而且在自己的光辉的诗词中吸取了中国古典文学精华，甚至不放弃古典诗词的格律，真正做到了推陈出新。难道这两位革命导师对各种类型社会的古典文艺的爱好不足以证明不同的时代、不同的民族和不同的阶级有共同的美感吗？

还不仅此，否定共同美感，就势必要破坏马克思主义关于文化（包括文艺在内）的两大基本政策：一是对传统的批判继承，一是对世界各民族的文化的交流借鉴、截长补短。在文艺方面这两大政策的实施不但促进了文艺繁荣，也促进了各民族之间的互相了解、和平共处。否定共同美感，就势必割断历史，不可能有批判继承；也势必闭关自守、坐井观天，不可能有交流借鉴。你们想想，生今之世，难道能否定文化继承和文化交流吗？

五、特别要冲破的是江青和她的走卒们所鼓吹的“三突出”谬论对于人物性格所设置的一些禁区。文艺作品总离不开人，特别是叙述故事情节的戏剧和小说，亚里士多德把戏剧中的角色叫作“在行动中的人”，马克思主义者把他们叫作“典型环境中的典型人物”。角色之中有主次之分，首要的角色叫作“主角”，在西文为“hero”。这个西文词的一般意义是“英雄”，主角可以是英雄人物，也可以是所谓“中间人物”或“小人物”。在封建社会，戏剧和小说的主角大半是些英雄人物，因为当时只有封建社会上层人物才能作为主角，反映在文艺作品里，为着维护或颂扬他们身份的高贵尊严，他们大半被描写成为英雄人物。不过只是在悲剧性或严肃性的作品里是如此，至于喜剧性的作品里如莫里哀的《伪君子》和《贵人迷》之类喜剧主角却都不是什么英雄人物而是些卑鄙可笑的人物。到了近代资产阶级登上了政治舞台，因而也登上了文艺舞台，文学流派中现实主义便占了上风，情形就有了彻底的变化。现实主义派抛弃过去歌颂英雄人物和伟大事迹的习尚，有意识地描写社会下层人物。从此最流行的是小说，特别是在资产阶级当权较早的英国。十八世纪一些著名小说家如笛福、理查逊和菲尔丁等人，他们所写的人物，大半不是什么“英雄”而是名副其实的“中间人物”（当时英国资产阶级称作“中间阶级”），所写的事迹也不是宫廷显赫人物的政治大事，而是一般家庭纠纷或流浪汉冒险寻金之类投机勾当。在十九世纪俄国现实主义之中，写“小人物”和“多余的人”便作为一个正式口号提了出来。莱蒙托夫的著名小说《当代英雄》（本应译为《现时代的主角》）中的主角毕乔林就不是什么英雄人物而是典型的小人物或多余的人物。过去时代的主角是统治阶级的领导人物，而“现时代的主角”却是毕乔林之类没落阶级的悲观厌世、行为卑鄙的人物了。

我约略叙述这种历史转变，因为从此可以揭示“四人帮”在文艺方面所吹嘘的“三突出”谬论的反动性。这批害人虫妄图把封建时代突出统治阶层首脑人物的老办法拖回到现代文艺作品里来，骨子里还是为着突出他们自己，为他们篡党夺权做思想准备。他们理想中的英雄人物有两大特点：第一是十全十美，没有一点瑕疵；第二是始终一致，出台时是啥样性格，收场时还是啥样性格。这两点都歪曲人性，又背离发展观点，结果使文艺作品中的主角不是有血有肉的人，而是概念、公式的图解或漫画式的夸张。近代英国小说家福斯特（E.M.Forster）在《论小说的各方面》一书中论述了见不出冲突发展的“平板人物”和见出冲突发展的“圆整人物”之别，认为小说不应写出前一种人物而应写出后一种人物。“四人帮”所吹捧的恰是前一种，所禁忌的恰是后一种，在他们眼里看来，宋江不应有“坐楼杀惜”，李逵也应该莽撞到底，伽利略那样有重大发明的科学家，就宁可放弃完成他的科学巨著而不应贪生怕死，看到烤鹅肉也不能那样馋。他们狂妄无知竟到了这种程度！

其次，由于他们片面地突出“英雄人物的高大形象”，就把所谓“中间人物”和“小人物”列入禁区。描绘小人物和中间人物的能手赵树理同志的作品就被打入冷宫，而且作家本人也被迫害致死。想起无数类似的事例，谁能不痛心疾首！遭殃的并不限于一些优秀作家和优秀作品，还应想一想由江青盗窃来而加以窜改歪曲的八部“样板戏”成了几多大大小小的作家们的“样板”？几多人有意识地或无意识地陷入那批人妖所设置的陷阱？结果形成了什么样的文风？在青年一代思想中造成了多么大的危害？

冲破他们所设置的禁区，解放思想，按照文艺规律来繁荣文艺创作，现在正是时候了！

从生理学观点谈美与美感

朋友们：

你们来信常追问我：美是什么？美感是什么？美与美感有什么关系？美是否纯粹是客观的或主观的？我在第二封信里已强调过这样从抽象概念出发来对本质下定义的方法是形而上学的。要解决问题，就要从具体情况出发，而审美活动的具体情况是极其复杂的。前信已谈到从马克思在《资本论》里关于“劳动”的分析看，就可以看出物质生产和精神生产都有审美问题，既涉及复杂的心理活动，又涉及复杂的生理活动。这两种活动本来是分不开的，为着说明的方便，姑且把它们分开来说。在第三封信《谈人》里我们已约略谈了一点心理学常识，现在再就节奏感、移情作用和内模仿这三项来谈一点生理学常识。

一、节奏感。节奏是音乐、舞蹈和歌唱这些最原始也最普遍的三位一体的艺术所同具的一个要素。节奏不仅见于艺术作品，也见于人的生理活动。人体中呼吸、循环、运动等器官本身的自然的有规律的起伏流转就是节奏。人用他的感觉器官和运动器官去应付审美对象时，如果对象所表现的节奏符合生理的自然节奏，人就感到和谐和愉快，否则就感到“拗”或“失调”，就不愉快。例如听京戏或鼓书，如果演奏艺术高超，像过去的杨小楼和刘宝全那样，我们便觉得每个字音和每一拍的长短高低快慢都恰到好处，有“流转如弹丸”之妙，如果某句落掉一拍，或某板偏高或偏低，我们全身筋肉就仿佛突然受到一种不愉快的震撼，这就叫作节奏感。为着跟上节奏，我们常用手脚去“打板”，其实全身筋肉都在“打板”。这里还有心理上的“预期”作用。节奏总有一种习惯的模式。听到上一板，我们就“预期”下一板的长短高低快慢如何，如果下一板果然符合预期，美感便加强，否则美感就遭到破坏。在这种美或不美的节奏感里你能说它是纯粹主观的或纯粹客观的吗？或者说它纯粹是心理的或纯粹是生理的吗？

节奏是主观与客观的统一，也是心理和生理的统一。它是内心生活（思想和情趣）的传达媒介。艺术家把应表现的思想和情趣表现在音调和节奏里，听众就从这音调节奏中体验或感染到那种思想和情趣，从而起同情共鸣。

举具体事例来说，试比较分析一下这两段诗：

> 噫吁嚱！危乎高哉！蜀道之难，难于上青天！……其险也若此，嗟尔远道之人胡为乎来哉！
>
> —李白《蜀道难》
>
> 昵昵儿女语，恩怨相尔汝。划然变轩昂，勇士赴敌场。浮云柳絮无根蒂，无地阔远随飞扬。……跻攀分寸不可上，失势一落千丈强！
>
> —韩愈《听颖师弹琴》

李诗突兀沉雄，使人得到崇高风格中的惊惧感觉，节奏比较慢，起伏不平。韩诗变化多姿，妙肖琴音由缠绵细腻，突然转到高昂开阔，反复荡漾，接着的两句就上升的艰险和下降的突兀做了强烈的对比，音调节奏恰恰传出琴音本身的变化。正确的朗诵须使音调节奏暗示出意象和情趣的变化发展。这就必然要引起呼吸、循环、发音等器官乃至全身筋肉的活动。你能离开这些复杂的生理活动而谈欣赏音调节奏的美感吗？你能离开这种具体的美感而抽象地谈美的本质吗？

节奏主要见于声音，但也不限于声音，形体长短大小粗细相错综，颜色深浅浓淡和不同调质相错综，也都可以见出规律和节奏。建筑也有它所特有的节奏，所以过去美学家们把建筑比作“冻结的或凝固的音乐”。一部文艺作品在布局上要有“起承转合”的节奏。我读姚雪垠同志的《李自成》，特别欣赏他在戎马仓皇的紧张局面之中穿插些明末宫廷生活之类安逸闲散的配搭，既见出反衬，也见出起伏的节奏，否则便会平板单调。我们有些音乐和文学方面的作品往往一味高昂紧张，就有缺乏节奏感的毛病。“一张一弛，文武之道也！”

二、移情作用：观念联想。十九世纪以来，西方美学界最大的流派是以费肖尔（R.Vischer）父子为首的新黑格尔派，他们最大的成就在对于移情作用的研究和讨论。所谓“移情作用”（einfuhlung）指人在聚精会神中观照一个对象（自然或艺术作品）时，由物我两忘达到物我同一，把人的生命和情趣“外射”或移注到对象里去，使本无生命和情趣的外物仿佛具有人的生命活动，使本来只有物理的东西也显得有人情。最明显的事例是观照自然景物以及由此产生的文艺作品。我国诗词里咏物警句大半都显出移情作用。例如下列名句：

相看两不厌，唯有敬亭山。

——李白

感时花溅泪，恨别鸟惊心。

——杜甫

癫狂柳絮随风舞，轻薄桃花逐水流。

——杜甫

数峰清苦，商略黄昏雨。

——姜夔

可堪孤馆闭春寒，杜鹃声里斜阳暮。

——秦观

都是把物写成人，静的写成动的，无情写成有情，于是山可以看人而不厌，柳絮可以癫狂，桃花可以轻薄，山峰可以清苦，领略黄昏雨的滋味。从此可见，诗中的“比”和“兴”大半起于移情作用，上例有些是显喻，有些是隐喻，隐显各有程度之差。较隐的是姜、秦两例，写的是景物，骨子里是诗人抒发自己的黄昏思想和孤独心情。上举各例也说明移情作用和形象思维也有密切关系。

移情说的一个重要代表里普斯（Lipps）反对从生理学观点来解释移情现象，主张要专用心理学观点，运用英国经验主义派的“观念联想”（特别是其中的“类似联想”）来解释。他举希腊建筑中的多利克式石柱为例。这种石柱支持上面的沉重的平顶，本应使人感到它受重压而下垂，而我们实际看到的是它仿佛在耸立上腾，出力抵抗。里普斯把这种印象叫作“空间意象”，认为它起于类似联想，石柱的姿态引起人在类似情况中耸立上腾、出力抵抗的观念或意象，在聚精会神中就把这种意象移到石柱上，于是石柱就仿佛耸立上腾、奋力抵抗了。里普斯的这种看法偏重移情作用的由我及物的一方面，唯心色彩较浓。

三、移情作用：内模仿。同属移情派而与里普斯对立的是谷鲁斯。他侧重移情作用的由物及我的一方面，用的是生理学观点，认为移情作用是一种“内模仿”。在他的名著《动物的游戏》里举过看跑马的例子：

> 一个人在看跑马，真正的模仿当然不能实现，他不但不肯放弃座位，而且有许多理由使他不能去跟着马跑，所以只心领神会地模仿马的跑动，去享受这种内模仿所产生的快感。这就是一种最简单、最基本、最纯粹的审美的观赏了。

他认为审美活动应该只有内在的模仿而不应有货真价实的模仿。如果运动的冲动过分强烈，例如西欧一度有不少的少年因读了歌德的《少年维特之烦恼》就模仿维特自杀，那就要破坏美感了。正如中国过去传说有人看演曹操老奸巨猾的戏，就义愤填膺，提刀上台把那位演曹操的角色杀掉，也不能起美感一样。

谷鲁斯还认为内模仿带有游戏的性质。这是受到席勒和斯宾塞尔的“游戏说”的影响，把游戏看作艺术的起源，从文艺的创作和欣赏的角度看，内模仿确实有很多例证。上文已谈到的节奏感就是一例。中国文论中的“气势”和“神韵”，中国画论中的“气韵生动”都是凭内模仿作用体会出来的。中国书法向来自成一种艺术，康有为在《广艺舟双楫》里说字有十美，其中如“魄力雄强”“气象浑穆”“意态奇逸”“精神飞动”之类显然都显出移情作用的内模仿，书法往往表现出人格，颜真卿的书法就像他为人一样刚正，风骨凛然；赵孟𫖯的书法就像他为人一样清秀妩媚，随方就圆。我们欣赏颜字那样刚劲，便不由自主地正襟危坐，模仿他的端庄刚劲；我们欣赏赵字那样秀媚，便不由自主地松散筋肉，模仿他的潇洒婀娜的姿态。

西方作家描绘移情中内模仿事例更多，现在举十九世纪两位法国的著名的小说家为例。一位是女作家乔治·桑（George Sand），她在《印象和回忆》里说：

> 我有时逃开自我，俨然变成一棵植物，我觉得自己是草，是飞鸟，是树顶，是云，是流水，是天地相接的那一条地平线，觉得自己是这种颜色或是那种形体，瞬息万变，去来无碍，时而走，时而飞，时而潜，时而饮露，向着太阳开花，或栖在叶背安眠。天鹨飞举时我也飞举，蜥蜴跳跃时我也跳跃，萤火和星光闪耀时我也闪耀。总之，我所栖息的天地仿佛全是由我自己伸张出来的。

另一位是写实派大师福楼拜（Flaubert），他在通信里描绘他写《包法利夫人》那部杰作时说：

> 写作中把自己完全忘却，创造什么人物就过着什么人物的生活，真是一件快事。今天我就同时是丈夫和妻子，情人和姘头（小说中的人物——引者注），我骑马在树林里漫游，时当秋暮，满林黄叶（小说中的情景——引者注），我觉得自己就是马，就是风，就是两人的情话，就是使他们的填满情波的眼睛眯着的那道阳光。

这两例都说明作者在创作中体物入微，达到物我同一的境界，就引起移情作用中的内模仿。凡是模仿都或多或少地涉及筋肉活动，这种筋肉活动当然要在脑里留下印象，作为审美活动中一个重要因素。过去心理学家认为人有视、听、嗅、味、触五官，其中只有视、听两种感官涉及美感。近代美学日渐重视筋肉运动，于五官之外还添上运动感官或筋肉感官（kinetic sense），并且倾向于把筋肉感看作美感的一个重要因素。其实中国书家和画家早就明白这个道理了。

四、审美者和审美对象各有两种类型。审美的主体（人）和审美的对象（自然和文艺作品）都有两种不同的类型，而这两种类型又各有程度上的差别和交叉，这就导致美与美感问题的复杂化。先就人来说，心理学早就把人分成“知觉型”和“运动型”。例如看一个圆形，知觉型的人一看到圆形就直接凭知觉认识到它是圆的，运动型的人还要用眼睛沿着圆周线做一种圆形的运动，从这种眼球筋肉运动中才体会到它是圆的。近来美学家又把人分成“旁观型”和“分享型”，大略相当于知觉型和运动型。纯粹旁观型的人不易起移情作用，更不易起内模仿活动，分明意识到我是我，物是物，却仍能欣赏物的形象美。纯粹分享型的人在聚精会神中就达到物我两忘和物我同一，必然引起移情作用和内模仿。这种分别就是尼采在《悲剧的诞生》里所指出的日神精神（旁观）与酒神精神（分享）的分别。狄德罗（Diderot）在他的《谈演员》的名著里也强调过这个分别。他认为演员也有两种类型，一种演员演什么角色，就化成那个角色，把自己全忘了，让那个角色的思想情感支配自己的动作姿势和语调。另一种演员尽管把角色演得惟妙惟肖，却时时刻刻冷静地旁观自己的表演是否符合他早已想好的那个“理想的范本”。狄德罗本人则推尊旁观型演员而贬低分享型演员，不过也有人持相反的看法。上面所介绍过的里普斯显然属于知觉型和旁观型，感觉不到筋肉活动和内模仿，谷鲁斯却属于运动型或分享型。因此，两人对于美感的看法就不能相同。

我还记得五十年代的美学讨论中攻击的靶子之一就是我的“唯心主义的”移情作用，现在趁这次重新谈美的机会，就这个问题进行一番自我分析和检讨。我仍得坦白招认，我还是相信移情作用和内模仿的。这是事实俱在，不容一笔抹杀。我还想到在 1859 年左右移情派祖师费肖尔的五卷本《美学》刚出版不久，马克思就在百忙中把它读完而且做了笔记，足见马克思并没有把它一笔抹杀，最好进一步就这方面进行一些研究再下结论。我凭个人经验的分析，认识到这问题毕竟很复杂。在审美活动中尽管我一向赞赏冷静旁观，有时还是一个分享者，例如我读《史记·刺客列传》叙述荆轲刺秦王那一段，到“图穷匕首见”时我真正为荆轲提心吊胆，接着到荆轲“左手把秦王之袖而右手持匕首揕之”时，我确实从自己的筋肉活动上体验到“持”和“揕”的紧张局面。以下一系列动作我也都不是冷静地用眼睛看到的，而是紧张地用筋肉感觉到的。我特别爱欣赏这段散文，大概这种强烈的筋肉感也起了作用，因此，我相信美感中有筋肉感这个重要因素。我还相信古代人、老年人、不大劳动的知识分子多属于冷静的旁观者，现代人、青年人、工人和战士多属于热烈的分享者。

审美的对象也有静态的和动态的两大类型。首先指出这个分别的是德国启蒙运动领袖莱辛。他在《拉奥孔》里指出诗和画的差异。画是描绘形态的，是运用线条和颜色的艺术，线条和颜色的各部分是在空间上分布平铺的，也就是处于静态的。诗是运用语言的艺术，是叙述动作情节的，情节的各部分是在时间上先后承续的，也就是处于动态的。就所涉及的感官来说，画要通过眼睛来接受，诗却要通过耳朵来接受。不过莱辛并不排除画也可化静为动，诗也可化美为媚。“媚”就是一种动态美。拿中国诗画为例来说，画一般是描绘静态的，可是中国画家一向把“气韵生动”“从神似求形似”“画中有诗”作为首要原则，都是要求画化静为动。诗化美为媚，就是把静止的形体美化为流动的动作美。《诗经·卫风》中有一章描绘美人的诗便是一个顶好的例：

……手如柔荑（嫩草），肤如凝脂（凝固的脂肪），领如蝤蛴（颈像蚕蛹），螓（一种虫）首蛾眉，齿如瓠犀（瓜子）；巧笑倩兮，美目盼兮！

前五句罗列头上各部分，用许多不伦不类的比喻，也没有烘托出一个美人来。最后两句突然化静为动，着墨虽少，却把一个美人的姿态神情完全描绘出来了。读前五句，我丝毫不起移情作用和内模仿，也不起美感，读后两句，我感到活跃的移情作用、内模仿和生动的美感。这就说明客观对象的性质在美感里确实会起重要的作用。同是一个故事情节写在诗里和写在散文里效果也不同。例如白居易的《长恨歌》和陈鸿的《长恨歌传》不同；同是一个故事情节写在一部小说或剧本里，和表演在舞台上或放映在电视里效果也各不相同，不同的观众也有见仁见智、见浅见深之别。

我唠叨了这半天，目的是要回答开头时所提的那几个问题。首先，美确实要有一个客观对象，要有“巧笑倩兮，美目盼兮”这样美人的客观存在。不过这种姿态可以由无数不同的美人表现出，这就使美的本质问题复杂化。其次，审美也确要有一个主体，美是价值，就离不开评价者和欣赏者。如果这种美人处在空无一人的大沙漠里，或一片漆黑的黑夜里，她的“巧笑倩兮，美目盼兮”能产生什么美感呢？凭什么能说她美呢？就是在闹市大白天里，千千万万人都看到她，都感到她同样美吗？老话不是说：“情人眼底出西施”吗？不同的人会见到不同的西施，具有不同的美感吗？

我们在前信已说明过在审美活动中主体和对象两方面的具体情况都极为复杂。我们当前的任务是先仔细调查和分析这些具体情况，还是急急忙忙先对美和美感的本质及其相互关系做出抽象的结论来下些定义呢？我不敢越俎代庖，就请诸位自己做出抉择吧！

形象思维与文艺的思想性

朋友们：

形象思维的客观存在及其在文艺中的作用，在心理学和美学这些科学领域里应该说是早已有定论了。可是我国近年来却有人提出异议，否认文艺要用形象思维，甚至根本否认形象思维的存在。1977 年 1 月，毛泽东同志《给陈毅同志谈诗的一封信》发表了。信中说："诗要用形象思维，不能如散文那样直说，所以比、兴两法是不能不用的。……宋人多数不懂诗是要用形象思维的，一反唐人规律，所以味同嚼蜡。"联系到新诗前途，信中还进一步指出："要作今诗，则要用形象思维方法，反映阶级斗争与生产斗争，古典绝不能要。"这个重要文件的发表，对于解决了国内早已引起争论的形象思维这一重大问题，是具有积极作用的，近三年来就已在文艺界和美学界产生了广泛的影响。目前辩论还正在继续进行。这是一个振奋人心的大好形势。

我在两篇文稿里曾较详细地谈过这场争论，现在再试用通俗语言来和诸位谈一谈我对这个问题的看法。

在第三封信《谈人》里我已约略谈到认识和实践的关系以及感性认识和理性认识的关系，现在不妨回顾一下，因为形象思维与此是密切相关的。什么叫作思维？思维就是开动脑筋来掌握和解决面临的客观现实生活中的问题。所以思维本身既是一种实践活动，又是一种认识活动。思维分为两个步骤：第一步是掌握具体事物的形象，如色、声、嗅、味、触之类感官所接触到的形式和运动都在头脑里产生一种映像。这是原始的感性认识，有种种名称，例如感觉、映像、观念或表象。把从感性认识所得来的各种映像加以整理和安排，来达到一定的目的，这就叫作形象思维。把许多感性形象加以分析和综合，求出每类事物的概念、原理或规律，这是从感性认识飞跃到理性认识，这种思维就是抽象思维或逻辑思维。

举个具体的例子来说，到北海公园散步，每前走一步都接触到一些具体事物，亭台楼阁呀，花草虫鱼呀，水光塔影呀，男男女女、老老少少呀，只要是我们注意到的，他们都在我们脑里留下一些映像，其中有一部分能引起我们兴趣的就储存在我们记忆里。在散步中我们也不断遇到一些实际生活的问题，走累了就想找个地方休息，口渴了就想喝点什么，看到游艇，就动了划船的念头，如此等等。解决这类具体问题，就要我们开动一下脑筋，进行一点思维，这种实际生活所引起的思维绝大部分都是形象思维。要休息吧，就想到某堆山石后某棵大树下的座椅较安静，儿童游乐场附近较热闹，你的抉择要看你爱清静还是爱热闹；要喝茶吧，就想到茶在北海公园里不易得，啤酒也稀罕，就去喝点汽水算啦，如此等等。就连我这个整天做科研工作的老汉在这些场合也不去进行抽象思维，因为那里没有这个必要。我举逛北海公园的例子要说明的是形象思维确实存在，不单是在文艺创作中，就连在日常生活中也是经常运用的；单是形象思维也不一定就产生文艺作品。

当然也有人逛北海公园会起作诗作画或写游记的兴致。北海公园里那么多的好风景和人物活动当然不能整个都放到诗或画里，总要凭自己思想感情的支配，从许多繁复杂乱的映像之中把某些自己中意而且也可使旁人中意的映像挑选出来加以重新组合和安排，创造出一个叫作“作品”的新的整体，即达·芬奇所说的“第二自然”。这就是文艺创作中的形象思维了。

在文艺创作过程中，一般都有个酝酿阶段，思想情感白热化阶段，还有一段斟酌修改阶段。白热化阶段是文艺创作活动的高峰，这是一种聚精会神的状态，这时心无二用，一般只专注在形象思维上，无暇分心到抽象思维上去。但是我们已多次强调过，人是一个有机整体，除了形象思维的能力之外，还有抽象思维或逻辑推理的能力，也不能不在适当时机发挥作用，特别是在酝酿或准备阶段和作品形成后斟酌修改阶段，形象思维和抽象思维往往是交叉使用的。例如参观访问、搜集资料、整理资料都不完全是形象思维的事。你作诗或写剧本，绝不会只为你自己享受，还要考虑到听众能不能接受，对他们的影响是好是坏，乃至朗诵员和演员的安排和训练，出版和纸张印刷供应之类问题。考虑到这些与文艺创作有关的广泛的实际问题，你就绝不能不适应实际需要，参用一些抽象思维。再拿逛北海公园为例来说，假如你是个建筑师或园林设计师，要为改造北海公园定规划、制蓝图，你当然要考虑到北海公园作为一种艺术名胜如何才能美观，要进行一些形象思维，此外也要考虑到近代建筑作为一种工程科学的许多理论问题，以及作为经济设施的投资、材料供应、劳动力配备和吸引旅游者之类经济问题，绝不能只在“为艺术而艺术”。

从此可见，形象思维和抽象思维在实际生活中和文艺创作中都既有联系又有分别。我们既不应认为只有形象思维才在文艺创作中起作用，也不应认为文艺创作根本用不着形象思维，或根本否认形象思维的存在。近三年的争论是由“批判形象思维论”引起的，批判“批判形象思维论”的文章中有许多独到见解，也偶尔有片面的错误的言论。分析一些错误看法的根源，大半在科学基本常识的缺乏。我想趁这个机会再强调一下科学基本常识对于研究美学的重要性。

最浅而易见的是语言学的常识。有人仿佛认为“形象思维”是胡编妄造，根本没有这回事；也有人认为这个词仿佛从别林斯基才开始用起，意思是“在形象中思维”（think in image）。实际上这个词在西文中就是 imagination，中译是“想象”。在西方，古代的菲罗斯屈拉特（170—245），近代的英国经验派先驱培根都强调过想象在文艺创作中的重要作用。在中国，“想象”这个词，屈原在《远游》里，杜甫在《咏怀古迹》里都用过。情感和想象是西方浪漫运动中的两大法宝。在近代美学著作中从给“美学”命名的鲍姆嘉通，经过康德、黑格尔到克罗齐，所讨论的都主要是想象。俄国的别林斯基和德国的费肖尔两人才开始用“形象思维”来解释“想象”一词的意义。参加辩论者有人把俄文和德文中相当于英文 think in image 的短语译为“在形象中思维”，而且根据这种误解来大做其文章。这正如把 I speak in English 理解为“我在英文中说话”。这岂不是闹笑话吗？

其次是历史和心理学的常识。正如感性认识是理性认识的基础，在历史发展中人类也从先有形象思维的能力，经过长期实践训练之后，才逐渐发展出抽象思维的能力。这有维柯的《新科学》和摩根的《古代社会》之类著作为证。原始社会处在人类的童年，人在童年尚在复演人类童年的历史，婴儿也是开始只会形象思维，要经过几年的训练和教育才学会抽象思维。这有瑞士心理学家皮亚杰的几部儿童心理学著作为证，诸位自己的幼年儿女也更可以为证。近在眼前，诸位如果对儿童进行一些观察和测验，对于美学研究会比读几部课本更有益、更切实。

最重要的还是缺乏马克思主义的常识。就拿形象思维这个问题来说吧，马克思在《政治经济学批判·导言》里早就说过：

> 任何神话都是用想象和借助想象以征服自然力、支配自然力，把自然力加以形象化；……希腊艺术的前提是希腊神话，也就是已经通过人民的幻想用一种不自觉的艺术方式加工过的自然和社会形式本身。这是希腊艺术的素材。[1]

这段话不但肯定了形象思维，而且说明了它在希腊神话和希腊艺术中的应用。

毛泽东同志在《矛盾论》里谈到神话时就引过这一段话，指出神话“乃是无数复杂的现实矛盾的互相变化对于人们所引起的一种幼稚的、想象的、主观幻想的变化”，“所以它们并不是现实之科学的反映”[2]。神话是“想象”而不是“科学的反映”，不就是神话这种原始艺术是形象思维而不是逻辑思维的产品吗？上引马克思和毛泽东同志的话，我们大家这些年来都学过无数遍，可是对付具体问题时就忘了，竟不起多大作用，而且还有人指责“形象思维论正是一个反马克思主义的认识论体系”，“不过是一种违反常识，背离实际胡编乱造而已”，这岂不应发人深省吗？

反对形象思维论者有一个公式：

> 表象（事物映象）→概念（即思想）→新的表象（新创造的形象，即典型化了的艺术作品）

这种论点显然认为由表象到表象见不出文艺的思想性，于是新旧表象之间插进去

1 《马克思恩格斯选集》第二卷，第 113 页，人民出版社 1972 年版。西文 phantasy（幻想）往往用作形象思维（imagination）的同义词。

2 均见《毛泽东选集》第一卷，第 305 页，人民出版社 1967 年版。

一个等于概念的思想。这样把艺术作品倒退到“表象”，既是贬低艺术，也是缺乏心理学和美学的常识。把“概念”看作文艺的思想性，就是公式化、概念化的文艺的理论根据。

谁也不能否认文艺要有思想性，但是问题在于如何理解文艺的思想性。文艺的思想性主要表现于马克思主义创始人经常提到的倾向性（tendanz）。倾向性是一种总的趋向，不必作为明确的概念性思想表达出来，而应该具体地形象地隐寓于故事情节发展之中。这是马克思主义创始人关于思想性教导的总结。恩格斯在给玛·哈克奈斯的信里，批评了《城市姑娘》不是“充分的现实主义的”，但并没有批评她不去“鼓吹作者的社会观点和政治观点”（这就是明白说出作者的概念性的思想——引者注），相反倒是说：“作者的见解（即社会观点和政治观点——引者注）愈隐蔽，对艺术作品来说就愈好，我所指的现实主义甚至可以违背作者的见解而表露出来。”[1] 巴尔扎克就是恩格斯所举的例证。我们也可以举托尔斯泰为例。这位伟大的小说家确实没有隐蔽他的见解，他一生都在宣扬人对基督的爱和人与人的爱、个人道德修养和反对暴力抵抗。这些都不是什么进步思想。为什么列宁说他是“俄国革命的镜子”呢？他鼓吹过俄国革命吗？没有。列宁做出这样的评价，并不是因为他宣扬了一些不正确的思想，而是因为他忠实地描绘了当时俄国农民革命中农民的矛盾状态和情绪。列宁是把他称为农民革命的“一面镜子”，而没有把他称为革命的“号角”或“传声筒”，而且批判了他的思想矛盾。托尔斯泰在文艺上的胜利可以说也就是巴尔扎克的胜利，即“现实主义的伟大胜利”。一个作家只要把一个时代的真实面貌忠实地生动地描绘出来，使人们感到有“山雨欲来风满楼”之势（这就是“倾向性”的意义），认识到或预感到革命非到来不可，他就做出了伟大的贡献，不管他表现出或没有表现出什么概念性的思想。这就是“现实主义的伟大胜利”，巴尔扎克如此，托尔斯泰也是如此。

恩格斯在给敏·考茨基的信里还说过：“我认为倾向应当从场面和情节中自然而然地流露出来，而不应当特别把它指点出来。”[2] 这就是说，倾向不应作为作者的主观见解，而应作为所写出的客观现实的趋势，自然而然地表现出来。这样

---

1 《马克思恩格斯选集》第四卷，第 462 页，人民出版社 1972 年版。

2 《马克思恩格斯选集》第四卷，第 454 页，人民出版社 1972 年版。

理解“倾向”或思想性，和上文所引的巴尔扎克和托尔斯泰的例子也是符合的。

用一个粗浅的比喻来说，如人饮水，但尝到盐味，见不到盐粒，盐完全溶解在水里。咸是客观事实，不是你要它咸它就咸。

不但表现在文艺作品中如此，世界观的总倾向表现在一个文艺作家身上也是如此。它不是几句抽象的口号教条所能表现出的，要看他的具体的一言一行。一个作家总有一种倾向，这种倾向是他毕生生活经验、文化教养和时代风尚所形成的。它总是思想和情感交融的统一体，形成他的人格的核心。也就是在这个意义上，文艺的“风格就是人格”。例如就人格来说，“忠君爱国”这个抽象概念可以应用到屈原、杜甫、岳飞、文天祥和无数其他英雄人物身上，但是显不出这些大诗人各自的具体情况和彼此之间的差异，也就不能作为评价他们的文艺作品的可靠依据。在西方，“人道主义”这一抽象概念也是如此。文艺复兴时代，法国革命时代，帝国主义时代，乃至无产阶级革命导师马克思都宣扬或者肯定过人道主义，但是具体的内容意义各不相同。这就是为什么我们在文艺领域里反对教条和公式化、概念化，反对用概念性思想来指导、约束甚至吞并具体的形象思维。文艺作品要有理，理不是概念而是事物的本质或客观形势本身发展的倾向。还应指出，文艺不但要有理，而且要有情，情理交融的统一体才形成人格，才形成真正伟大的文艺作品。这种情理交融的统一体就是黑格尔所说的“情致”（pathos）。别林斯基在他的文艺论文里也发挥了黑格尔关于“情致”的学说。近年来苏联美学界和文艺批评界有片面强调理性而蔑视情感的倾向，我们也跟着他们走，有时甚至超过他们，这是应该纠正的偏差。提“倾向性”似比提“思想性”较妥，因为在决定偏向之中，情感有时还比思想起更大的作用。最显著的例子是音乐。“四人帮”肆虐时曾掀起过对“无标题音乐”的批判，因为据说“无标题”就是否定思想性。对此，德国伟大音乐家休曼的话是很好的驳斥：

> 批评家们老是想知道音乐家们无法用语言文字表达出来的东西。他们对所谈的问题往往十分没有懂得一分。上帝啊！将来会有那么一天，人们不再追问我们神圣的乐曲背后隐喻着什么意义吗？你且先把五度音程辨认清楚吧，别再来干扰我们的安宁！

隐喻的“意义”便是“思想”。思想是要用语言文字来表达，而音乐本身不用语言文字，它只是音调节奏起伏变化的艺术。音调节奏起伏变化是和情感的起伏变化相对应的，所以音乐所表现的是情感而不是只有语言文字才能表达出的思想。托尔斯泰在《艺术论》里强调文艺的作用在传染情感，这是值得我们深思的。

不但在音乐里，就连在作为语言艺术的文学里最感动人的也不是概念性思想而是生动具体的情感。如拿莎士比亚为例，你能从他的哪一部作品里探索出一些概念性的思想吗？确实有些批评家进行过这种探索，所得到的结论不过是他代表了文艺复兴时代的人道主义精神，更具体一点也不过像英国美学家克·考德威尔[1]所说的，莎士比亚在政治倾向上要求英国有一个能巩固新兴资产阶级政权的强有力的君主。就是这些概念（你自己也许还在将信将疑）使你受到感动和教育吗？就我个人来说，我至今还抓不住莎士比亚的思想体系，假如他有的话。在读他的作品时，首先是他所写出的生动具体的典型环境下典型人物性格，其次是每部剧本里，特别在悲剧里，都表现出强烈的情感，强烈的爱和恨，强烈的悲和喜，强烈的憧憬和怅惘，强烈的讽刺和谑浪笑傲，就是这些因素使我感到振奋，也使我感到苦闷。振奋也好，苦闷也好，心总在跳动，生命总在活跃地显出它的力量，这对于我就可心满意足了。阿门！

附记：形象思维是一切艺术的主要的思维方式，不限于诗，也不限于比、兴。赋（直陈其事）也要用形象思维。姑举古代民歌《箜篌引》为例：

“公毋渡河，公竟渡河，渡河而死，将奈公何！”

这就是直陈其事，是一首三部曲的挽歌，完全使用形象思维，声泪俱下，感染力很强。我特别写这几句附记，因为近代文艺作品主要是散文作品，如果专就中国的诗中的比、兴着眼，就难免忽视形象思维在近代小说和戏剧中的重要作用。

1　克·考德威尔，英国进步作家，试图用马克思主义观点研究文艺与美学。《幻觉与现实》是他的名著，其中分析过莎士比亚的剧作。

文学作为语言艺术的独特地位

朋友们：

前此我们已屡次谈到，研究美学不能不懂点艺术，否则就会变成“空头美学家”，摸不着美学的门。艺术究竟是怎么回事呢？它有哪些门类？各门艺术之间有什么关系和差别？这些都是常识问题，但是懂透也颇不易。

“艺术”（art）这个词在西文里本义是“人为”或“人工造作”。艺术与“自然”（现实世界）是对立的，艺术的对象就是自然。就认识观点说，艺术是自然在人的头脑里的“反映”，是一种意识形态；就实践观点说，艺术是人对自然的加工改造，是一种劳动生产，所以艺术有“第二自然”之称。自然也有“人性”的意思，并不全是外在于人的，也包括人自己和他的内心生活。人对自然为什么要加工改造呢？这问题也就是人为什么要劳动生产的问题。答案也很简单，劳动生产是为着适应人的物质生活和精神生活的需要，并且不断地日益改善和提高人的物质生活和精神生活。

一切艺术都要有一个创造主体和一个创造对象，因此，它就既要有人的条件，又要有物的条件。人的条件包括艺术家的自然资禀、人生经验和文化教养；物的条件包括社会类型、时代精神、民族特色、社会实况和问题，这些都是需要不断加工改造的对象；此外还要加上用来加工改造的工具和媒介（例如木、石、纸、帛、金属、塑料之类材料，造型艺术中的线条和颜色，音乐中的声音和乐器，文学中的语言之类媒介）。所以艺术既离不开人，也离不开物，它和美感一样，也是主客观的统一体。艺术和社会都在不断变化和改革中，经历着长期历史发展的过程。关于艺术的这些基本道理我们此前在学习马克思的《经济学—哲学手稿》和《资本论》、恩格斯的《自然辩证法》等经典著作的有关论述中已略见一斑了。

最常见的艺术门类是诗歌、音乐、舞蹈（三种在起源时是统一体）、建筑、雕刻和绘画（合称“造型艺术”）、戏剧、小说以及近代歌剧、哑剧和电影剧之类综合性艺术。这些艺术之间的分别和关系，自从莱辛的《拉奥孔》问世以来，一直是西方美学界研究和讨论的问题。德国美学家们一般把艺术分为“空间性的”和“时间性的”两大类。属于空间艺术的有建筑、雕刻和绘画，其功用主要是“状物”，或写静态，描绘在空间中直立和平铺并列的事物形状；所涉及的感官主要是视觉，所用的媒介主要是线条和颜色。属于时间艺术的主要有舞蹈、音乐、诗歌和一般文学，其功用主要是叙事抒情，写动态，描绘在时间上先后承续的事物发展过程；所涉及的感官较多，音乐较单纯，只涉及听觉和节奏感中筋肉运动感觉，舞蹈、诗歌和一般文学则视觉、听觉和筋肉运动感觉都要起作用。时间艺术在所用的媒介方面有一个值得重视的差异，这就是其他各种艺术的媒介如声音、线条、色彩之类都是感性的，即可凭感官直接觉察到的，至于文学则用语言为媒介，而语言中的文字却只是代表观念的一种符号，本身并无意义，例如“人”这一观念，各民族用来代表它的文字符号各不相同，英文用 man，法文用 homme，德文用 Mensch，单凭这种文字符号并不能直接显出“人”的感性形象，只能显出“人”的观念或意义，所以语言这种媒介不是感性的而是观念性的，也就是说，语言要通过符号（字音和字形）间接引起对事物的观念。这个分别黑格尔在他的《美学》里也经常提到。这个分别就是使文学作为语言艺术具有独特地位的首要原因。

其次一个原因是各种艺术都要具有诗意。“诗”（poetry）这个词在西文里和“艺术”一样，本义是“制造”或“创作”，所以黑格尔认为诗是最高的艺术，是一切门类的艺术的共同要素。维柯派美学家克罗齐还认为语言本身就是艺术，美学实际上就是语言学。各门艺术虽彼此有别，毕竟有基本共同点。例如莱辛虽严格区分过诗和画的界限，我国却很早就有诗画同源说。大诗人往往同时是大画家，王维就是一个著例，苏轼说过：“观摩诘之画，画中有诗；味摩诘之诗，诗中有画。”苏轼本人就同时擅长诗和画。在起源时诗歌、音乐和舞蹈本是三位一体的综合艺术，后来虽分道扬镳，仍是藕断丝连，例如在近代歌剧和电影剧乃至民间曲艺里，语言艺术都还是一个重要的组成部分。这些都足以见出文学作为语言艺术所占的独特地位。

文学的独特地位，还有一个浅而易见的原因。语言是人和人的交际工具，日常生活中谈话要靠它，交流思想情感要靠它，著书立说要靠它，新闻报道要靠它，宣传教育都要靠它。语言和劳动是人类生活的两大杠杆。任何人都不能不同语言打交道。不是每个人都会音乐、舞蹈、雕刻、绘画和演剧，但是除聋子和哑巴以外，任何人都会说话，都会运用语言。有些人话说得好些，有些人话说得差些，话说得好就会如实地达意，使听者感到舒适，发生美感，这样的说话就成了艺术。说话的艺术就是最初的文学艺术。说话的艺术在古代西方叫作“修辞术”，研究说话艺术的科学叫作“修辞学”，和诗学占有同样重要的地位。古代西方美学绝大部分是诗学和修辞学，亚里士多德、朗吉弩斯、贺拉斯、但丁和文艺复兴时代无数诗论家都可以为证，专论其他艺术的美学著作是寥寥可数的。我国的情况也颇类似，历来盛行的是文论、诗论、诗话和词话，中国美学资料大部分也要从这类著作里找。我们历来对文学的范围是看得很广的，例如《论语》《道德经》《庄子》《列子》之类哲学著作，《左传》《国语》《战国策》《史记》《汉书》之类史学著作，《水经注》《月令》《考工记》《本草纲目》《齐民要术》之类科学著作乃至某些游记、日记、杂记、书简之类日常小品都成了文学典范。过去对此曾有过争论，有人认为西方人把文学限为诗歌、戏剧、小说几种大类型比较科学，其实那些人根本不了解西方文学界情况，如果他们翻看一下英国的《万人丛书》或牛津《古典丛书》的目录，或是一部较好的文学史，就会知道西方人也和我们一样把文学的范围看得很广的。

文学在各门艺术中既占有这样独特地位，它的媒介既是人人都在运用的语言，而它的范围又这样广阔，这些事实对我们有什么启发呢？我们每个人都在天天运用语言，接触到丰富多彩的社会生活，思想情感时时刻刻在动荡，所以既有了文学工具，又有了文学材料，那就不必妄自菲薄，只要努一把力，就有可能成为语言艺术家或文学家。当文学家并不是任何人的专利。在文学这门艺术方面有些实践经验，认识到艺术究竟是怎么一回事，有了这个结实基础，再回头研究美学，才能认清道路，不至暗中摸索，浪费时间。

每个人都可当文学家，不要把文学看作高不可攀。不过我在上文“只要努一把力”那个先决条件上加了着重符号，“怎样努力”这个问题就来了。文学各部门包括诗歌、戏剧和小说等的创作我都没有实践经验，关于这方面可以请教中外文学名著以及有关的理论著作，我不敢进什么忠告。我想请诸位特别注意的是语文的基本功。“工欲善其事，必先利其器”，语文就是文学的“器”。从我读到的青年文学家作品看，特别是从诸位向我表示决心要研究美学的许多来信看，多数人的语文基本功离理想还有些距离，用字不妥，行文不顺，生硬拖沓，空话连篇，几乎是常见的毛病。这也难怪诸位，从“四人帮”横行肆虐以来，我们都丧失了十几年的大好时光，没有按部就班地进行学习，而且学风和文风都遭到了败坏，我们耳濡目染的坏文章和坏作品也颇不少，相习成风，不以为怪。一些老作家除掉茅盾、叶圣陶、吕叔湘几位同志以外，也很少有人向我们号召要练语文基本功。我还记得三十年代左右，夏丏尊、叶圣陶和朱自清几位同志在《一般》和《中学生》两种青年刊物中曾特辟出“文章病院”，把有语病的文章请进这个“病院”里加以诊断剖析。当时我初放弃文言文，学写语体文，从这个“文章病院”中几位名医的言教和身教中确实获得不少的教益，才认识到语体文也要字斟句酌，于是开始努力养成字斟句酌的习惯，现在回想到那些名医，还深心铭感。我希望热心语文教学的老师们多办些“文章病院”，多做些临床实习，使患病的恢复健康，未患病的知道预防。

我国有句老话：“熟读唐诗三百首，不会吟诗也会吟。”过去我国学习诗文的人大半都从精选精读一些模范作品入手，用的是“集中全力打歼灭战”的办法，把数量不多的好诗文熟读成诵，反复吟咏，仔细揣摩，不但要懂透每字每句的确切意义，还要推敲出全篇的气势脉络和声音节奏，使它沉浸到自己的心胸和筋肉里，等到自己动笔行文时，于无意中支配着自己的思路和气势。这就要高声朗诵，只浏览默读不行。这是学文言文的长久传统，过去是行之有效的。现在学语体文是否还可以照办呢？从话剧和曲艺演员惯用的训练方法来看，道理还是一样的。我在外国大学学习语文时，看到外国同学乃至作家们也有下过这种苦练功夫的。我还记得英国诗人哈罗德·蒙罗在世时在大英博物馆附近开了一个专卖诗歌书籍的小书店，每周定期开朗诵会，请诗人们朗诵自己的作品，我在那里曾听过叶芝、艾略特、厄丁通等诗人的朗诵，深受教益，觉得朗诵会是个好办法。三十年代《文学杂志》社中一些朋友也在我的寓所里定期办过朗诵会，到抗战才结束。朗诵的不只是诗，也有散文，吸引了当时北京的一些青年作家，对他们也起了一些“以文会友”的观摩作用。现在广播电台里也有时举行这种朗诵会，颇受听众的欢迎。这种办法还值得推广，小型的文学团体也可以分途举办，它不但可提高文学的兴趣，也有助于语言的基本功。

语言基本功有多种多样的渠道，多注意一般人民大众的活的语言是一种，这是主要的；熟读一些文言的诗文也是一种，这两方面可说的甚多，现在不能详谈。“到处留心皆学问”，这就要靠各人自己去探索了。“勤学苦练”总是要连在一起的，勤学重要，苦练则更重要。苦练就要勤写。为了谈一点写作练习，我特意把延安整风文件重温了一遍，特别是《反对党八股》那一篇，毛泽东同志对党八股的八大罪状申诉得极中肯，可谓“慨乎言之”。近三十多年来全国人民对这篇经典著作都在学习而又学习，获益当然不浅，可是就当前文风的实际情况来看，“党八股”似未彻底清除，可见端正文风真不是一件易事。目前每个练习写作的青少年在冲破禁区、解放思想方面还要痛下决心，“做老实人，说老实话”，努力开辟自己的道路，千万不要再做风派人物，“人云亦云”。希望就只有寄托在新起的一代人身上了，所以诸位对文艺方面的移风易俗负有重大责任。我祝愿有勇气担起这副重大责任的人越来越多，替我们的文艺迎来一个光明的前途！

毛泽东同志在《反对党八股》里还引了鲁迅复“北斗杂志社”一封信里所举的八条写文章的规则之中的三条，对青年作家是对症下药的，值得每个青年作家悬为座右铭：

> 第一条：留心各样的事情，多看看，不看到一点就写。
>
> 第二条：写不出的时候不硬写。
>
> 第四条：写完后至少看两遍，竭力将可有可无的字、句、段删去，毫不可惜。宁可将可做小说的材料缩成速写，绝不将速写材料拉成小说。

这三条都是作家的金科玉律，对于青年作家来说，第四条特别切合实际，要多做短小精悍的速写，不要一来就写长篇大作。我因此联想起德国青年爱克曼不畏长途跋涉，走向歌德求教，初到不久，歌德就谆谆教导他“不要写大部头作品”，说许多作家包括他自己在内都在“贪图写大部头作品上吃过苦头”，接着他就说出理由：

> 现实生活应该有表现的权利。诗人由日常现实生活触动起来的思想情感都要求表现，而且也应该得到表现。可是如果你脑子里老在想着写一部大部头的作品，此外一切都得靠边站，一切思虑都得推开，这样就要丧失掉生活本身的乐趣。……结果所获得的也不过是困倦和精力的瘫痪。反之，如果作者每天都抓住现实生活，经常以新鲜的心情来处理眼前事物，他就总可以写出一点好作品，即使偶尔不成功，也不会有多大损失。[1]

歌德的这番话劝青年作家多就日常现实生活做短篇速写，和鲁迅的教导是不谋而合的。这是一种走向现实主义文艺道路的训练。特别是在现代繁忙生活中，每个人的时间都很宝贵，不容易抽出工夫去读“将速写拉成小说”的作品。速写不拉成小说，就要写得简练。我个人生平爱读的一部书是《世说新语》，语言既简练而意味又隽永，是典型的速写作品。刚才引的爱克曼的《歌德谈话录》也正是速写，可见速写也可以写出传世杰作，千万不要小看它。速写最大的方便在于无须费大力去搜寻题材，只要你听从鲁迅的第一条，“留心各样的事情，多看看”的教导，速写的材料在日常生活中就俯拾即是，记一次郊游，替熟悉的朋友画个像，记看一次电影的感想，记一次学习会，对当天报纸新闻发一点小议论，给不在面前的爱人写封情书，或是替身边的小朋友编个小童话、讲个小故事，不都行吗？如果你相信我，说到就做到，马上就开始练习速写吧！练习到三五年，你不愁不能写出文学作品，也不愁一些美学问题得不到解决。

1　爱克曼：《歌德谈话录》，第4—5页，人民文学出版社1978年版。

浪漫主义和现实主义

朋友们：

浪漫主义和现实主义是一个极难谈而又不能不谈的问题。难谈，因为这两个词都是在近代西方才流行，而西方文艺史家对谁是浪漫主义派谁是现实主义派并没有一致的意见。例如司汤达和巴尔扎克都是公认的现实主义大师，而朗生在他的著名的《法国文学史》里，却把他们归到“浪漫主义小说”章，丹麦文学史家布兰代斯在他的名著《十九世纪欧洲文学主潮》里也把这两位现实主义大师归到“法国浪漫派”。再如福楼拜还公开反对过人们把他尊为现实主义的主教：

> 大家都同意称为“现实主义”的一切东西都和我毫不相干，尽管他们要把我看作一个现实主义的主教。……自然主义者所追求的一切都是我所鄙弃的。……我所到处寻求的只是美。

值得注意的是福楼拜和一般法国人当时都把现实主义和自然主义看作一回事。以左拉为首的法国自然主义派也自认为是现实主义派。朗生在《法国文学史》里把福楼拜归到“自然主义”卷里。我还想不起十九世纪有哪一位大作家把“浪漫主义”或“现实主义”的标签贴在自己身上。

这问题难谈，还有涉及更实质性的一面，就是没有哪一位真正伟大的作家是百分之百的浪漫主义者或百分之百的现实主义者，实在很难在他们身上贴个名副其实的标签。关于这一点，高尔基在《我怎样学习写作》里说得最好：

在谈到像巴尔扎克、屠格涅夫、托尔斯泰、果戈理……这些古典作家时，我们就很难完全正确地说出——他们到底是浪漫主义者，还是现实主义者。在伟大的艺术家们身上，现实主义和浪漫主义好像永远是结合在一起的。[1]

姑举莎士比亚和歌德这两位人所熟知的大诗人为例。莎士比亚是近代浪漫运动的一个很大的推动力，过去文学史家们常把他的戏剧看作和“古典型戏剧”相对立的“浪漫型戏剧”，而近来文学史家们却把莎士比亚尊为“伟大的现实主义者”。究竟谁是谁非呢？两说合起来看都对，分开来孤立地看，就都不对。可是我们的文学史家和批评家们在苏联的影响之下，往往把现实主义和浪漫主义割裂开来，随意在一些伟大的作家身上贴上片面的标签。而且由于客观主义在我们中间有较广泛的市场，现实主义又错误地和客观主义混淆起来，因而就比主观色彩较浓的浪漫主义享有较高的荣誉。只要是个大作家，哪怕浪漫主义色彩很浓的诗人，例如拜伦、雪莱和普希金，都成了只是现实主义者，他们的浪漫主义的一面就硬被抹杀掉了。这是对历史事实的歪曲，在读者中容易滋生误解。所以这个难题还不能不谈。

浪漫主义和现实主义的区分，作为文艺流派和作为创作方法，是应该分别清楚的。作为创作方法，它适用于各个时代和各个民族；作为文艺流派，它只限于十八世纪末到十九世纪末的一个短暂的时间。过去西方常谈的是古典主义和浪漫主义，很少谈浪漫主义和现实主义，歌德就是一个著例。他在1830年3月21日这样说过：

古典诗和浪漫诗的概念现已传遍全世界，引起许多争执和分歧。这个概念起源于席勒和我两人。我主张诗应采取从客观世界出发的原则，认为只有这种创作方法才可取。但是席勒却用完全主观的方法去写作，认为只有他那种创作方法才是正确的。为了针对我来为他自己辩护，席

1 高尔基：《论文学》，第163页，人民文学出版社1978年版。

> 勒写了一篇论文，题为《论素朴的诗和感伤的诗》。他想向我证明：我违反了自己的意志，实在是浪漫的，说我的《伊菲革涅亚》由于情感占优势，并不是古典的或符合古代精神的，如某些人所相信的那样。施莱格尔弟兄[1]抓住这个看法把它加以发挥，因此它就在世界传遍了，目前人人都在谈古典主义和浪漫主义，这是五十年前没有人想得到的区别。[2]

这是涉及本题的最早的也是最重要的文献。歌德本人是标榜古典主义者，而依他的说明，古典主义“从客观世界出发”，所以就是现实主义。席勒“完全用主观的方法”创作，所以是走浪漫主义道路的。

歌德所谈到的席勒的长篇论文对本题也特别重要。席勒从人与自然的关系来区别古典诗（即素朴的诗）与浪漫诗（即感伤的诗）。他认为在希腊古典时代，人与自然一体，共处相安，人只消把自然加以人化或神化，就产生素朴的诗；近代人已与自然分裂，眷念人类童年（即古代）的素朴状态，就想“回到自然”，已去者不可复返，于是心情怅惘，就产生感伤的诗。素朴诗人所反映的是直接现实，感伤诗人却表现由现实提升上去的理想。依席勒看，古典主义和浪漫主义的对立就是现实主义与理想主义的对立。古典主义就是现实主义，这是他和歌德一致的；现实主义就是理想主义，这却是他的独特的看法。值得特别注意的是席勒在这篇论文里第一次在文艺上用了“现实主义”这个词（过去只用于哲学）。

无论是歌德还是席勒，都把浪漫主义和古典主义（实即现实主义）当作文艺创作方法来看，还没有把它们当作文艺流派来看，因为当时流派还没有正式形成。从历史发展看，浪漫运动起来较早，是西方资产阶级上升时期个人自由和自我扩张的思想的反映，是政治上对封建领主和基督教会联合统治的反抗，文艺上对法国新古典主义的反抗。这次反抗运动是由法国启蒙运动掀起的，继起的法国大革命又对它增加了巨大推动力，德国唯心主义哲学对它也起了很大的影响。德国古典哲学（包括美学）本身就是思想领域的浪漫运动。单就美学来说，康德、黑格尔和席勒等人对崇高、悲剧性、天才、自由和个性特征的研究，特别是把文

1　当时德国著名的文学史家和文艺批评家。

2　爱克曼：《歌德谈话录》，第 221 页，人民文学出版社 1978 年版。

艺放在历史发展的大轮廓里去看的初步尝试，都起了解放思想的作用，提高了人的尊严，深化了人们对于文艺的理解和敏感。由于德国古典哲学是唯心的，把精神和物质的关系首尾倒置，而且把主观能动性摆在不恰当的高度，放纵情感，驰骋幻想，到了漫无约束的程度，产生了施莱格尔所吹嘘的“浪漫式的滑稽态度”，把世间一切看作诗人凭幻想任意摆弄的玩具。

浪漫主义又可分积极的和消极的两派。这个分别是首先由高尔基在《谈谈我怎样学习写作》里指出的：

> 在浪漫主义里面，我们也必须分别清楚两个极端不同的倾向：一个是消极的浪漫主义——它或则是粉饰现实，想使人和现实妥协；或则是使人逃避现实，堕入自己内心世界的无益的深渊中去，堕入“人生命运之谜”，爱与死等思想里去。……〔另一个是〕积极的浪漫主义，则企图加强人的生活意志，唤起人心中对现实及其一切压迫的反抗心。

从此可见，这两种倾向的差别主要是人生观和政治立场的差别，有它的阶级内容。这当然是正确的，资产阶级文学史家们一般蔑视这种分别，是为着要掩盖社会矛盾，为现存制度服务。不过这个分别也不宜加以绝对化，积极的浪漫主义派往往也有消极的一面，消极的浪漫派往往也有积极的一面，应就具体情况做具体分析。例如在英国多数人眼中，在华兹华斯、雪莱和拜伦这三位浪漫派诗人之中，华兹华斯的地位最高，其次才是雪莱和拜伦，可是由于我们的文学史家们把雪莱和拜伦摆在积极的浪漫主义派，甚至摆在现实主义派，把华兹华斯摆在消极的浪漫主义派，甚至一棍子打死，根本不提，这不见得是公允的，或符合马克思主义的。

现实主义作为流派，单就起源来说，在西方比浪漫运动较迟，它反映资本主义社会弊病日益显露，资产阶级的幻想开始破灭。科学随工商业的发达所带来的唯物主义和实证主义对它也起了作用。它本身是对于浪漫运动的一种反抗。它不像浪漫运动开始时那样大吹大擂，而是静悄悄地登上历史舞台的。就连现实主义（realism）的称号比起现实主义流派的实际存在还更晚。上文提到的席勒初次使用的“现实主义”指希腊古典主义，与近代现实主义流派不是一回事。作为流派而得到“现实主义”这个称号是在1850年，一位并不出名的法国小说家向佛洛里（Chamflaury），与法国画家库尔柏（Courbet）和多弥耶（Daumier）等人办了一个以Réalisme（现实主义）为名的刊物。他们倒提出了一个口号——“不美化现实”，显然受到荷兰画家伦勃朗等人（惯画平凡的甚至丑陋的老汉、村妇或顽童）的画风的影响。当时不但浪漫运动已过去，就连现实主义的一些西欧大师也已完成了他们的杰作，不可能受到这个只办了六期的“现实主义”刊物的影响。

对现实主义文艺提供理论基础的有两种著作值得一提。一种是司汤达的论文《拉辛（Racine）和莎士比亚》[1]，这部著作被某些文学史家称为“现实主义作家宣言”，其实它的主旨是攻击新古典主义代表拉辛而推尊“浪漫型戏剧”开山祖莎士比亚的。他的名著《红与黑》的浪漫主义色彩也还很浓。另一种是实证主义派泰纳的《艺术哲学》[2]。泰纳是应用心理学和社会学来研究美学的一位先驱，代表作是《论智力》，已为《艺术哲学》打下基础。他的基本观点是文艺的决定因素不外种族、环境（即他所谓“社会圈子”）和时机三种。他还认为文艺要表现人类长久不变的本质特征，而人性中对社会最有益的特征是孔德所宣扬的爱。不过泰纳的主要著作都在十九世纪后半期才出版，也不能看作现实主义者预定的纲领。

法国人向来把现实主义叫作“自然主义”。不过法国以外的文学史家们一般却把现实主义和自然主义严格分开，而且“自然主义”多少已成为一个贬义词，成为现实主义的尾巴或庸俗化。它在法国的开山祖的主要代表是左拉，他把实证科学过分机械地搬到小说创作里去，他很崇拜贝尔纳的《实验医学研究》，于是就企图运用这位医师的方法来建立所谓“实验小说”。他说：

> 在每一点上我都要把贝尔纳做靠山。我一般只消把“小说家”这个名称来代替“医生”这个名称，以便把我的思想表达清楚，使它具有科学真理的精确性。[3]

这里所说的“科学真理的精确性”，实际上是指自然现象细节的真实性，而

---

1 可参看王道乾的译文，上海译文出版社1979年出版。

2 可参看傅雷的译文，人民文学出版社1963年出版。

3 《实验小说》法文版，第2页。

不要求抓住客观事物的本质。左拉在他的《卢贡家族的家运》里对一个家族及其所住的小镇市做了一百几十页的烦琐描述，可以为证。自然现象细节的真实性并不等于客观事物的本质和典型化。真正的现实主义所要求的是从具体客观事物出发，去伪存真，去粗取精，对客观事物加以典型化或理想化，显出客观事物的本质和规律，而自然主义虽然也从具体客观事物出发，却满足于依样画葫芦，特别侧重浮面现象的细节，这是现实主义和自然主义的基本分歧。

谈到现实主义，还要说明一下文学史家们所惯用的一个名词："批判现实主义。"首创这个名词的是高尔基。他在一次和青年作家的谈话中，把近代现实主义作家称为资产阶级的"浪子"，指出他们用的是批判现实主义，其特点是：

> ……除了揭发社会恶习，描写家族传统，宗教教条和法规压制下的个人的生活和冒险外，它不能给人指出一条出路，它很容易地安于现状。

这是不是说批判现实主义是现实主义流派中一个支派呢？恐怕不能这样看。十八、十九世纪的现实主义大师们一般都是"资产阶级浪子"，都起了"揭发社会恶习"的作用，却也都没有"指出一条出路"！高尔基正是在肯定他们的功绩时，指出了他们的缺陷。

从上文所谈的可以看出：现实主义和浪漫主义作为流派与作为创作方法虽有联系，却仍应区别开来。作为流派，它在西方限于十八世纪末期到十九世纪末期，不过有一百年左右的历史。这是特定社会民族在特定时期的历史产物，我们不应把这种作为某一民族、某一时期流派的差别加以普遍化，把它生硬地套到其他时代的其他民族的文艺上去。可是在我们的文学史家们之中，这种硬套办法还很流行，说某某作家是浪漫主义派，某某作家是现实主义派。作为创作方法，任何民族在任何时期都可以有侧重现实主义与侧重浪漫主义之分。像歌德和席勒等人早就说过的，现实主义从客观现实世界出发，抓住其中本质特征，加以典型化；浪漫主义侧重从主观内心世界出发，情感和幻想较占优势。这两种创作方法的基本区别倒是普遍存在的。亚里士多德在《诗学》第二十五章就已指出三种不同的创作方法：

> 像画家和其他形象创造者一样，诗人既然是一种模仿者，他就必然在三种方式中选择一种去模仿事物：按照事物本来的样子去模仿、按照事物为人所说所想的样子去模仿，或是照事物应当有的样子去模仿。

这三种之中第二种专指神话传说的创作方法，暂且不谈，第一种“按照事物本来的样子去模仿”便是现实主义，第三种“照事物应当有的样子去模仿”，从前一般叫作“理想主义”，也可以说就是浪漫主义，因为“理想”仍是人们主观方面的因素。

不过过去人们虽早已看出这种分别，却没有在这上面大做文章。等到十八、十九世纪作为流派的浪漫主义和现实主义各树一帜，互相争执，于是原先只是自在的分别便变成自觉的分别了。文艺史家和批评家抓住这个分别来检查过去文艺作品，也就把它们分派到两个对立的阵营中去了。例如有人说在荷马的两部史诗之中，《伊利亚特》是现实主义的，而《奥德赛》却是浪漫主义的，并且有人因此断定《奥德赛》的作者不是荷马而是一位女诗人，大概是因为女子较富于浪漫气息吧？

我个人仍认为两种创作方法虽然是客观存在，却不宜过分渲染，使旗帜那样鲜明对立。我还是从主客观统一的观点来看待这个问题。诗是反映客观事物的，而反映客观事物却要通过进行创作的诗人，这里有人有物，有主体，有客体，缺一不行。这问题的正确答案还是所引过的高尔基的那段话，不妨重复一下其中关键性的一句：

> 在伟大的艺术家们身上，现实主义和浪漫主义时常好像是结合在一起的。

高尔基曾指责批判现实主义“不能给人指出一条出路”，出路何在？当然在革命。所以在我们的社会主义时代，我还是坚信毛泽东同志的“革命的现实主义与革命的浪漫主义相结合”的主张。是否随苏联提“社会主义现实主义”较好呢？我还没有想通：第一，为什么单提现实主义而不提浪漫主义呢？第二，如果涉及过去文艺史，是否也应在“现实主义”之上安一个“奴隶社会”“封建社会”或“资本主义”的帽子呢？对这个问题我才开始研究，还不敢下结论。这也是一个重要问题，请诸位也分途研究一下。

典型环境中的典型人物

朋友们：

前信略谈了各门艺术的差别和关系以及文学作为语言艺术的独特地位，在这个基础上就可接着谈文学创作中“典型环境中的典型人物”这个重要问题了。

艺术创作的功用不外是抒情、状物、叙事和说理四大项。各门艺术在这四方面各有特点，例如音乐和抒情诗歌特长于抒情，雕刻和绘画特长于状物，史诗、戏剧和小说特长于叙事，一般散文作品和文艺科学论著特长于说理。说理文做得好也可以成为文学典范，例如柏拉图的《对话集》、庄周的《庄子》、莱布尼茨的《原子论》和达尔文的《物种起源》。总的来说，文学对上述四大方面都能胜任愉快，而特长在叙事，“典型环境中的典型人物”也主要涉及叙事。事就是行动，即有发展过程的情节。行动的主角就是亚里士多德所说的“在行动中的人”，即人物。人物性格（character）这个词在西文中所指的实即中国戏剧术语的“角色”。Character 的派生词 characterestic 是“特征”。在近代文艺理论中“特征”也带有“典型”的意思。典型（希腊文 tupo，英文 type）的原义是铸物的模子，同一模型可以铸造出无数的铸件。这个词在希腊文与 idee 为同义词，idee 的原义为印象或观念，引申为 ideal 即理想，因此在西文中过去常以“理想”来代替“典型”，在近代，“理想”和“典型”也有时互换使用。“环境”指行动发生的具体场合，即客观现实世界，包括社会类型、民族特色、阶级力量对比、文化传统和时代精神，总之，就是历史发展的现状和趋势。这些词有时引起误解，所以略加说明。

亚里士多德在《诗学》第九章里曾对艺术典型做了很好的说明，到近代，西方文艺理论家们才逐渐理解它的很深刻的意义。其文如下：

> 诗人的职责不在描述已发生的事，而在描述可能发生的事，即按照可然律和必然律是可能的事。……因此，诗比历史是更哲学的，更严肃的，因为诗所说的大半带有普遍性，而历史所说的则是个别的事。所谓普遍性是指某一类型的人，按照可然律或必然律，在某种场合会做些什么事，说些什么话，诗的目的就在此，尽管它在所写的人物上安上姓名。

由此可见，亚里士多德强调艺术典型须显出事物的本质和规律，不是于事已然，而是于理当然。于事已然都是个别的，于理当然就具有普遍性，所以说诗比历史更是哲学的、更严肃的，也就是具有更高度的真实性。不过诗所写的还是个别人物，即“安上姓名”的人物。在个别人物事迹中见出必然性与普遍性，这就是一般与特殊的统一，正是艺术典型的最精确的意义。

毛泽东同志《在延安文艺座谈会上的讲话》里对艺术典型也说得极透辟：

> 人类的社会生活虽是文学艺术的唯一源泉，虽是较之后者有不可比拟的生动丰富的内容，但是人民还是不满足于前者而要求后者。这是为什么呢？因为虽然两者都是美，但是文艺作品中反映出来的生活却可以而且应该比普通的实际生活更高、更强烈，要有集中性，更典型，要理想，因此就更带普遍性。革命的文艺，应当根据实际生活创造出各种各样的人物来，帮助群众推动历史的前进。[1]

这在强调文艺比实际生活更高等方面，与亚里士多德的话不谋而合，但在新的形势下毛泽东同志特别点出革命的文艺“帮助群众推动历史前进”的教育作用。

---

1 《毛泽东选集》第三卷，第818页，人民出版社1967年版。

在西方，亚里士多德的《诗学》长期没有发生影响，而长期发生影响的是罗马文艺理论家贺拉斯（前65—前8）的《论诗艺》。这位拉丁古典主义代表把典型狭窄化为“类型”和“定型”。亚里士多德所强调的普遍性不是根据统计平均数而是符合事物的本质和规律，贺拉斯的“类型”则论量不论质，普遍性不是合理性而是代表性，具有类型的人物就是他那一类人物的代表。贺拉斯在《论诗艺》里劝告诗人说：“如果你想听众屏息静听到终场，鼓掌叫好，你就必根据每个年龄的特征，把随着年龄变化的性格写得妥帖得体……不要把老年人写成青年人，把小孩写成成年人。”可见类型便是同类人物的常态，免不了公式化、概念化，既不顾具体环境，也不顾人物的个性。

类型之外，贺拉斯还提出“定型”。他号召诗人最好借用古人在神话传说或文艺作品中已经用过的题材和人物性格，古人把一个人物性格写成什么样，后人借用这个人物性格，也还应写成那样，例如荷马把阿喀琉斯写成“暴躁、残忍和凶猛的人物”，你借用这个古代英雄，也就得把他写成像荷马所写的那样。这种“定型”正是中国旧戏所常用的，例如写曹操或诸葛亮，你就得根据《三国演义》，写宋江或鲁智深，你就得根据《水浒传》，写林黛玉或尤三姐，你就得根据《红楼梦》。

贺拉斯之后，西方文艺理论发生影响最大的是十七世纪法国新古典主义代表布瓦罗，他也写过一本《论诗艺》，也跟着贺拉斯宣扬类型和定型。这种使典型庸俗化和固定化的类型为一般而牺牲特殊，为传统而牺牲现实，当然不合我们近代人的口味，但是在过去却长期受到欣赏。理由大概有两种，一种是过去统治阶级（特别是封建领主）为了长保政权，要求一切都规范化和稳定化，类型便是文艺上的规范化，定型便是文艺上的稳定化。也是为了这种政治原因，过去在文艺上登上舞台的主角一般就是在政治上登上舞台的领导人物，他们总是被美化成威风凛凛不可一世的英雄，至于平民一般只能当喜剧中的丑角乃至“跑龙套的”，在正剧中至多也只当个配角。类型和定型盛行的另一个理由是被统治阶级的文化就是统治阶级的文化，一般倾向保守。所以一般听众对自己所熟知的人物和故事比对自己还很生疏的题材和音调还更喜闻乐见。就连我们自己也至今还爱听《三国演义》《封神榜》和《水浒传》之类旧小说中的故事和取材于它们的戏剧和曲艺。

话虽如此说，自从近代资产阶级登上历史舞台以来，艺术典型观也确实起了两个重大的转变。（一）在一般与特殊（共性与个性）的对立关系上，重点由共性转向个性，终于达到共性与个性的统一。解放个性原是新兴资产阶级的一个理想。（二）在人物行动的动因方面，艺术典型由蔑视或轻视环境转向重视环境，甚至比人物性格还看得更重要。从前只讲人物性格，现在却讲“典型环境中的典型人物”。这主要由于近代社会政局的激变与自然科学和社会科学的发展而造成的。在美学中这两大转变由德国古典哲学特别是黑格尔哲学开其端，由马克思主义创始人在批判黑格尔的基础上集其大成。现在分述如下。

艺术典型作为共性与个性的统一体所涉及的首要问题是在创作过程中究竟先从哪一方面出发，是从共性还是从个性？这也就是从公式、概念出发还是从具体现实人物事迹出发？首先提出这个问题的是德国诗人歌德。他在1824年的《关于艺术的格言和感想》中有一段著名的语录：

> 诗人究竟为一般而找特殊，还是在特殊中显出一般，这中间有很大的分别。由前一种程序产生出寓意诗，其中特殊只作为一个例证才有价值。后一种程序才适合诗的本质，它表现出一种特殊，并不想到或明指出一般，谁如果生动地掌握住这特殊，他就会同时获得一般而当时却意识不到，或是事后才意识到。

这个提法很好地解决了形象思维与文艺思想性的关系问题，是一个现实主义的提法，在当时美学界产生了广泛的影响。

黑格尔受歌德的影响就很深，在他的《美学》里多次提到歌德的这类思想。但是他的“理念的感性显现”那个著名的美的定义（亦即艺术典型的定义）显然还是从概念出发，带有客观唯心主义的烙印。不过他比歌德毕竟前进了一步，他认识到歌德还没有认识到或没有充分强调过的典型人物性格与典型环境的统一，而典型环境起着决定典型人物性格的作用。“环境”在黑格尔的词汇中叫作“情境”（situation），是由当时“世界情况”（Weltzustand）决定的。世界情况包括他有时称之为“神”的“普遍力量”，即某特定时代的伦理、宗教、法律等方面的人生理想，例如恋爱、名誉、光荣、英雄气质、友谊、亲子爱之类所凝成的“情致”。这些情致各有片面性，在特定情境中会导致冲突斗争（例如忠孝不能两全的情境）。在这种情境中当事人须在行动上决定何去何从，这时才可以显出他的性格，才“揭露出他究竟是什么样的人”，“人格的伟大和刚强的程度只有借矛盾对立的伟大和刚强的程度才能衡量出来”。他这样运用辩证发展的观点来说明人物性格的形成，是颇富于启发性的。他的著名的悲剧学说就是根据这种辩证观点提出来的。

黑格尔虽从“理念”出发，却仍把重点放在“感性显现”上，体现理想的人仍必须是一个活生生的有血有肉的人，他说得很明确：

> 每个人都是一个整体，本身就是一个世界，每个人都是一个完满的有生气的人，而不是某种孤立的性格特征的寓言式的抽象品。[1]

在这一点上他毕竟仍和歌德一致，他在《美学》中对一些人性格的分析也显出了这一点。

马克思主义创始人就是在批判继承黑格尔的美学体系中形成他们的艺术典型观的。恩格斯在致敏·考茨基的信里谈她的《旧人与新人》时说：

> ……每个人都是典型，但同时又是一定的个人。正如黑格尔老人所说的，是“一个这个”（Ein dieser），而且应当是如此。[2]

不少的读者（包括过去的我自己）感到“一个这个”很费解。其实这个出自《精神现象学》的词组原指“一个这样的具体感性事物”，在这里就指“一个这样的具体人物”，亦即上文“一定的个人”，仍须和上文“每个人都是典型”句联系在一起来看，仍是强调典型与个性的统一。恩格斯在下文批评《旧人与新人》的缺点说，“爱莎过于理想化”“在阿尔诺德身上，个性就更多地消融到原则里去了”，就是说概念湮没了个性，还不够典型。从此可以体会出上引一段话与其说是称赞

1　黑格尔：《美学》第一卷，第 303 页，商务印书馆 1979 年版。

2　《马克思恩格斯选集》第四卷，第 453 页，人民出版社 1972 年版。译文略有改动。

《旧人与新人》，倒不如说是陈述他自己的艺术典型观，特别是因为他引了黑格尔的话之后加上了“而且应当如此”。

已成成语的“典型环境中的典型人物”是由恩格斯在《致玛·哈克奈斯的信》中首次提出的：

> 据我看来，现实主义的意思是，除细节的真实外，还要真实地再现典型环境中的典型人物。[1]

恩格斯认为《城市姑娘》还不完全是现实主义的，因为作者对其中人物在消极被动方面的描绘，虽说是够典型的，“但是环绕着这些人物并促使他们行动的环境也许就不是那样典型了”。故事情节发生在1887年左右，当时工人运动已在蓬勃发展，而《城市姑娘》却把当时工人阶级描写成消极被动的一群，等待“来自上面”的恩施，这就不符合历史发展的真实情况，也就是说，环境不够典型。环境既是“环绕着书中人物而促使他们行动的”，环境既不是典型的，人物也就不可能是典型的了。恩格斯与人为善，话往往说得很委婉，在肯定她的人物够典型之前加上一句“在他们的限度之内”（So far as they go，信原是用英文写的），也就是说“像你所设想的他们那样消极被动”。这封信值得特别注意的是恩格斯把“真实地再现典型环境中的典型人物”看作现实主义的主要因素。典型既然这样与现实主义联系起来，双方都因此获得一个新的更明确的含义，就是符合历史发展的真实情况。马克思和恩格斯都推尊巴尔扎克的《人间喜剧》，也正因为它真实地反映了1816—1848年的历史发展中一些典型环境中的典型人物。

最能说明典型须符合历史发展真实情况的是马克思和恩格斯分别答复拉萨尔的两封信。他们不约而同地都指责拉萨尔所谓“革命悲剧”《佛朗茨·封·济金根》里把一个已没落而仍力图维护特权的封建骑士，写成一个要求宗教自由和民族统一的新兴资产阶级代言人，向罗马教廷和封建领主进行斗争。拉萨尔没有看到当时革命势力是闵泽尔所领导的农民和城市平民。他这个机会主义者竟歪曲了当时历史发展的情况和趋势。更荒谬的是他把十七世纪的德国封建骑士的内讧的

1 《马克思恩格斯选集》第四卷，第462页，人民出版社1972年版。

失败说成“革命悲剧”，而且认为后来的法国革命的1848年的欧洲各国革命的失败也都是复演那次骑士内讧的悲剧，并预言将来的革命也会复演那次悲剧，理由是革命者“目的无限而手段有限”，不得不要“外交手腕”进行欺骗。这就不但根本否定了革命，也否定了历史发展和典型环境中的典型人物。他甚至扬言农民起义比起骑士内讧还更反动。马克思看出他不可救药，便不再回他的信，于是轰动一时的“济金根论战”便告结束。

从上引几封信看，马克思主义创始人都把典型环境看作决定人物性格的因素，而典型环境的内容首先是当时阶级力量的对比。他们的态度始终是朝前看的，他们的同情始终是寄托在前进的革命的一方。他们赋予典型环境中的典型人物性格以一种崭新的意义：典型环境是革命形势中的环境，典型人物也是站在革命方面的人物。我们研究剧本和小说，如果经常根据马克思主义的典型观，对环境和人物性格都进行认真的分析，对文学作品和美学理论的理解就会比较深透些，今后不妨多在这方面下功夫。

审美范畴中的悲剧性和喜剧性

朋友们:

诸位来信有问到审美范畴的。范畴就是种类。审美范畴往往是成双对立而又可以混合或互转的。例如与美对立的有丑，丑虽不是美，却仍是一个审美范畴。讨论美时往往要联系到丑或不美，例如马克思在《经济学—哲学手稿》里就提到劳动者创造美而自己却变成丑陋畸形。特别在近代美学中丑转化为美已日益成为一个重要问题。丑与美不但可以互转，而且可以由反衬而使美者愈美，丑者愈丑。我们在第二封信里就已举例约略谈到丑转化为美以及肉体丑可以增加灵魂美的问题。这还涉及自然美和艺术美的差别和关系的问题。对这类问题深入探讨，可以加深对辩证唯物主义的理解。

美与丑之外，对立而可混合或互转的还有崇高和秀美以及悲剧性与喜剧性两对审美范畴。既然叫作审美范畴，也就要隶属美与丑这两个总的范畴之下。崇高（亦可叫作“雄伟”）与秀美的对立类似中国文论中的“阳刚”与“阴柔”。我在旧著《文艺心理学》第十五章里曾就此详细讨论过。例如狂风暴雨、峭岩悬瀑、老鹰古松之类自然景物以及莎士比亚的《李尔王》、米开朗琪罗的雕刻和绘画、贝多芬的《第九交响曲》、屈原的《离骚》、庄子的《逍遥游》和司马迁的《项羽本纪》、阮籍的《咏怀》、李白的《古风》一类文艺作品，都令人起崇高或雄伟之感。春风微雨、娇莺嫩柳、小溪曲涧荷塘之类自然景物和赵孟頫的字画、《花间集》、《红楼梦》里的林黛玉、《春江花月夜》乐曲之类文艺作品都令人起秀美之感。崇高的对象以巨大的体积或雄伟的精神气魄突然向我们压来，我们首先感到的是势不可当，因而惊惧，紧接着这种自卑感就激起自尊感，要把自己提到雄伟对象的高度而鼓舞振奋，感到愉快。所以崇高感有一个由不愉快而转化到高度愉快的过程。一个人多受崇高事物的鼓舞可以消除鄙俗气，在人格上有所提高。至于秀美感则是对娇弱对象的同情和宠爱，自始至终是愉快的。刚柔相济，是人生应有的节奏。崇高固可贵，秀美也不可少。这两个审美范畴说明美感的复杂性，可以随人而异，也可以随对象而异。

至于悲剧和喜剧这一对范畴在西方美学思想发展中一向就占据特别重要的地位，这方面的论著比任何其他审美范畴的都较多。我在旧著《文艺心理学》第十六章“悲剧的喜感”里和第十七章“笑与喜剧”里已扼要介绍过，在新著《西方美学史》里也随时有所陈述，现在不必详谈。悲剧和喜剧都属于戏剧，在分谈悲剧与喜剧之前，应先谈一下戏剧总类的性质。戏剧是对人物动作情节的直接模仿，不是只当作故事来叙述，而是用活人为媒介，当着观众直接扮演出来，所以它是一种最生动鲜明的艺术，也是一种和观众打成一片的艺术。人人都爱看戏，不少的人都爱演戏。戏剧愈来愈蓬勃发展。黑格尔曾把戏剧放在艺术发展的顶峰。西方几个文艺鼎盛时代，例如古代的希腊，文艺复兴时代的英国、西班牙和法国，浪漫运动时代的德国都由戏剧来领导整个时代的文艺风尚。我们不禁要问：戏剧这个崇高地位是怎样得来的？要回答这个问题，还要“数典不能忘祖”。不但人，就连猴子、鸟雀之类动物也爱模仿同类动物乃至人的声音笑貌和动作来做戏。不但成年人，就连婴儿也爱模仿所见到的事物来做戏，表现出离奇而丰富的幻想，例如和猫狗乃至桌椅谈话，男孩用竹竿当作马骑，女孩装着母亲喂玩具的奶。这些游戏其实就是戏剧的雏形，也是对将来实际劳动生活的学习和训练。多研究一下“儿戏”，就可以了解关于戏剧的许多道理。首先是儿童从这种游戏中得到很大的快乐。这种快乐之中就带有美感。人既然有生命力，就要使他的生命力有用武之地，就要动，动就能发挥生命力，就感到舒畅；不动就感到“闷”，闷就是生命力被堵住，不得畅通，就感到愁苦。汉语“苦”与“闷”连用，“畅”与“快”连用，是大有道理的。马克思论劳动，也说过美感就是人使各种本质力量能发挥作用的乐趣。人为什么爱追求刺激和消遣呢？都是要让生命力畅通无阻，要从不断活动中得到乐趣。因此，不能否定文艺（包括戏剧）的消遣作用，消遣的不是时光而是过剩的精力。要惩罚囚犯，把他放在监狱里还戴上手铐脚镣，就是逼他不能自由动弹而受苦，所以囚犯总是眼巴巴地望着“放风”的时刻。我们现在要罪犯从劳动中得到改造，这是合乎人道主义的。我们正常人往往进行有专责的单调劳动，只有片面的生命力得到发挥，其他大部分生命力也遭到囚禁，难得全面发展，所以也有定时“放风”的必要。戏剧是一个最好的“放风”渠道，因为其他艺术都有所偏，偏于视或偏于听，偏于时间或偏于空间，偏于静态或偏于动态，而戏剧却是综合性最强的艺术，以活人演活事，使全身力量都有发挥作用的余地，而且置身广大群众中，可以有同忧同乐的社会感。所以戏剧所产生的美感在内容上是最复杂、最丰富的。

无论是悲剧还是喜剧，作为戏剧，都可以产生这种内容最复杂也最丰富的美感。不过望文生义，悲喜毕竟有所不同，类于悲剧的喜感，西方历来都以亚里士多德在《诗学》里的悲剧净化论为根据来进行争辩或补充。依亚里士多德的看法，悲剧应有由福转祸的结构，结局应该是悲惨的。理想的悲剧主角应该是“和我们自己类似的”好人，为着小过失而遭到大祸，不是罪有应得，也不是完全无过错，这样才既能引来恐惧和哀怜，又不致使我们的正义感受到很大的打击。恐惧和哀怜这两种悲剧情感本来就是不健康的，悲剧激起它们，就导致它们的“净化”或“发散”（katharsis），因为像脓包一样，把它戳穿，让它发散掉，就减轻它的毒力，所以对人在心理上起健康作用。这一说就是近代心理分析派弗洛伊德的“欲望升华”或“发散治疗”说的滥觞。依这位变态心理学家的看法，人心深处有些原始欲望，最突出的是子对母和女对父的性欲，和文明社会的道德法律不相容，被压抑到下意识里形成“情意综”，作为许多精神病例的病根。但是这种原始欲望也可采取化装的形式，例如神话、梦、幻想和文艺作品往往就是原始欲望的化装表现。弗洛伊德从这种观点出发，对西方神话、史诗、悲剧乃至近代一些伟大艺术家的作品进行心理分析来证明文艺是“原始欲望的升华”。这一说貌似离奇，但其中是否包含有合理因素，是个尚待研究的问题。他的观点在现代西方还有很大的影响。

此外，解释悲剧喜感的学说在西方还很多，例如柏拉图的幸灾乐祸说，黑格尔的悲剧冲突与永恒正义胜利说，叔本华的悲剧写人世空幻、教人退让说，尼采的悲剧为酒神精神和日神精神的结合说。这些诸位暂且不必管，留待将来参考。

关于喜剧，亚里士多德在《诗学》里只留下几句简短而颇深刻的话：

> 喜剧所模仿的是比一般人较差的人物。“较差”并不是通常所说的“坏”(或“恶”)，而是丑的一种形式。可笑的对象对旁人无害，是一种不致引起痛感的丑陋或乖讹。例如喜剧的面具既怪且丑，但不至引起痛感。

这里把“丑”或“可笑性”作为一种审美范畴提出，其要义就是“谑而不虐”。不过这只是现象。没有说明“丑陋或乖讹”何以令人发笑，感到可喜。近代英国经验派哲学家霍布斯提出“突然荣耀感”说作为一种解释。霍布斯是主张性恶论的，他认为“笑的情感只是在见到旁人的弱点或自己过去的弱点时突然想起自己的优点所引起的‘突然荣耀感’”，觉得自己比别人强，现在比过去强。他强调“突然”，因为“可笑的东西必定是新奇的，不期然而然的”。

此外关于笑与喜剧的学说还很多，在现代较著名的有法国哲学家柏格森的《笑》(Le Rire)。他认为笑与喜剧都起于“生命的机械化”。世界在不停地变化，有生命的东西应经常保持紧张而有弹性，经常能随机应变。可笑的人物虽有生命而僵化和刻板公式化，“以不变应万变”，就难免要出洋相。柏格森举了很多例子。例如一个人走路倦了，坐在地上休息，没有什么可笑，但是闭着眼睛往前冲，遇到障碍物不知回避，一碰上就跌倒在地上，这就不免可笑。有一个退伍的老兵改充堂倌，旁人戏向他喊：“立正！”他就慌忙垂下两手，把捧的杯盘全都落地打碎，这就引起旁人大笑。依柏格森看，笑是一种惩罚，也是一种警告，使可笑的人觉到自己笨拙，加以改正。笑既有这样实用目的，所以它引起的美感不是纯粹的。“但笑也有几分美感，因为社会和个人在超脱生活急需时把自己当作艺术品看待，才有喜剧。”

现代值得注意的还有已提到的弗洛伊德的“巧智与隐意识”，不过不是三言两语可以介绍清楚的。他的英国门徒谷列格(Greig)在1923年编过一部笑与喜剧这个专题的书目就有三百几十种之多。诸位将来如果对这个专题想深入研究，可以参考。

我提出悲剧和喜剧这两个范畴作为最后一封信来谈，因为戏剧是文艺发展的高峰，是人民大众所喜闻乐见的综合性艺术。从电影、电视剧乃至一般曲艺的现状来看，可以预料到愈到工业化的高度发展的时代，戏剧就愈有广阔而光明的未来。社会主义时代是否还应该有悲剧和喜剧呢？在苏联，这个问题早已提出，可参看卢那察尔斯基的《论文学》[1]中“社会主义现实主义”章。近来我国文艺界也在热烈讨论这个问题。这是可喜的现象。我读过有关这些讨论的文章或报告，感到有时还有在概念上兜圈子的毛病，例如恩格斯在复拉萨尔的信里是否替悲剧下过定义，我们所需要的是否还是过去的那种悲剧和喜剧之类。有人还专从阶级斗争观点来考虑这类问题，有时也不免把问题弄得太简单化了。我们还应该多考虑一些具体的戏剧名著和戏剧在历史上的演变。

从西方戏剧发展史来看，我感到把悲剧和喜剧截然分开在今天已不妥当。希腊罗马时代固然把悲剧和喜剧的界限划得很严，其中原因之一确实是阶级的划分。上层领导人物才做悲剧主角，而中下层人物大半只能厕身于喜剧。到了文艺复兴时代资产阶级（所谓“中层阶级”）已日渐登上政治舞台，也就要求登上文艺舞台了，民众的力量日益增强了，于是悲剧和喜剧的严格划分就站不住了。英国的莎士比亚和意大利的瓜里尼（B. Guarini）不约而同地创造出悲喜混杂剧来。瓜里尼还写过一篇《悲喜混杂剧体诗的纲领》，把悲喜混杂剧比作“寡头政体和民主政体相结合的共和政体”。这就反映出当时意大利城邦一般人民要和封建贵族分享政权的要求。莎士比亚的悲喜混杂剧大半在主情节（main plot）之中穿插一个副情节（subplot），上层人物占主情节，中下层人物则侧居副情节。如果主角是君主，他身旁一般还有一两个喜剧性的小丑，正如塞万提斯的传奇中堂吉诃德之旁还有个桑丘·潘沙。这部传奇最足以说明悲剧与喜剧不可分。堂吉诃德本人既是一个喜剧人物，又是一个十分可悲的人物。到了启蒙运动时在狄德罗和莱辛的影响之下，市民剧起来了，从此就很少有人写古典型的悲剧了。狄德罗主张用“严肃剧”来代替悲剧，只要题材重要就行，常用的主角不是达官贵人而是一般市民，有时所谓重要题材也不过是家庭纠纷。愈到近代，科学和理智日渐占上风，戏剧已不再纠缠在人的命运或诗的正义这些方面的矛盾，而要解决现实世界所面临的一些问题，于是易卜生和萧伯纳式的“问题剧”就应运而起。近代文艺

1 可参看蒋路的译文，人民文学出版社 1978 年出版。

思想日益侧重现实主义，现实世界的矛盾本来很复杂，纵横交错，很难严格区分为悲喜两个类型。就主观方面来说，有人偏重情感，有人偏重理智，对戏剧的反应也有大差别。我想起法国人有一句名言：“世界对爱动情感的人是个悲剧，对爱思考的人是个喜剧。”上文我已提到堂吉诃德，可以被人看成喜剧的，也可以被人看作悲剧的。电影巨匠卓别林也许是另一个实例。他是世所公认的大喜剧家，他的影片却每每使我起悲剧感，他引起的笑是“带泪的笑”。看《城市之光》时，我暗中佩服他是现代一位最大的悲剧家。他的作品使我想起对丑恶事物的笑或许是一种本能性的安全瓣，我对丑恶事物的笑，说明我可以不被邪恶势力压倒，我比它更强有力，可以和它开玩笑，卓别林的笑仿佛有这么一点意味。

因此，我觉得现在大可不必从概念上来计较悲剧的定义和区别。我们当然不可能“复兴”西方古典型的单纯的悲剧和喜剧。正在写这封信时，我看到最近上演的一部比较成功的话剧《未来在召唤》，在感到满意之余，我就自问：这部剧本究竟是悲剧还是喜剧？它的圆满结局不能使它列入悲剧范畴，它处理现实矛盾的严肃态度又不能使它列入喜剧。我从此想到狄德罗所说的“严肃剧”或许是我们的戏剧今后所走的道路。我也回顾了一下我们自己的戏剧发展史，凭非常浅薄的认识，我感到我们中国民族的喜剧感向来很强，而悲剧感却比较薄弱。其原因之一是我们的“诗的正义感”很强，爱好大团圆的结局，很怕看到亚里士多德所说的“像我们自己一样的好人因小过错而遭受大的灾祸”。不过这类不符合“诗的正义”（即“善有善报，恶有恶报”）的遭遇在现实世界中却是经常发生的。“诗的正义感”本来是一个善良的愿望，我们儒家的中庸之道和《太上感应篇》的影响也起了不少的作用。悲剧感薄弱毕竟是个弱点，看将来历史的演变能否克服这个弱点吧。

现在回到大家在热烈讨论的“社会主义时代还要不要悲剧和喜剧”这个问题，这只能有一个实际意义：社会主义社会里是否还有悲剧性和喜剧性的人和事。过去十几年林彪和“四人帮”的血腥的法西斯统治已对这个问题做出了明确的答复：当然还有！在理论上辩证唯物主义和历史唯物主义也早就对这个问题做了根本性的答复。历史是在矛盾对立斗争中发展的，只要世界还在前进，只要它还没有死，它就必然要动，动就有矛盾对立斗争的人和事，即有需要由戏剧来反映的现实材料和动作情节。这些动作情节还会是悲喜交错的，因为悲喜交错正是世界矛盾对立斗争在文艺领域的反映，不但在戏剧里是如此，在一切其他艺术里也是如此；不但在社会主义时代如此，在未来的共产主义时代也还是如此。祝这条历史长河永流不息！

结束语："还须弦外有余音"

朋友们：

限于篇幅、时间和个人的精力，这些谈美的信只得暂告结束了。回顾写过的十二封信，我感到有些欠缺应向读者道歉。

第一，有些看过信稿的朋友告诉我，"看过你在1949年前写的那部《谈美》，拿这部新作和它比起来，我们感觉到你现在缺乏过去的那种亲切感和深入浅出的文笔了；偶尔不免有'高头讲章'的气味，不大好懂，有时甚至老气横秋、发点脾气"。我承认确实有这些毛病，并且要向肯向我说真话的朋友们表示感激。既然在和诸位谈心，我也不妨直说一下我的苦衷。旧的《谈美》是在半个世纪以前我自己还是一个青年的大学生时代写的。那时我和青年们接触较多，是他们的知心人，我自己的思想情感也比现在活跃些，而现在我已是一个进入八十三岁的昏聩老翁了，这几十年来一直在任教和写"高头讲章"，脑筋惯在抽象理论上兜圈子，我对"四人帮"的迫害倒不是"心有余悸"而是"心有余恨"，对文风的丑恶现象经常发点脾气，这确实是缺乏涵养。我不能以一个龙钟老汉冒充青年人来说话，把话说得痛快淋漓，我只好认输，对青年人还有一大段光明前程只有深为羡慕而已。

"高头讲章"的气味我也不太欣赏，所以动笔行文时也力求避免写成教科书。写出来的也绝够不上教科书的水平。好在《美学概论》和《文学概论》之类著作现在也日渐多起来了，我何必去滥竽充数呢？我之终于答应写《谈美书简》，一则是要报答来信来访和来约者的盛意，二则是从1949年以来我一直在抓紧时间学习马列主义经典著作，对过去自己的言论中错误和不妥处也日渐有所认识，理应趁这段行将就木的余年向读者做个检查或“交代”。

第二，朋友们来信经常问到学美学应该读些什么书。他们深以得不到想读的书为苦，往往要求我替他们买书和供给资料。他们不知道我自己在六十年代以后也一直在闭关自守，坐井观天，对国际学术动态完全脱节，所以对这类来信往往不敢答复。老一点的资料我在《西方美学史》下卷附录里已开过一个“简要书目”，其中大多数在国内还是不易找到的。好在现在书禁已开，新出版的书刊已日渐多起来了，真正想读书的当不再愁没有书读了。人愈老愈感到时间可贵，所以对问到学外语和美学的朋友们，我经常只讲这样几句简短的忠告：不要再打游击战，像猴子掰苞谷，随掰随丢，要集中精力打歼灭战，要敢于攻坚。不过歼灭战或攻坚战还是要一仗接着一仗打，不要囫囵吞枣。学美学的人入手要做的第一件大事还是学好马列主义。不要贪多，先把《马克思恩格斯选集》通读一遍，尽量把它懂透，真正懂透是终生的事，但是先要养成要求懂透的习惯。其次，如果还没有掌握一种外语到能自由阅读的程度，就要抓紧补课，因为在今天学任何学科都要先掌握国际最新资料，闭关自守绝没有出路。最后，要随时注意国内文艺动态，拿出自己的看法，如果有余力，最好学习一门性之所近的艺术：文学、绘画或音乐，避免将来当空头美学家或不懂文艺的文艺理论家。

第三，我写这十几封信只是以谈心的方式来谈常盘踞在我心里的一些问题，不是写美学课本，所以一般美学课本里必谈的还有很多问题我都没有详谈，例如内容和形式，创作、欣赏与批评，批判和继承，民族性和人民性，艺术家的修养之类问题。对这类问题我没有什么值得说的新见解，我就不必说了。不过我心里也还有几个大家不常说或则认为不必说而我却认为还值得说的问题，因为还没有考虑成熟，也不能在此多谈。

一个问题是我在《西方美学史》上卷“序论”里所提的意识形态属于上层建筑而不等于上层建筑的问题。我认为上层建筑中主要因素是政权机构，其次才是意识形态。这两项不能等同起来，因为政权机构是社会存在，而意识形态只是反映社会存在的社会意识。二者之间不能画等号，有马克思主义创始人的许多话可以为证。我当时提出这个问题，还有一个要把政治和学术区别开来的动机。我把这个动机点明，大家就会认识到这个问题的重要性，这是值得进一步讨论的，而且不是某个人或某部分人所能解决的，还须根据双百方针以民主方式进行深入讨论才行。现在这项讨论已开始展开了。我现在还须倾听较多的意见，到适当的时机再做一次总的答复，并参照提出的意见，进行一次自我检查。如果发现自己错了，我就坚决地改正，如果没有被说服，我就仍然坚持下去，不过这是后话了。

另一个大家不常谈而我认为还必须认真详谈的就是必然和偶然在文学中辩证统一的问题。我是怎样想起这个问题的呢？巴尔扎克在《人间喜剧》的“序言”里说过：“机缘是世界上最伟大的小说家，要想达到丰富，只消去研究机缘。”“机缘”是我用来试译原文 hasard 一个词，它本有“偶然碰巧”的意思。读到这句话时我觉得很有意思，但其中的道理我当时并没有懂透。后来我读到恩格斯在 1890 年 9 月初给约·布洛赫的信中有这样一段话：

> ……这里表现出这一切因素的交互作用，而在这种交互作用中归根到底是经济运动作为必然因素，通过无穷无尽的偶然事件（即这样一些事物，其中内部联系很疏远或很难确定，使我们把它们忽略掉甚至认为它们并不存在）而向前发展……[1]

这就是说，必然要通过偶然而起作用。我就把这种偶然事件和巴尔扎克的“机缘”联系起来。我又联想到马克思关于拿破仑说过类似的话，以及普列汉诺夫在谈个人在历史中的作用时引用过法国帕斯卡尔的一句俏皮话：“如果埃及皇后克莉奥佩特拉（Cleopatra）的鼻子生得低一点，世界史也许会改观。”这些关于“偶然”的名言在我脑里就偶然成了一个火种在开始燃烧。等到今夏我看日本影片《生死恋》时，看到女主角夏子因试验爆炸失火而焚身，就把一部本来也许可写成喜剧的戏变成一部令人痛心的悲剧，我脑子里那点火种便迸发成四面飞溅的火花。我联想到美学上许多问题，联想到许多文艺杰作特别是戏剧杰作里都有些“偶然”或“机缘”在起作用，突出的例子在希腊有俄狄浦斯弑父娶母的三部曲，在英国有莎士比亚的《罗密欧与朱丽叶》，在德国有席勒的《威廉·退尔》，在中国有《西厢记》和《牡丹亭》。中国小说向来叫作“志怪”或“传奇”，奇怪

---

1 《马克思恩格斯选集》第四卷，第 477 页，人民出版社 1972 年版。译文略有改动。

也者，偶然机缘也，不期然而然也。试想一想中国过去许多神怪故事，从《封神榜》《西游记》《聊斋》《今古奇观》到近来的复映影片《大闹天宫》，如果没有那么多的偶然机缘，绝不会那么引人入胜。它们之所以能引人入胜，就因为能引起惊奇感，而惊奇感正是美感中的一个重要因素。我因此想到正是偶然机缘创造出各民族的原始神话，而神话正是文艺的土壤。恩格斯解释“偶然事件”时说它们有“内部联系”，不过人对这种联系还没有认识清楚，也就是说还处于无知状态。人不能安于无知，于是幻想出这种偶然事件的创造者都是神。古希腊人认为决定悲剧结局的是“命运”，而命运又有“盲目的必然”的称号，意思也就是“未知的必然”。中国也有一句老话，“城隍庙里的算盘——不由人算”，这也是把未知的必然（即偶然）归之于天或神。这一方面暴露人的弱点，另一方面也显出人凭幻想去战胜自然的强大生命力。现实和文艺都不是一潭死水，纹丝不动，一个必然扣着另一个必然，形成铁板一块，死气沉沉的。古人形容好的文艺作品时经常说“波澜壮阔”，或则说“风行水上，自然成纹”，因此就表现出充沛的生命力和高度的自由，表现出巧妙。“巧”也就是偶然机缘，中国还有一句老话：“无巧不成书”，也就是说，没有偶然机缘就创造不出好作品。好作品之中常有所谓“神来之笔”。过去人们迷信“灵感”，以为好作品都要凭神力，其实近代心理学已告诉我们，所谓“灵感”不过是作者在下意识中长久酝酿而突然爆发到意识里，这种突然爆发却有赖于事出有因而人尚不知其因的偶然机缘。法国大音乐家柏辽兹曾替一首诗作乐谱，全诗都谱成了，只剩收尾“可怜的兵士，我终于要再见法兰西”一句，就找不到适合的乐调。搁下两年之后，他在罗马失足落水，爬起来时口里所唱的乐调正是两年前苦心搜寻而没有获得的。他的落水便是一种偶然机缘。杜甫有两句诗总结了他自己的创作经验：“读书破万卷，下笔如有神。”“神”就是所谓“灵感”，像是“偶然”，其实来自“读书破万卷”的辛勤劳动。这就破除了对灵感的迷信。我国还有一句老话——“熟中生巧”，灵感也不过是熟中生巧，还是长期锻炼的结果。“能令百炼钢，化为绕指柔”，才使人感到巧，才产生美感。这种美感从跳水、双杠表演、拳术、自由体操的“绝技”和“花招”中最容易见出。京剧《三岔口》之所以受到欢迎，也在许多应付偶然的花招所引起的惊奇感。

我抱着“偶然机缘”这个问题左思右想，愈想下去就愈觉得它所涉及的范围甚广。前信所谈到的喜剧中“乖讹”便涉及“偶然机缘”，我国最有科学条理的文论家刘勰在《文心雕龙》里特辟“谐隐”一章来讨论说笑话和猜谜语，也足见他重视一般人所鄙视的文字游戏。文字游戏不应鄙视，因为它受到广大人民的热烈欢迎，它是一般民歌的基本要素，也是文人诗词的一个重要组成部分。民歌最富于“谐趣”（就是所谓“幽默感”）。真正的“谐”大半是“不虐之谑”，谐的对象总有某种令人鄙视而不至遭人痛恨的丑陋和乖讹。例如一首流行的民歌：

一个和尚挑水喝，两个和尚抬水喝，三个和尚没水喝。

出乎情理之常的是“三个和尚没水喝”，非必然而竟然，所以成为笑柄，也多少是一个警告。“隐”就是“谜”，往往和“谐”联系在一起，例如四川人嘲笑麻子：

啥？豆巴，满面花，雨打浮沙，蜜蜂错认家，荔枝核桃苦瓜，满天星斗打落花。

这就是谐、隐和文字游戏的结合。讥刺容貌丑陋为谐，以谜语出之为隐，取七层宝塔的形式，一层高一层，见出巧妙的配搭为文字游戏。谐最忌直率，直率不但失去谐趣，而且容易触讳招尤，所以出之以“隐”，饰之以文字游戏。就可以冲淡讥刺的一点恶意，而且嵌合巧妙，令人惊喜，产生谐所特有的一种快感。这种快感就是美感。可笑的事物好比现实世界的一池死水偶然皱起微波，打破了沉闷；但它毕竟有些丑陋乖讹，也不免引起轻微的惋惜的不快感，从此也可见美感的复杂性，不易纳到一个公式概念里去。

谐是雅俗共赏的，所以它最富于社会性。托尔斯泰在《艺术论》里特别强调文艺的传染情感的功用，而所传染的情感之中他也指出笑谑，认为它也能密切人与人的关系。刘勰解释谐时说，“谐之为言皆也，词浅会俗，皆悦笑也”，这也足说明谐的社会功用。要印证这个道理，最好多听相声。相声是谐的典型，也是雅俗共赏的一种曲艺。因此，在粉碎“四人帮”之后我国文艺重新繁荣的景象首先见之于相声，继侯宝林和郭全宝之后出现了一大批卓越的相声演员。连像我这个专搞理论、一本正经的老学究对一般带理论气味的一本正经的话剧和电影并不太爱看，但每遇到相声专场，我只要抽出闲空就必看，看了总感到精神上舒畅了一下，思想也多少得到了解放，也就是说，从一些偶然机缘中认识到一些人情世态乃至一些关于美和美感的道理。

我从这种文字游戏想到文艺与游戏的关系。过去我是席勒、斯宾塞尔和谷鲁斯的信徒，认为文艺起源于游戏说是天经地义。从 1949 年后学习马克思主义以来，我就深信文艺起源于劳动，放弃了文艺起源于游戏的说法。近来我重新研究谐隐与文字游戏，旧思想又有些“回潮”，觉得游戏说还不可一笔抹杀。想来想去，我认为把文艺看作一种生产劳动是马克思主义者所必坚持的不可逆转的定论，但在文艺这种生产劳动中游戏也确实是一个极其重要的因素。理由之一就是，马克思和恩格斯都指出的必然要透过偶然而起作用，而偶然机缘在文艺中突出地表现于游戏，特别是在于所谓“戏剧性的暗讽”。理由之二是劳动与游戏的对立是资本主义社会中劳动异化的结果，到了消除了劳动异化，进入了共产主义时代，一切人的本质活动都会变成自由的、无拘无碍的，劳动与游戏的对立就不复存在。

我对这个问题还没有考虑成熟，不过我感觉到与游戏密切相关的偶然机缘在文艺中的作用这个问题还大有文章可做，而且也很有现实意义。我准备继续研究下去，并且希望爱好文艺和美学的朋友们都来研究一下这个问题，各抒己见，引起讨论，或可以解放一下思想。

我很喜爱漫画师丰子恺老友的两句诗：“常喜小中能见大，还须弦外有余音。”现在就留下偶然机缘这个问题请诸位研究，就算是我的弦外余音，留有余不尽之意吧。再见，祝诸位奋勇前进！

谈修养

第一辑 谈美

第二辑 谈美书简

第三辑 谈修养

第四辑 谈文学

自序

十年前我替开明书店写了一本小册子，叫作《给青年的十二封信》。那时候我还在欧洲读书，自己还是一个青年，就个人在做人、读书各方面所得的感触，写成书信寄回给国内青年朋友们，与其说存心教训，毋宁说是谈心。我原来没有希望它能发生多大的影响，不料印行之后，它成为一种销路最广的书，里面一部分文章被采入国文课本，许多中小学校把它列入课外读物。上海、广州都发现这本书的盗印本，还有一位作者用"朱光潸"的名字印行一本《给青年的十三封信》，前三四年在成都的书店里还可以看到。我于是以《给青年的十二封信》的作者见知于世，知我者固多，罪我者亦复不少。这一切，我刚才说，都出乎我的意料。坦白地说，这样乘其不意地被人注视，我心里很有些不愉快。那是一本不成熟的处女作，不能表现我的成年的面目，而且掩盖了后来我比较用心写成的作品。尤其使我懊恼的是被人看作一个欢喜教训人的人。我一向没有自己能教训人的错觉，不过我对于实际人生问题爱思想、爱体验，同时，我怕寂寞，我需要同情心，所以心里有所感触，便希望拿来和朋友谈，以便彼此印证。我仿佛向一个伙伴说："关于这一点，我是这样想，你呢？"我希望看他点一个头，或是指出另一个看法。假如我口齿俐朗，加上身边常有可谈的朋友，我就宁愿对面倾心畅谈，绝不愿写文章。假如我生来口齿钝，可谈的朋友又不常在身边，情感和思想需要发泄，于是就请读者做想象的朋友，和他做笔谈。我用"谈"字毫不苟且，既是"谈"就要诚恳亲切。假如我早年的那本小册子略有可取处，大概也就在此。

这是十年前的话。过去几年中很有几家书店和杂志为着贪图销路，要求我再写“给青年信”那一类的文章，我心里未尝不想说话，却极力拒绝这些引诱，因为做冯妇向来不是一件惬意的事。于今我毕竟为《中央周刊》破戒，也有一个缘故。从前在那部处女作里所说的话很有些青年人的稚气，写时不免为一时热情所驱遣，有失检点，现在回想，颇有些羞愧。于今多吃了十年饭，多读了几部书，多接触了一些人情世故，也多用了一些思考体验，觉得旧话虽不必重提，漏洞却须填补。因此，《中央周刊》约我写稿，我就利用这个机会，陆续写成这部小册子中的二十来篇文章，其中也有几篇是替旁的刊物写的或没有发表的，因为性质类似，也就把它们集在一起。

读者有人写信问我：“这些文章有没有一个系统？有没有一个中心思想？”我回答说：“在写时我只随便闲谈，不曾想把它写成一部教科书，并没有预定的系统或中心思想。”

不过它不能说是完全没有系统。这些年来我在学校里教书任职，和青年人接触的机会多，关于修养的许多实际问题引起在这本小册子里所发表的一些感想。问题自身有些联络，我的感想也随之有些联络。万变不离宗，谈来谈去，都归结到做人的道理。

它也不能说是完全没有中心思想。我的先天的资禀与后天的陶冶所组成的人格是一个完整的有机体，我的每篇文章都是这有机体所放射的花花絮絮。我的个性就是这些文章的中心。如果向旁人检讨自己不是一桩罪过，我可以说：我大体上欢喜冷静、沉着、稳重、刚毅，以出世精神做入世事业，尊崇理性和意志，却也不菲薄情感和想象。我的思想就抱着这个中心旋转，我不另找玄学或形而上学的基础。我信赖我的四十余年的积蓄，不向主义铸造者举债。

这些文章大半在匆迫中写成的。我每天要到校办公、上课、开会、和同事同学们搬唇舌、写信、预备功课。到晚来精疲力竭走回来，和妻子、女孩、女仆挤在一间卧室兼书房里，谈笑了一阵后，已是八九点钟，家人都去睡了，我才开始做我的工作，看书或是作文。这些文章就是这样在深夜里听着妻女打呼鼾写成的。因为体质素弱，精力不济，每夜至多只能写两小时，所以每篇文章随断随续，要两三夜才写成，运思的工夫还不在内。我虽然相当用心，文字终不免有些懈怠和草率。关于这一点，我对自己颇不满，同时也羡慕有闲暇著述的人们的幸福。

目前许多作者写书，常自认想对建国万年大业有所贡献，摇一支笔杆，开一代宗风。我没有这种学问，也没有这种野心或错觉。这本小册子，我知道，像一朵浮云，片时出现，片时消失。但是我希望它在这片时间能借读者的晶莹的心灵，如同浮云借晶莹的潭水一般，呈现一片灿烂的光影。精神不灭，这影响尽管微细，也可以蔓延无穷。

一九四二年冬在嘉定脱稿

一番语重心长的话

——给现代中国青年

我在大学里教书，前后恰已十年，年年看见大批的学生进来，大批的学生出去。这大批学生中平庸的固居多数，英俊有为者亦复不少。我们辛辛苦苦地把一批又一批的训练出来，到毕业之后，他们变成什么样的人，做出什么样的事呢？他们大半被一个共同的命运注定。有官做官，无官教书。就了职业就困于职业，正当的工作消磨了二三分光阴，人事的应付消磨了七八分光阴。他们所学的原来就不很坚实，能力不够，自然做不出什么真正的事业来。时间和环境又不容许他们继续研究，不久他们原有的那一点浅薄学问也就逐渐荒疏，终生只在忙“糊口”。这样一来，他们的个人生命就平平凡凡地溜过去，国家的文化学术和一切事业也就无从发展。还有一部分人因为生活的压迫和恶势力的引诱，由很可有为的青年腐化为土豪劣绅或贪官污吏，把原来读书人的一副面孔完全换过，为非作歹，恬不知耻，使社会上颓风恶习一天深似一天，教育的功用究竟在哪里呢？

想到这点，我感觉到很烦闷。就个人设想，像我这样教书的人把生命断送在粉笔屑中，眼巴巴地希望造就几个人才出来，得一点精神上的安慰，而年复一年地见到出学校门的学生们都朝一条平凡而暗淡的路径走，毫无补于文化的进展和社会的改善。这种生活有何意义？岂不是自误误人？其次，就国家民族的设想，在这严重的关头，性格已固定的一辈子人似已无大希望，可希望的只有少年英俊，国家耗费了许多人力和财力来培养成千成万的青年，也正是希望他们将来能担负国家民族的重任，而结果他们仍随着前一辈子人的覆辙走，前途岂不很暗淡？

青年们常欢喜把社会一切毛病归咎于站在台上的人们，其实在台上的人们也还是受过同样的教育，经过同样的青年阶段，他们也曾同样地埋怨过前一辈子人。由此类推，到我们这一辈子青年们上台时，很可能仍为下一辈子青年们不满。今日有理想的青年到明日往往变成屈服于事实而抛弃理想的堕落者。章宗祥领导过留日青年，打过媚敌辱国的蔡钧，而这位章宗祥后来做了外交部部长，签订了二十一条卖国条约。汪精卫投过炸弹，坐过牢，做过几十年的革命工作，而这位汪精卫现在做了敌人的傀儡、汉奸的领袖。许多青年们虽然没有走到这个极端，但投身社会之后，投降于恶势力的实比比皆是。这是一个很可伤心的现象。社会变来变去，而组成社会的人变相没有变质，社会就不会彻底地变好。这五六十年来我们天天在讲教育，教育对于人的质料似乎没有产生很好的影响。这一辈子人睁着眼睛蹈前一辈子人的覆辙，下一辈子人仍然睁着眼睛蹈这一辈子人的覆辙，如此循环辗转，一报还一报，“长夜漫漫何时旦”呢？

社会所属望最殷的青年们，这事实和问题是值得郑重考虑的！时光向前疾驶，毫不留情去等待人，一转眼青年便变成中年、老年，一不留意便陷到许多中年人和老年人的厄运。这厄运是一部悲惨的三部曲。第一部是悬一个很高的理想，要改造社会；第二部是发现理想与事实的冲突，意志与社会恶势力相持不下；第三部便是理想消灭，意志向事实投降，没有改革社会，反被社会腐化。给它们一个简题，这是“追求”“彷徨”和“堕落”。

青年们，这是一条死路。在你们的天真烂漫的头脑里，它的危险性也许还没有得到深切的了解，你们或许以为自己绝不会走上这条路。但是我相信：如果你们没有彻底的觉悟，不拿出强毅意志力，不下艰苦卓绝的功夫，不做脚踏实地的准备，你们是不成问题地仍走上这条路。数十年之后，你们的生命和理想都毁灭了，社会腐败依然如故，又换了一批像你们一样的青年来，仍是改革不了社会。朋友们，我是过来人，这条路的可怕我并没有夸张，那是绝对不能再走的啊！

耶稣宣传他的福音，说只要普天众生转一个念头，把心地洗干净，以仁爱为怀，人世就可立成天国。这理想简单到不能再简单，可是也深刻到不能再深刻。极简单的往往是正途大道，因为易为人所忽略，也往往最不易实现。本来是很容易的事却变成最难实现的，这全由于人的愚蠢、怯懦和懒惰。世间事之难就难在人们不知道或是不能够转一个念头，或是转了念头而没有力量坚持到底。幸福的世界里绝没有愚蠢者、怯懦者和懒惰者的地位。你要合理地生存，你就要有觉悟、有决心、有奋斗的精神和能力。

“知难行易”，这觉悟是我们青年所最缺乏的。大家都似在鼓里过日子，闭着眼睛醉生梦死，放弃人类最珍贵的清醒的理性，降落到猪豚一般随人饲养，随人宰割。世间宁有这样痛心的事！青年们，目前只有一桩大事——觉悟——彻底地觉悟！你们正在做梦，需要一个晴天霹雳把你们震醒，把“觉悟”两字震到你们的耳里去。

“条条大路通罗马”，实现人生和改良社会都不必只有一条路径可走。每个人所走的路应该由他自己审度自然条件和环境需要，逐渐摸索出来，只要肯走，迟早总可以走到目的地。无论你走哪一条路，你都必定立定志向要做人。做现代的中国人，你必须有几个基本的认识。

一、时代的认识——人类社会进化逃不掉自然律。关于进化的自然律，科学家们有不同的看法。依达尔文派学者，生物常在生存竞争中，最适者生存，不适者即归淘汰。依克鲁泡特金，社会的维持和发展全靠各分子能分工互助，互助也是本于天性。这两种相反的主张产生了两种不同的国际政治理想。一种理想是拥护战争，生存既是一种竞争，而在竞争中又只有最适者可生存，则造就最适者与维持最适者都必靠战争，战争是文化进展的最强烈的刺激剂。另一种理想是拥护和平，战争只是破坏，在战争中人类尽量发挥残酷的兽性，愈残酷愈贪摧毁，愈不易团结，愈不易共存共荣；要文化发展，我们需要建设，建设需要互助，需要仁爱，也需要和平。这两种理想各有片面的真理，相反适以相成，不能偏废。我们的时代是竞争最激烈的时代，也是最需要互助的时代。竞争是事实，而互助是理想。无论你竞争或是互助，你都要拿副本领来。在竞争中只有最适者才能生存，在互助中最不适者也不见得能坐享他人之成。所谓“最适”就是最有本领，近代的本领是学术思想，是技术，是组织力。无论是个人在国家社会中，或是民族在国际社会中，有了这些本领，才能和人竞争，也才能和人互助，否则你纵想苟且偷生，也必终归淘汰，自然铁律是毫不留情的。

二、国家民族现在地位的认识——我国数千年来闭关自守。固有的文化可以自给自足，而且四围诸国家民族的文化学术水准都比我们的低，不曾感到很严重的外来的威胁。从十九世纪以来，海禁大开，中国变成国际集团中的一分子，局面就陡然大变。我们现在遇到两重极严重的难关。第一，我们固有的文化学术不够应付现时代的环境。我们起初慑于西方科学与物质文明的威力，把固有的文化看得一文不值，主张全盘接收欧化；到现在所接收的还只是皮毛，毫不济事，情境不同，移植的树常不能开花结果，而且从两次大战与社会不安的状况看来，物质文明的误用也很危险，于是又有些人提倡固有文化，以为我们原来固有的全是对的。比较合理的大概是兼收并蓄，就中西两方成就截长补短，建设一种新的文化学术。但是文化学术须有长期的培养，不是像酵母菌可以一朝一夕制造出来的。我们从事于文化学术的人们能力都还太幼稚薄弱，还不配说建设。总之，我们旧的已去，新的未来，在这青黄不接的时候，我们和其他民族竞争或互助，几乎没有一套武器或工具在手里。这是一个极严重的局势。其次，我们现在以全副精力抗战建国。这两重工作中抗战是急需，是临时的；建国是根本，是长久的。多谢贤明领袖的指导与英勇将士的努力，多谢国际局面的转变，我们的抗战已逼近最后的胜利。这是我们的空前的一个好机会，从此我们可以在国际社会中做一个光荣的分子，从此我们可以在历史上开一个新局面。但是这“可以”只是“可能”而不是“必然”，由“可能”变为“必然”，还需要比抗战更艰苦的努力。抗战后还有成千成万的问题亟待解决，有许多恶习积弊要洗清，有许多文化事业和生产事业要建设。我们试问，我们的人才准备能否很有效率地担负这些重大的工作呢？要不然，我们的好机会将一纵即逝，我们的许多光明希望将终成泡影。我们的青年对此须有清晰的认识，须急起直追，抓住好时机不放过。

三、个人对于国家民族的关系的认识——世界处在这个剧烈竞争的时代，国家民族处在这个一发千钧的关头，我们青年人所处的地位何如呢？有两个重要的前提我们必须认识清楚：

第一，国家民族如果没有出路，个人就绝不会有出路；要替个人谋出路，必须先替国家民族谋出路。

第二，个人在社会中如果不能成为有力的分子，则个人无出路，国家民族也无出路。要个人在社会中成为有力的分子，必须有德、有学、有才，而德行、学问、才具都须经过艰苦的努力才可以得到。

以往我们青年的错误就在对这两个前提毫无认识。大家都只为个人打算，全不替国家民族着想。我们忙着贪图个人生活的安定和舒适，不下功夫培养造福社会的能力，不能把自己所应该做的事做好，一味苟且敷衍，甚至用种种不正当的手段去求个人安富尊荣，钻营、欺诈、贪污，无所不至，这样一来，把社会弄得日渐腐败，国家弄得日渐贫弱。这是一条不能再走的死路，我已一再警告过。我们必须痛改前非，把一切自私的动机痛痛快快地斩除干净，好好地在国家民族的大前提上做功夫。我们须知道，我们事事不如人，归根究竟，还是我们的人不如人。现在要抬高国家民族的地位，我们每个人必须培养健全的身体、优良的品格、高深的学术和熟练的技能，把自己造成社会中一个有力的分子。

这是三个最基本的认识。我们必须有这些认识，再加以艰苦卓绝的精神去循序实行，到死不懈，我们个人、我们国家民族才能踏上光明的大道。最后，我还须着重地说，我们需要彻底地觉悟。

谈立志

抗战以前与抗战以来的青年心理有一个很显然的分别：抗战以前，普通青年的心理变态是烦闷；抗战以来，普通青年的心理变态是消沉，烦闷大半起于理想与事实的冲突。在抗战以前，青年对于自己前途有一个理想，要有一个很好的环境求学，再有一个很好的职业做事；对于国家民族也有一个理想，要把侵略的外力打倒，建设一个新的社会秩序。这两种理想在当时都似很不容易实现，于是他们急躁不耐烦、失望，以至于苦闷。抗战发生时，我们民族毅然决然地拼全部力量来抵挡侵略的敌人，青年们都兴奋了一阵，积压许久的郁闷为之一畅。但是这种兴奋到现在似已逐渐冷静下去，国家民族的前途比从前光明，个人求学就业也比从前容易，虽然大家都硬着脖子在吃苦，可是振作的精神似乎很缺乏。在学校的学生们对功课很敷衍，出了学校就职的人们对事业也很敷衍，对于国家大事和世界政局没有像从前那样关切。这是一个很可忧虑的现象，因为横在我们面前的还有比抗敌更艰难的局面，需要更坚决、更沉着的努力来应付，而我们青年现在所表现的精神显然不足以应付这种艰难的局面。

如果换个方式来说，从前的青年人病在志气太大，目前的青年人病在志气太小，甚至于无志气。志气太大，理想过高，事实迎不上头来，结果自然是失望烦闷；志气太小，因循苟且，麻木消沉，结果就必至于堕落。所以我们宁愿青年烦闷，不愿青年消沉。烦闷至少是对于现实的欠缺还有敏感，还可以激起努力；消沉对于现实的欠缺就根本麻木不仁，绝不会引起改善的企图。但是说到究竟，烦闷之于消沉也不过是此胜于彼，烦闷的结果往往是消沉，犹如消沉的结果往往是堕落。目前青年的消沉与前五六年青年的烦闷似不无关系。烦闷是耗费心力的，心力耗费完了，连烦闷也不曾有，那便是消沉。

一个人不会生来就烦闷或消沉的，因为人都有生气，而生气需要发扬，需要活动。有生气而不能发扬，或是活动遇到阻碍，才会烦闷和消沉。烦闷是感觉到困难，消沉是无力征服困难而自甘失败。这两种心理病态都是挫折以后的反应。一个人如果经得起挫折，就不会起这种心理变态。所谓经不起挫折，就是没有决心和勇气，就是意志薄弱。意志薄弱经不起挫折的人往往有一套自宽自解的话，就是把所有的过错都推诿到环境。明明是自己无能，而埋怨环境不允许我显本领；明明是自己甘心做坏人，而埋怨环境不允许我做好人。这其实是懦夫的心理，对于自己全不肯负责任。环境永远不会美满的，万一它生来就美满，人的成就也就无甚价值。人所以可贵，就在他不像猪豚，被饲而肥，他能够不安于污浊的环境，拿力量来改变它、征服它。

普通人的毛病在责人太严，责己太宽。埋怨环境还由于缺乏自省自责的习惯。自己的责任必须自己担当起，成功是我的成功，失败也是我的失败。每个人是他自己的造化主，环境不足畏，犹如命运不足信。我们的民族需要自力更生，我们每个人也是如此。我们的青年必须先有这种觉悟，个人和国家民族的前途才有希望。能责备自己，信赖自己，然后自己才会打出一个江山来。

我们有一句老话："有志者事竟成。"这话说得很好，古今中外在任何方面经过艰苦奋斗而成功的英雄豪杰都可以做例证。志之成就是理想的实现。人为的事实都必基于理想，没有理想绝不能成为人为的事实。譬如登山，先须存念头去登，然后一步一步地走上去，最后才会到达目的地。如果根本不起登的念头，登的事实自无从发生。这是浅例。世间许多行尸走肉浪费了他们的生命，就因为他们对于自己应该做的事不起念头。许多以教育为事业的人根本不起念头去研究，许多以政治为事业的人根本不起念头为国民谋幸福。我们的文化落后，社会紊乱，不就由于这个极简单的原因吗？这就是上文所谓"消沉""无志气"。有志者事竟成，无志者事就不成。

不过"有志者事竟成"一句话也很容易发生误解，"志"字有几种意义：一是念头或愿望（wish），一是起一个动作时所存的目的（purpose），一是达到目的的决心（will，determination）。譬如登山，先起登的念头，次要一步一步地走，而这走必步步以登为目的，路也许长，障碍也许多，须抱定决心，不达目的不止，然后登的愿望才可以实现，登的目的才可以达到。“有志者事竟成”的“志”，须包含这三种意义在内：第一要起念头，第二要认清目的和达到目的之方法，第三是抱必达目的之决心。很显然的，要事之成，其难不在起念头，而在目的之认识与达到目的之决心。

有些人误解立志只是起念头。一个小孩子说他将来要做大总统，一个乞丐说他成了大阔佬要砍他的仇人的脑袋，所谓“癞蛤蟆想吃天鹅肉”，完全不思量达到这种目的所必有的方法或步骤，更不抱定循这方法步骤去达到目的之决心，这只是狂妄，不能算是立志。世间有许多人不肯学乘除加减而想将来做算学的发明家；不学军事、学当兵打仗而想将来做大元帅东征西讨；不切实培养学问技术而想将来做革命家改造社会，都是犯这种狂妄的毛病。

如果以起念头为立志，则有志者事竟不成之例甚多。愚公尽可移山，精卫尽可填海，而世间确实有不可能的事情。我们必须承认“不可能”的真实性。所谓“不可能”，就是俗语所谓“没有办法”，没有一个方法和步骤去达到所悬想的目的。没有认清方法和步骤而想达到那个目的，那只是痴想而不是立志。志就是理想，而理想的理想必定是可实现的理想。理想一般有两种意义，一是“可望而不可攀，可幻想而不可实现的完美”，比如许多宗教都以长生不老为人生理想，它成为理想，就因为事实上没有人长生不老。理想的另一意义是“一个问题的最完美的答案”，或是“可能范围以内的最圆满的解决困难的办法”。比如长生不老虽非人力所能达到，而强健却是人力所能达到的，就人的能力范围来说，强健是一个合理的理想。这两种意义的分别在一个蔑视事实条件，一个顾到事实条件；一个渺茫无稽，一个有方法步骤可循。严格地说，前一种是幻想、痴想而不是理想，是理想都必顾到事实。在理想与事实起冲突时，错处不在事实而在理想。我们必须接受事实，理想与事实背驰时，我们应该改变理想。坚持一种不合理的理想而至死不变只是匹夫之勇，只是“猪武”。我特别着重这一点，因为有些道德家在盲目地说坚持理想，许多人在盲目地听。

我们固然要立志，同时也要度德量力。卢梭在他的教育名著《爱弥儿》里有一段很透辟的话，大意是说人生幸福起于愿望与能力的平衡。一个人应该从幼时就学会在自己能力范围以内起愿望，想做自己所能做的事，也能做自己所想做的事。这番话出诸浪漫色彩很深的卢梭尤其值得我们玩味。卢梭自己有时想入非非，因此吃过不少的苦头，这番话实在是经验之谈。许多烦闷，许多失败，都起于想做自己所不能做的事，或是不能做自己所想做的事。

志气成就了许多人，志气也毁坏了许多人。既是志，实现必不在目前而在将来。许多人拿立志远大做借口，把目前应做的事延宕贻误。尤其是青年们欢喜在遥远的未来摆一个黄金时代，把希望全寄托在那上面，终日沉醉在迷梦里，让目前宝贵的时光与机会错过，徒贻日后无穷之悔。我自己从前有机会学希腊文和意大利文时，没有下手，买了许多文法读本，心想到四十岁左右时当有闲暇岁月，许我从容自在地自修这些重要的文字，现在四十过了几年了，看来这一生似不能与希腊文和意大利文有缘分了，那箱书籍也恐怕只有摆在那里霉烂了。这只是一例。我生平有许多事叫我追悔，大半都像这样“志在将来”而转眼即空空过去。“延”与“误”永是连在一起，而所谓“志”往往叫我们由“延”而“误”。所谓真正立志，不仅要接受现在的事实，尤其要抓住现在的机会。如果立志要做一件事，那件事的成功尽管在很远的将来，而那件事的发动必须就在目前一顷刻。想到应该做，马上就做，不然，就不必发下一个空头愿。发空头愿成了一个习惯，一个人就会永远在幻想中过活，成就不了任何事业，听说抽鸦片烟的人想头最多，意志力也最薄弱。老是在幻想中过活的人在精神方面颇类似烟鬼。

我在很早的一篇文章里提出我个人做人的信条，现在想起，觉得其中仍有可取之处，现在不妨趁此再提出供读者参考。我把我的信条叫作“三此主义”，就是此身、此时、此地。一、此身应该做而且能够做的事，就得由此身担当起，不推诿给旁人。二、此时应该做而且能够做的事，就得在此时做，不拖延到未来。三、此地（我的地位，我的环境）应该做而且能够做的事，就得在此地做，不推诿到想象中的另一地位去做。

这是一个极现实的主义。本分人做本分事，脚踏实地，丝毫不带一点浪漫情调。我相信如果我们能够彻底地照着做，不至于很误事。西谚说得好：“手中的一只鸟，值得林中的两只鸟。”许多“有大志”者往往为着觊觎林中的两只鸟，让手中的一只鸟安然逃脱。

朝抵抗力最大的路径走

我提出这个题目来谈，是根据一点亲身的经验。有一个时候，我学过作诗填词。往往一时兴到，我信笔直书，心里想到什么，就写什么，写成了自己读读看，觉得很高兴，自以为还写得不坏，后来我把这些处女作拿给一位精于诗词的朋友看，请他批评。他仔细看了一遍后，很坦白地告诉我说："你的诗词未尝不能作，只是你现在所作的还要不得。"我就问他："毛病在哪里呢？"他说："你的诗词都来得太容易，你没有下过力，你欢喜取巧，显小聪明。"听了这话，我捏了一把冷汗，起初还有些不服，后来对于前人作品多费过一点心思，才恍然大悟那位朋友批评我的话真是一语破的。我的毛病确是在没有下过力。我过于相信自然流露，没有知道第一次浮上心头的意思往往不是最好的意思，第一次浮上心头的词句也往往不是最好的词句。意境要经过洗练，表现意境的词句也要经过推敲，才能脱去渣滓，达到精妙境界。洗练、推敲要吃苦费力，要朝抵抗力最大的路径走。福楼拜自述写作的辛苦说："写作要超人的意志，而我却只是一个人！"我也有同样感觉，我缺乏超人的意志，不能拼死力往里钻，只朝抵抗力最低的路径走。

这一点切身的经验使我受到很深的感触。它是一种失败，然而从这种失败中我得到一个很好的教训。我觉得不但在文艺方面，就在立身处世的任何方面，贪懒取巧都不会有大成就，要有大成就，必定朝抵抗力最大的路径走。

"抵抗力"是物理学上的一个术语。凡物在静止时都本其固有"惰性"而继续静止，要使它动，必须在它身上加"动力"，动力愈大，动愈速愈远。动的路径上不能无抵抗力，凡物的动都朝抵抗力最低的方向。如果抵抗力大于动力，动就会停止，抵抗力纵是低，聚集起来也可以使动力逐渐减少以至于消灭，所以物不能永动，静止后要它续动，必须加以新动力。这是物理学上一个很简单的原理，也可以应用到人生上面。人像一般物质一样，也有惰性，要想他动，也必须有动力。人的动力就是他自己的意志力。意志力愈强，动愈易成功；意志力愈弱，动愈易失败。不过人和一般物质有一个重要的分别：一般物质的动都是被动，使它动的动力是外来的；人的动有时可以是主动，使他动的意志力是自生自发、自给自足的。在物的方面，动不能自动地随抵抗力之增加而增加；在人的方面，意志力可以自动地随抵抗力之增加而增加，所以物质永远是朝抵抗力最低的路径走，而人可以朝抵抗力最大的路径走。物的动必终为抵抗力所阻止，而人的动可以不为抵抗力所阻止。

照这样看，人之所以为人，就在能不为最大的抵抗力所屈服。我们如果要测量一个人有多少人性，最好的标准就是他对于抵抗力所拿出的抵抗力，换句话说，就是他对于环境困难所表现的意志力。我在上文说过，人可以朝抵抗力最大的路径走，人的动可以不为抵抗力所阻。我说“可以”不说“必定”，因为世间大多数人仍是惰性大于意志力，欢喜朝抵抗力最低的路径走，抵抗力稍大，他就要缴械投降。这种人在事实上失去最高生命的特征，堕落到无生命的物质的水平线上，和死尸一样东推东倒，西推西倒。他们在道德、学问、事功各方面都绝不会有成就，万一以庸庸得厚福，也是叨天之幸。

人生来是精神所附丽的物质，免不掉物质所常有的惰性。抵抗力最低的路径常是一种引诱，我们还可以说，凡是引诱所以能成为引诱，都因为它是抵抗力最低的路径，最能迎合人的惰性。惰性是我们的仇敌，要克服惰性，我们必须动员坚强的意志力，不怕朝抵抗力最大的路径走。走通了，抵抗力就算被征服，要做的事也就算成功。举一个极简单的例子。在冬天早晨，你睡在热被窝里很舒适，心里虽知道这应该是起床的时候而你总舍不得起来。你不起来，是顺着惰性，朝抵抗力最低的路径走。被窝的暖和舒适，外面的空气寒冷，多躺一会儿的种种借口，对于起床的动作都是很大的抵抗力，使你觉得起床是一件天大的难事。但是你如果下一个决心，说非起来不可，一耸身你也就起来了。这一起来事情虽小，却表示你对于最大抵抗力的征服，你的企图的成功。

这是一个琐屑的事例，其实世间一切事情都可做如此看法。历史上许多伟大人物所以能有伟大成就者，大半都靠有极坚强的意志力，肯向抵抗力最大的路径走。例如孔子，他是当时一个大学者，门徒很多，如果他贪图个人的舒适，大可以坐在曲阜过他安静的学者的生活。但是他毕生东奔西走，席不暇暖，在陈绝过粮，在匡遇过生命的危险，他那副奔波劳碌栖栖遑遑的样子颇受当时隐者的嗤笑。他为什么要这样呢？就因为他有改革世界的抱负，非达到理想，他不肯甘休。《论语》长沮、桀溺章最足见出他的心事。长沮、桀溺二人隐在乡下耕田，孔子叫子路去向他们问路，他们听说是孔子，就告诉子路说："滔滔者天下皆是也，而谁以易之！"意思是说，于今世道到处都是一般糟，谁去理会它、改革它呢？孔子听到这话叹气说："鸟兽不可与同群，吾非斯人之徒与而谁与？天下有道，丘不与易也。"意思是说，我们既是人就应做人所应该做的事；如果世道不糟，我自然就用不着费气力去改革它。孔子平生所说的话，我觉得这几句最沉痛、最伟大。长沮、桀溺看天下无道，就退隐躬耕，是朝抵抗力最低的路径走；孔子看天下无道，就牺牲一切要拼命去改革它，是朝抵抗力最大的路径走。他说得很干脆，"天下有道，丘不与易也"。

再如耶稣，从《新约》中四部《福音》看，他的一生都是朝抵抗力最大的路径走。他抛弃父母兄弟，反抗当时旧犹太宗教，攻击当时的社会组织，要在慈爱上建筑一个理想的天国，受尽种种困难艰苦，到最后牺牲了性命，都不肯放弃了他的理想。在他的生命史中有一段是一发千钧的危机。他下决心要宣传天国福音后，跑到沙漠里苦修了四十昼夜。据他的门徒的记载，这四十昼夜中他不断地受恶魔引诱。恶魔引诱他去争尘世的威权，去背叛上帝，崇拜恶魔自己。耶稣经过四十昼夜的挣扎，终于拒绝恶魔的引诱，坚定了对于天国的信念。从我们非教徒的观点看，这段恶魔引诱的故事是一个寓言，表示耶稣自己内心的冲突。横在他面前的有两条路：一是上帝的路，一是恶魔的路。走上帝的路要牺牲自己，走恶魔的路他可以握住政权，享受尘世的安富尊荣。经过了四十昼夜的挣扎，他决定了走抵抗力最大的路——上帝的路。

我特别在耶稣生命中提出恶魔引诱的一段故事，因为它很可以说明宋明理学家所说的天理与人欲的冲突。我们一般人尽善尽恶的不多见，性格中往往是天理与人欲杂糅，有上帝也有恶魔，我们的生命史常是一部理与欲、上帝与恶魔的斗争史。我们常在歧途徘徊，理性告诉我们向东，欲念却引诱我们向西。在这种时候，上帝的势力与恶魔的势力好像摆在天平的两端，见不出谁轻谁重。这是“一发千钧”的时候，“一失足即成千古恨”，一挣扎立即可成圣贤豪杰。如果要上帝的那一端天平沉重一点，我们必须在上面加一点重量，这重量就是拒绝引诱、克服抵抗力的意志力。有些人在这紧要关头拿不出一点意志力，听惰性摆布，轻轻易易地堕落下去，或是所拿的意志力不够坚决，经过一番冲突之后，仍然向恶魔缴械投降。例如洪承畴本是明末一个名臣，原来也很想效忠明朝，恢复河山，清兵入关后，大家都预料他以死殉国，清兵百计劝诱他投降，他原也很想不投降，但是到最后终于抵不住生命的执着与禄位的诱惑，做了明朝的汉奸。再举一个眼前的例子，汪精卫前半生对于民族革命很努力，当这次抗战开始时，他广播演说也很慷慨激昂。谁料到他利禄熏心，一经敌人引诱，就起了卖国叛党的坏心思。依陶希圣的记载，他在上海时似仍感到良心上的痛苦，如果他拿出一点意志力，及早回头，或以一死谢国人，也还不失为知过能改的好汉。但是他拿不出一点意志力，就认错做错，甘心认贼作父。世间许多人失节败行，都像汪精卫、洪承畴之流，在紧要关头，不肯争一口气，就马马虎虎地朝抵抗力最低的路径走。

这是比较显著的例，其实我们立身处世，随时随地目前都横着两条路径，一是抵抗力最低的，一是抵抗力最大的。比如当学生，不死心塌地去做学问，只敷衍功课，混分数文凭；毕业后不拿出本领去替社会服务，只奔走巴结，夤缘幸进，以不才而在高位；做事时又不把事当事做，只一味因循苟且，敷衍公事，甚至于贪污淫逸，遇钱即抓，不管它来路正当不正当——这都是放弃抵抗力最大的路径而走抵抗力最低的路径。这种心理如充类至尽，就可以逐渐使一个人堕落。我常穷究目前中国社会腐败的根源，以为一切都由于懒。懒，所以苟且因循敷衍，做事不认真；懒，所以贪小便宜，以不正当的方法解决个人的生计；懒，所以随俗浮沉，一味圆滑，不敢为正义公道奋斗；懒，所以遇引诱即堕落，个人生活无纪律，社会生活无秩序。知识阶级懒，所以文化学术无进展；官吏懒，所以政治不上轨道；一般人都懒，所以整个社会都“吊儿郎当”，暮气沉沉。懒是百恶之源，也就是朝抵抗力最低的路径走。如果要改造中国社会，第一件心理的破坏工作是除懒，第一件心理的建设工作是提倡奋斗精神。

生命就是一种奋斗，不能奋斗，就失去生命的意义与价值；能奋斗，则世间很少不能征服的困难。古话说得好，“有志者事竟成”。希腊最大的演说家是德摩斯梯尼，他生来口吃，一句话也说不清楚，但他抱定决心要成为一个大演说家，他天天一个人走到海边，向着大海练习演说，到后来居然达到了他的志愿。这个实例阿德勒（Adler）派心理学家常喜援引。依他们说，人自觉有缺陷，就起“卑劣意识”，自耻不如人，于是心中就起一种“男性的抗议”，自己说我也是人，我不该不如人，我必用我的意志力来弥补天然的缺陷。阿德勒派学者用这原则解释许多伟大人物的非常成就，例如聋子成为大音乐家，瞎子成为大诗人之类。我觉得一个人的紧要关头是在起“卑劣意识”的时候。起“卑劣意识”是知耻，孔子说得好，“知耻近乎勇”。但知耻虽近乎勇而却不就是勇。能勇必定有阿德勒派所说的“男性的抗议”。“男性的抗议”就是认清了一条路径上抵抗力最大而仍然勇往直前，百折不挠。许多人虽天天在“卑劣意识”中过活，却永不能发“男性的抗议”，只知怨天尤人，甚至于自己不长进，希望旁人也跟着他不长进，看旁人长进，只怀满肚子醋意。这种人是由知耻回到无耻，注定的要堕落到十八层地狱，永不超生。

能朝抵抗力最大的路径走，是人的特点。人在能尽量发挥这特点时，就足见出他有富裕的生活力。一个人在少年时常是朝气勃勃，有志气，肯干，觉得世间无不可为之事，天大的困难也不放在眼里。到了年事渐长，受过了一些磨折，他就逐渐变成暮气沉沉，意懒心灰，遇事都苟且因循，得过且过，不肯出一点力去奋斗。一个人到了这时候，生活力就已经枯竭，虽是活着，也等于行尸走肉，不能有所作为了。所以一个人如果想奋发有为，最好是趁少年血气方刚的时候，少年时如果能努力，养成一种勇往直前百折不挠的精神，老而益壮，也还是可能的。

一个人的生活力之强弱，以能否朝抵抗力最大的路径为准，一个国家或是一个民族也是如此。这个原则有整个的世界史证明。姑举几个显著的例，西方古代最强悍的民族莫如罗马人，我们现在说到能吃苦肯干，重纪律，好冒险，仍说是“罗马精神”。因其有这种精神，所以罗马人东征西讨，终于统一了欧洲，建立一个庞大的殖民帝国。后来他们从殖民地获得丰富的资源，一般罗马公民都可以坐在家里不动而享受富裕的生活，于是变成骄奢淫逸，无恶不为，一到新兴的“野蛮”民族从欧洲东北角向南侵略，罗马人就毫无抵抗而分崩瓦解。再如女真族，他们在入关以前过的是骑猎生活，民性最强悍，很富于吃苦冒险的精神，所以到明末张李之乱、社会腐败紊乱时，他们以区区数十万人之力就能入主中夏。可是他们做了皇帝之后，一切皇亲国戚都坐着不动吃皇粮，享大位，过舒服生活，不到三百年，一个新兴民族就变得腐败不堪，辛亥革命起，我们就轻轻易易地把他们推翻了。我们如果要明白一个民族能够堕落到什么地步，最好去看看北平的旗人。

我们中华民族在历史上经过许多波折，从周秦到现在，没有哪一个时代我们不遇到很严重的内忧，也没有哪一个时代我们没有和邻近的民族挣扎，我们爬起来蹶倒，蹶倒了又爬起，如此者已不知若干次。从这简单的史实看，我们民族的生活力确是很强旺，它经过不断的奋斗才维持住它的生存权。这一点祖传的力量是值得我们尊重的。

于今我们又临到严重的关头了。横在我们面前的只有两条路，一是汪精卫和一班汉奸所走的，抵抗力最低的，屈服；一是我们全民族所走的抵抗力最大的抗战。我相信我们民族的雄厚的生活力能使我们克服一切困难。不过我们也要明白，我们的前途困难还很多，抗战胜利只解决困难的一部分，还有政治、经济、文化、教育各方面的建设工作还需要更大的努力。一直到现在，我们所拿出来的奋斗精神还是不够。因循、苟且、敷衍，种种病象在社会上还是很流行。我们还是有些老朽，我们应该趁早还童。

孟子说：“天将降大任于斯人也，必先苦其心志，劳其筋骨，饿其体肤，空乏其身，行拂乱其所为，所以动心忍性，增益其所不能。”于今我们的时代是“天将降大任于斯人”的时代了，孟子所说的种种折磨，我们正在亲领身受。我希望每个中国人，尤其是青年们，要明白我们的责任，本着大无畏的精神，不顾一切困难，向前迈进。

谈青年的心理病态

这题目是一位青年读者提议要我谈的。他的这个提议似显示青年们自己感觉到他们在心理上有毛病。这毛病究竟何在，是怎样酝酿成的，最好由青年们自己做一个虚心的检讨。我是一个中年人，和青年人已隔着一层，现时代和我当青年的时代也迥然有别，不能全据私人追忆到的经验，刻舟求剑似的去臆测目前的事实。我现在所谈的大半根据在教书任职时的观察，观察有时不尽可据，而且我的观察范围限于大学生。我希望青年读者们拿这旁观者的分析和他们自己的自我检讨比较，并让我知道比较的结果。这于他们自己有益，于我更有益。

一个人的性格形成，大半固靠自己的努力，环境的影响也不可一笔抹杀。“豪杰之士虽无文王犹兴”，但是多数人并非豪杰之士，就不能不有所凭借。很显然的，现时一般青年所可凭借的实太薄弱。他们所走的并非玫瑰之路。

先说家庭。多数青年一入学校，便与家庭隔绝，尤其是来自沦陷区域的。在情感上他们得不到家庭的温慰。抗战期中一般人都感受经济的压迫，衣食且成问题，何况资遣子弟受教育。在经济上他们得不到家庭的援助。父兄既远隔，又各各为生计所迫，终日奔波劳碌，既送子弟入学校，就把一切委托给学校，自己全不去管。在学业品行上他们得不到家庭的督导。这些还只是消极的，有些人能受到家庭影响的，所受的往往是恶影响。父兄把教育子弟当作一种投资，让他们混资格去谋衣食，子弟有时顺承这个意旨，只把学校当作进身之阶，此其一。父兄有时是贪官污吏或土豪劣绅，自己有许多恶习，让子弟也染着这些恶习，此其二。中国家庭向来是多纠纷，而这种纠纷对于青年人常是隐痛，易形成心理的变态，此其三。

次说社会国家。中国社会正当新旧交替之际，过去封建时代的许多积弊恶习还没有涤除净尽，贪污腐败欺诈凌虐的事情处处都有。青年人心理单纯，对于复杂的社会不能了解。他们凭自己的单纯心理，建造一种难于立即实现的社会理想，而事实却往往与这理想背驰，他们处处感觉到碰壁，于是失望、惊疑、悲观等情绪源源而来。其次，青年人富于感受性，少定见，好言是非而却不真能辨别是非，常轻随流俗转移，有如素丝，染于青则青，染于黄则黄。社会既腐浊，他们就不知不觉地跟着它腐浊。总之，目前环境对于纯洁的青年是一种恶性刺激，对于意志薄弱的青年是一种恶性引诱。加以国家处在危难的局面，青年人心里抱着极大的希望，也怀着极深的忧惧。他们缺乏冷静的自信，任一股热情鼓荡，容易提升到高天，也容易降落到深渊。一个人迭次经过这种疟疾式的暖冷夹攻，自然容易变成虚弱，在身体方面如此，在精神方面也如此。

再次说学校。教育必以发展全人为宗旨，德育、智育、美育、群育、体育五项应同时注重。就目前实际状况说，德育在一般学校等于具文，师生的精力都集中于上课，专图授受知识，对于做人的道理全不讲究。优秀青年感觉到这方面的缺乏而彷徨，顽劣青年则放纵恣肆，毫无拘束。即退一步言智育，途径亦多错误，灌输多于启发，浅尝多于深入，模仿多于创造，揣摩风气多于效忠学术。在抗战期中，师资与设备多因陋就简，研究的空气尤不易提高。向学心切者感觉饥荒，凡庸者敷衍混资格。美育的重要不但在事实上被忽略，即在理论上亦未被充分了解。我国先民在文艺上造就本极优越，而子孙数典忘祖，有极珍贵的文艺作品而不知欣赏，从事艺术创作者更寥寥。大家都迷于浅狭的功利主义，对文艺不下功夫，结果乃有情操驳杂、趣味卑劣、生活干枯、心灵无寄托等种种现象。群育是吾国人向来缺乏的，现代学校教育对此亦毫无补救。一般学校都没有社会生活，教师与学生相视如路人，同学彼此也相视如路人。世间大概没有比中国大学教授与学生更孤僻更寂寞的一群动物了。体育的忽略也不自今日始，有些学生们还在鄙视运动，黄皮刮瘦几乎是知识阶级的标志。抗战中忽略运动之外又添上缺乏营养。我常去参观学生吃饭，七八人一席只有一两碗无油的蔬菜，有时甚至只有白饭。吃苦本是好事，亏损虚弱却不是好事。青年人正当发育时期，日复一日年复一年地缺乏最低限度的营养，结果只有亏损虚弱，甚至于疾病死亡。心理的毛病往往起于生理的毛病，生理的损耗必酿成心理的损耗。这问题有关于民族的生命力，凡是远见的教育家政治家都不应忽视。

家庭、社会、国家和学校对于青年人的影响如上所述。在这种情形之下，青年人在心理方面发生下列几种不健康的感觉。

第一是压迫感觉。青年人当生气旺盛的时候，有如春日的草木萌芽，需要伸展与生长，而伸展与生长需要自由的园地与丰富的滋养。如果他们像墙角生出来的草木，上面有沉重的砖石压着，得不着阳光与空气，他们只得黄瘦萎谢，纵然偶尔能费力支撑，破石罅而出，也必变成臃肿拳曲，不中绳墨。不幸得很，现代许多青年都恰在这种状况之下出死力支撑层层重压。家庭对于子弟上进的企图有时做不合理的阻挠，社会对于勤劳的报酬不尽有保障，国家为着政策有时须限制思想与言论的自由，学校不能使天赋的聪明与精力得充分发展，国家前途与世界政局常纠缠不清，强权常歪曲公理。这一切对于青年人都是沉重的压迫，此外又加上经济的艰窘、课程的繁重、营养缺乏所酿成的体质羸弱，真所谓“双肩上公仇私仇，满腔儿家忧国忧”。一个人究竟有几多力量，能支撑这层层重压呢？撑不起，却也推不翻，于是都积成一个重载，压在心头。

第二是寂寞感觉。人是富于情感的动物。人也是群居的动物，所以人需要同类的同情心最为剧烈。哲学家和宗教家抓住这一点，所以都以仁爱立教。他们知道人类只有在仁爱中才能得到真正幸福。青年人血气方刚，同情的需要比中年人与老年人更为迫切。我们已经说过，现代中国青年不常能得到家庭的温慰，在学校里又缺乏社会生活，他们终日独行踽踽，举目无亲，人生最强烈的要求不能得到最低限度的满足，他们心里如何快乐得起来呢？这里所谓“同情心”包含异性的爱在内。男女中间除着人类同情心的普遍需要之外，又加上性爱的成分，所以情谊一旦投合，便特别坚强。这是一个极自然的现象，不容教育家们闭着眼睛否认或推翻。我们所应该留意的是施以适当教育，因势利导，纳于正轨，不使其泛滥横流。这些年来我们都在采男女同学制，而对于男女同学所有的问题未加精密研究，更未予以正确指导。结果男女中间不是毫无来往，便是偷偷摸摸地来往。毫无来往的似居多数，彼此摆在面前，徒增一种刺激。许多青年人的寂寞感觉，细经分析起来，大半起于异性中缺乏合理而又合体的交际。

第三是空虚感觉。“自然厌恶空虚”，这个古老的自然律可应用于物质，也可应用于心灵。空虚的反面是充实，是丰富。人生要充实丰富，必须有多方的兴趣与多方的活动。一个在道德、学问、艺术或事业方面有浓厚兴趣的人，自然能在其中发现至乐，绝不会感觉到人生的空虚。宋儒教人心地常有“源头活水”，此心须常是“活泼泼的”。又教人玩味颜子在箪食瓢饮的情况之下“所乐何事”，用意都在使内心生活充实丰富。据近代一般心理学家的见解，艺术对于充实内心生活的功用尤大，因为它帮助人在事事物物中都可发现乐趣。观照就是欣赏，而欣赏就是快乐。现在一般青年人对学术既无浓厚兴趣，对艺术及其他活动更漠不置意，生活异常干枯贫乏，所以常感到人生空虚。此外又加上述的压迫与寂寞，使他们追问到人生究竟，而他们的单纯头脑所能想出的回答就是“空虚”。他们由自己个人的生活空虚推论到一般人生的空虚，犯着逻辑学家所谓“以偏概全”的错误。个人生活的空虚往往是事实，至于一般人生是否空虚则大有问题，至少历史上许多伟大人物不是这么想。

以上所说的三种不健康的感觉都有几分是心病，但是它们所产生的后果更为严重。在感觉压迫、寂寞和空虚中，青年人始而彷徨，身临难关而找不着出路，踌躇不知所措；继而烦闷，仿佛以为家庭、社会、国家、学校以至于造物主，都有意在和他们为难，不让他们有一件顺心事，于是对一切生厌恶，动辄忧郁、烦躁、苦闷；继而颓唐麻木，经不起一再挫折，逐渐失去辨别是非的敏感与向上的意志，随世俗苟且敷衍，以“世故”为智慧，视腐浊为人情之常。彷徨犹可抉择正路，烦闷犹可力求正路，到了颓唐麻木，就势必至于堕落，无可救药了。我不敢说现在多数青年都已到了颓唐麻木的阶段，但是我相信他们都在彷徨烦闷，如果不及早振作，离颓唐麻木也就不远了。总之，我感觉到现在青年人大半缺乏青年人所应有的朝气，对一切缺乏真正的兴趣和浓厚的热情。他们的志向大半很小，在学校只求敷衍毕业，以后找一个比较优裕的差缺，姑求饱暖舒适，就混过这一生。自然也偶尔遇着少数的例外，但少数例外优秀的青年军势孤力薄，不能造成一种风气。现时代的青年，就他所表现的精神而论，绝不能担当起现时代的艰巨任务。这是有心人不能不为之忧惧的。

这种现状究竟如何救济呢？照以上的分析，病的成因远在家庭、社会、国家与学校所给的不良的影响，近在青年人自己承受这影响而起的几种不健康的感觉。治本的办法当然是改良环境的影响，尤其是学校教育。这要牵涉到许多问题，非本文所能详谈。这里我只向青年人说话，说的话限于在我想是他们可以受用的，就是他们如何医治自己，拯救自己。

第一，青年人对于自己应有勇气负起责任。我们旁观者分析青年人的心理性格，把环境影响当作一个重要的成因，是科学家所应有的平正态度。但是我们也必须补充一句，环境影响并非唯一的决定因素，世间有许多人所受的环境影响几完全相同而成就却有天渊之别，这就是证明个人的努力可以胜过环境的影响。青年们自己不应该把自己的失败完全推诿到环境影响，如果这样办，那就是对自己不负责任，为自己不努力去找借口。我们旁观者固不能以豪杰之士期待一切青年，但是每一个青年自己却不应只以庸碌人自期待。旁人在同样环境之下所能达到的成就，他如果达不到，他就应自引以为耻。对自己没有勇气负责的人在任何优越环境之下，都不会有大成就。对自己负责任，是一切向上心的出发点。

第二，青年人应知实事求是，接受当前事实而谋应付，不假想在另一环境中自己如何可以显大本领，也不把自己现在不能显本领的过失推诿到现实环境。自己所处的是甲境，应付不好，聊自宽解说："如果在乙境，我必能应付好。"这是"文不对题"，仍是变态心理的表现。举个具体的例，问一位青年人为什么不努力做学问，他回答说："教员不好，图书不够，饭没有吃饱。"这样一来，他就把责任推诿得干干净净了。他应该知道，教员不好，图书不够，饭没有吃饱，这些都是事实，他须接受这些事实去应付。如果能设法把教员换好，图书买够，饭吃饱，那固然再好没有；如果这些一时为事实所不允许，他就得在教员不好，图书不够，饭没有吃饱的事实条件之下，研究一个办法，看如何仍可读书做学问。他如果以为这样的事实条件不让他能读书做学问，那就是承认自己的失败；如果只假想在另一套事实条件之下才读书做学问，那就是逃避事实而又逃避责任。

第三，青年人应明了自己的心病须靠自己努力去医治。法国有一位心理学家——库维——发明一种自治疗术，叫作"自暗示"。依这个方法，一个人如果有什么毛病，只要自己常专心存着自己必定好的念头，天天只朝好处想，绝不能朝坏处想，不久他自会痊愈。他实验过许多病人，无论所患的是生理方面的或是心理方面的病，都特著奇效。他的实验可证明自信对于一个人的心理影响非常之大。自信是一个不幸的人，就随时随地碰着不幸事；自信是一个勇敢的人，世间便无不可征服的困难。许多青年人所缺乏的正在自信心。没有自信心就没有勇气，困难还没有临头就自认失败。

比如上文所说的三种不健康的感觉，都并非绝对不可避免的。如果能接受事实，有勇气对自己负责任，尽其在我，不计成败，则压迫感觉不致发生。每个人都需要同情，如果每个人都肯拿一点同情出来对付四周的人，则大家互有群居之乐，寂寞感觉不致发生。人生来需要多方活动，精力可发泄，心灵有寄托，兴趣到处泉涌，则生活自丰富，空虚感觉不致发生。这些事都不难做到，一般青年人所以不能做到者，原因就在没有自信，缺乏勇气，不肯努力。

个人本位与社会本位的伦理观

社会由个人集合而成，而个人亦必生存于社会。由前一点说，个人是主体，社会是扩充；由后一点说，社会是主体，个人是附庸。粗略地说，中国传统的伦理思想偏重前一个看法，西方传统的伦理思想偏重后一个看法。

中国思想界最占势力的是道家与儒家。道家思想有两个基本原则：一是极端的自然主义，一是极端的个人主义。惟其偏重自然主义，所以蔑视制度文为。一切都应任其自然，无为而治，凡是制度文为都是不必要的纷扰，我们必须把它们丢开，回到“自然状态”中的浑朴真纯，才能达到太平安乐景象。唯其侧重个人主义，所以蔑视社会。虽说“大患在于有身”，而身究竟贵于天下一切，尊生贵己，长生久视，是道家极重视的一套功夫。“民至老死不相往来”，自然说不到个人转移社会，更说不到社会影响个人。老子所谓“我无为而民自化，我无事而民自富，我无欲而民自朴”，其实并非有所作为，不过人人各安其所，把文化与生活需要降到极低限度，互不侵犯，“共存共荣”而已。道家反对社会，所以反对适用于社会的一切美德如仁义礼智之类。他们的理想是“遗世独立”“超然物表”，儒家与道家彻底不同的地方在淑世心切，极重有为，要把世界由“自然状态”提升到“文化状态”。但是儒家虽不倡个人主义，而论道德、说仁义，却全从个人本位出发。修身诚意，克己复礼，是基本功夫，齐家、治国、平天下不过是修身以后的效用。政治只是一种教育，而教育又只是人格感化。季康子问政，孔子回答说：“政者正也，子帅以正，孰敢不正？”己立立人，己达达人；达固可兼善天下，穷仍可独善其身。儒家所提倡的美德大半含有社会性，但是他们所着重的却不在它的社会性而在它对于个人修养的重要。比如说仁与敬是儒家所极重视的，仁必有对象，敬亦必有对象，但儒家并不着重仁与敬对于人（社会）的效用，而着重它们在个人内心是美德。儒家颇鄙视功利主义，很有“为道德而道德”的精神。

西方思想界最占势力的是希腊人所传下来的哲学系统和从希伯来所吸收过来的基督教。哲学支流虽多，谈伦理大半从社会本位出发。最显著的是柏拉图和黑格尔，他们都以为国家高于一切，个人幸福应以社会幸福为本。卢梭本是菲薄社会者，也说民约既成，个人意志即须受制于公众意志。近代西方人所提倡的自由似稍替个人主义助声势，但是他们的理想的自由，如穆勒所标榜的是“最多数人的最大量的幸福”，仍不脱社会本位的看法。至于基督教本是被压迫民族所酝酿成的一种宗教，在欧洲社会开始崩溃时流传到西方，其要义为平等博爱，实针对当时欧洲社会的病象，含有很浓厚的社会革命意味。耶稣被认为是救世主，他的受刑是为全人类赎罪。耶稣教徒的理想是天国的实现而不是个人的享乐。耶稣教之所以深入人心的原因，除了提出与现实黑暗世界相对照的一个光明灿烂的天国以外，还有同教门中的极强烈的“弟兄感”。总之，耶稣教之成功，正因其是从社会本位出发的宗教。哲学与宗教在西方之所以走到侧重社会的方向，原因大概在西方国小，个人与社会的关系易于被感觉到，“道德”（morality）一词在西文原义本为“习俗”。近代西方伦理学家以为道德起于人与人的关系，离开社会便无道德可言，甚至有人以为行为之为善为恶，就看他对于社会有益或有害；社会学家以为道德只是社会习俗所逐渐演成的，变其所以然为其所当然，所以伦理学应由规范科学变为自然科学；政治经济学家以为人的好坏大半由于社会环境，说到究竟，个人的道德责任应由社会担负起，要改善个人，先要改善社会。

这两种不同的看法形成中西文化思想的两种不同的类型，中国人侧重个人本位，所以道德的观念特别浓厚，政治法律思想多从伦理思想出发，伦理学与政治学、法律学有一个一贯的条理。西方人侧重社会本位，所以法的观念特别浓厚，伦理思想常为政治法律思想所左右，在大哲学家的系统中，政治、法律、伦理虽亦彼此呼应，而普通伦理学所讲的是一回事，政治学和法律学所讲的又另是一回事，彼此很少关联。

人是社会的动物，他是一个人，也是社会一分子，我们的基本问题有两个：

一、离开社会一分子的地位，一个人在人的地位有无道德修养可言呢？二、一个人在社会一分子的地位所表现的道德修养，是否要根据他在人的地位所表现的道德修养呢？中国传统思想对于这两个问题向来予以很肯定的答复。西方思想或是忽略这两个思想，或是根本否认它们有何意义。这两种思想类型各有其环境背景，我们不必武断地加以评价；而且说到类型，都不免普泛粗略，中国人也未尝不偶有从社会本位出发，西方人也未尝不偶有从个人本位出发。不过就大体说，中国人以为一个人须自己先是一个好人，对社会才会是好人，个人好，社会才能好；西方人以为一个人对于社会是好人，才算得是好人，社会好，个人就容易好。他们同以人好与社会好为理想，不过着重点不同，我们可以借用物理学的术语说，中国人的伦理观是“离心的”，由内而外的；西方人的伦理观是“向心的”，由外而内的。

这两种看法也可以说不只是中西的分别，而是新旧的分别。很显然地，在西方偏重社会本位的看法到现代更加彰明较著，中国人近来受西方思想的影响，也逐渐倾向社会本位的看法，这也是自然的趋势。文化愈前进，社会组织愈繁复而严密，社会的势力日渐大，个人的力量也就日渐小，在现代情况之下，以个人转移社会较难，以社会转移个人则甚易。我们的问题是：在现代情况之下，假如一个社会坏到不易收拾的地步，有什么原动力可以收拾它、改善它呢？依中国传统的看法，人存则政举，转移风化必赖贤哲，在一个坏的社会中，如果有少数个人敦品励行，标出一个好榜样，使多数人逐渐受感化，造成一个新风气，然后那个社会自然会变好。依一部分西方学者的看法，社会自身本其固有的力量逐渐转变，它所潜藏的弱点就是它向另一方向转变的萌芽，正反相成，新陈代谢，否极自然泰来，比如封建社会到走不通时，自然会转变到近代国家社会；农业社会到走不通时，自然会转变到工业社会；私产社会走不通时，自然会转变到企业公营社会。每阶段的社会有它的特殊理想和道德观念。照这个看法，社会是能以自力更生的有机体，所谓“自力”就是物质条件，物质条件的大势所趋有如排山倒海，人力（至少是个人的力量）是无可奈之何的。

总之，社会转变不出两种方式，或由自变，或由人变。这两种方式也并不必彼此冲突。我们承认社会本身有一个常趋转变的大势，同时，我们也不能否认少数人的努力也往往可以促成、延滞或移转这个大势。“时势造英雄，英雄亦造时势”，这句老话究竟不错。极端的唯物史观不能使我们满意，就因为它多少是一种定命论，它剥夺了人的意志自由，也就取消了人的道德责任和努力的价值。我们必须承认人力可以改造社会，然后我们遇着环境的困难才不会绝望，而我们的努力也才有意义与价值，我们也才能够说：把这世界安排得较合理想一点，是我们每个人的责任。

我特别提出这个问题来谈，用意是在解答目前一般人所最焦虑的一个问题：中国社会如何可以变好呢？多数青年着眼到社会的黑暗一方面，在这问题前面彷徨、苦闷，以至于绝望。在他们看，这社会积弊太深，积重难返，对于每个人是一种推不翻的重压，纵然有少数人的努力也是独木难支大厦，这种心理是必须彻底消除的。我从前曾写过一段话，现在还觉得不错：“社会愈恶愈需要有少数特立独行的人们去转移风气。一个学校里学生纵然十人有九人奢侈，一个俭朴的学生至少可以显出奢侈与俭朴的分别；一个机关的官吏纵然十人有九人贪污，一个清严的官吏至少可以显出贪污与清严的分别。好坏是非都由相形之下见出。一个社会到了腐败的时候，大家都跟旁人向坏处走，没有一个人反抗潮流，势必走到一般人完全失去是非好坏分别的意识，而世间便无所谓羞耻事了。所以全社会都坏时，如果有一个好人存在，他的意义与价值是不可测量的。”世间事有因就必有果，种下善因，迟早必得善果。物理的力不灭，精神的力更不灭，它能够由一人而感发十人百人以至无数人。所谓“风气”就是这样培养成的。

要复兴中国民族，我们必须在青年心理中养成对于个人努力的信任。道理原来很简单，分子不健全，团体绝不会健全，我们的环境日渐其难，不努力绝不能侥幸成功。现在许多人仍妄存侥幸的心理，以为我们在竞存的世界中，纵然没有能力，还可以卖老招牌，充空心大老倌，或是以为我们自己纵然无能，旁人也许会慷慨好施，助我们立国。这种心理最荒唐也最危险。将来我们的生存权必寄托于全民族每个分子的努力，这是确无疑义的天经地义。借自己的努力，艰苦卓绝地奋斗到底，以求征服一切环境困难，达到我们所追求的理想，这是我们所应崇奉的英雄主义。依照这种英雄主义，我们必须尊敬而且维护社会上一切环境困难而能挺身奋斗者，必须鄙弃而且消灭社会上一切侥幸苟安者、夤缘幸进者和颓废因循者。社会像生物一样，寄生虫愈多，也就愈易枯朽。无功受禄者与不才而在高位者都是社会的寄生虫，他们日蛀蚀，夜蛀蚀，终究会将社会蛀蚀成枯壳。关于这一点，我觉得政教当局须特别注意，为着自树声势而多引用或扶助一个无品学的青年，便是多奖励一分苟且侥幸的心理，多打消一分艰苦奋斗的精神。这种办法可危及国家命脉，我们当知警惕。

我个人深切地感觉到中国社会所以腐浊，实由我们人的质料太差，学问、品格、才力，件件都经不起衡量。要把中国社会变好，第一须先把人的质料变好。我并不敢非薄现代青年，我总觉得现代青年大半仍在鼓里过日子，没有明白自己的责任，更不肯出死力去尽自己的责任，多数人徒以学校为进身干禄之阶，品格固不砥砺，学问也止于浅尝肤受。这种风气必须改变，中国才真正有希望。改变风气是教育的事，但是教育却不仅是学校的事。学问固然应该多给青年们以良好的影响，而学校以外的政教当局与整个社会也应该少给青年们以不良的影响。在过去，学校与社会都显然没有充分地尽他们的责任，应该自惭的地方甚多，彼此都需要严厉的自省与自责。

我近来读了两部基督教会史，心里颇多感触。耶稣和他的十二门徒与早期神父，除着圣保罗以外，大半出身下层社会，没有什么学问。他们处境又非常困难，内受犹太同胞的倾轧，外受罗马政权的凌虐。然而在三四百年间，他们的势力遍于全欧，五六百年间，他们的传教士远达于中国长安，使耶稣教成为世界文化中一个主要的因素，没有一个更好的实例可以使我们明白少数人的努力能造成弥漫一世的风气。可是我们也要记着早期基督教的神父的努力是如何艰苦卓绝！为着传布他们的信仰，他们赴汤蹈火，居隧道，饱猛兽，前仆后起，以牺牲性命为光荣。无论我们是否相信基督教，他们的精神确可令人闻风兴起。

我们不必需要宗教，但必须有宗教家布道的精神。十几个犹太平民居然调动了全世界，难道十几个有为有守的中国人就不能把中国社会改善吗？我们需要救世主，这救世主必定是少数人而不是全社会，而少数人却必有替人类担荷罪孽不惜牺牲身家性命的决心。

谈处群（上）

——我们不善处群的病征

我们民族性的优点很多，只是不善处群。“一个和尚挑水吃，两个和尚抬水吃，三个和尚没水吃”，这个流行的谚语把我们民族性的弱点表现得最深刻。在私人企业方面，我们的聪明、耐性、刚毅力并不让人，一遇到公众事业，我们便处处暴露自私、孤僻、散漫和推诿责任。这是我们的致命伤，要民族复兴，政治家和教育家首先应锐意改革的就在此点。因为民治就是群治，以不善处群的民族采行民治，必定是有躯壳而无生命，不会成功的。本文拟先分析不善处群的病征，次探病源，然后再求对症下药。

我们不善处群，可于以下数点见出：

一、社会组织力的薄弱。乌合之众不能成群，群必为有机体，其中部分与部分、部分与全体，都必有密切联络，息息相关，牵其一即动其余。社会成为有机体，有时由自然演变，也有时由人力造作。如果纯任自然，一个一盘散沙的民众可以永远保持散漫的状态。要他团结，不能不借人力。用人力来使一个群众团结，便是组织。群众全体同时自动地把自己团结起来，也是一件不易想象的事。大众尽管同时都感觉到组织团体的必要，而使组织团体成为事实，首先须有少数人为首领导，其次须有多数人协力赞助。我们缺乏组织力，分析起来，就不外这两种条件的缺乏。社会上有许多应兴之利与应革之弊，为多数人所迫切地感觉到，可是尽管天天听到表示不满的呼声，却从没有一个人挺身而出，领导同表示不满的人们做建设或破坏的工作。比如公路上有一个缺口，许多人在那里跌过跤、翻过车，虽只需一块石头或一挑土可以填起，而走路行车的人们终不肯费一举手之劳。社会上许多事业不能举办，原因一例如此简单。“是非只因多开口，烦恼皆由强出头”，这是我们的传统的处世哲学。事实也确是如此。尽管是大家共同希望的事，你如果先出头去做，旁人会对你加以种种猜疑、非难和阻碍。你显然顾到大众利益，却没有顾到某一部分人的自私心或自尊心，他们自己不能或不肯做领袖，却也不甘心让你做领袖。因此聪明人“不为物先”，只袖手旁观，说说风凉话，而许多应做的事也就搁起。

二、社会德操的堕落。德原无分公私，是德行就必须影响到社会福利，这里所谓社会德操是指社会组织所赖以维持的德操。社会德操不能枚举，最重要的有三种。第一是公私分明。一个受公众信托的人有他的职权，他的责任在行使公众所赋予的职权，为公众谋利益。他自然也还可以谋私人的特殊利益，可是不能利用公众所赋予的职权。在我国常例，一个人做了官，就可以用公家的职位安插自己的亲戚朋友，拿公家的财产做私人的人情、营私人的生意、填私人的欲壑。这样假公济私、贪污作弊，便是公私不分。此外一个人的私人地位与社会地位应该有分别。比如父亲属政府党，儿子属反对党，在政治上尽管是对立，而在家庭骨肉的分际上仍可父慈子孝。古人大义灭亲，举贤不避亲，同是看清公私界限。现在许多人把私人的恩怨和政治上的是非夹杂不清。是我的朋友我就赞助他在政治上的主张和行动，是我的仇敌我就攻击他在政治上的主张和行动，至于那主张和行动本身为好为坏则漠不置问。我们的政治上许多“人事”的困难都由此而起，这也还是犯公私不分的毛病。第二个重要的社会德操是守法执礼的精神。许多人聚集成为一个团体，就有许多繁复的关系和繁复的活动。繁复就容易凌乱，凌乱就容易冲突。要在繁复之中见出秩序，必定有纪律，使易于凌乱者有条理，易于冲突者各守分相安。无纪律则社会不能存在，无尊重纪律的精神则社会不能维持。所谓纪律就是团体生活的合理的规范，它包含两大因素，一是国家（或其他集团）所制定的法，一是传统习惯所逐渐形成而经验证为适宜的礼。普通所谓“文化”在西文为 civilization，照字源说，就是“公民化”或“群化”。

“群化”其实就是“法化”与“礼化”。一个民族能守法执礼，才能算是“开化的民族”，否则尽管他的物质条件如何优厚，仍不脱“未开化”的状态。目前我们大多数人似太缺乏守法执礼的精神。比如到车站买票，依先来后到的次序，事本轻而易举，可是一般买票者踊跃争先，十分钟可了的事往往要弄到几点钟才了；三言两语可了的事往往要弄到摩拳擦掌、头破血流才了，结果仍是不公平；并且十人坐的车要挤上三四十人，不管车子出事不出事。这虽是小事，但是这种不守秩序的精神处处可以看见，许多事之糟，就糟于此。第三个重要的社会德操是勇于表示意见，而且乐于服从多数议决案的精神，这可以说是理想的议会精神。民主政治的精义在每个公民有议政的权利。人愈多，意见就愈分歧。议政制度的长处就在让分歧的意见尽量地表现，然后经过充分的商酌，彼此逐渐接近融洽，产生一个比较合理、比较可使多数人满意的办法。一个理想的公民在有机会参与议论时，应尽量地发表自己的意见，旁人错误时，我应有理由说服他；旁人有理由说服我时，我也承认自己的错误。经过仔细讨论之后，成立了议决案，我无论本来曾否同意，都应竭诚拥护到底。公民如果没有服从多数而打消自己的成见的习惯，民主政治绝不会成功，因为全体公民对于任何要事都有一致意见，是一件不容易的事。我们多数人很缺乏这种政治修养。在开会讨论一件事时，大家都噤若寒蝉，有时虽心不谓然而口却不肯说，到了议决案成立之后，才议论纷纷，埋怨旁人不该那样做，甚至别标一帜，任意捣乱。许多公众事业不易举办，这也是一个重要的原因。

三、社会制裁力的薄弱。任何复杂社会都不免有恶劣分子在内。坏人的破坏力常大于善人的建设力。在一个群众之中，尽管善人多而坏人少，多数善人成之而不足的事往往经少数坏人败之而有余。要加强善人的力量和减少坏人的力量，必须有强厚的社会制裁力。一个社会里不怕有坏人，而怕没有公是公非，让坏人横行无忌。社会制裁力可分三种：第一是道德风纪。每个民族都有他的特殊历史环境所造成的行为理想与规范，成为一种洪炉烈焰，一个人投身其中，不由自主地受它熔化，一个民族的道德风纪就是他的共同目标、共同理想。这共同理想的势力愈坚强，那个民族的团结力就愈紧密，而其中各分子越轨害群的可能性也就愈小。这是最积极最深厚的社会制裁力。第二是法律。每民族对于最普遍的关系和最重要的活动都有明文或习惯规定，某事应该这样做，不应该那样做，是不容人以私意决定的。法有定准，则民知所率从。明知而故犯，法律也有惩处的措置。一般人本大半可与为善，可与为恶，而事实上多数人不敢为恶者，就因为有法律的制裁。中国儒家素来尊德而轻法，其实为一般社会说法，法律是秩序的根据，绝不可少。第三是舆论。舆论就是公是公非。一个人做了好事会受舆论褒扬，做了坏事也免不掉舆论的指摘。人本是社会的动物，要见好于社会是人类天性。羞恶之心和西方人所谓“荣誉意识”是许多德行的出发点，其实仍是起于个人对于社会舆论的顾虑。舆论自然也根据道德与法律，但是它的影响更较广泛，尤其是在近代交通发达、报纸流行的情况之下。在目前我国社会里，这三种社会制裁力却很薄弱。第一，我们当思想剧变之际，青黄不接，旧有道德信条多被动摇，而新的道德信条又还没有树立。行为既没有确定的标准，多数人遂恣意横行。在从前，至少在理论上，道德是人生要义；在现在，道德似成为迂腐的东西，不但行的人少，连谈的人也少。第二，法的精神贵贯彻，有一人破法，或有一事破法，法的威权便降落。我们民族对于法的精神素较缺乏，近来因社会变动繁复，许多事未上轨道，有力者往往挟其力以乱法，狡黠者往往逞其狡黠以玩法，法遂有只为一部分愚弱乡民而设之倾向。我们明知道社会中有许多不合法的事，但是无可如何。第三，舆论的制裁须有两个重要条件。首先人民知识与品格须达到相当的水准，然后所发出的舆论才能真算公是公非。其次政府须给舆论以相当的自由。目前我们人民的程度还没有达到可造成健全舆论的程度。加以舆论本与道德法律有密切关系，道德与法律的制裁力弱，舆论也自然失其凭依。我们的社会中虽不是绝对没有公是公非，而距理想却仍甚远。一个坏人在功利的观点看，往往是成功的人，社会徒惊羡他的成功而抹杀他的坏。“老实”义为“无用”，“恭谨”看成“迂腐”，这是危险现象，看惯了，人也就不觉它奇怪。至于舆论自由问题，目前事实也还远不如理想。舆论本身未健全自然是一个原因，抗战时期的国策也把教导舆论比解放舆论看得更重要。

以上所举三点是我们不善处群的最重要病征。三点自然也彼此相关，而此外相关的病征也还不少。但是如果能够把这三种病征除去，这就是说，如果我们富于社会组织力，具有很优美的社会德操，而同时又有强有力的社会制裁，我相信我们处群的能力一定会加强，而民治的基础也更较稳固。

谈处群（中）

——我们不善处群的病因

近代社会心理学家讨论群的成因，大半着重群的分子具有共同性。第一是种族语言的同一，第二则为文化传统，如学术、宗教、政治及社会组织等，没有重要的分歧。有了这些条件，一个群众就会有共同理想、共同情感、共同意志，就容易变为共同行动，如果在这上面再加上英明的领袖与严密的制度，群的基础就很坚固了。拿共同性一个标准来说，我们中华民族似乎没有什么欠缺可指。世界上没有另一个民族在种族语言上比我们更较纯一些，也没有另一个民族比我们有更悠久的一贯的文化传统。然而我们中华民族至今还不能算是一个团结紧密而坚强的群，原因在哪里呢？说起来很复杂。历史环境居一半，教育修养也要居一半。

浅而易见的原因是地广民众。上文列举群的共同性，有一点没有提及，就是共同意识。同属于一群的人必须每个人都意识到自己所属的群确实是一个群，而不是一班乌合之众；并且对于这个群有很明了的认识，和它能产生极亲切的交感共鸣。群的精神贯注到他自己的精神，他自己的精神也就表现群的精神。大我与小我仿佛打成一片，群才坚固结实。所以群的质与量几成反比。群愈大，愈难使它的分子对它有明确的意识，群的力量也就越微；群愈小，愈易使它的分子对它有明确的意识，群的力量也就越强。群的意识在欧洲比较分明，就因为欧洲各国大半地窄民寡。近代欧洲国家的雏形是希腊和罗马的“城邦”。城邦的疆域常仅数十里，人口常常不出数千人，有公众集会，全体国民可以出席，可以参与国家大政，他们常在一起过共同的生活。在这种情形之下，群的意识自然容易发达。

我们中国从周秦以后，疆域就很广大，人口就很众多。在全体国民一个大群之下，有依次递降的小群。一般人民对于下层小群的意识也很清楚，只是对于最大群的意识都很模糊。孟子谈他的社会理想说：“死徒无出乡，乡田同井，出入相友，守望相助，疾病相扶持。”这是一个很理想的群，但也是一个很小的群，它的存在条件是“死徒无出乡，乡田同井”。一直到现在，我们的乡民还维持着这种原始的群；他们为这种小群的意识所囿，不能放开眼界来认识大群。我们在过去历史上全民族受过几次的威胁而不能用全民族的力量来应付，但是在极大骚动之后，社会基层还很稳定，原因也就在此。可幸者这种情形已在好转中，交通日渐方便，地理的隔阂愈渐减少，而全民族分子中间的接触也就愈渐多。辛亥革命、五四运动和这次的抗战都可以证明我们现在已开始有全民族的意识和全民族的活动。在历史上我们还不曾有过同样的事例。

在地广民众的情形之下，群的组织虽不容易，却也并非绝对不可能。它所以不容易的原因在人民难于聚集在一起做共同的活动，如果有一个共同理想把众多而散处的人民摄引来朝一个目标走，他们仍可成为很有力的群。中世纪欧洲各国割据纷争，政权既不统一，民族与语言又很分歧，论理似不易成群，但是伊斯兰教徒占领耶路撒冷以后，欧洲人为着要恢复耶稣教的圣地，几度如醉如狂地结队东征。十字军虽不算成功，但可证明地广民众不一定可以妨碍群的团结，只要大家有共同理想、共同意志与共同活动。这次签约反抗轴心侵略的二十六个国家站在一条阵线上成为一个群，也就因为这个道理，从这些事例，我们可以看出要使广大的民众团结成群，首先要他们有共同理想，要尽量给他们参加共同活动的机会。共同活动就是广义的政治活动。所以政治愈公开，人民参加政治活动的机会愈多，群的意识愈易发达，而处群的能力也愈加强。因为这个道理，民主国家人民易成群，而专制国家人民则不易成群。我国过去数千年政体一贯专制，国家的事都由在上者一手包办，人民用不着操劳。在上者是治人者，主动者；人民是治于人者，被动者。在承平时，人民坐享其成，“同焉皆得而不知其所以得”；在混乱时，人民有时被迫而成群自卫，亦迹近反抗，为在上者所不容，横加摧残压迫。在我国历史上，无群见盛世太平，有群即为纷争攘乱。在这种情形之下，群的意识不发达，群的德操不健全，都是当然的事。

政体既为专制，而社会的基础又建筑于家庭制度。谋国既无机缘，于是人民都集中精力去谋家。在伦理信条上，我们的先哲固亦提倡先国后家，公而忘私，于忠孝不能两全时必先忠而后孝；但在事实上，家的观念却比国的观念浓厚。读书人的最高理想是做官，做官的最大目的不在为国家做事，而在扬名声、显父母。一个人做了官，内亲和外戚都跟着飞黄腾达。你细看中国过去的历史，国家政治常是宫廷政治，一切纷争扰乱也就从皇亲国戚酿起。至于一般小百姓眼睛里看不见国，自然就只注视着家，拼全力为一家谋福利，家与家有时不免有利害冲突，要造成保卫家的势力，于是同姓成为部落，兄弟尽可阋于墙，而外必御其侮。部落主义是家庭主义的伸张，在中国社会里，小群的活动特别踊跃，而大群非常散漫，意见偶有分歧，倾轧冲突便乘之而起，都是因为部落主义在作祟。就表面看，同乡会、同学会、哥老会之类的组织颇可证明中国人能群，但是就事实看，许多不必有的隔阂和斗争，甚至于许多罪恶的行为，都起于这类小组织。小组织的精神与大群实不相容，因为大群须化除界限，而小组织多立界限；大群必扩然大公，而小组织是结党营私。我们中国人难于成立大群，就误在小组织的精神太强烈。

一般人结党多为营私，所以“孤高自赏”的人对于结党都存着很坏的观感。“狐群狗党”是中国字汇中所特有的成语，很充分表现中国人对于群与党的鄙视。狐狗成群结党，洁身自好者不肯同流合污，甚至以结党为忌。这是一个极不幸的现象。善人既持高超态度，遇事不肯出头，纵出头也无能为力，于是公众事业都落在宵小的手里，愈弄愈糟。成群结党本身并非一件坏事，尤其在近代社会，个人的力量极有限，要做一番有价值的事业，必须有群众的势力。结党的目的在造成群众的势力，我们所当问的不是这种势力应否存在，而是它如何应用。恶人有党，善人没有党就不能抵御他们。这个道理很浅，而我国知识分子常不了解，多少是受了以往道家隐士思想的影响，道家隐士思想起源于周秦社会混乱的时代，是老于世故者逃避世故的一套想法。他们眼见许多建设作为徒滋纷扰，遂怀疑到社会与文化，主张归真返璞，人各独善其身。长沮、桀溺向子路讥诮富于事业心的孔子说：“滔滔者天下皆是也，而谁以易之？且尔与其从避人之士也，岂若从避世之士哉？”他们不但要“避人”，还要“避世”。庄子寓言中有许多让天下和高蹈的故事，后来士流受这一类思想的影响很深，往往以“超然物表”“遗世独立”相高尚，仿佛以为涉身仕途便玷污清白。齐梁时有一个周颙，少年时隐居一个茅屋里读书学道，预备媲美巢父、务光。后来他改变志向，应征做官，他的朋友孔稚珪便以为这是一个大耻辱，假周颙所居的北山的口吻，做了一篇“移文”和他绝交，骂他“诱我松桂，欺我云壑，虽假容于江皋，乃缨情于好爵”。这件事很可表现中国士流鄙视政治活动的态度。这种心理分析起来，很有些近代心理学家所说的“卑鄙意识”在内。人人都想抬高自己的身份，觉得社会卑鄙，不屑为伍，所以跳出来站在一边，表示自己不与人同。现在许多人鄙视群众与政治活动，骨子里都有“卑鄙意识”在作祟。据近代社会心理学家说，群众的活动多起于模仿。一种情绪或思想能为一般人所接受的必须很简单平凡，否则曲高和寡。所以群众所表现的智慧与德操大半很低，易于成群的人也必须易于接受很低的智慧与德操。我们中华民族似比较富于独立性，不肯轻易随人，而好立异为高。宗教情操淡薄由此，群不易组织也由此。

传统的观念与相沿的习惯错误，而流行教育实未能改正这种错误。我始终坚信苏格拉底的一句老话：“知识即德行。”凡是德行缺陷，必定由于知识不彻底。群的组织的最大障碍是自私心。存自私心的人多抱着“各人自扫门前雪，不管他人瓦上霜”的念头，他们以为损群可以利己，或以为轻群可以为重己；其中寡廉鲜耻者玷污责任，假公济私、洁身自好者逃避责任、遗世鸣高。其实社会存在是铁一般的事实，个人靠着社会存在也是铁一般的事实。我们必须接受这些事实，才能生存。社会的福利是集团的福利，个人既为集团一分子，自亦可蒙集团的福利。社会的一切活动最终的目的当然仍在谋各个分子的福利，所以各个分子对于社会的努力最后仍是为自己。有人说：“利他主义是彻底的利己主义。”这话实在千真万确。如果全从自己着想而不顾整个社会，像汉奸们为着几个卖身钱做敌人的走狗，实在是短见，没有把算盘打得清楚。他们忘记“皮之不存，毛将焉附”一句话的道理。他们的顽恶由于他们的愚昧，他们的愚昧由于他们所受的教育不够或错误。汉奸如此，一切贪官污吏以及逃避社会责任的人也是如此。“种瓜得瓜，种豆得豆。”掌教育的人们看到社会上许多害群之马，应该有一番严厉的自省！

谈处群（下）

——处群的训练

极浅显而正当的道理常易被人忽略。一个民族的性格和一个社会的状况大半是由教育和政治形成的。倘若一个民族的性格不健全，或是一个社会的状况不稳定，那唯一的结论就是教育和政治有毛病。这本是老生常谈，但是在现时中国，从事教育者未必肯承认国民风纪到了现有状态是他们的罪过，从事政治者未必肯承认社会秩序到了现有的状态是他们的罪过。大家都觉得事情弄得很糟，可是都把一切罪过推诿到旁人，不肯自省自疚。没有彻底的觉悟，自然也没有彻底的悔改。这是极危险的现象。讳疾忌医，病就会无从挽救。我们需要一番严厉的自我检讨，然后才能有一番勇猛的振作。

先说教育。我们在过去虽然也曾特标群育为教育主旨之一，试问一般学校里群育工作究竟做到如何程度？从前北京大学常有同班同斋舍同学们从入学到毕业，三四年之中朝夕相见而始终不曾交谈过一句话。他们自己认为这是北京大学的校风，引为值得夸耀的一件事。一直到现在，还有许多学校里同学们相视，不但如路人，甚至为仇雠，偶遇些小龃龉，便摩拳擦掌，挥戈动武。受教育者所受的教育如此，何能望其善处群？更何能希望其为社会组织的领导？我们的教育所产生的人才不能担当未来的艰巨责任，此其一端。

我们的根本错误在把教育狭义化到知识贩卖。学校的全部工作几限于上课应付考试。每期课程多至十数种，每周上课钟点多至三四十小时。教员力疲于讲，学生力疲于听，于是做人的道理全不讲求。就退一步谈知识，也只是一味灌输死板材料，把脑筋看成垃圾箱，尽量地装，尽量地挤塞，全不管它能否消化启发。

从前人说读书能变化气质，于今人书读得越多，气质越硬顽不化，这种教育只能产出一些以些许知识技能博衣饭碗的人，绝不能培养领导社会的真才。

近来颇有人感觉到这种毛病，提倡导师制，要导师于教书之外指点做人的道理，用意本来很善，但是实施起来也并未见功效。这也并不足怪。换汤必须换药，教育止于传授知识一个错误观念不改正，导师仍然是教书匠。导师制起于英国牛津、剑桥两大学，这两校的教育宗旨是彰明较著的不重读书，而重养成“君子人”。在这两校里教员和学生上课钟点都很少，社交活动却很多，导师和学生有经常接触的可能。导师对于学生在学业和行为两方面同时负有责任，每位导师所负责指导的学生也不过数人。现在我们的学校把学业和操行分作两件事，学业仍取“集体生产”式整天上班，操行则由权限不甚划分、责任不甚专一、叠床架屋式的导师、训导员、生活指导员和军事教官去敷衍公事。这种办法行不通，因为导师制的真精神不存在，导师制的必需条件不存在。

要改良现状，我们必须把教育的着重点由上课读书移到学习做人方面去，许多庞杂的课程须经快刀斩乱麻的手段裁去，学生至少有一半时间过真正的团体生活，做团体的活动。教师也必须把过去的错误的观念和习惯完全改过，认定自己是在“造人”，不只是在“教书”。每个教师对于所负责造的人须当作一件艺术品看待，须求他对自己可以慰怀，对旁人也可以看得过去。每个学生对于教师须当作自己的造化主，与父母生育有同样的恩惠，知道心悦诚服。这样一来，教师与学生就有家人父子的情感，而学校也就有家庭的和乐的空气了。

这一层做到了，第二步便须尽量增加团体合作的活动。团体合作的活动种类甚多，有几个最重要的值得特别提出。

第一是操业合作。现行教育有一个大毛病，就是许多课程的对象都是个人而不是团体。学生们尽管成群结队，实际上各人一心，每人独自上课，独自学习，独自完成学业，无形中养成个人主义的心习。其实学问像其他事业一样，需要分工合作的地方甚多。材料的收集和整理，问题的商讨，实验的配置，遗误的检举，都必须群策群力。学校对于可分工合作的工作应尽量分配给学生们去合作，团体合作训练的效益是无穷的。一个人如果常有团体合作的训练，在学问上可以免偏陋，在性情上也可以免孤僻，他会有很浓厚而愉快的群的意识，他会深切地感觉到：能尽量发挥群的力量，才能尽量发挥个人的力量。

有几种课程特别宜于团体合作。最显著的是音乐。在我们古代教育中，乐是一个极重要的节目。它的感动力最深，它的最大功用在和。在一个团体里，无论分子在地位、年龄、教育上如何复杂，乐声一作，男女尊卑长幼都一齐肃容静听，皆大欢喜，把一切界限分别都化除净尽，彼此蔼然一团和气。爱好音乐的人很少是孤僻的人，所以音乐是群育最好的工具。其次是运动。运动相当于中国古代教育中的射。它不但能强健身体，尤其能培养尊秩序纪律的精神。条顿民族如英美德诸国都特好运动，在运动场上他们培养战斗的技术和政治的风度。他们说一个公正的人有“运动家气派”（sportsmanship）。柏拉图在《理想国》里谈教育，二十岁以前的人就只要音乐和运动两种功课。这两种课程应该在各级学校中普遍设立。近来音乐课程仅限于中小学，运动则各校虽有若无，它们的重要性似还没有为教育家们完全了解。音乐和运动是一个民族的生气的表现，不单是群育的必由之径。除非它们在课程中占重要位置，我们的教育不会有真正的改良。

操业合作之外，第二个重要的处群训练便是团体组织。有健全的团体组织，学生们才有多参加团体活动的机会，才能养成热心公益的习惯。一般学校当局常怕学生有团结，以致滋扰生事，所以对于团体组织与活动常设法阻止，以为这就可以息事宁人，也有些学校在名义上各种团体具备，而实际上没有一个团体是健全的组织。多数学生为错误的教育理想所误，只管埋头死读书，认为参加团体活动是浪费时光，甚至于多惹是非，对一切团体活动遂袖手坐观。于是所谓团体便为少数人所操纵，假借团体名义，做种种并非公意所赞同的活动。政治上许多强奸民意、假公济私的恶习惯就由此养成。学校里学生自治会应该是一种雏形的民主政府，每个分子都应有参议表决的权利，同时也都应有不弃权的责任。凡关于学生全体利益的事应由学生们自己商讨处理，如起居、饮食、清洁卫生、公共秩序、公众娱乐诸项都无须教职员包办。自治会须有它的法律，有它的风纪，有它的社会制裁力。比如说，有一位同学盗用公物、侮谩师友或是考试舞弊，通常的办法是由学校记过惩处，但是理想的办法是由自治会公审公判，学生团体中须有公是公非，而这种公是公非应有奖励或裁制的力量。民主国家所托命的守法精神必须如此养成。

人群接触，意见难免有分歧，利害难免有冲突，如果各执己见，势必至于无路可通。要分歧和冲突化除，必须彼此和平静气地讨论，在种种可能的结论中寻一个最妥善的结论。民主政治可以说就是基于讨论的政治。学问也贵讨论，因为学问的目的在辨别是非真伪，而这种辨别的功夫在个人为思想，在团体为讨论，讨论可以说是集团的思想。一个理想的学校必须充满着欢喜讨论的空气。每种课程都可以用讨论方式去学习，每种实际问题都可以在辩论会中解决。在欧美各著名大学里，师生们大部分功夫都费于学术讨论会与辩论会，在这中间他们成就他们的学业，养成他们的政治习惯。在学校里是一个辩论家，出学校就是一个良好的议员或社会领袖。我们的一般学生以遇事沉默为美德，遇公众集会不肯表示意见，到公众有决定时，又不肯服从。这是一个必须医治的毛病，而医治必从学校教育下手。

处群训练一半靠教育，一半也要靠政治。社会仍是一种学校，政治对于公民仍是一种教育。政治愈修明，公民的处群训练也就愈坚实。政治体制有多种，最合理想的是民主。民主政治实施于小国家，较易收实效，因为全体人民可以直接参与会议表决，像瑞士的全体公决制。国大民众，民主政治即不能不采取代议方式。代议制的弊病在代议人不一定能代表公众意志，易流于寡头政治的变相。要补救这种弊病，必须力求下层政治组织健全，因为一般人民虽不必尽能直接参加国政，至少可以直接参加和他们最接近的下层行政区域的政治。我国最下层的行政区域是保甲，逐层递升为乡为县为区为省。保甲在历史上向来是自治的单位，它的组织向来带有几分民主精神。我们要奠定民主基础，必须从保甲着手。保甲政治办好，逐层递升，乡、县、区、省以至于国的政治，自然会一步一步地跟着好。英国政治是一个很好的先例。英国民主政治的成功不仅在国会健全，尤其在国会之下的区议会与市议会同样健全。市议会已具国会的雏形，公民在市议会所得的政治训练可逐渐推用于区议会和国会。一般人民因小见大，知道国会和市议会是一样，市民与市政府的关系也和国民与国政府的关系一样，知道国政与市政和已身同样有切身的利害，不容漠视，更不容胡乱处理。

健全下层政治组织自然也不是一件容易事。我们一方面须推广教育，提高人民知识和道德的水准，一方面也要彻底革除积弊，使人民逐渐养成良好的政治习惯。所谓良好的政治习惯是指一方面热心参与政治活动，一方面不做腐败的政治活动。我国一般人民正缺乏这两种政治的习惯，他们不是不肯参加政治活动，就是做腐败的政治活动。比如我们的政府近来何尝不感觉到健全下层政治组织的重要？保甲制正在推行，县政正在实验，下级干部人员经常在受训练。但是积重难返，实施距理想仍甚远。根本的毛病在没有抓住民治精神。民治精神在公事公议公决，而现在保甲政治则由少数公务员包办。一般保甲长和联保主任仍是变相的土豪劣绅，敲诈乡愚，比从前专制时代反更烈。一般人民没有参与会议表决的机会，还是处在被统治者的地位。下情无由上达，他们只在含冤叫苦。一件事须得做时，就须做得名副其实，否则滋扰生事，不如不做为妙。县政实施本是为奠定民治基础，如果仍采土豪劣绅包办制，则结果适足破坏民治基础。这件事关系我国民治前途极大，我们的政治家不能不有深切的警戒。

民主政治与包办制如水火不相容。消极地说，废除包办制；积极地说，就是政治公开。这要从最下层做起，奠定稳固的基础，然后逐渐推行到最上层。政治公开有两个要义，一是政权委托于贤能，一是民意须能影响政治。先就第一点说，我国历代抡才，不外由考试与选举。考试是最合于民治精神的一种制度，是我国传统政治的一特色。一个人只要有真才实学，无论出身如何微贱，可以逐级升擢，以至于掌国家大政。因此政权可由平民凭能力去自由竞争，不致为某一特殊阶级所把持乱用。中国过去政权向来在相而不在君，而相大半起家于考试，所以中国传统政体表面上为君主，而实为民主。后来科举专以时文诗赋取士，颇为议者诟病。这只是办法不良，并非考试在原则上有毛病。总理制定建国方略，考试特设专院，实有鉴于考试是中国传统政治中值得发挥光大的一点，用意本至深。但是我们并未能秉承总理遗教，各级公务员大部分未经考试出身，考试中选者也未尽录用，真才埋没，与不才而在高位的情形都不能说没有。这种不公平的待遇不能奖励贫士的努力而徒增长宵小夤缘幸进的恶习，政治上的腐浊多于此种因。要想政得其人，人尽其职，必须彻底革除这种种积弊而尽量推广考试制。至于选举是一般民主国家抡才的常径。选举能否成功，视人民有无政治知识与政治道德。过去我国选举权操纵于各级官吏，名为选举，实为推荐，不像在西方由人民普选。这种办法能否成功，视主其事者能否公允；它的好处在提高选举者的资格，即所以增重选举的责任，提高被选举者的材质。在一般人民未受健全的政治教育以前，我们可以略采从前推荐而加以变通，限制选举者的资格而不必限于官吏，凡是教育健全而信用卓著者都可以联名推选有用人才。选举意在使贤任能，如不公允，由人民贿买或由政府包办，则适足破坏选举的信用与功能，我们必须严禁。民主政治能否成功，就要看选举这个难关能否打破，我们必须有彻底的觉悟。

考试与选举行之得法，一切行政权都由贤能行使，则政治公开的第一要义就算达到。政治公开的第二要义是民意能影响政治。这有两端：第一是议会，第二是舆论。先说议会，民主政治就是议会政治。在西方各国，人民信任议会，议会信任政府；政府对议会负责，议会对人民负责。政府措施不当，议会可以不信任；议会措施不当，人民可以另选。所以政府必须尊重民意，否则立即瓦解。我国从民主政体成立以来，因种种实际困难，正式民意机关至今还未成立。召集国民代表大会，总理遗教本有明文规定，而政府也正在准备促其实现，这还需要全国人民共同努力。最要紧的是要使选举名副其实，不要再有贿买包办的弊病。

我国传统政治本素重舆论。“天视自我民视，天听自我民听”两句话在古代即悬为政治格言。历代言事有专官，平民上诉隐曲，也特有设备，在野清议尤为朝廷所重视。过去君主政体没有很长期地陷于紊乱腐败状态，舆论是一个重要的力量。从前的暴君与现代的独裁政府怕舆论的裁制，常设法加以压迫或控制，结果总是失败。“防民之口，甚于防川”是一点不错的。思想与情感必须有正当的宣泄，愈受阻挠愈一绝不可收拾。近代报章流行，舆论更易传播。言论出版自由问题颇引起种种争论。从历史、政治及群众心理各方面看，言论出版必须有合理的自由。舆论与人民程度密切相关，自然也有不健全的时候，我们所应努力的不在钳制舆论，而在教育舆论。是非自在人心，舆论的错误最好还是用舆论去纠正。

以上所述，陈义甚浅，我们的用意不在唱高调而望能实践。如果政治方面没有上述的改革，群的训练就无从谈起。人民必有群的活动、群的意识，必感觉到群的力量，受群的裁制，然后才能养成良好的处群的道德。这是我们施行民治的大工作中一个基本问题，值得政治家与教育家们仔细思量。

谈恻隐之心

罗素在《中国问题》里讨论我们民族的性格，指出三个弱点：贪污、怯懦和残忍。他把残忍放在第一位，所说的话最足令人深省："中国人的残忍不免打动每一个盎格鲁-撒克逊人。人道的动机使我们尽一分力量来减除其余九十九分力量所做的过恶，这是他们所没有的。……我在中国时，成千成万的人在饥荒中待毙，人们为着几块钱出卖儿女，卖不出就弄死。白种人很尽了些力去赈荒，而中国人自己出的力却很少，连那很少的还是被贪污吞没。……如果一只狗被汽车压倒致重伤，过路人十个就有九个站下来笑那可怜的畜生的哀号。一个普通中国人不会对受苦受难起同情的悲痛，实在他还像觉得它是一个颇愉快的景象。他们的历史和他们的辛亥革命前的刑律可见出他们免不掉故意虐害的冲动。"

我第一次看《中国问题》还在十几年以前，那时看到这段话心里甚不舒服；现在为大学生选英文读品，把这段话再看了一遍，心里仍是甚不舒服。我虽不是狭义的国家主义者，也觉得心里一点民族自尊心遭受打击，尤其使我怀惭的是没有办法来辩驳这段话。我们固然可以反诘罗素说："他们西方人究竟好得几多呢？"可是他似乎预料到这一着，在上一段话终结时，他补充了一句："话须得说清楚，故意虐害的事情各大国都在所难免，只是它到了什么程度被我们的伪善隐瞒起来了。"他言下似有怪我们竟明目张胆地施行虐害的意味。

罗素的这番话引起我的不安，也引起我由中国民族性的弱点想到普遍人性的弱点。残酷的倾向，似乎不是某一民族所特有的，它是像盲肠一样由原始时代遗留下来的劣根性，还没有被文化洗刷净尽。小孩们大半欢喜虐害昆虫和其他小动物，踏死一堆蚂蚁，满不在意。用生人做陪葬者或是祭典中的牺牲，似不仅限于野蛮民族。罗马人让人和兽相斗相杀，西班牙人让牛和牛相斗相杀，作为一种娱乐来看。中世纪审判异教徒所用的酷刑无奇不有。在战争中人们对于屠杀尤其狂热，杀死几百万生灵如同踏死一堆蚂蚁一样平常，报纸上轻描淡写地记一笔，造成这屠杀记录者且热烈地庆祝一场。就在和平时期，报纸上杀人、起火、翻船、离婚之类不幸的消息也给许多观众以极大的快慰。一位西方作家说过："揭开文明人的表皮，在里皮里你会发现野蛮人。"据说大哲学家斯宾诺莎的得意的消遣是捉蚊蝇摆在蛛网上看它们被吞食。近代心理学家研究变态心理所表现的种种奇怪的虐害动机如"萨德主义"（sadism），尤足令人毛骨悚然。这类事实引起一部分哲学家，如中国的荀子和英国的霍布斯，推演出"性恶"一个结论。

有些学者对于幸灾乐祸的心理，不以性恶为最终解释而另求原因。最早的学说是自觉安全说。拉丁诗人卢克莱修说："狂风在起波浪时，站在岸上看别人在苦难中挣扎，是一件愉快的事。"这就是中国成语中的"隔岸观火"。卢克莱修以为使我们愉快的并非看见别人的灾祸，而是庆幸自己的安全。霍布斯的学说也很类似。他以为别人痛苦而自己安全，就足见自己比别人高一层，心中有一种光荣之感。苏格兰派哲学家如贝恩（Bain）之流以为幸灾乐祸的心理基于权力欲。能给苦痛让别人受，就足显出自己的权力。这几种学说都有一个共同点：就是都假定幸灾乐祸时有一种人我比较，比较之后见出我比人安全，比别人高一层，比别人有权力，所以高兴。

这种比较也许是有的，但是比较的结果也可以发生与幸灾乐祸相反的念头。比如我们在岸上看翻船，也可以忘却自己处在较幸运的地位，而假想到自己在船上碰着那些危险的境遇，心中是如何惶恐、焦急、绝望、悲痛。将己心比人心，人的痛苦就变成自己的痛苦。痛苦的程度也许随人而异，而心中总不免有一点不安、一点感动和一点援助的动机。有生之物都有一种同类情感。对于生命都想留恋和维护，凡遇到危害生命的事情都不免恻然感动，无论那生命是否属于自己。生命是整个的有机体，我们每个人是其中一肢一节，这一肢的痛痒引起那一肢的痛痒。这种痛痒相关是极原始的、自然的、普遍的。父母遇着儿女的苦痛，仿佛自身在苦痛。同类相感，不必都如此深切，却都可由此类推。这种同类的痛痒相关就是普通所谓"同情"，孟子所谓"恻隐之心"。孟子所用的比譬极亲切：

“今人乍见孺子将入于井，皆有怵惕恻隐之心。”他接着推求原因说：“非所以内交于孺子之父母也，非所以要誉于乡党朋友也，非恶其声而然也。”他没有指出正面的原因，但是下结论说：“由是观之，无恻隐之心非人也。”他的意思是说恻隐之心并非起于自私的动机，人有恻隐之心只因为人是人，它是组成人性的基本要素。

从此可知遇着旁人受苦难时，心中或是发生幸灾乐祸的心理或是发生恻隐之心，全在一念之差。一念向此或一念向彼，都很自然，但在动念的关头，差以毫厘便谬以千里。念头转向幸灾乐祸的一方面去，充类至尽，便欺诈凌虐，屠杀吞并，刀下不留情，睁眼看旁人受苦不伸手援助，甚至落井下石，这样一来，世界便变成冤气弥漫、黑暗无人道的场所；念头转向恻隐一方面去，充类至尽，则四海兄弟，一视同仁，守望相助，疾病相扶持，老有所养，幼有所归，鳏寡孤独者亦可各得其所，这样一来，世界便变成一团和气、其乐融融的场所。野蛮与文化、恶与善、祸与福、生存与死灭的歧路全在这一转念上面，所以这一转念是不能苟且的。

这一转念关系如许重大，而转好转坏又全系在一个刀锋似的关头上，好转与坏转有同样的自然而容易，所以古今中外大思想家和大宗教家，都紧握住这个关头。各派伦理思想尽管在侧轻侧重上有差别，各派宗教尽管在信条仪式上互相悬殊，都着重一个基本德行。孔孟所谓“仁”，释氏所谓“慈悲”，耶稣所谓“爱”，都全从人类固有的一点恻隐之心出发。他们都看出在临到同类受苦受难的关头上，一着走错，全盘皆输，丢开那一点恻隐之心不去培养，一切道德都无基础，人类社会无法维持，而人也就丧失其所以为人的本性。这是人类智慧的一个极平凡而亦极伟大的发现，一切伦理思想，一切宗教，都基于这点发现。这也就是说，恻隐之心是人类文化的泉源。

如果幸灾乐祸的心理起于人我的比较，恻隐之心更是如此，虽然这种比较不必尽浮到意识里面来。儒家所谓“推己及物”“举斯心加诸彼”“己所不欲，勿施于人”，都是指这种比较。所以“仁”与“恕”是一贯的，不能恕绝不能仁。恕须假定知己知彼，假定对于人性的了解。小孩虐待弱小动物，说他们残酷，不如说他们无知，他们根本没有动物能痛苦的观念。许多成人残酷，也大半由于感觉迟钝、想象平凡、心眼窄所以心肠硬。这固然要归咎于天性薄、风俗习惯的濡染和教育的熏陶也有关系。函人唯恐伤人，矢人唯恐不伤人，职业习惯的影响于此可见。希腊盛行奴隶制度，大哲学家如柏拉图、亚里士多德都不以为非；在战争的狂热中，耶稣教徒祷祝上帝歼灭同奉耶教的敌国，风气的影响于此可见。善人为邦百年，才可以胜残去杀，习惯与风俗既成，要很大的教育力量，才可挽回转来。在近代生活竞争激烈，战争为解决纠纷要径，而道德与宗教的势力日就衰颓的情况之下，恻隐之心被摧残比被培养的机会较多。人们如果不反省痛改，人类前途将日趋于黑暗，这是一个极可危惧的现象。

凡是事实，无论它如何不合理，往往都有一套理论替它辩护。有战争屠杀就有辩护战争屠杀的哲学。恻隐之心本是人道基本，在事实上摧残它的人固然很多，在理论上攻击它的人亦复不少。柏拉图在《理想国》里攻击戏剧，就因为它能引起哀怜的情绪，他以为对人起哀怜，就会对自己起哀怜，对自己起哀怜，就是缺乏丈夫气，容易流于怯懦和感伤。近代德国一派唯我主义的哲学家如斯蒂纳（Sterner）、尼采之流，更明目张胆地主张人应尽量扩张权力欲，专为自己不为旁人，恻隐仁慈只是弱者的德操。弱者应该灭亡，而且我们应促成他们灭亡。尼采痛恨无政府主义者和耶稣教徒，说他们都迷信恻隐仁慈，力求妨碍个人的进展。这种超人主义酿成近代德国的武力主义。在崇拜武力侵略者的心目中，恻隐之心只是妇人之仁，有了它心肠就会软弱，对弱者与不康健者（兼指物质的与精神的）持姑息态度，做不出英雄事业来。哲学上的超人主义在科学上的进化主义又得一个有力的助手。在达尔文一派生物学家看，这世界只是一个生存竞争的战场，优胜劣败，弱肉强食，就是这战场中的公理。这种物竞说充类至尽，自然也就不能容许恻隐之心的存在。因为生存需要斗争，而斗争即须拼到你死我活，能够叫旁人死而自己活着的就是“最适者”。老弱孤寡疲癃残疾以及其他一切灾祸的牺牲者照理应归淘汰。向他们表示同情，援助他们，便是让最不适者生存，违反自然的铁律。

恻隐之心还另有一点引起许多人的怀疑。它的最高度的发展是悲天悯人，对象不仅是某人某物，而是全体有生之伦。生命中苦痛多于快乐，罪恶多于善行，祸多于福，事实常追不上理想。这是事实，而这事实在一般敏感者的心中所生的反响是根本对于人生的悲悯。悲悯理应引起救济的动机，而事实上人力不尽能战胜自然，已成的可悲悯的局面不易一手推翻，于是悲悯者变成悲剧中的主角，于失败之余，往往被逼向两种不甚康健的路上去，一是感伤愤慨，遗世绝俗，如屈原一派人；一是看空一切，徒做未来世界或另一世界的幻梦，如一般厌世出家的和尚。这两种倾向有时自然可以合流。近代许多文学作品可以见出这些倾向。比如哈代（T. Hardy）的小说、豪斯曼（A. E. Housman）的诗，都带着极深的哀怜情绪，同时也带着极浓的悲观色彩。许多人不满意于恻隐之心，也许因为它有时发生这种不健康的影响。

恻隐之心有时使人软弱怯懦，也有时使人悲观厌世。这或许都是事实。但是恻隐之心并没有产生怯懦和悲观的必然性。波斯大帝薛西斯（Xerxes）率百万大军西征希腊，站在桥头望台上看他的军队走过赫勒斯滂海峡，回头向他的叔父说："想到人寿短促，百年之后，这大军之中没有一个人还活着，我心里突然感到一阵怜悯。"但是这一阵怜悯并没有打消他征服希腊的雄图。屠格涅夫在一首散文诗里写一只老麻雀牺牲性命去从猎犬口里救落巢的雏鸟。那首诗里充满着恻隐之心，同时也充满着极大的勇气，令人起雄伟之感。孔子说得好："仁者必有勇。"古今伟大人物的生平大半都能证明真正敢作敢为的人往往是富于同类情感的。菩萨心肠与英雄气骨常有连带关系，最好的例是释迦牟尼。他未尝无人世空虚之感，但不因此打消救济人类世界的热望。"我不入地狱，谁入地狱！"这是何等的悲悯！同时，这是何等的勇气。孔子是另一个好例。他也明知"滔滔者天下皆是"，但是"知其不可为而为之""鸟兽不可与同群，吾非斯人之徒与而谁与？天下有道，丘不与易也"。这是何等的悲悯！同时，这是何等的勇气！世间勇于做淑世企图的人，无论是哲学家、宗教家或社会革命家，都有一片极深挚的悲悯心肠在驱遣他们，时时提起他们的勇气。

现在回到本文开始时所引的罗素的一段话。他说："人道的动机使我们尽一分力量来灭除其余九十九分力量所做的过恶，这是他们（中国人）所没有的。"这话似无可辩驳。但是我以为我们缺乏恻隐之心，倒不仅在遇饥荒不赈济，穷来卖儿女做奴隶，看到颠沛无告的人掩鼻而过之类的事情，而尤在许多人看到整个社会日趋于险境，不肯做一点挽救的企图。教育家们睁着眼睛看青年堕落，政治家们睁着眼睛看社会秩序紊乱，富商大贾睁着眼睛看经济濒危，都满不在意，仍是各谋各的安富尊荣。有心人会问："这是什么心肝？"如果我们回答说："这心肝缺乏恻隐。"也许有人觉得这话离题太远。其实病原全在这上面。成语中有

“麻木不仁”的字样，意义极好，麻木与不仁是连带的。许多人对于社会所露的险象都太麻木，我想这是不能否认的。他们麻木，由于他们不仁（用我们的词语来说，缺乏恻隐之心）。麻木不仁，于是一切都受支配于盲目的自私。这毛病如何救济，大是问题。说来易，做来难。一般人把一切性格上的难问题都推到教育，教育是否有这样万能，我很怀疑。在我想，大灾大乱也许可以催促一部分人的猛省，先哲伦理思想的彻底认识，以及佛耶二教的基本精神的吸收，也许可造成一种力量。无论如何，在建国事业中的心理建设项下，培养恻隐之心必定是一个重要的节目。

谈羞恶之心

《新约》里《约翰福音》第八章记载这样一段故事：

耶稣在教堂里布教，一大群人围着他听。刑名师和法利赛人带着一个行淫被拘的妇人来，把她放在群众当中，向耶稣说："这妇人是正在行淫时被拿着的。摩西在法律中吩咐过我们，像这样的人应用石头钉死，你说怎样办呢？"耶稣弯下身子来用指画地，好像没有听见。他们继续问，耶稣于是抬起身子来向他们说："你们中间谁是没有罪的，就让谁先拿石头钉她。"说完又弯下身子用指画地。他们听到这话，各人心里都有内疚，一个一个地走出去，从最年老的到最后的，只剩下耶稣，那妇人仍站在当中。耶稣抬起身来向她说："妇人，告你状的人到哪里去了呢？没有人定你的罪吗？"她说："没有人，我主。"耶稣说："我也不定你的罪，去吧，以后不要再犯了。"

这段故事给我以极深的感动，也给我以不小的惶惑。耶稣的宽宥是恻隐之心的最高的表现，高到泯没羞恶之心的程度，这令人对于他的胸怀起伟大崇高之感。同时，我们也难免惶惑不安。如果这种宽宥的精神充类至尽，我们不就要姑息养奸，任世间一切罪孽过恶蔓延，简直不受惩罚或裁制吗？

我们对于世间罪孽、过恶原可以持种种不同的态度。是非善恶本是世间习用的分别，超出世间的看法，我们对于一切可作平等观。正觉烛照，五蕴皆空。瞋恚有碍正觉，有如"清冷云中，霹雳起火"。无论在人在我，消除过恶，都当以正觉净戒，不可起瞋恚。这是佛家的态度。其次，即就世间法而论，是非善恶之类道德观念起于"实用理性批判"。若超出实用的观点，我们可以拿实际人生中一切现象如同图画、戏剧一样去欣赏，不做善恶判断，自不起道德上的爱恶，如尼采所主张的。这是美感的态度。再次，即就世间法的道德观点而论，人生来不能尽善尽美，我们彼此都有弱点，就不免彼此都有过错。这是人类共同的不幸。如果遇到弱点的表现，我们须了解这是人情所难免，加以哀矜与宽恕。“了解一切，就是宽恕一切。”这是耶稣教徒的态度。

这几种态度都各有很崇高的理想，值得我们景仰向往，而且有时值得我们努力追攀。不过在这不完全的世界中，理想永远是理想，我们不能希望一切人得佛家所谓正觉，对一切作平等观，不能而且也不应希望一切人在一切时境都如艺术家对于罪孽、过恶纯取欣赏态度，也不能希望一切人都有耶稣的那样宽恕的态度，而且一切过恶都可受宽恕的感化。我们处在人的立场为人类谋幸福，必希望世间罪孽、过恶减少到可能的最低限度。减少的方法甚多，积极的感化与消极的裁制似都不可少。我们不能人人有佛的正觉，也不能人人有耶稣的无边的爱，但是我们人人都有几分羞恶之心。世间许多法律制度和道德信条都是利用人类同有的羞恶之心作原动力。近代心理学更能证明羞恶之心对于人格形成的重要。基于羞恶之心的道德影响也许是比较下乘的，但同时也是比较实际的、近人情的。

“羞恶之心”一词出于孟子，他以为是“义之端”，这就是说，行为适宜或恰到好处，须从羞恶之心出发。朱子分羞恶为两事，以为“羞是羞己之恶，恶是恶人之恶”。其实只要是恶，在己者可羞亦可恶，在人者可恶亦可羞。只拿行为的恶作对象说，羞恶原是一事。不过从心理的差别说，羞恶确可分对己对人两种。就对己说，羞恶之心起于自尊情操。人生来有向上心，无论在学识、才能、道德或社会地位方面，总想达到甚至超过流行于所属社会的最高标准。如果达不到这标准，显得自己比人低下，就自引以为耻。耻便是羞恶之心，西方人所谓荣誉意识（sense of honour）的消极方面。有耻才能向上奋斗。这中间有一个人我比较，一方面自尊情操不容我居人下，一方面社会情操使我顾虑到社会的毁誉。所以知耻同时有自私的和泛爱的两个不同的动机。对于一般人，耻（即羞恶之心）可以说就是道德情操的基础。他们趋善避恶，与其说是出于良心或责任心，不如说是出于羞恶之心，一方面不甘居下流，一方面看重社会的同情。中国先儒认清此点，所以布政施教，特重明耻。管子甚至以耻与礼、义、廉并称为“国之四维”。

人须有所为，有所不为。羞恶之心最初是使人有所不为。孟子在讲羞恶之心时，只说是“义之端”，并未举例说明，在另一段文字里他说：“人能充无穿逾之心，而义不可胜用也，人能充无受尔汝之实，无所往而不为义也。”这里他似在举羞恶之心的实例，“无穿窬”（不做贼）和“无受尔汝之实”（不愿被人不恭敬地称呼），都偏于“有所不为”和“胁肩谄笑，病于夏畦”“巧言令色足恭，左丘明耻之，丘亦耻之”之类心理相同。但孟子同时又说：“人皆有所不为，达之于其所为，义也。”这就是说，羞恶之心可使人耻为所不应为，扩充起来，也可以使人耻不为所应为。为所应为便是尽责任，所以“知耻近乎勇”。人到了无耻，便无所不为，也便不能有所为。有所不为便可以寡过，但绝对无过实非常人所能。儒家与耶稣都不责人有过，只力劝人改过。知过能改，须有悔悟。悔悟仍是羞恶之心的表现。羞恶未然的过恶是耻，羞恶已然的过恶是悔。耻令人免过，悔令人改过。

孟子说：“不耻不若人，何若人有？”耻使人自尊自重，不自暴自弃。近代阿德勒一派心理学说可以用来说明这个道理。有羞恶之心先必发现自己的欠缺，发现了欠缺，自以为耻（阿德勒所谓“卑劣情意综”），觉得非努力把它降伏下去，显出自己的尊严不可（阿德勒所谓“男性的抗议”），于是设法来弥补欠缺，结果不但欠缺弥补起，而且所达到的成就还比平常更优越。德摩斯梯尼本来口吃，不甘受这欠缺的限制，发愤练习演说，于是成为希腊的最大演说家。贝多芬本有耳病，不甘受这欠缺的限制，发愤练习音乐，于是成为德国的最大音乐家。阿德勒举过许多同样的实例，证明许多历史上的伟大人物在身体资禀或环境方面都有缺陷，这缺陷所生的“卑劣情意综”激起他们的“男性的抗议”，于是他们拿出非常的力量，成就非常的事业。中国左丘明因失明而作《国语》，孙子因膑足而作《（孙子）兵法》，司马迁因受宫刑而作《史记》，也是很好的例证。阿德勒偏就器官机能方面着眼，其实他的学说可以引申到道德范围。因卑劣意识而起男性抗议，是“知耻近乎勇”的一个很好的解释。诸葛孔明要邀孙权和刘备联合去打曹操，先假劝他向曹操投降，孙权问刘备何以不降，他回答说：“田横齐之壮士耳，犹守义不辱。况刘豫州王室之胄，英才盖世，安能复为之下乎？”孙权听到这话，便勃然宣布他的决心：“吾不能举全吴之地，十万之众，受制于人！”这就是先激动羞耻心，再激动勇气，由卑劣意识引到男性抗议。

孟子讲羞恶之心，似专就对己一方面说。朱子以为它还有对人一方面，想得更较周到。我们对人有羞恶之心，才能疾恶如仇，才肯努力去消除世间罪孽、过恶。孔子大圣人，胸襟本极冲和，但《论语》记载他恶人的表现特别多。冉有不能救季氏僭礼，宰我对鲁哀公说话近逢迎，子路说轻视读书的话，樊迟请学稼圃，孔子对他们所表示的态度都含有羞恶的意味。子贡问他："君子亦有所恶乎？"他回答说："有恶，恶称人之恶者，恶居下流而讪上者，恶勇而无礼者，恶果敢而窒者。"一口气就数上一大串。他尝以"吾未见好仁者恶不仁者"为欢。他最恶的是乡愿（现在所谓伪君子），因为这种人"阉然媚于世""非之无举也，刺之无刺也""居之似忠信，行之似廉洁，众皆悦之，自以为是而不可与入尧舜之道"。他一度为鲁相，第一件要政就是诛少正卯，一个十足的乡愿。我特别提出孔子来说，因为照我们的想象，孔子似不轻于恶人，而他竟恶得如此厉害，这最足以证明凡道德情操深厚的人对于过恶必有极深的厌恶。世间许多人没有对象可五体投地地去钦佩，也没有对象可深入骨髓地去厌恶，只一味周旋随和，这种人表面上像是炉火纯青，实在是不明是非，缺乏正义感。社会上这种人愈多，恶人愈可横行无忌，不平的事件也愈可蔓延无碍，社会的混浊也就愈不易澄清。社会所借以维持的是公平（西方所谓 justice），一般人如果没有羞恶之心，任不公平的事件不受裁制，公平就无法存在。过去社会的游侠，和近代社会的革命者，都是迫于义愤，要"打抱不平"，虽非中行，究不失为狂狷，在社会腐浊的时候，仍是有他们的用处。

个人须有羞恶之心，集团也是如此。田横的五百义士不肯屈服于刘邦，全体从容赴义，历史传为佳话。古人谈兵，说明耻然后可以教战，因为明耻然后知道"所恶有胜于死者"，不会苟且偷生。我们民族这次英勇的抗战是最好的例证，大家牺牲安适、家庭、财产以至于生命，就因为不甘做奴隶的那一点羞恶之心。大抵一个民族当承平的时候，羞恶之心表现于公是公非，人民都能受道德法律的裁制，使社会秩序井然。所谓"化行俗美""有耻且格"。到了混乱的时候，一般人廉耻道丧，全民族的羞恶之心只能借少数优秀分子保存，于是才有"气节"的风尚。东汉太学生郭泰、李膺、陈蕃诸人处外戚宦官专权恣肆之际，独持清议，一再遭钩党之祸而不稍屈服。明末魏阉执权乱国，士大夫多阿谀取容，其无耻之尤者至认阉作父，东林党人独仗义执言，对阉党声罪致讨，至粉身碎骨而不悔。这些党人的行径容或过于褊急，但在恶势力横行之际能不顾一切，挺身维持正气，对于民族精神所留的影响是不可磨灭的。

目前我们民族正遇着空前的大难，国耻一重一重地压来，抗战的英勇将士固可令人起敬，而此外卖国求荣、贪污误国和醉生梦死者还大有人在，原因正在羞恶之心的缺乏。我们应该记着“明耻教战”的古训，极力培养人皆有之的一点羞恶之心。我们须知道做奴隶可耻，自己睁着眼睛往做奴隶的路上走更可耻。罪过如果在自己，应该忏悔；如果在旁人，也应深恶痛绝，设法加以裁制。

谈冷静

德国哲学家尼采把人类精神分为两种，一是阿波罗的，一是狄俄尼索斯的。这两个名称起源于希腊神话。阿波罗是日神，是光的来源，世间一切事物得着光才显现形相。希腊人想象阿波罗凭临奥林匹斯高峰，雍容肃穆，转运他的熠熠生辉的巨眼，普照世间一切，妍丑悲欢，同供玩赏，风帆自动而此心不为之动，他永远是一个冷静的旁观者。狄俄尼索斯是酒神，是生命的来源，生命无常幻变，狄俄尼索斯要在生命幻变中忘却生命幻变所生的痛苦，纵饮狂歌，争取刹那间尽量的欢乐，时时随着生命的狂澜流转，如醉如痴，曾不停止一息来反观自然或是玩味事物的形相，他永远是生命剧场中一个热烈的扮演者。尼采以为人类精神原有这两种分别，一静一动，一冷一热，一旁观一表演。艺术是精神的表现，也有这两种分别，例如图画、雕刻等造型艺术是代表阿波罗精神的，音乐、跳舞等非造型艺术是代表狄俄尼索斯精神的。依尼采看，古代希腊人本最富于狄俄尼索斯精神，体验生命的痛苦最深切，所以内心最悲苦，然而没有走上绝望自杀的路，就好在有阿波罗精神来营救，使他们由表演者的地位跳到旁观者的地位，由热烈而冷静，于是人生一切灾祸罪孽便变成庄严灿烂的意象，产生了希腊人的最高艺术——悲剧。

尼采的这番话乍看来未免离奇，实在含有至理。近代心理学区分性格的话和它暗合的很多，我们在这里不必繁引。尼采专就希腊艺术着眼，以为它的长处在以阿波罗精神化狄俄尼索斯精神。希腊艺术的作风在后来被称为“古典的”和“浪漫的”相对立。所谓“古典的”作风特点就在冷静、有节制、有含蓄，全体必须和谐完美；所谓“浪漫的”作风特点就在热烈、自由流露、尽量表现、想象丰富、情感深至，而全体形式则偶不免有瑕疵。从此可知古典主义是偏于阿波罗精神的，浪漫主义是偏于狄俄尼索斯精神的。

“古典的”与“浪漫的”原只适用于文艺，后来常有人借用这两个形容词来谈人的性格，说冷静的、纯正的、情理调和的人是“古典的”；热烈的、好奇特的、偏重情感与幻想的人是“浪漫的”。人禀赋不同，生来各有偏向，教育与环境也常容易使人习染于某一方面，但就大体来说，青年人的性格常偏于“浪漫的”，老年人的性格常偏于“古典的”，一个民族也往往如此。这两种性格各有特长，在理论上我们似难做左右袒。不过我们可以说，无论在艺术或在为人方面，“浪漫的”都多少带着些稚气，而“古典的”则是成熟的境界。如果读者容许我说一点个人的经验，我的青年期已过去了，现在快走完中年的阶段，我曾经热烈地爱好过“浪漫的”文艺与性格，现在已开始逐渐发现“古典的”更可爱。我觉得一个人在任何方面想有真正伟大的成就，“古典的”“阿波罗的”冷静都绝不可少。

要明白冷静，先要明白我们通常所以不能冷静的原因。说浅一点，不能冷静是任情感、逞意气、易受欲望的冲动，处处显得粗心浮气；说深一点，不能冷静是整个性格修养上的欠缺，心境不够冲和豁达，头脑不够清醒，风度不够镇定安详。说到性格修养，困难在调和情与理。人是有生气的动物，不能无情感；人为万物之灵，不能无理智。情热而理冷，所以常相冲突。有一部分宗教家和哲学家见到任情纵欲的危险，主张抑情以存理。这未免是剥丧一部分人类天性，可以使人生了无生气，不能算是健康的人生观。中外大哲人如孔子、柏拉图诸人都主张以理智节制情欲，使情欲得其正而能与理智相调和。不过这不是一件易事。孔子自道经验说：“七十而从心所欲，不逾矩。”这才算是情理融和的境界，以孔子那样圣哲，到七十岁才能做到，可见其难能可贵。大抵修养入手的功夫在多读书明理，自己时时检点自己，要使理智常是清醒的，不让情感与欲望恣意孤行，久而久之，自然胸襟澄然，矜平躁释，遇事都能保持冷静的态度。

学问是理智的事，所以没有冷静的态度不能做学问。在做学问方面，冷静的态度就是科学的态度。科学（一切求真理的活动都包含在内）的任务在根据事实推求原理，在紊乱中建立秩序，在繁复中寻求条理。要达到这种任务，科学必须尊重所有的事实，无论它是正面的或反面的，不能挟丝毫成见去抹杀事实或是歪曲事实；他根据人力所能发现的事实去推求结论，必须步步虚心谨慎，把所有的可能的解说都加以缜密考虑，仔细权衡得失，然后选定一个比较圆满的解说，留待未来事实的参证。所以科学的态度必须冷静，冷静才能客观、缜密、谨严。尝见学者立说，胸中先有一成见，把反面的事实抹杀，把相反的意见丢开，矜一曲之见为伟大发明，旁人稍加批评，便以怒目相加，横肆诋骂，批评者也以诋骂相报，此来彼去，如泼妇骂街，把原来的论点完全忘却。我们通常说这是动情感，凭意气。一个人愈易动情感，凭意气，在学问上愈难有成就。一个有学问的人必定是"清明在躬，志气如神"，换句话说，必定能冷静。

一般人欢喜拿文艺和科学对比，以为科学重理智而文艺重情感。其实文艺正因为表现情感的缘故，需要理智的控制反比科学更甚。英国诗人华兹华斯曾自道经验说："诗起于沉静中所回味得来的情绪。"人人都能感受情绪，感受情绪而能在沉静中回味，才是文艺家的特殊修养。感受是能入，回味是能出。能入是主观的、热烈的；回味是客观的、冷静的。前者是尼采所谓狄俄尼索斯精神的表现，而后者则是阿波罗精神的表现，许多人以为生糙情感便是文艺材料，怪自己没有能力去表现，其实文艺须在这生糙情感之上加以冷静的回味、思索、安排，才能豁然贯通，见出形式。语言与情思都必经过洗刷炼裁，才能恰到好处。许多人在兴高采烈时完成一个作品，便自矜为绝作，过些时候自己再看一遍，就不免发现许多毛病。罗马批评家贺拉斯劝人在完成作品之后，放下几年才发表，也是有见于文艺创作与修改，须要冷静，过于信任一时热烈兴头是最易误事的。我们在前面已经说过，成熟的"古典的"文艺作品特色就在冷静。近代写实派不满意于浪漫派，原因在也主张文艺要冷静。一个人多在文艺方面下功夫，常容易养成冷静的态度。关于这一点，我在几年前写过一段自白，希望读者容许我引来参证：

> 我应该感谢文艺的地方很多，尤其它教我学会一种观世法。一般人常以为只有科学的训练才可以养成冷静的客观的头脑。……我也学过科学，但是我的冷静的客观的头脑不是从科学而是从文艺得来的。凡是不能持冷静的客观的态度的人，毛病都在把"我"看得太大。他们从"我"这一副着色的望远镜里看世界，一切事物于是都失去它们的本来

面目。所谓冷静的客观的态度就是丢开这副望远镜，让“我”跳到圈子以外，不当作世界里有“我”而去看世界，还是把“我”与类似“我”的一切东西同样看待。这是文艺的观世法，也是我所学得的观世法。

我引这段话，一方面说明文艺的活动是冷静，一方面也趁便引出做人也要冷静的道理。我刚才提到丢开“我”去看世界，我们也应该丢开“我”去看“我”。“我”是一个最可宝贵也是最难对付的东西。一个人不能无“我”，无“我”便是无主见，无人格。一个人也不能执“我”，执“我”便是持成见，逞意气，做学问不易精进，做事业也不易成功。佛家主张“无我相”，老子劝告孔子“去子之骄气与多欲”，都是有见于“执我”的错误。“我”既不能无，又不能执，如何才可以调剂安排，恰到好处呢？这需要知识。我们必须彻底认清“我”，才会妥帖地处理“我”。

“知道你自己”，这句名言为一般哲学家公认为希腊人的最高智慧的结晶。世间事物最不容易知道的是你自己，因为要知道你自己，你必须能丢开“我”去看“我”，而事实上有了“我”就不易丢开“我”，许多人都时时为我见所蒙蔽而不自知，人不易自知，犹如有眼不能自见，有力不能自举。你本是一个凡人，你却容易把自己看成一个英雄；你的某一个念头、某一句话、某一种行为本是错误的，因为是你自己所想的、说的、做的，你的主观成见总使你自信它是对的。执迷不悟是人所常犯的过失。中国儒家要除去这个毛病，提倡“自省”的功夫。“自省”就是自己审问自己，丢开“我”去看“我”。一般人眼睛常是朝外看，自省就是把眼光转向里面看。一般能自省的人才能自知。自省所凭借的是理智，是冷静的客观的科学的头脑。能冷静自省，品格上许多亏缺都可以免除。比如你发愤时，经过一番冷静的自省，你的怒气自然消释；你起了一个不正当的欲念时，经过一番冷静的自省，那个欲念也就冷淡下去；你和人因持异见争执，盛气相凌，你如果能冷静地把所有的论证衡量一下，你自然会发现谁是谁非，如果你自己不对，你须自认错误；如果你自己对，你有理由可以说服人。

从这些例子看，“自省”含有“自制”的功夫在内。一个能自制的人才能自强。能自制便有极大的意志力，有极大的意志力才能认定目标，看清事物条理，征服一切环境的困难，百折不挠以底于成功。古今英雄豪杰有大过人的地方都在有坚强的意志力，而他们的坚强的意志力的表现往往在自制方面。哲学家如苏格拉底，宗教家如耶稣、释迦牟尼，政治家如诸葛亮、谢安、李泌，都是显著的实例。许多人动辄发火生气，或放辟邪侈、横无忌惮，或暴戾刚愎、恣意孤行，这种人看来像是强悍勇猛，实在最软弱，他们做情感的奴隶或是卑劣欲望的奴隶，自己尚且不能控制，怎能控制旁人或控制环境呢？这种人大半缺乏冷静，遇事鲁莽灭裂，终必至于偾事。如果军国大政落在这种人的手里，则国家民族变成野心或私欲的孤注，在一喜一怒之间轻轻被断送。今日的德意志和日本不惜涂炭千百万生灵，置全民族命脉于险境，实由于少数掌政权者缺乏冷静的头脑，聊图逞一时的意气与狂妄的野心，如悬崖纵马，一放而不可收拾。这是最好的殷鉴。人类许多不必要的灾祸罪孽都是这种人惹出来的。如果我们从这些事例上想一想，就可以见出一个人或一个民族在失去冷静的理智的态度时所冒的危险。

一个理想的人须是有德、有学、有才。德与学需要冷静，如上所述，才也不是例外。才是处事的能力。一件事常有许多错综复杂的关系，头脑不冷静的人处之，便如置身五里雾中，觉得需要处理的是一团乱丝，处处是纠纷困难。他不是束手无策，就是考虑不周到，布置不缜密，一个困难未解决，又横生枝节，把事情弄得更糟，冷静的人便能运用科学的眼光，把目前复杂情形全盘一看，看出其中关系条理与轻重要害，在种种可能的办法之中选择一个最合理的，于是一切纠纷困难便如庖丁解牛，迎刃而解。治个人私事如此，治军国大事也是如此，能冷静的人必能谋定后动，动无不成。

一个冷静的人常是立定脚跟，胸有成竹，所以临难遇险，能好整以暇，雍容部署，不致张皇失措。我们中国人对于这种风格向来当作一种美德来欣赏赞叹。孔子在陈过匡、视险若夷，汉高伤胸扪足，史传都传为美谈，后来《世说新语》所载的“雅量”事例尤多，现提举数条来说明本文所谈的冷静：

桓公伏甲设馔，广延朝士，因此欲诛谢安、王坦之。王甚遽，问谢曰：“当作何计？”谢神色不变，谓文度曰：“晋阼存亡在此一行。”相与俱前，王之恐状转见于色，谢之宽容愈表于貌，望阶趋席，方作“洛生咏”，讽“浩浩洪流”。桓惮其旷远，乃趣解兵。王谢旧齐名，于此始判优劣。

谢太傅盘桓东山，时与孙兴公诸人泛海戏。风起浪涌，孙王诸人色并遽，便唱使还。太傅神情方王，吟啸不言。舟人以公貌闲意悦，犹去不止。既风转急浪猛，诸人皆喧动不坐。公徐云："如此，将无归。"众人即承响而回，于是审其量，足以镇安朝野。

王子猷、子敬曾俱坐一室，上忽发火。子猷遽走避，不遑取屐；子敬神色恬然，徐唤左右扶凭而出，不异平常。世以此定二王神宇。

这些都是冷静态度的最好实例。这种"雅量"所以难能可贵，因为它是整个人格的表现，需要深厚的修养。有这种雅量的人才能担当大事，因为他豁达、清醒、沉着，不易受困难摇动，在危急中仍可想出办法。

冷静并不如庄子所说的"形如槁木，心如死灰"，但是像他所说的游鱼从容自乐。禅家最好做冷静的功夫，他们的胜境却不在坐禅而在禅机。这"机"字最妙。宇宙间许多至理妙谛，寄寓于极平常微细的事物中，往往被粗心浮气的人们忽略过，陈同甫所以有"恨芳菲世界，游人未赏，都付与莺和燕"的嗟叹。冷静的人才能静观，才能发现"万物皆自得"。孔子引《诗经》"鸢飞戾天，鱼跃于渊"二句而加以评释说："言其上下察也。"这"察"字下得极好，能"察"便能处处发现生机，吸收生机，觉得人生有无穷乐趣。世间人的毛病只是习焉不察，所以生活枯燥，日流于卑鄙污浊。"察"就是"静观"，美学家所说的"观照"，它的唯一条件是冷静超脱。哲学家和科学家所做的功夫在这"察"字上，诗人和艺术家所做的功夫也还在这"察"字上。尼采所说的日神阿波罗也是时常在"察"。人在冷静时静观默察，处处触机生悟，便是"地行仙"。有这种修养的人才有极丰富的生机和极厚实的力量！

谈学问

这是一个大题目，不易谈；因为许多人对它有很大的误解，却又不能不谈。最大的误解在把学问和读书看成一件事。子弟进学校不说是“求学”而说是“读书”，学子向来叫作“读书人”，粗通外国文者在应该用“学习”（learn）或“治学”（study）等字时常用“阅读”（read）来代替。这种传统观念的错误影响到我国整个教育的倾向。各级学校大半把教育缩为知识传授，而知识传授的途径就只有读书，教员只是“教书人”。这种错误的观念如果不改正，教育和学问恐怕就没有走上正轨的希望。如果我们稍加思索，它也应该不难改正。学是学习，问是追问。世间可学习可追问的事理甚多，知识技能须学问，品格修养也还须学问；读书人须学问，农工商兵也还须学问，各行有各行的“行径”。学问是任何人对于任何事理，由不知求知、由不能求能的一套功夫。它的范围无限，人生一切活动，宇宙一切现象和真理，莫不包含在内。学问的方法甚多。人从堕地出世，没有一天不在学问。有些学问是由仿效得来的，也有些学问是由尝试、思索、体验和涵养得来的。读书不过是学问的方法之一种，它当然很重要，却并非唯一的。朱子教门徒，一再申说“读书乃学者第二事”。有许多读书人实在并非在做学问，也有许多实在做学问的人并不专靠读书，制造文字——书的要素——是一种绝大学问，而首先制造文字的人就根本无书可读。许多其他学问都可由此类推。子路的“何必读书然后为学”一句话本身并不错，孔子骂他，只是讨厌他说这话的动机在辩护让一个青年学子去做官，也并没有说它本身错。

一般人常埋怨现在青年对于学问没有浓厚的兴趣。就个人任教的经验说，我也有这样的观感。平心而论，这大半要归咎我们“教书人”。把学问看成“教书”“读书”一个错误的观念如果不全是我们养成的，至少我们未曾设法纠正。而且我们自己又没有好生学问，给青年学子树一个好榜样，可以激励他们的志气，提起他们的兴趣。此外，社会上一般人对于学问的性质和功用所存的误解也不无关系。近代西方学者常把纯理的学问和应用的学问分开，以为治应用的学问是有所为而为，治纯理的学问是无所为而为。他们怕学问全落到应用一条窄路上，尝设法替无所为而为的学问辩护，说它虽“无用”，却可满足人类的求知欲。这种用心很可佩服，而措辞却不甚正确。学问起于生活的需要，世间绝没有一种学问无用，不过“用”的意义有广狭之别。学得一种学问，就可以有一种技能，拿它来应用于实际事业，如学得数学几何三角就可以去算账、测量、建筑、制造机械，这是最正常的“用”字的狭义。学得一点知识技能，就混得一种资格，可以谋一个职业，解决饭碗问题，这是功利主义的“用”字的狭义。但是学问的功用并不仅如此，我们甚至可以说，学问的最大功用并不在此。心理学者研究智力，有普通智力与特殊智力的分别；古人和今人品题人物，都有通才与专才的分别。学问的功用也可以说有“通”有“专”。治数学即应用于计算数量，这是学问的专用；治数学而变成一个思想缜密、性格和谐、善于立身处世的人，这是学问的通用。学问在实际上确有这种通用。就智慧说，学问是训练思想的工具。一个真正有学问的人必定知识丰富、思想锐敏、洞达事理，处任何环境，知道把握纲要、分析条理、解决困难。就性格说，学问是道德修养的途径。苏格拉底说得好，“知识即德行”。世间许多罪恶都起于愚昧，如果真正彻底明了一件事是好的，另一件事是坏的，一个人绝不会睁着眼睛向坏的方面走。中国儒家讲学问，素来全重立身行己的功夫，一个学者应该是一个圣贤，不仅如现在所谓“知识分子”。

现在所谓“知识分子”的毛病在只看到学的狭义的“用”，尤其是功利主义的“用”。学问只是一种干禄的工具。我曾听到一位教授在编成一部讲义之后，心满意足地说：“一生吃着不尽了！”我又曾听到一位朋友劝导他的亲戚不让刚在中学毕业的儿子去就小事说：“你这种办法简直是吃稻种！”许多升学的青年实在只为着要让稻种发生成大量谷子，预备“吃着不尽”。所以大学里“出路”最广的学系如经济系、机械系之类常是拥挤不堪，而哲学系、数学系、生物学系诸“冷门”就简直无人问津。治学问根本不是为学问本身，而是为着它的出路销场，在治学问时既是“醉翁之意不在酒”，得到出路销场后当然更是“得鱼忘筌”了。在这种情形之下的我们如何能期望青年学生对于学问有浓厚的兴趣呢?

这种对于学问功用的窄狭而错误的观念必须及早纠正。生活对于有生之伦是唯一的要务，学问是为生活。这两点本是天经地义。不过现代中国人的错误在把“生活”只看成口腹之养。“谋生活”与“谋衣食”在流行语中是同一意义。这实在是错误得可怜可笑。人有肉体，有心灵。肉体有它的生活，心灵也应有它的生活。肉体需要营养，心灵也不能“辟谷”。肉体缺乏营养，必酿成饥饿病死；心灵缺乏营养，自然也要干枯腐化。人为万物之灵，就在他有心灵或精神生活。所以测量人的成就并不在他能否谋温饱，而在他有无丰富的精神生活。一个人到了只顾衣食饱暖而对于真善美漫不感觉兴趣时，他就只能算是一种“行尸走肉”；一个民族到了只顾体肤需要而不珍视精神生活的价值时，它也就必定逐渐没落了。

学问是精神的食粮，它使我们的精神生活更加丰富。肚皮装得饱饱的，是一件乐事；心灵装得饱饱的，是一件更大的乐事。一个人在学问上如果有浓厚的兴趣，精深的造诣，他会发现万事万物各有一个妙理在内，他会发现自己的心涵蕴万象，澄明通达，时时有寄托，时时在生展，这种人的生活绝不会干枯，他也绝不会做出卑污下贱的事。《论语》记“颜子在陋巷，一箪食，一瓢饮，人不堪其忧，回也不改其乐”。孔子赞他“贤”，并不仅因为他能安贫，尤其因为他能乐道，换句话说，他有极丰富的精神生活。宋儒教人体会颜子所乐何在，也恰抓着紧要处，我们现在的人不但不能了解这种体会的重要，而且把它看成道学家的迂腐。这在民族文化上是一个极严重的病象，必须趁早设法医治。

中国语中“学”与“问”连在一起说，意义至为深妙，比西文中相当的译词如learning、study、science诸字都好得多。人生来有向上心，有求知欲，对于不知道的事物欢喜发疑问。对于一种事物发生疑问，就是对于它感兴趣。既有疑问，就想法解决它，几经摸索，终于得到一个答案，于是不知道的变为知道的，所谓“一旦豁然贯通”，这便是学有心得。学原来离不开问，不会起疑问就不会有学。许多人对于一种学问不感觉兴趣，原因就在那种学问对于他们不成问题，没有什么逼得他们要求知道。但是学问的好处正在原来有问题的可以变成没有问题，原来没有问题的也可以变成有问题。前者是未知变成已知，后者是发现貌似已知究竟仍为未知。比如说逻辑学，一个中学生学过一年半载，看过一部普通教科书，觉得命题、推理、归纳、演绎之类都讲得妥妥帖帖，了无疑义。可是他如果进一步在逻辑学上面下一点研究功夫，便会发现他从前认为透懂的几乎没有一件不成为问题，没有一件不曾经许多学者辩论过。他如果再更进一步去探讨，他会自己发现许多有趣的问题，并且觉悟到他自己一辈子也不一定能把这些问题都解决得妥妥帖帖。逻辑学是一科比较不幼稚的学问，犹且如此，其他学问更可由此类推了。一个人对于一种学问如果肯钻进里面去，必须使有问题的变为没有问题（这便是问），疑问无穷，发现无穷，兴趣也就无穷。学问之难在此，学问之乐也就在此。一个人对于一种学问说是不感兴趣，那只能证明他不用心，不努力下功夫，没有钻进里面去。世间绝没有自身无兴趣的学问，人感觉不到兴趣，只由于人的愚昧或懒惰。

学与问相连，所以学问不只是记忆而必是思想，不只是因袭而必是创造。凡是思想都是由已知推未知，创造都是旧材料的新综合，所以思想究竟须从记忆出发，创造究竟须从因袭出发。由记忆生思想，由因袭生创造，犹如吸收食物加以消化之后变为生命的动力。食而不化固然是无用，不食而求化也还是求无中生有。向来论学问的话没有比孔子的“学而不思则罔，思而不学则殆”两句更为精深透辟。学原有“效”义，研究儿童心理学者都知道学习大半基于因袭或模仿。这里所谓“学”是偏重吸收前人已有的知识和经验。思是自己运用脑筋，一方面求所学得的能融会贯通、井然有条，一方面由疑难启发新知识与新经验。一般学子有两种通弊。一种是聪明人所尝犯着的，他们过于相信自己的思考力而忽略前人的成就。其实每种学问都有长久的历史，其中每一个问题都曾经许多人思虑过、讨论过、提出过种种不同的解答，你必须明白这些经过，才可以利用前人的收获，免得绕弯子甚至于走错路。比如说生物学上的遗传问题，从前雷马克、达尔文、魏意斯曼、孟德尔诸大家已经做过许多实验，得到许多观察，用过许多思考。假如你对于他们的工作茫无所知或是一笔抹杀，只凭你自己的聪明才力来解决遗传问题，这岂不是狂妄？世间这种“思而不学”的人正甚多，他们不知道这种凭空构造的“殆”。另外一种通弊是资质较钝而肯用功的人所常犯的。他们一味读死书，古人所说的无论正确不正确，都不分皂白地接受过来，吟咏赞叹，自己毫不用思考求融会贯通，更没有一点冒险的精神，自己去求新发现，这是学而不思，孔子对于这种办法所下的评语是“罔”，意思就是说无用。

学问全是自家的事。环境好、图书设备充足、有良师益友指导启发，当然有很大的帮助。但是这些条件具备不一定能保障一个人在学问上有成就，世间也有些在学问上有成就的人并不具这些条件。最重要的因素是个人自己的努力。学问是一件艰苦的事，许多人不能忍耐它所必经的艰苦。努力之外，第二个重要的因素是认清方向与门径。入手如果走错了路，愈努力则入迷愈深，离题愈远。比如学写字、诗文或图画，一走上庸俗恶劣的路，后来如果想把它丢开，比收覆水还更困难，习惯的力量比什么都较沉重，世上有许多人像在努力做学问，只是陷入“野狐禅”，高自期许而实荒谬绝伦，这个毛病只有良师益友可以挽救。学校教育，在我想，只有两个重要的功用：第一是启发兴趣，其次就是指点门径。现在一般学校不在这两方面努力，只尽量灌输死板的知识。这种教育对于学问不仅无裨益而且是障碍！

谈读书

十几年前我曾经写过一篇短文谈读书，这问题实在是谈不尽，而且这些年来我的见解也有些变迁，现在再就这问题谈一回，趁便把上次谈学问有未尽的话略加补充。

学问不只是读书，而读书究竟是学问的一个重要途径。因为学问不仅是个人的事而是全人类的事，每科学问到了现在的阶段，是全人类分途努力日积月累所得到的成就，而这成就还没有淹没，就全靠有书籍记载流传下来。书籍是过去人类的精神遗产的宝库，也可以说是人类文化学术前进轨迹上的记程碑。我们就现阶段的文化学术求前进，必定根据过去人类已得的成就做出发点。如果抹杀过去人类已得的成就，我们说不定要把出发点移回到几百年前甚至几千年前，纵然能前进，也还是开倒车落伍。读书是要清算过去人类成就的总账，把几千年的人类思想经验在短促的几十年内重温一遍，把过去无数亿万人辛苦获来的知识教训集中到读者一个人身上去受用。有了这种准备，一个人总能在学问途程上做万里长征，去发现新的世界。

历史愈前进，人类的精神遗产愈丰富，书籍愈浩繁，而读书也就愈不易。书籍固然可贵，却也是一种累赘，可以变成研究学问的障碍。它至少有两大流弊。第一，书多易使读者不专精。我国古代学者因书籍难得，皓首穷年才能治一经，书虽读得少，读一部却就是一部，口诵心惟，咀嚼得烂熟，透入身心，变成一种精神的原动力，一生受用不尽。现在书籍易得，一个青年学者就可夸口曾过目万卷，“过目”的虽多，“留心”的却少，譬如饮食，不消化的东西积得愈多，愈易酿成肠胃病，许多浮浅虚骄的习气都由耳食肤受所养成。第二，书多易使读者迷方向。任何一种学问的书籍现在都可装满一图书馆，其中真正绝对不可不读的基本著作往往不过数十部甚至于数部。许多初学者贪多而不务得，在无足轻重的书籍上浪费时间与精力，就不免把基本要籍耽搁了。比如学哲学者尽管看过无数种的哲学史和哲学概论，却没有看过一种柏拉图的《对话集》，学经济学者尽管读过无数种的教科书，却没有看过亚当·斯密的《原富》。做学问如作战，须攻坚挫锐，占住要塞。目标太多了，掩埋了坚锐所在，只东打一拳，西踏一脚，就成了“消耗战”。

读书并不在多，最重要的是选得精，读得彻底。与其读十部无关轻重的书，不如以读十部书的时间和精力去读一部真正值得读的书；与其十部书都只能泛览一遍，不如取一部书精读十遍。“好书不厌百回读，熟读深思子自知”，这两句诗值得每个读书人悬为座右铭。读书原为自己受用，多读不能算是荣誉，少读也不能算是羞耻。少读如果彻底，必能养成深思熟虑的习惯，涵泳优游，以至于变化气质；多读而不求甚解，则如驰骋十里洋场，虽珍奇满目，徒惹得心花意乱，空手而归。世间许多人读书只为装点门面，如暴发户炫耀家私，以多为贵。这在治学方面是自欺欺人，在做人方面是趣味低劣。

读的书当分种类，一种是为获得现世界公民所必需的常识，一种是为做专门学问。为获常识起见，目前一般中学和大学初年级的课程，如果认真学习，也就很够用。所谓认真学习，熟读讲义课本并不济事，每科必须精选要籍三五种来仔细玩索一番。常识课程总共不过十数种，每种选读要籍三五种，总计应读的书也不过五十部左右。这不能算是过奢的要求。一般读书人所读过的书大半不止此数，他们不能得实益，是因为他们没有选择，而阅读时又只潦草滑过。

常识不但是现世界公民所必需，就是专门学者也不能缺少它。近代科学分野严密，治一科学问者多故步自封，以专门为借口，对其他相关学问毫不过问。这对于分工研究或许是必要，而对于淹通深造却是牺牲。宇宙本为有机体，其中事理彼此息息相关，牵其一即动其余，所以研究事理的种种学问在表面上虽可分别，在实际上却不能割裂。世间绝没有一门孤立绝缘的学问。比如政治学须牵涉历史、经济、法律、哲学、心理学以至于外交、军事等，如果一个人对于这些相关学问未曾问津，入手就要专门习政治学，愈前进必愈感困难，如老鼠钻牛角，愈钻愈窄，寻不着出路。其他学问也大抵如此，不能通就不能专，不能博就不能约。先博学而后守约，这是治任何学问所必守的程序。我们只看学术史，凡是在某一科学问上有大成就的人，都必定于许多他科学问有深广的基础。目前我国一般青年学子动辄喜言专门，以至于许多专门学者对于极基本的学科毫无常识，这种风气也许是在国外大学做博士论文的先生们所酿成的。它影响到我们的大学课程，许多学系所设的科目“专”到不近情理，在外国大学研究院里也不一定有。这好像逼吃奶的小孩去嚼肉骨，岂不是误人子弟？

有些人读书，全凭自己的兴趣。今天遇到一部有趣的书就把预拟做的事丢开，用全部精力去读它；明天遇到另一部有趣的书，仍是如此办，虽然这两书在性质上毫不相关。一年之中可以时而习天文，时而研究蜜蜂，时而读莎士比亚。在旁人认为重要而自己不感兴味的书都一概置之不理。这种读法有如打游击，亦如蜜蜂采蜜。它的好处在使读书成为乐事，对于一时兴到的著作可以深入，久而久之，可以养成一种不平凡的思路与胸襟。它的坏处在使读者泛滥而无所归宿，缺乏专门研究所必需的“经院式”的系统训练，产生畸形的发展，对于某一方面知识过于重视，对于另一方面知识可以很蒙昧。我的朋友中有专门读冷僻书籍，对于正经正史从未过问的，他在文学上虽有造就，但不能算是专门学者。如果一个人有时间与精力允许他过享乐主义的生活，不把读书当作工作而只当作消遣，这种蜜蜂采蜜式的读书法原亦未尝不可采用。但是一个人如果抱有成就一种学问的志愿，他就不能不有预定计划与系统。对于他，读书不仅是追求兴趣，尤其是一种训练，一种准备。有些有趣的书他须得牺牲，也有些初看很干燥的书他必须咬定牙关去硬啃，啃久了他自然还可以啃出滋味来。

读书必须有一个中心去维持兴趣，或是科目，或是问题。以科目为中心时，就要精选那一科要籍，一部一部地从头读到尾，以求对于该科得到一个概括的了解，做进一步高深研究的准备。读文学作品以作家为中心，读史学作品以时代为中心，也属于这一类。以问题为中心时，心中先须有一个待研究的问题，然后采关于这问题的书籍去读，用意在搜集材料和诸家对于这问题的意见，以供自己权衡取舍，推求结论。重要的书仍须全看，其余的这里看一章，那里看一节，得到所要搜集的材料就可以丢手。这是一般做研究工作者所常用的方法，对于初学不相宜。不过初学者以科目为中心时，仍可约略采取以问题为中心的微意。一书做几遍看，每一遍只着重某一方面。苏东坡与王郎书曾谈到这个方法：

> 少年为学者，每一书皆作数次读之。当如入海百货皆有，人之精力不能并收尽取，但得其所欲求者耳。故愿学者每一次作一意求之，如欲求古今兴亡治乱圣贤作用，且只作此意求之，勿生余念；又别作一次求事迹文物之类，亦如之。他皆仿此。若学成，八面受敌，与慕涉猎者不可同日而语。

朱子尝劝他的门人采用这个方法。它是精读的一个要诀，可以养成仔细分析的习惯。举看小说为例，第一次但求故事结构，第二次但注意人物描写，第三次但求人物与故事的穿插，以至于对话、辞藻、社会背景、人生态度等都可如此逐次研求。

读书要有中心，有中心才易有系统组织。比如看史书，假定注意的中心是教育与政治的关系，则全书中所有关于这问题的史实都被这中心联系起来，自成一个系统。以后读其他书籍如经子专集之类，自然也常遇着关于政教关系的事实与理论，它们也自然归到从前看史书时所形成的那个系统了。一个人心里可以同时有许多系统中心，如一部字典有许多“部首”，每得一条新知识，就会依物以类聚的原则，汇归到它的性质相近的系统里去，就如拈新字贴进字典里去，是人旁的字都归到人部，是水旁的字都归到水部。大凡零星片段的知识，不但易忘，而且无用。每次所得的新知识必须与旧有的知识联络贯串，这就是说，必须围绕一个中心归聚到一个系统里去，才会生根，才会开花结果。

记忆力有它的限度，要把读过的书所形成的知识系统，原本枝叶都放在脑里储藏起，在事实上往往不可能。如果不能储藏，过目即忘，则读亦等于不读。我们必须于脑以外另辟储藏室，把脑所储藏不尽的都移到那里去。这种储藏室在从前是笔记，在现代是卡片。记笔记和做卡片有如植物学家采集标本，须分门别类订成目录，采得一件就归入某一门某一类，时间过久了，采集的东西虽极多，却各有班位，条理井然。这是一个极合乎科学的办法，它不但可以节省脑力，储有用的材料，供将来的需要，还可以增强思想的条理化与系统化。预备做研究工作的人对于记笔记做卡片的训练，宜于早下功夫。

谈英雄崇拜

关于英雄崇拜有两种相反的看法，依一种看法，英雄造时势，人类文化各方面的发端与进展都靠着少数伟大人物去倡导推动，多数人只在随从附和。一个民族有无伟大成就，要看它有无伟大人物，也要看它中间多数民众对于伟大人物能否倾倒敬慕，闻风兴起。卡莱尔在他的名著《英雄崇拜》里大致持这种看法。“世界历史，”他说，“人类在这世界上所成就的事业的历史，骨子里就是在其中工作的几个伟大人物的历史。”“英雄崇拜就是对于伟大人物的极高度的爱慕。在人类胸中没有一种情操比这对于高于自己者的爱慕更为高贵。”尼采的超人主义其实也是一种英雄崇拜主义涂上了一层哲学的色彩。但依另一种看法，时势造英雄，历史的原动力是多数民众，民众的努力造成每时代政教文化各方面的“大势所趋”，而所谓英雄不过顺承这“大势所趋”而加以尖锐化，并没有什么神奇。这是托尔斯泰在《战争与和平》里所提出的主张。他说：“英雄只是贴在历史上的标签，他们的姓名只是历史事件的款识。”有些人根据这个主张而推论到英雄不必受崇拜。从史实看，自从古雅典城时代的群众领袖（demagogue）一直到现代极权国家的独裁者，有不少的事例可证明盲目的英雄崇拜往往酿成极大的灾祸。有些人根据这些事例而推论到英雄崇拜的危险。此外也还有些人以为崇拜英雄势必流于发展奴性，阻碍独立自由的企图，造成政治上的独裁与学术思想上的正统专制，与德谟克拉西精神根本不相容。

就大体说，反对英雄崇拜的理论在现代颇占优胜，因为它很合一批不很英雄的人们的口味。不过在事实上，英雄崇拜到现在还很普遍而且深固，无论带哪一种色彩的人心中都免不掉有几分。托尔斯泰不很看重英雄，而他自己却被许多人当作英雄去崇拜。这是一个很有趣而也很有意义的人生讽刺。社会靠着传统和反抗两种相反的势力演进。无论你站在哪一方壁垒，双方都各有它的理想的斗士，它的英雄；维拥传统者如此，反抗者也是如此。从有人类社会到现在，每时代每社会都有它的英雄，而英雄也都被人崇拜，这是铁一般的事实，没有人能否认的。我们在这里用不着替一个与历史俱久的事实辩护，我们只需研究它的含义和在人生社会上的可能的功用。

什么叫作“英雄”。牛津字典所给 hero 的字义大要有四：第一是“具有超人的本领，为神灵所默佑者”；第二是“声名煊赫的战士，曾为国征战者”；第三是“其成就及高贵性格为人所景仰者”；第四是“诗和戏剧中的主角”。这四个意义显然是互相关联的。凡是英雄必定是非常人，得天独厚，能人之所难能，在艰危时代能为国家杀敌御侮，在承平时代他的事业和品学也能为民族的楷模，在任何重大事件中，他必是倡导推动者，如戏剧中的主角。他的名称有时不很一致，“圣贤”“豪杰”“至人”，所指的都大致相同。

一谈到英雄，大概没有不明了他是什么一种人；可是追问到究竟哪一个人才算是英雄，意见却很难一致。小孩子们看惯侠义小说，心目中的英雄是在峨眉山修炼得道的拳师剑侠，江湖帮客所知道的英雄是《水浒传》里所形容的梁山泊一群好汉和他们帮里的“柁把子”。读书人言必讲周孔，弄武艺的人拜关羽、岳飞。古代和近代，中国和西方，所持的英雄标准也不完全一致。仔细研究起来，每种社会，每个阶级，甚至于每个人都各有各的英雄。所以这个意义似很明显的名称所指的究为何种人实在很难确定。

这也并不足为奇。英雄本是一种理想人物。一群人或一个人所崇拜的英雄其实就是他们的或他的人生理想的结晶。人生理想如忠、孝、节、义、智、仁、勇之类都是抽象概念，颇难捉摸，而人类心理习性常倾向于依附可捉摸的具体事例。英雄就是抽象的人生理想所实现的具体事例，他是一幅天然图画，大家都可以指着他向自己说：“像那样的人才是我们所应羡慕而仿效的！”说到英勇，一般人印象也许很模糊，但是一般人都知道崇拜秦皇汉武，或是亚力山大和拿破仑。人人尽管知道忠义为美德，但是要一般人为忠义所感动，千言万语也抵不上一篇岳飞或文天祥的叙传。每个人，每个社会，都有他的特殊的人生理想；很显然地，也就有他的特殊英雄。哲学家的英雄是孔子和苏格拉底，宗教家的英雄是释迦牟尼和耶稣，侵略者的英雄是拿破仑，而资本家的英雄则为煤油大王和钢铁大王。行行出状元，就是行行有英雄。

人们所崇拜的英雄尽管不同，而崇拜的心理则无二致。这心理分析起来也很复杂。每个英雄必有确足令人钦佩之点，经得起理智衡量，不仅能引起盲目的崇拜。但是“崇拜”是宗教上的术语，既云崇拜，就不免带有几分宗教的迷信，就不免有几分盲目。英雄尽管有不足崇拜处，可是我们既然崇拜他，就只看得见他的长处，看不见他的短处。“爱而知其恶”就不是崇拜，崇拜是无限制的敬慕，有时甚至失去理性。西谚说：“没有人是他的仆从的英雄。”因为亲信的仆从对主人看得太清楚。古代帝王要“深居简出”，实有一套秘诀在里面。在崇拜的心理中，情感的成分远过于理智的成分。英雄崇拜的缺点在此，因为它免不掉几分盲目的迷信；但是优点也正在此，因为它是敬贤向上心的表现。敬贤向上是人类心灵中最可宝贵的一点光焰，个人能上进，社会能改良，文化能进展，都全靠有它在烛照。英雄常在我们心中煽燃这一点光焰，常提醒我们人性尊严的意识，将我们提升到高贵境界。崇拜英雄就是崇拜他所特有的道德价值。世间只有几种人不能崇拜英雄：一是愚昧者，根本不能辨别好坏；一是骄矜妒忌者，自私的野心蒙蔽了一切，不愿看旁人比自己高一层；一是所谓“犬儒”（cynics），轻世玩物，视一切无足道；最后就是丧尽天良者，毫无人性，自然也就没有人性中最高贵的虔敬心。这几种人以外，任何人都多少可以崇拜英雄，一个人能崇拜英雄，他多少还有上进的希望，因为他还有道德方面的价值意识。

崇拜英雄的情操是道德的，同时也是超道德的。所谓“超道德的”，就是美感的。太史公在《孔子世家》赞里说：“高山仰止，景行行止，虽不能至，然心向往之。”这几句话写英雄崇拜的情绪最为精当。对着伟大人物，有如对着高山大海，使人起美学家所说的“崇高雄伟之感”（sense of the sublime）。依美学家的分析，起崇高雄伟感觉时，我们突然间发现对象无限伟大，无形中自觉此身渺小，不免肃然起敬，栗然生畏，惊奇赞叹，有如发呆；但惊心动魄之余，就继以心领神会，物我同一而生命起交流，我们于不知不觉中吸收融会那一种伟大的气魄，而自己也振作奋发起来，仿佛在模仿它，努力提升到同样伟大的境界。对高山大海如此，对暴风暴雨如此，对伟大英雄也如此。崇拜英雄是好善也是审美。

在人生胜境，善与美常合而为一，此其一例。

这种所描写的自然只是极境，在实际上英雄崇拜有深有浅，不一定都达到这种极境。但无论深浅，它的影响都大体是好的。社会的形成与维系都不外借宗教、政治、教育、学术几种“文化”的势力。宗教起于英雄崇拜，卡莱尔已经详论过。世界中最宗教的民族要算希伯来人，读《旧约》的人们大概都明了希伯来也是一个最崇拜英雄的民族，政治的灵魂在秩序组织，而秩序组织的建立与维持必赖有领袖。一个政治团体里有领袖能号召，能得人心悦诚服，政治没有不修明的。极权国家固然需要独裁者，民主国家仍然需要独裁者，无论你给他什么一个名义。至于教育、学术也都需要有人开风气之先。假想没有孔、墨、庄、老几个哲人，中国学术思想还留在怎样一个地位！没有柏拉图、亚里士多德、笛卡儿、康德几个哲人，西方学术思想还留在怎样一个地位！如此等类问题是颇耐人寻思的。俗话有一句说得有趣：“山中无老虎，猴子称霸王。”阮步兵登广武曾发“时无英雄，遂令竖子成名”之叹。一个国家民族到了“猴子称霸王”或是“竖子成名”的时候，他的文化水准也就可想而见了。

学习就是模仿，人是最善于学习的动物，因为他是最善于模仿的动物。模仿必有模型，模型的美丑注定模仿品的好丑，所谓“种瓜得瓜，种豆得豆”。英雄（或是叫他“圣贤”“豪杰”）是学做人的好模型。所以从教育观点看，我们主张维持一般人所认为过时的英雄崇拜。尤其在青年时代，意象的力量大于概念，与其向他们说仁义道德，不如指点几个有血有肉的具有仁义道德的人给他们看。教育重人格感化，必须是一个具体的人格才真正有感化力。

我们民族中从古至今，做人的好模型委实不少，可惜长篇传记不发达，许多伟大人物都埋在断简残篇里面，不能以全副面目活现于青年读者眼前。这个缺陷希望将来有史家去弥补。

谈交友

人生的快乐有一大半要建筑在人与人的关系上面。只要人与人的关系调处得好，生活没有不快乐的。许多人感觉生活苦恼，原因大半在没有把人与人的关系调处适宜。这人与人的关系在我国向称为“人伦”。在人伦中先儒指出五个最重要的，就是君臣、父子、夫妇、兄弟、朋友。这五伦之中，父子、夫妇、兄弟起于家庭，君臣和朋友起于国家社会。先儒谈伦理修养，大半在五伦上做功夫，以为五伦上面如果无亏缺，个人修养固然到了极境，家庭和国家社会也就自然稳固了。五伦之中，朋友一伦的地位很特别，它不像其他四伦都有法律的基础，它起于自由的结合，没有法律的力量维系它或是限定它，它的唯一的基础是友爱与信义。但是它的重要性并不因此减少。如果我们把人与人中间的好感称为友谊，则无论是君臣、父子、夫妇或是兄弟之中，都绝对不能没有友谊。就字源说，在中西文里“友”字都含有“爱”的意义。无爱不成友，无爱也不成君臣、父子、夫妇或兄弟。换句话说，无论哪一伦，都非有朋友的要素不可，朋友是一切人伦的基础。懂得处友，就懂得处人；懂得处人，就懂得做人。一个人在处友方面如果有亏缺，他的生活不但不能是快乐的，而且也绝不能是善的。

谁都知道，有真正的好朋友是人生一件乐事。人是社会的动物，生来就有同情心，生来也就需要同情心。读一篇好诗文，看一片好风景，没有一个人在身旁可以告诉他说：“这真好呀！”心里就觉得美中有不足。遇到一件大喜事，没有人和你同喜，你的欢喜就要减少七八分；遇到一件大灾难，没有人和你同悲，你的悲痛就增加七八分。孤零零的一个人不能唱歌，不能说笑话，不能打球，不能跳舞，不能闹架拌嘴，总之，什么开心的事也不能做。世界最酷毒的刑罚要算幽禁和充军，逼得你和你所常接近的人们分开，让你尝无亲无友那种孤寂的风味。人必须接近人，你如果不信，请你闭关独居十天半个月，再走到十字街头在人群中挤一挤，你心里会感到说不出来的快慰，仿佛过了一次大瘾，虽然街上那些行人在平时没有一个让你瞧得上眼。人是一种怪物，自己是一个人，却要显得瞧不起人，要孤高自赏，要闭门谢客，要把心里所想的看成神妙不可言说，“不可与俗人道”，其实隐意识里面唯恐人不注意自己，不知道自己，不赞赏自己。世间最欢喜守秘密的人往往也是最不能守秘密的人。他们对你说：“我告诉你，你却不要告诉人。”他不能不告诉你，却忘记你也不能不告诉人。这所谓“不能”实在出于天性中一种极大的压迫力。人需要朋友，如同人需要泄露秘密，都由于天性中一种压迫力在驱遣。它是一种精神上的饥渴，不满足就可以威胁到生命的健全。

谁也都知道，朋友对于性格形成的影响非常重大。一个人的好坏，朋友熏染的力量要居大半。既看重一个人把他当作真心朋友，他就变成一种受崇拜的英雄，他的一言一笑、一举一动都在有意无意之间变成自己的模范，他的性格就逐渐有几分变成自己的性格。同时，他也变成自己的裁判者，自己的一言一笑、一举一动，都要顾到他的赞许或非难。一个人可以蔑视一切人的毁誉，却不能不求见谅于知己。每个人身旁有一个“圈子”，这圈子就是他所尝亲近的人围成的，他跳来跳去，尝跳不出这圈子。在某一种圈子就成为某一种人。圣贤有道，盗亦有道。隔着圈子相视，尧可非桀，桀亦可非尧。究竟谁是谁非，责任往往不在个人而在他所在的圈子。古人说：“与善人交，如入芝兰之室，久而不闻其香；与恶人交，如入鲍鱼之市，久而不闻其臭。”久闻之后，香可以变成寻常，臭也可以变成寻常，而习安之，就不觉其为香为臭。一个人应该谨慎择友，择他所在的圈子，道理就在此。人是善于模仿的，模仿品的好坏，全看模型的好坏，有如素丝，染于青则青，染于黄则黄。“告诉我谁是你的朋友，我就知道你是怎样的一种人。”这句西谚确实是经验之谈。《学记》论教育，一则曰：“七年视论学取友。”再则曰：“相观而善之谓摩。”从孔孟以来，中国士林向奉尊师敬友为立身治学的要道。这都是深有见于朋友的影响重大。师弟向不列于五伦，实包括于朋友一伦里面，师与友是不能分开的。

许叔重《说文解字》谓“同志为友”。就大体说，交友的原则是“同声相应，同气相求”。但是绝对相同在理论与事实都是不可能。“人心不同，各如其面”，这不同亦正有它的作用。朋友的乐趣在相同中容易见出；朋友的益处却往往在相异处才能得到。古人尝拿“如切如磋，如琢如磨”来譬喻朋友的交互影响。这譬喻实在是很恰当。玉石有瑕疵棱角，用一种器具来切磋琢磨它，它才能圆融光润，才能“成器”。人的性格也难免有瑕疵棱角，如私心、成见、骄矜、暴躁、愚昧、顽恶之类，要多受切磋琢磨，才能洗刷净尽，达到玉润珠圆的境界。朋友便是切磋琢磨的利器，与自己愈不同，摩擦愈多，切磋琢磨的影响也就愈大。这影响在学问思想方面最容易见出。一个人多和异己的朋友讨论，会逐渐发现自己的学说不圆满处，对方的学说有可取处，逼得不得不做进一层的思考，这样对于学问才能逐渐鞭辟入里。在朋友互相切磋中，一方面被“磨”，一方面也在受滋养。一个人被“磨”的方面愈多，吸收外来的滋养也就愈丰富。孔子论益友，所以特重直谅多闻。一个不能有诤友的人永远是愚而好自用，在道德学问上都不会有很大的成就。

好朋友在我国语文里向来叫作“知心”或“知己”，“知交”也是一个习用的名词。这个语言的习惯颇含有深长的意味。从心理观点看，求见知于人是一种社会本能，有这本能，人与人才可免除隔阂，打成一片，社会才能成立。它是社会生命所借以维持的，犹如食色本能是个人与种族生命所借以维持的，所以它与食色本能同样强烈。古人尝以一死报知己，钟子期死后，伯牙不复鼓琴。这种行为在一般人看近似于过激，其实是由于极强烈的社会本能在驱遣。其次，从伦理哲学观点看，知人是处人的基础，而知人却极不易，因为深刻的了解必基于深刻的同情。深刻的同情只在真挚的朋友中才常发现，对于一个人有深交，你才能真正知道他。了解与同情是互为因果的，你对于一个人愈同情，就愈能了解他；你愈了解他，也就愈同情他。法国人有一句成语说：“了解一切，就是宽容一切。”（Tout comprendre，c'est tout pardonner.）这句话说来像很容易，却是人生的最高智慧，需要极伟大的胸襟才能做到。古今有这种胸襟的只有几个大宗教家，像释迦牟尼和耶稣，有这种胸襟才能谈到大慈大悲；没有它，任何宗教都没有灵魂。修养这种胸襟的捷径是多与人做真正的好朋友，多与人推心置腹，从对于一部分人得到深刻的了解，做到对于一般人类起深厚的同情。从这方面看，交友的范围宜稍广泛，各种人都有最好，不必限于自己同行同趣味的。蒙田在他的论文里提出一个很奇怪主张，以为一个人只能有一个真正的朋友，我对这主张很怀疑。

交友是一件寻常事，人人都有朋友，交友却也不是一件易事，很少人有真正的朋友。势利之交固容易破裂，就是道义之交也有时不免闹意气之争。王安石与司马光、苏轼、程颢诸人在政治和学术上的倾轧便是好例。他们个个都是好人，彼此互有相当的友谊，而结果闹成和世俗人一般的翻云覆雨。交道之难，从此可见。从前人谈交道的话说得很多。例如“朋友有信”“久而敬之”“君子之交淡如水”，视朋友须如自己，要急难相助，须知护友之短，像孔子不假盖于悭吝朋友，要劝善规过，但“不可则止，毋自辱焉”。这些话都是说起来颇容易，做起来颇难。许多人都懂得这些道理，但是很少人真正会和人做朋友。

孔子尝劝人“无友不如己者”，这话使我很彷徨不安。你不如我，我不和你做朋友，要我和你做朋友，就要你胜似我，这样我才能得益。但是这算盘我会打你也就会打，如果你也这么说，你我之间不就没有做朋友的可能吗？柏拉图写过一篇谈友谊的对话，另有一番奇妙议论。依他看，善人无须有朋友，恶人不能有朋友，善恶混杂的人才或许需要善人为友来消除他的恶，恶去了，友的需要也就随之消灭。这话显然与孔子的话有些抵牾。谁是谁非，我至今不能断定，但是我因此想到朋友之中，人我的比较是一个重要问题，而这问题又和善恶问题密切相关。我从前研究美学上的欣赏与创造问题，得到一个和常识不相通的结论，就是：欣赏与创造根本难分，每人所欣赏的世界就是每人所创造的世界，就是他自己的情趣和性格的反照；你在世界中能“取”多少，就看你在你的性灵中能提出多少“与”它，物与我之中有一种生命的交流，深人所见于物者深，浅人所见于物者浅。现在我思索这比较实际的交友问题，觉得它与欣赏艺术自然的道理颇可暗合默契。你自己是什么样的人，就会得到什么样的朋友。人类心灵尝交感回流。你拿一分真心待人，人也就拿一分真心待你，你所“取”如何，就看你所“与”如何。“爱人者人恒爱之，敬人者人恒敬之。”人不爱你敬你，就显得你自己有损缺。你不必责人，先须反求诸己。不但在情感方面如此，在性格方面也都是如此。友必同心，所谓“心”是指性灵同在一个水准上。如果你我在性灵上有高低，我高就须感化你，把你提高到同样水准；你高也是如此，否则友谊就难成立。朋友往往是测量自己的一种最精确的尺度。你自己如果不是一个好朋友，就绝不能希望得到一个好朋友。要是好朋友，自己须先是一个好人。我很相信柏拉图的“恶人不能有朋友”的那一句话。恶人可以做好朋友时，他在他方面尽管是坏，在能为好朋友一点上就可证明他还有人性，还不是一个绝对的恶人。说来说去，“同声相应，同气相求”那句老话还是对的，何以交友的道理在此，如何交友的方法也在此。交友和一般行为一样，我们应该常牢记在心的是“责己宜严，责人宜宽”。

谈性爱问题

这问题的重要性是无可否认的。圣人说得好："饮食男女，人之大欲存焉。"许多人的活动和企图，仔细分析起来，多少都与这两种基本的生活要求有直接或间接的关系。整个的人类文化动态也大半围着这两个轴心旋转。单提男女关系来说，没有它，世间就要少去许多纠纷，文艺就要少去一个重要的母题，社会必是另样，历史也必是另样。但是许多人对这样重要的问题偏爱扮面孔，不肯拿它来郑重地谈、郑重地想。以往少数哲学家如卢梭、康德、斯宾诺莎诸人对这问题所发表的议论，依叔本华看，都很肤浅。至于一般人的观念更不免为迷信、偏见和伪善所混乱。许多负教养之责的父母和师长对这问题简直有些畏惧，讳莫如深，仿佛以为男女关系生来是与淫秽相连的，青年人千万沾染不得，最好把他们蒙蔽住。其实你愈不使他们沾染而他们偏愈爱沾染；对这重要问题你想他们安于愚昧，他们就须得偿付愚昧的代价。

从生物学的观点看，这问题本很简单。有生之伦执着最牢固的是生命，最强烈的本能是叔本华所说的生命意志。首先是个体生命。我们挣扎、营求、竭力劳心，都无非是要个体生命在物质方面得到维持、发展、安全、舒适，在精神方面得到真善美诸价值所给的快慰。一切活动的最终目的都在"谋生"。但是个体生命是不能永久执着的，生的尽头都是死。长生不但是一个不能实现的理想，而且也不是一个好理想。你试想：从开天辟地到世界末日，假如老是一代人在活着，世界不就成为一池死水？一代过去了，就有另一代继着来，生生不息，不主故常，所以变化无端，生发无穷。这是造化的巧妙安排。懂得这巧妙，我们就明白种族不朽何以胜似个体长生，种族生命何以重于个体生命，种族生命意志何以强于个体生命意志。男女相悦，说来说去，只是种族生命意志的表现。种族生命意志就是一般人所谓“性欲”。“爱”是一个较好听的名词，凡是男女间的爱都不免带有性欲成分。你尽管相信你的爱是“纯洁的”“心灵的”“精神的”，骨子里都是无数亿万年遗传下来的那一点性的冲动在作祟，你要与你所爱的人配合，你要传种。你不敢承认这点，因为你的老祖宗除了遗传给你这一点性的冲动以外，还遗传给你一些相反的力量——关于性爱的“塔怖”（taboo），你的脑筋里装满着性爱性交是淫秽的、可羞的、不道德的之类观念。其实，你须得知道：假如这一点性的冲动被阉割了，人道就会灭绝。人除着爱上帝以外，没有另一种心灵活动，比男人爱女人或女人爱男人那一点热忱，更值得叫作“神圣”，因为那是对于“不朽”的希求，是要把人人所宝贵的生命继续不断的绵延下去。

传种的要求驱遣着两性相爱，这是人与禽兽所共同的。但是有两个因素使性爱问题在人类社会中由简单变为很复杂。

第一个因素是社会的。社会所赖以维持的是伦理、宗教、法律和风俗习惯所酿成的礼法，“男女居室，人之大伦”，没有礼法更不足以维持。关于男女关系的礼法大约起于下列两种：第一是防止争端。性欲是最强烈的本能，而性欲的对象虽有选择，却无限制。一个人可以有许多对象，而许多人也可以同有一个对象。男爱女或不爱，女爱男或不爱。假如一个人让自己的性欲做主，不受任何制裁，“争风”和“逼奸”之类事态就会把社会的秩序弄得天翻地覆。因此每个社会对于男女交接和婚姻都有一套成文和不成文的法典。例如一夫一妻，凭媒嫁娶，尊重贞操，惩处奸淫之类。其次是划清责任。恋爱的正常归宿是婚姻，婚姻的正常归宿是生儿养女，成立家庭。有了家庭就有家庭的责任。生活要维持，子女要教养。性的冲动是飘忽游离的，常要求新花样与新口味，而家庭责任却需要夫妻固定拘守，“一与之齐，终身不改”。假如一个人随意杂交，随意生儿养女，欲望满足了，就丢开配偶儿女而别开生面，他所丢下来的责任给谁负担呢？在以家庭为中心的社会，这种不负责的行为是不能不受裁制的。世界也有人梦想废除家庭的乌托邦，在那里面男女关系有绝对的自由，但是这恐怕永远是梦想，男女配合的最终目的原来就在生养子女，不在快一时之意；家庭是种族蔓延所必需的暖室，为了快一时之意而忘了那快意行为的最终目的，破坏达到那目的的最适宜的路径，那是违反自然的铁律。

因为上述两种社会的力量，人类两性配合不能全凭性欲指使，取杂交方式。他一方面须满足自然需要，一方面也要满足社会需要。自然需要倾向于自由发泄，社会需要却倾向于防闲节制。这种防闲节制对于个体有时不免是痛苦，但就全局着想，有健康的社会生命才能保障个体生命与种族生命。性欲要求原来在绵延种族生命，到了它危害到种族生命所借以保障的社会生命时，它就失去了本来作用，于理是应受制止的。这道理本很浅显，许多人却没有认清，感到社会的防闲节制不方便，便骂“礼教吃人”。极端的个人主义常是极端的自私主义，这是一端。同时，我们自然也须承认社会的防闲节制的方式也有失去它的本来作用的时候。社会常在变迁，甲型社会的礼法不一定适用于乙型社会，一个社会已经由甲型变到乙型时，甲型的礼法往往本着习惯的惰性留存在乙型社会里，有如盲肠，不但无用，甚至发炎生病。原始社会所遗留下来的关于性的“塔怖”，如“男女授受不亲”“女子出门必拥蔽其面”“望门守节”、孕妇产妇不洁净带灾星之类，在现代已如盲肠，都很显然。

第二个使人类两性问题变复杂的因素是心理的。从个体方面看，异性的寻求、结合、生育都是消耗与牺牲，自私是人类天性，纯粹是消耗牺牲的事是很少有人肯干的。于此造化又有一个很巧妙的安排，使这消耗与牺牲的事带有极大的快感。人们追求异性，骨子里本为传种，而表面上却现得为自己求欲望的满足。恋爱的人们，像叔本华所说的，常在“错觉”（illusion）里过活。当其未达目的时，仿佛世间没有比这更快意的事，到了种子播出去了，回思虽了无余味，而性欲的驱遣却不因此而灭杀其热力，还是源源涌现，挟着排山倒海的力量东奔西窜。它的遭遇有顺有逆，有常有变，纵横流转中与其他事物发生关系复杂微妙至不可想象，而身当其冲者的心理变迁也随之幻化无端。近代有几个著名学者如韦斯特马克（Westermarck）、埃利斯（H. Ellis）、弗洛伊德（Freud）诸人对性爱心理所发表的著作几至汗牛充栋。在这篇短文里我们无法把许多光怪陆离的现象都描绘出来，只能略举数端，以示梗概。

男女相爱与审美意识有密切关系，这是尽人皆知的。我们在这里所指的倒不在男爱女美、女爱男美那一点，因为那很明显，无用申述。我们所指的是相爱相交那事情本身的艺术化。人为万物之灵，虽处处受自然需要驱遣，却时时要超过自然需要而做自由活动，较高尚的企图如文艺、宗教、哲学之类多起于此。举个浅例来说，盛水用壶是一种自然需要，可是人不以此为足，却费心力去求壶的美观。美观非实用所必需，却是心灵自由伸展所不可无。人在男女关系方面也是如此。男女间事，如果止于禽兽的阶层上，那是极平凡而粗浅的。只需看鸡犬，在交合的那一顷刻间它们服从性欲的驱遣，有如奴隶服从主子之恭顺，其不可逃免性有如命运之坚强，它们简直不是自己的主宰，一股冲动来，就如悬崖纵马，一冲而下，毫不绕弯子，也毫不讲体面。人要把这件自然需要所逼迫的事弄得比较“体面”些，不那样脱皮露骨，于是有许多遮盖，有许多粉饰，有许多作态弄影，旁敲侧击，男女交际间的礼仪和技巧大半是粗俗事情的文雅化，做得太过分了，固不免带着许多虚伪与欺诈；做得恰到好处时，却可以娱目赏心。

实用需要壶盛水，审美意识进一步要求壶的美观，美观与实用在此仍并行不悖。再进一步，壶可以放弃它的实用而成为古董、纯粹的艺术品；如果拿它来盛水，就不免煞风景，男女的爱也有同样的演进。在动物阶层，它只是为生殖传种一个实用目的，继之它成为一种带有艺术性的活动，再进一步它就成为一种纯粹的艺术，徒供赏玩。爱于是与性欲在表面上分为两事，许多人只是“为爱而爱”，就只在爱的本身那一点快乐上流连体会，否认爱还有借肉体结合而传种那一个肮脏的作用。爱于是成为“柏拉图式的”、纯洁的、心灵的、神圣的，至于性欲活动则被视为肉体的、淫秽的、可羞的、尘俗的。这观念的形成始于耶稣教的重灵轻肉，终于十九世纪浪漫派文艺的“恋爱至上”观。这种灵爱与肉爱的分别引起好些人的自尊心，激励成好些思想、文艺和事业上的成就；同时，它也使好些人变成疯狂，养成好些不康健的心理习惯。说得好听一点，它起于性爱的净化或“升华”；说得不好听一点，它是替一件极尘俗的事情挂上一个极高尚的幌子，“金玉其外，败絮其中”。

从这一点，我们可以看出人心怎样爱绕弯子，爱歪曲自然。近代变态心理学所供给的实例更多。它的起因，像弗洛伊德所说的，是自然与文化、性欲冲动与社会道德习俗的冲突。性欲冲动极力伸展，社会势力极力压抑。这冲突如果不得到正常的调整，性欲冲动就不免由意识域压抑到潜意识域，虽是囚禁在那黑狱里，却仍跃跃欲试，冀图破关脱狱。为着要逃避意识的检查，取种种化装。许多寻常行动，如做梦、说笑话、创作文艺、崇拜偶像、虐待弱小，以至于吮指头、露大腿之类，在变态心理学家看，都可以是性欲化装的表现。性欲是一种强大的力量，有如奔流，须有所倾泻，正常的方式是倾泻于异性对象；得不到正常对象倾泻时，它或是决堤而泛滥横流，酿成种种精神病症；或是改道旁驰，起升华作用而致力于宗教、文艺、学术或事功。因此，人类活动——无论是个体的或社会的——几乎没有一件不可以在有形无形之中与性爱发生心理上的关联。

这里所说的只是一个极粗浅的梗概，从这种粗浅的梗概中我们已可以见出人类两性关系问题如何复杂。要得到一个健康的性道德观，我们需要近代科学所供给的关于性爱的各方面知识，一种性知识的启蒙运动。我们一不能如道德学家和清教徒一味抹杀人性，对于性的活动施以过分严厉的裁制，原始时代的“塔怖”更没有保留的必要；二不能如浪漫派文艺作者满口讴歌“恋爱至上”，把一件寻常事情捧到九霄云外，使一般神经质软弱的人们悬过高的希望，追攀不到，就陷于失望悲观；三不能如苏联共产党人把恋爱婚姻完全看成个人的私行，与社会国家无关，任它绝对自由，绝对放纵。依我个人的主张，男女间事是一件极家常极平凡的事，我们须以写实的态度和生物学的眼光去看它，不必把它看成神奇奥妙，也不必把它看成淫秽邪僻。我们每个人天生有传种的机能、义务与权利。我们寻求异性，是要尽每个人都应尽的责任。一对男女成立恋爱或婚姻的关系时，只要不妨害社会秩序的合理要求，我们就用不着大惊小怪。这句话中的插句极重要：社会不能没有裁制，而社会的裁制也必须合理。社会的合理裁制是指上文所说的防止争端和划清责任。争婚、逼婚、乱伦、患传染病结婚，结婚而放弃结婚的责任，这些便是法律所应禁止的。除了这几项以外，社会如果再多嘴多舌，说这样是伤风，那样是败俗，这样是淫秽，那样是奸邪，那就要在许多人的心理上起不必要的压抑作用，酿成精神的变态，并且也引起许多人阳奉阴违，面子上仁义道德，骨子里男盗女娼。在人生各方面，正常的生活才是健康的生活，在男女关系方面，正常的路径是由恋爱而结婚，由结婚而生儿养女，把前一代的责任移交给后一代，使种族“于万斯年”地绵延下去。传种以外，结婚者的个人幸福也不应一笔勾销。结婚和成立家庭应该是一件快乐的事，人们就应该在里面希冀快乐，且努力产生快乐。到了夫妻实在不能相容而家庭无幸福可言时，在划清责任的条件之下离婚是道德与法律都应该允许而且提倡的。

谈青年与恋爱结婚

在动物阶层，性爱不成问题，因为一切顺着自然倾向，不失时，不反常，所以也就合理。在原始人类社会，性爱不成为严重的问题，因为大体上还是顺自然倾向的，纵有社会裁制，习惯成了自然，大家也就相安无事。在近代开化的社会，性爱的问题变成很严重，因为自然倾向与社会裁制发生激烈的冲突，失时和反常的现象常发生，伦理的、宗教的、法律的、经济的、社会的关系愈复杂，纠纷愈多而解决愈困难。这困难成年人感觉到很迫切，青年人感觉到尤其迫切。性爱在青年期有一个极大的矛盾：一方面性欲在青年期由潜伏而旺盛，力量特别强烈，一方面种种理由使青年人不适宜于性生活的活动。

先说青年人不适宜于性爱的理由：

一、恋爱的正常归宿是结婚，结婚的正常归宿是生儿养女，成立家庭。青年除学习期，在事业上尚无成就，在经济上未能独立，负不起成立家庭教养子女的责任。恋爱固然可以不结婚，但是性的冲动培养到最紧张的程度而没有正常的发泄，那是违反自然，从医学和心理学观点看，对于身心都有很大的妨害。结婚固然也可以节制生育，但是寻常婚后生活中，子女的爱是夫妻中间一个重要的联系，培养起另一代人原是结婚男女的共同目标与共同兴趣，把这共同目标与共同兴趣用不自然的方法割去了，结婚男女的生活就很干枯，他们的情感也就逐渐冷淡。这对于种族和个人都没有裨益，失去了恋爱与婚姻的本来作用。

二、青年身体发展尚未完全成熟，早婚妨碍健康，尽人皆知；如果生儿养女，下一代人也必定比较羸弱，可以影响到民族的体力，我国以往在这方面吃的亏委实不小。还不仅此，据一般心理学家的观察，性格的成熟常晚于体格的成熟，青年在体格方面尽管已成年，在心理方面往往还很幼稚，男子尤其是如此。在二十余岁的光景，他们心中装满着稚气的幻想，没有多方的人生经验，认不清现实，情感游离浮动，理智和意志都很薄弱，性格极易变动，尤其是缺乏审慎周详的抉择力与判断力，今天做的事明天就会懊悔。假如他们钟情一个女子，马上就会陷入沉醉迷狂状态，把爱的实现看得比世间任何事都较重要；达不到目的，世界就显得黑暗，人生就显得无味，觉得非自杀不可；达到目的，结婚就成了“恋爱的坟墓”，从前的仙子就是现在的手镣脚铐。到了这步田地，他们不是牺牲自己的幸福，就是牺牲别人的幸福。许多有为青年的前途就这样毁去了，让体格性格都不成熟的青年人去试人生极大的冒险，那简直是一个极大的罪孽。

三、人生可分几个时期，每时期有每时期的正当使命与正当工作。青年期的正当使命是准备做人，正当工作是学习。在准备做人时，在学习时，无论是恋爱或结婚都是一种妨害。人生精力有限，在恋爱和结婚上面消耗了一些，余剩可用于学习的就不够。在大学期间结婚的学生成绩必不会顶好，在中学期间结婚的学生的前途决不会有很大的希望。自己还带乳臭，就腼颜准备做父母，还满口在谈幸福，社会上有这现象，就显得它有些病态。恋爱用不着反对，结婚更用不着反对，只是不能“用违其时”。禽兽性生活的优点就在不失时，一生中有一个正当的时期，一年中有一个正当的季节。在人类，正当的时期是壮年，老年人过时，青年人不及时，青年人恋爱结婚，与老年人恋爱结婚，是同样的反常可笑。

假如我们根据这几条理由，就绝对反对青年讲恋爱，是否可能呢？我自己也是过来人，略知此中甘苦，凭自己的经验和对旁人的观察，我可以大胆地说：在三十岁以前，一个人假如不受爱情的搅扰，对男女间事不发生很大的兴趣，专心致志地去做他的学问，那是再好没有的事，他可以多得些成就，少得些苦恼。我还可以说，像这样天真烂漫地过去青春的人，世间也并非绝对没有；而且如果我们认定三十岁左右为正当的结婚年龄，从生物学观点看，这种人也不能算是不自然或不近人情。不过我们也须得承认，在近代社会中，这种浑厚的青年人确实很少，少的原因是在近代生活对于性爱有许多不健康的暗示与刺激，以及教育方面的欠缺。家庭和学校对男女间事绝对不准谈，仿佛这中间事极神秘或是极不体面，有不可告人处。只这印象对儿童们影响就很坏。他们好奇心特别强，你愈想瞒，他们就愈想知道。他们或是从大人方面窥出一些偷偷摸摸的事，或是从一块儿游戏的顽童听到一些淫秽的话。不久他们的性的冲动逐渐发达了，这些不良的种子就在他们心中发芽生枝，好奇心以外又加上模仿本能的活动。他们开始看容易刺激性欲的小说或电影，注意窥探性生活的秘密，甚至想自己也跳到那热闹舞台上去表演。他们年纪轻，正当的对象自无法可得，于是演出种种“性的反常”现象，如同性爱、自性爱、手淫之类。如果他们生在都市里，年纪比较大一点，说不定还和不正当的女人来往。如果他们进了大学，读过一些讴歌恋爱的诗文，看过一些甜情蜜意的榜样，就会觉得恋爱是大学生活中应有的一幕，自己少不得也要凑趣应景，否则即是一个缺陷，一宗耻辱。我们可以说，现在一般青年从幼稚园到大学，沿途所学的性生活的影响都是不健康的，无怪他们向不健康的路径走。

自命为“有心人”的看到这种景象，或是嗟叹世风不古，或是诅咒近代教育，想拿古老的教条来钳制近代青年的活动。世风不古是事实，无用嗟叹，在任何时代，世风都不会“古”的。世界既已演变到现在这个阶段，要想回到男女授受不亲那种状态，未免是痴人说梦。我个人的主张是要把科学知识尽量地应用到性爱问题上面来，使一般人一方面明白它在生物学、生理学和心理学上的意义，一方面也认清它所连带的社会、政治、经济各方面的责任。这问题，像一切其他人生问题一样，可以用冷静的头脑去思索，不必把它摆在一种带有宗教性的神秘氛围里。神秘本身就是一种诱惑，暗中摸索都难免跌跤。

就大体说，我赞成用很自然的方法引导青年撇开恋爱和结婚的路。所谓自然的方法有两种。第一是精力有所发挥，精神有所委托。一个人心无二用，却也不能没有所用。青年人精力最弥满，要他闲着无所用，就难免泛滥横流。假如他在工作里发生兴趣，在文艺里发生兴趣，甚至在游戏运动里发生兴趣，这就可以垄断他的心神，不叫它旁迁他涉。我知道很多青年因为心有所用，很自然地没有走上恋爱的路。第二是改善社交生活，使同情心得到滋养。青年人最需要的是同情，最怕的是寂寞，愈寂寞就愈感觉异性需要的迫切。一般青年追求异性，与其说是迫于性的冲动，毋宁说是迫于同情的需要。要满足这需要，社交生活如果丰富也就够了。一个青年如果有亲热的家庭生活，加上温暖的团体生活，不感觉到孤寂，他虽然还有“遇”恋爱的可能，却无“谋”恋爱的必要。

这番话并非反对男女青年的正常交接，反之，我认为男女社交公开是改善社交生活的一端。愈隔绝，神秘观念愈深，把男女关系看成神秘，从任何观点看，都是要不得的。我虽然赞成叔本华的“男女的爱都是性爱”的看法，却不敢同意王尔德的“男女间只有爱情而无友谊”的看法。因为友谊有深有浅，友谊没有深到变为爱情的程度是常见的。据我个人的观察，青年施受同情的需要虽很强烈，而把同情专注在某一个对象上并不是一个很自然的现象。无论在同性中或异性中，一个人很可能地同时有几个好友。交谊愈广泛，发生恋爱的可能性也就愈少。一个青年最危险的遭遇莫过于向来没有和一个女子有较深的接触，一碰见第一个女子就爱上了她。许多在男女社交方面没有经验的青年却往往是如此，而许多悲剧也就如此酿成。

在男女社交公开中，“遇”恋爱自然很可能，但是危险性比较小，双方对于异性都有较清楚的认识。既然“遇”上了恋爱，一个人最好认清这是一件极自然极平凡而亦极严重的事。他不应视为儿戏，却也不应沉醉在诗人的幻想里，他应该用最写实的态度去应付它。如果“恋爱至上”，他也要从生物学观点把它看成“至上”，与爱神无关，与超验哲学更无关。他就要准备作正常的归宿——结婚，生儿养女，和担负家庭的责任。

柏拉图到晚年计划第二“理想国”，写成一本书叫作《法律》，里面有一段话颇有意思，现在译来作本文的结束：

“我们的公民不应比鸟类和许多其他动物都不如，它们一生育就是一大群，不到生殖的年龄却不结婚，维持着贞洁。但是到了适当的时候，雌雄就配合起来，相欢相爱，终身过着圣洁和天真的生活，牢守着它们的原来的合同：——真的，我们应该向他们（公民们）说，你们须比禽兽高明些。”

谈休息

在世界各民族中，我们中国人要算是最能刻苦耐劳的。第一是农人。他们日出而作，日入而息，不分阴晴冷暖，总是硬着头皮，流着血汗，忙个不休。一年之中，他们最多只能在过年过节时歇上三五天，你如果住在乡下，常看他们在炎天烈日下车水拔草，挑重担推重车上高坡，或是拉牵绳拖重载船上急滩，你对他们会起敬心也会起怜悯心，觉得他们虽是人，却在做牛马的工作、过牛马的生活。读书人比较算是有闲阶级，但在未飞黄腾达以前，也要经过一番艰苦的奋斗。从前私塾学生从天亮到半夜，都有规定的课程，休息对于他们是一个稀奇的名词。小学生们只有在先生打瞌睡时偷耍一阵，万一先生不打瞌睡，就只有找借口逃学。从前读书人误会“自强不息”的意思，以为“不息”就是不要休息。十年不下楼、十年不窥园、囊萤刺股、发愤忘食之类的故事在读书人中传为美谈，奉为模范。近代学校教育比从前私塾教育似乎也并不轻松多少。从小学以至大学，功课都太繁重，每日除上六七小时课外还要看课本做练习。世界各国学校上课钟点之多，假期之短少，似没有比得上我们的。

这种刻苦耐劳的精神原可佩服，但是对于身心两方的修养却是极大的危害。最刻苦耐劳的是我们中国人，体格最羸弱而工作最不讲效率的也是我们中国人。这中间似不无密切关系。我们对于休息的重要性太缺乏彻底的认识了。它看来虽似小问题，却为全民族的生命力所关，不能不提出一谈。

自然界事物都有一个节奏。脉搏一起一伏，呼吸一进一出，筋肉一张一弛，以至日夜的更替，寒暑的来往，都有一个劳动和休息的道理在内。草木和虫豸在冬天要枯要眠，土壤耕种了几年之后须休息，连机器输电灯线也不能昼夜不息地工作。世间没有一件事物能在一个状态维持到久远的，生命就是变化，而变化都有一起一伏的节奏。跳高者为着要跳得高，先蹲着很低；演戏者为着造成一个紧张的局面，先来一个轻描淡写；用兵者守如处女，才能出如脱兔；唱歌者为着要拖长一个高音，先须深深地吸一口气。事例是不胜枚举的。世间固然有些事可以违拗自然去勉强，但是勉强也有它的限度。人的力量，无论是属于身或属于心的，到用过了限度时，必定是由疲劳而衰竭，由衰竭而毁灭。譬如弓弦，老是尽量地拉满不放松，结果必定是裂断。我们中国人的生活常像满引的弓弦，只图张的速效，不顾弛的蓄力，所以常在身心俱惫的状态中。这是政教当局所必须设法改善的。

一般人以为多延长工作的时间就可以多收些效果，比如说，一天能走一百里路，多走一天，就可以多走一百里路，如此天天走着不歇，无论走得多久，都可以维持一百里的速度。凡是走过长路的人都知道算盘打得不很精确，走久了不歇，必定愈走愈慢，以至完全走不动。我们走路的秘诀，“不怕慢，只怕站”，实在只是片面的真理。永远站着固然不行，永远不站也不一定能走得远，不站就须得慢，慢有时延误事机；而偶尔站站却不至于慢，站后再走是加速度的唯一办法。我们中国人做事的通病就在怕站而不怕慢，慢条斯理地不死不活地往前挨，说不做而做着并没有歇，说做却并没有做出什么名色来。许多事就这样因循耽误了。我们只讲工作而不讲效率，在现代社会中，不讲效率，就要落后。西方各国都把效率看作一个迫切的问题，心理学家对这问题做了无数的实验，所得的结论是以同样时间去做同样工作，有休息的比没有休息的效率大得多。比如说，一长页的算学加法习题，继续不断地去做要费两点钟，如果先做五十分钟，继以二十分钟的休息，再做五十分钟，也还可以做完，时间上无损失而错误却较少。西方新式工厂大半都已应用这个原则去调节工作和休息的时间，结果工人的工作时间虽然少了，雇主的出品质量反而增加了。一般人以为休息是浪费时间，其实不休息的工作才真是浪费时间。此外还有精力的损耗更不经济。拿中国人与西方人相比，可工作的年龄至少有二十年的差别，我们到五六十岁就衰老无能为，他们那时还正年富力强，事业刚开始，这分别有多大！

休息不仅为工作蓄力，而且有时工作必须在休息中酝酿成熟。法国大数学家庞加莱研究数学上的难题，苦思不得其解，后来跑到街上闲逛，原来费尽气力不能解决的难题却于无意中就轻轻易易地解决了。据心理学家的解释，有意识作用的工作须得退到潜意识中酝酿一阵，才得着土生根。通常我们在放下一件工作之后，表面上似在休息，而实际上潜意识中那件工作还在进行，詹姆士有“夏天学溜冰，冬天学泅水”的比喻，溜冰本来是前冬练习的，今夏无冰可溜，自然就想不到溜冰，算是在休息，但是溜冰的筋肉技巧却恰巧此时凝固起来。泅水也是如此，一切学习都如此。比如我们学写字，用功甚勤，进步总是显得很慢，有时甚至越写越坏。但是如果停下一些时候再写，就猛然觉得字有进步。进步之后又停顿，停顿之后又进步，如此辗转多次，字才易写得好。习字需要停顿，也是因为要有时间让筋肉技巧在潜意识中酝酿凝固。习字如此，习其他技术也是如此。休息的功夫并不是白费的，它的成就往往比工作的成就更重要。

《佛说四十二章经》里有一段故事，戒人为学不宜操之过急，说得很好：

> 沙门夜诵迦叶佛遗教经，其声悲紧，思悔欲退。佛问之曰：“汝昔在家，曾为何业？”对曰：“爱弹琴。”佛言：“弦缓如何？”对曰：“不鸣矣。”“弦急如何？”对曰：“声绝矣。”“急缓得中如何？”对曰：“诸音普矣。”佛言：“沙门学道亦然。心若调适，道可得矣。于道若暴，暴即身疲；其身若疲，意即生恼；意若生恼，行即退矣。”

我国先儒如程朱诸子教人为学，亦常力戒急迫，主张“优游涵泳”。这四字含有妙理，它所指的功夫是猛火煎后的慢火煨，紧张工作后的潜意识的酝酿。要“优游涵泳”，非有充分休息不可。大抵治学和治事，第一件要事是清明在躬，从容而灵活，常做得自家的主宰，提得起也放得下。急迫躁进最易误事。我有时写字或作文，在意兴不佳或微感倦怠时，手不应心，心里愈想好，而写出来的愈坏，在此时仍不肯丢下，带着几分气愤的念头勉强写下去，写成要不得就扯去，扯去重写仍是要不得，于是愈写愈烦躁，愈烦躁也就写得愈不像样。假如在发现神志不旺时立即丢开，在乡下散步，吸一口新鲜空气，看看蓝天绿水，陡然间心旷神怡，回头来再伏案做事，便觉精神百倍，本来做得很艰苦而不能成功的事，现在做起来却有手挥目送之乐，轻轻易易就做成了。不但作文写字如此，要想任何事做得好，做时必须精神饱满，工作成为乐事。一有倦怠或烦躁的意思，最好就把它搁下休息一会儿，让精神恢复后再来。

人须有生趣才能有生机。生趣是在生活中所领略得的快乐，生机是生活发扬所需要的力量。诸葛武侯所谓“宁静以致远”就包含生趣和生机两个要素在内，宁静才能有丰富的生趣和生机，而没有充分休息做优游涵泳的功夫的人们绝难宁静。世间有许多过于辛苦的人，满身是尘劳，满腔是杂念，时时刻刻都为环境的需要所驱遣，如机械一般流转不息，自己做不得自己的主宰，呆板枯燥，没有一点生人之趣。这种人是环境压迫的牺牲者，没有力量抬起头来驾驭环境或征服环境，在事业和学问上都难有真正的大成就。我认识许多穷苦的农人、孜孜不辍的老学究和一天在办公室坐八小时的公务员，都令我起这种感想。假如一个国家里都充满着这种人，我们很难想象出一个光明世界来。

基督教的《圣经》叙述上帝创造世界的经过，于每段工作完成之后都赘上一句说：“上帝看看他所做的事，看，每一件都很好！”到了第七天，上帝把他的工作都完成了，就停下来休息，并且加福于这第七天，因为在这一天他能够休息。这段简单的文字很可耐人寻味。我们不但需要时间工作，尤其需要时间对于我们所做的事回头看一看，看出它很好；并且工作完成了，我们需要一天休息来恢复疲劳的精神，领略成功的快慰。这一天休息的日子是值得“加福的”“神圣化的”(《圣经》里所用的字是 blessed and sanctified)。在现代紧张的生活中，我们“车如流水马如龙”地向前直滚，曾不留下一点时光做一番静观和回味，以至华严世相都在特别快车的窗子里滑了过去，而我们也只是轮回戏盘中的木人木马，有上帝的榜样在那里而我们不去学，岂不是浪费生命！

我生平最爱陶渊明在自祭文里所说的两句话：“勤靡余劳，心有常闲。”上句是尼采所说的狄俄尼索斯的精神，下句即是阿波罗的精神。动中有静，常保存自我主宰，这是修养的极境，人事算尽了，而神仙福分也就在尽人事中享着。现代人的毛病是“勤有余劳，心无偶闲”。这毛病不仅使生活索然寡味，身心俱惫，于事劳而无功，而且使人心地驳杂，缺乏冲和弘毅的气象，日日困于名缰利锁，叫整个世界日趋于干枯黑暗。但丁描写魔鬼在地狱中受酷刑，常特别着重“不停留”或“无间断”的字样。“不停留”“无间断”自身就是一种惩罚，甘受这种惩罚的人们是甘愿人间成为地狱，上帝的子孙们，让我们跟着他的榜样，加福于我们工作之后休息的时光啊！

谈消遣

身和心的活动都有有节奏的周期，这周期的长短随各人的体质和物质环境而有差异。在周期限度之内，工作有它的效果，也有它的快慰。过了周期限度，工作就必产生疲劳，不但没有效果，而且成为苦痛。到了疲劳，就必定有休息，才能恢复工作的效果。这道理极浅，无用深谈。休息的方式甚多，最理想而亦最普遍的是睡眠。在睡眠中生理的功能可以循极自然的节奏进行，各种筋肉虽仍在活动，却不需要紧张的注意力，也没有工作情境需要所加的压迫，它的动作是自由的、自然的、不费力的、倾向弛懈的。一个人如果每天在工作疲劳之后能得到充分时间的熟睡，比任何养生家的秘诀都灵验。午睡尤其有效。午睡醒了，午后又变成了清晨，一日之中就有两度的朝气。西方有些中小学里，时间表内有午睡的规定，那是很合理的。我国的理学家和各派宗教家于睡眠之外练习静坐。静坐可以使心境空灵，生理功能得到人为的调节，功用有时比睡眠更大。但是初习静坐需要注意力的控制，有几分不自然，不易成为恒久的习惯，而且在近代生活状况之下，静坐的条件不易具备，所以它不能很普遍。

睡眠与静坐都不能算是完全的休息，因为许多生理的功能照旧在进行。严格地说，生物在未死以前绝不能有完全的休息。有生气就必有活动，"活"与"动"是不可分的。劳而不息固然是苦，息而不劳尤其是苦。生机需要修养，也需要发泄。生机旺而不泄，像春天的草木萌芽被砖石压着，或是把压力推开，冲吐出来，或是变成拳曲黄瘦，失去自然的形态。心理学家已经很明白地指示出来：许多心理的毛病都起于生机不得正当的发泄。从一般生物的生活看，精力的发泄往往同时就是精力的蓄养。人当少壮时期，精力最弥满，需要发泄也就愈强烈；愈发泄，精力也就愈充足。一个生气蓬勃的人必定有多方的兴趣，在每方面的活动都比常人活跃，一个人到了可以索然枯坐而不感觉不安时，他必定是一个行将就木的病夫或老者。如果他们在健康状态中，需要活动而不得活动，他必定感到愁苦抑郁。人生最苦的事是疾病幽囚，因为在疾病幽囚中，他或是失去了精力，或是失去了发泄精力的自由。

精力的发泄有两种途径：一是正当工作，一是普通所谓消遣，包含各种游戏运动和娱乐在内。我们不能用全副精力去工作，因为同样的注意方向和同样的筋肉动作维持到相当的限度，必定产生疲劳，如上所述。人的身心构造是依据分工合作原理的。对于各种工作我们都有相当的一套机器、一种才能和一副精力。比如说，要看有眼，要听有耳，要走有脚，要思想有头脑。我们运用眼的时候，耳可以休息，运用脑的时候，脚可以休息。所以在专用眼之后改着去用耳，或是在专用脑之后改着去用脚，我们虽然仍旧在活动，所用以活动的只是耳或脚，眼或脑就可能得到休息了。这种让一部分精力休息而另一部分精力活动的办法在西文中叫作 diversion，可惜在中文里没有恰当的译名。这也足见我们没有注意到它的重要。它的意义是"转向"，工作方面的"换口味"，精力的侧出旁击。我们已经说过，生物不能有完全的休息，普通所谓休息，除睡眠以外，大半是 diversion，这种"换口味"的办法对于停止的活动是精力的蓄养，对于正在进行的另一活动是精力的发泄。它好比打仗，一部分兵力上前线，另一部分兵力留在后面预备补充。全体的兵力都上了前线，难乎为继；全体的兵力都在后方按兵不动，过久也会疲老无用，仗自然更打不起来。更番瓜代仍是精力的最经济最合理的支配，无论是在军事方面或是在普通生活方面。

更番瓜代有种种方式。普通读书人用脑的机会比较多，最好常在用脑之后做一番筋肉活动，如散步、打球、栽花、做手工之类，一方面可以使脑得休息而消除疲劳，一方面也可以破除同一工作的单调，不致发生厌闷。卢梭谈教育，主张学生多习手工，这不但因为手工有它的特殊的教育功效，也因为用手对于用脑是一种调节。大哲学家斯宾诺莎于研究哲学之外，操磨镜的职业，这固然是为着生活，实在也很合理，因为两种性质相差很远的工作互相更换，互为上文所说的 diversion，对于心身都有好影响。就生活理想说，劳心与劳力应该具备于一身，劳力的人绝对不劳心固然变成机械，劳心的人绝对不劳力也难免文弱干枯。现在劳心与劳力成为两种相对峙的阶级，这固然是历史与社会环境所造成的事实，但是我们应该不要忘记它并不甚合理。在可能范围之内，我们应该求心与力的活动能调节适中。我个人很羡慕中世纪欧洲僧院的生活，他们一方面诵经、抄书、画画而且做很精深的哲学研究，一方面种地、砍柴、酿酒、织布。我尝想到我们的学校在这个经济凋惫之际为什么不想一个自给自足的办法，有系统有计划地采行半工半读制？这不仅是从经济着眼，就从教育着眼，这也是一种当务之急。大部分学生来自田间，将来纵不全数回到田间，也要走进工厂或公务机关；如果在学校里只养成少爷小姐的心习，全不懂民生疾苦，他们绝难担负现时代的艰巨责任。当然，本文所说的劳心与劳力的调剂也是一个重要的理由。

不同性质的工作更番瓜代，固可以收到调剂和休息的效用，可是一个人不能时时刻刻都在工作，事实上没有这种需要，而且劳苦过度，工作也变成一种苦事，不能有很大的效率。我们有时须完全放弃工作，做一点无所为而为的活动，享受一点自由人的幸福。工作都有所为而为，带有实用目的；无所为而为，不带实用目的的活动，都可以算作消遣。我们说“消遣”，意谓“混去时光”，含义实在不很好；西方人说“转向”（diversion），意谓“把精力朝另一方面去用”，它和工作同称为 occupation，比较可以见出消遣的用处。所谓 occupation 无恰当中文译词，似包含“占领”和“寄托”二义。在工作和消遣时，都有一件事物“占领”着我们的身心，而我们的身心也就“寄托”在那一件事物里面。身心寄托在那里，精力也就发泄在那里。拉丁文有一句成语说：“自然厌恶空虚。”这句话近代科学仍奉为至理名言。在物理方面，真空固不易维持，一有空隙，就有物来占领；在心理方面，真空虽是一部分宗教家（如禅宗）的理想，在实际上也是反乎自然而为自然所厌恶。我们都不愿意生活中有空隙，都愿常有事物“占领”着身心，没有事做时须找事做，不愿做事时也不甘心闲着，必须找一点玩意儿来消遣，否则便觉得厌闷苦恼。闲惯了，闷惯了，人就变得干枯无生气。

消遣就是娱乐，无可消遣当然就是苦闷。世间欢喜消遣的人，无论他们的嗜好如何不同，都有一个共同点，就是他们必都有强旺的生活力，运动家和艺术家如此，嫖客赌徒乃至于烟鬼也是如此。他们的生活力强旺，发泄的需要也就跟着急迫。他们所不同者只在发泄的方式。这有如大水，可以灌田、发电或推动机器，也可以泛滥横流，淹毙人畜草木。同是强旺的生活力，用在运动可以健身，用在艺术可以怡情养性，用在吃喝嫖赌就可以劳民伤财，为非作歹。“浪子回头是个宝”，也就是这个道理。所以消遣看来虽似末节，却与民族性格国家风纪都有密切关系。一个民族兴盛时有一种消遣方式，颓废时又有另一种消遣方式。古希腊罗马在强盛时，人民都欢喜运动、看戏、参加集会，到颓废时才有些骄奢淫逸的玩意儿如玩娈童、看人兽斗之类。近代条顿民族多欢喜户外运动，而拉丁民族则多消磨时光于咖啡馆与跳舞厅。我国古代民族娱乐花样本极多，如音乐、跳舞、驰马、试剑、打猎、钓鱼、斗鸡、走狗等都含有艺术意味或运动意味。后来士大夫阶级偏嗜琴棋书画，虽仍高雅，已微嫌侧重艺术，带有几分“颓废”色彩。近来“民族形式”的消遣似只有打麻将、坐茶馆、吃馆子、逛窑子几种。对于这些玩意儿不感兴趣的人们除着做苦工之外，就只有索然枯坐，不能在生活中领略到一点乐趣。我经过几个大学和中学，看见大部分教员和学生终年没有一点消遣，大家都喊着苦闷，可是大家都不肯出点力把生活略加改善，提倡一些高级趣味的娱乐来排遣闲散时光。从消遣一点看，我们可以窥见民族生命力的低降。这是一个很危险的现象。它的原因在一般人不明了消遣的功用，把它太看轻了。

其实这事并不能看轻。柏拉图计划理想国的政治，主张消遣娱乐都由国法规定。儒家标六艺之教，其中礼、乐、射、御四项都带有消遣娱乐意味，只书、数两项才是工作。孔子谈修养，“居于仁”之后即继以“游于艺”，这足见中西哲人都把消遣娱乐看得很重，梁任公先生有一文讲演消遣，可惜原文不在手边，记得大意是反对消遣浪费时光。他大概有见于近来我国一般消遣方式趣味太低级。但我们不能因噎废食。精力必须发泄，不发泄于有益身心的运动和艺术，便须发泄于有害身心的打牌、抽烟、喝酒、逛窑子。我们要禁绝有害身心的消遣方式，必须先提倡有益身心的消遣方式。比如水势须决堤泛滥，你不愿它决诸东方，就必须让它决诸西方，这是有心政治与教育的人们所应趁早注意设法的。要复兴民族，固然有许多大事要做，可是改善民众消遣娱乐，也未见得就是小事。

谈体育

理想的教育应以发展全人为鹄的。全人包括身心两方面，修养也应同时顾到这两方面。心的修养包含智育、德育、美育三项，相当于知、情、意三种心理机能。身的修养即通常所谓体育。近来我们的教育对于心的修养多偏重智育，德育与美育多被忽视。这种畸形的发展酿成一般人的道德堕落与趣味低下，已为共见周知的事实。至于体育更是落后。学校虽设有体育这门功课，大半是奉行公事，体育教员一向被轻视，学生不注意体育可不致影响升级和毕业，学校在体育设备上花的费用在整个预算上往往不及百分之一。如果你把身心的重要看作平等，把心的方面知、情、意三种机能的重要也看作平等，再把目前教育状况衡量一下，就可以想到我们的教育的不完善到了什么一个程度。德育和美育至少在理论上还有人在提倡，体育则久已降于不议不论之列了。体育所以落到这种无足轻重的地位，大半因为一般人根本误认体肤没有心灵那么高贵，一部分宗教家和哲学家甚至把体肤看成心灵的迷障，要修养心灵须先鄙弃体肤的需要。我们崇拜甘地，仿佛以为甘地成就他的特殊精神，就与他的身体瘦弱有关，身体不瘦弱，就不能成圣证道。这种错误的观念不破除，我们根本不能谈体育。

生命是有机的，身与心虽可分别却不可割裂；没有身就没有心，身体不健全，心灵就不会健全。这道理可以分几点来说。

第一，身体不健全，聪明智慧不能发展最高度的效能。我们中国民族的聪明智慧并不让西方人，但是在学问事业方面的造就，我们常常赶不上他们。原因固然很多，身体羸弱是最重要的一种。普通欧美人士说："生命从四十岁开始。"他们到了五六十岁时，还是血气方刚，还有二三十年可以在学问事业方面努力。但是普通中国人到了四十岁以后，精力就逐渐衰惫，在西方人正是奋发有为的时候，我们已宣告体力的破产，做告老退休的打算。在普通西方人，头三四十年只是训练和准备的时期，后三四十年才可以谈到成就与收获；在我们中国人，刚过了训练和准备的时期，可用的精力就渐就耗竭，犹如果子未成熟就萎落，如何能谈到成就与收获呢？无论是读书、写字、做文章、演说、打仗或是办事，必须精力弥满，才可以好。尤其是做比较重大的工作，我们需要持久的努力，要能挣扎到底，维持最后五分钟的奋斗。我们做事，往往开头很起劲，以后越做越觉得精力不济，那最后五分钟最难挨过，以致功亏一篑。这就由于身体羸弱，生活力不够。

第二，身体羸弱可以影响到性情和人生观。我常分析自己，每逢性情暴躁，容易为小事动气时，身体方面总有些毛病，如头痛、牙痛、胃痛之类；每逢心境颓唐、悲观厌世时，大半精疲力竭，所能供给的精力不够应付事物的要求，这在生病或失眠时最易发生。在睡了一夜好觉之后，清晨爬起来，觉得自己生气蓬勃，心里就特别畅快，对人也就特别和善。我仔细观察我所常接触的人，发现体格与心境的密切关系是很普遍的。我没有看见一个真正康健的人为人不和善，处事不乐观；也没有看见一个愁眉苦脸的人在身体方面没有丝毫缺陷。我们中国青年中许多人都悲观厌世、暮气沉沉，我敢说这大半是身体不健康的结果。

第三，德行的亏缺大半也可归原到身体的羸弱。西谚说："健全精神宿于健全身体。"这句话的意味实在深长。我常分析中国社会的病根，觉得它可以归原到一个字——懒。懒，所以萎靡因循，遇应该做的事拿不出一点勇气去做；懒，所以马虎苟且，遇不应该做的事拿不出一点勇气去决定不做；懒，于是对一切事情朝抵抗力最低的路径走，遇事偷安取巧，逐渐走到人格的堕落。懒的原因在哪里呢？懒就是物理学上的惰性，由于动力的缺乏，换言之，由于体力的虚弱。比如机器要产生动力，必须开足马达，要开足马达，必须电力强大。身体好比马达，生活力就是电力，而努力所需要的坚强意志就是动力。生活力不旺——这就是说，体力薄弱——身体那一个马达就开不动，努力所需要的动力就无从产生。所以精神的破产毕竟起于身体的破产。

生命是一种无底止的奋斗。一个士兵作战，一个学者研究学问，或是一个普通公民勇于尽自己的职责，向一切恶引诱说一个坚决的“不！”字，向一切应做的事说一个坚决的“干！”字，都需要一番斗争的精神，一股蓬勃的生活力。我们多数民众所最缺乏的就是这奋斗所必需的生活力，尤其在这抗战时代，我们必须彻底认识这种缺乏的严重性，极力来弥补它。我们慢些谈学问，慢些谈道德，慢些谈任何事功，第一件要事先把身体这个机器弄得坚强结实。

要补救我们民族体格的羸弱，必先推求羸弱的病因，然后对症下药。一般人都知道一些健身的方法和道理，例如营养适宜、衣食住清洁、生活有规律、运动休息得时之类。我们中国人体格羸弱，大半由于对这些健康的基本条件没有十分注意，这是谁都会承认的。但是我以为这些条件固然重要，却都是后天的培养，最重要的还是先天的基础。比如动植物的繁殖，在同样的后天环境之下，种子好的比种子差的较易于发育茁壮。哈巴狗总不能长成狮子狗，任凭你怎样去饲养。我知道许多人一辈子注意卫生，一辈子仍是不很强壮，就吃亏在先天不足；我也知道许多人一辈子不知道什么叫作卫生，可是身体依然是坚实，他们生来就有一副铜筋铁骨。因此，我想到在体格方面，先天的基础好，比任何谨慎的后天的培养都要强；我们要想改变民族的体质，第一步要务是彻底地研究优生。在身体方面的优生，有三个要点必须注意。一、男女配合必须在发育完成之后，早婚必须绝对禁止。二、选择配偶的标准必须把身体强健放在第一位。我们应特别奖励强壮的男子配强壮的女子。以往男择女要林黛玉那样弱不禁风，工愁善病；女择男要潘安仁那样白面书生，风度儒雅。这种传统的理想必须打破。三、妇女在妊孕期内必须有极合理的调养，在生产后至少在三年之内须节制妊孕。先天的基础，母亲要奠立一大半，母亲的健康比父亲的更为重要。现在一般母亲在妊孕期劳作过度，营养不充分，而妊孕期的周率又太频繁，一年生产一次几是常事。这一点影响民族体格的健康比其他一切因素都较严重。以上三点体格优生要义我们必须灌注到每一个公民的头脑里去，在必要时，我们最好能用政府的力量帮助人民去切实施行。

至于后天的培养用不着多说，一般人都知道一些卫生常识。第一是营养必须适宜。目前物价昂贵，一般青年们正当发育的年龄，不能得到最低限度的营养，以致危害到健康。这是一个很严重的现象，政教当局必须彻底认识，急图补救。第二是生活必须有规律，起居饮食，劳作休息，都须有一定的时候、一定的分量、一定的节奏。在这一点，我们中国人的习惯很差。迟睡晚起，打牌可以打连宵，平时饮食不够营养的标准，进馆子就得把肚皮涨破，劳作者整天不得休息，游手好闲者整天不做工作，如此等类的毛病都是酿成民族羸弱的因素。单就青年说，目前各学校的功课都太繁重，营养所产生的力量过少，功课担负所要求的力量过多，供不应求，逼成虚耗。这也是一个很严重的现象。要教育合理化，各级学校的课程必须尽量裁汰。第三是心境要宽和冲淡，少动气，少存杂念。我国古代养生家素来特重这一点，所以说："养生莫善于寡欲。"我们近代人对此点似多认为陈腐，其实这很可惜。近代社会复杂，刺激特多，愈近于文明，愈远于自然，处处都是扰乱心志的事物，就是处处逼我们打消耗战。我们必须淡泊宁静，以逸待劳。这不但可以养生，也可以使学问事业得到较大的成就。

如果做到上面几点，我相信一个人不会不康健。康健的生活是正常的、自然的。健康的最大秘诀就在使生活是正常的、自然的。近代人谈体育，多专指运动，其实专就健康而言，运动是体育的下乘节目。运动的要义在使血液流通，筋肉平均发展，脑筋与筋肉互换劳息。这三点在普通劳作方面也可以办到。自然人都很健康，除渔猎耕作及舞蹈以外，别无所谓运动，而身体却大半很强健。不过运动确也有不能用普通劳作代替的地方。第一，它是比较地科学化，顾到全身筋肉脉络的有系统的调摄和锻炼。在近代社会中分工细密，许多人只用一部分筋肉去劳作，有系统的运动实为必要。第二，运动带有团体娱乐的意味，是群育的最好工具。在中国古代，射以观德；近代西方人也说运动可以养成"公平游艺"（fair play），一个公平正直的人有"运动家的风度"。要训练合作互助、尊重纪律的精神，最好的场所是运动场。威灵顿说："滑铁卢的胜仗，是在义敦和哈罗两校运动场上打来的。"就是因为这个道理。从这两点说，我们急需提倡运动。不过以往饲养选手替学校争门面的办法必须废除。运动必须由学校推广到全社会，成为每个人日常生活中一个节目，如吃饭睡觉一样，它才能于全民族的健康有所补助。

谈价值意识

“物有本末，事有终始，知所先后，则近道矣。”

我初到英国读书时，一位很爱护我的教师——辛博森先生——写了一封很恳切的长信，给我讲为人治学的道理，其中有一句话说：“大学教育在使人有正确的价值意识，知道权衡轻重。”于今事隔二十余年，我还很清楚地记得这句看来颇似寻常的话。在当时，我看到了有几分诧异，心里想：大学教育的功用就不过如此吗？这二三十年的人生经验才逐渐使我明白这句话的分量。我有时虚心检点过去，发现了我每次的过错或失败都恰是当人生歧路，没有能权衡轻重，以致去取失当。比如说，我花去许多功夫读了一些于今看来是值不得读的书，做了一些于今看来是值不得做的文章，尝试了一些于今看来是值不得尝试的事，这样地就把正经事业耽误了。好比行军，没有侦出要塞，或是侦出要塞而不尽力去击破，只在无战争重要性的角落徘徊摸索，到精力消耗完了还没碰着敌人，这岂不是愚蠢？

我自己对于这种愚蠢有切身之痛，每衡量当世人物，也欢喜审察他们有没有犯同样的毛病。有许多在学问思想方面极为我所敬佩的人，希望本来很大，他们如果死心塌地做他们的学问，成就必有可观。但是因为他们在社会上名望很高，每个学校都要请他们演讲，每个机关都要请他们担任职务，每个刊物都要请他们做文章，这样一来，他们不能集中力量去做一件事，用非其长，长处不能发展，不久也就荒废了。名位是中国学者的大患。没有名位去挣扎求名位，旁驰博骛，用心不专，是一种浪费；既得名位而社会视为万能，事事都来打搅，惹得人心花意乱，是一种更大的浪费。“古之学者为己，今之学者为人。”在“为人”“为己”的冲突中，“为人”是很大的诱惑。学者遇到这种诱惑，必须知所轻重，毅然有所取舍，否则随波逐流，不旋踵就有没落之祸。认定方向，立定脚跟，都需要很深厚的修养。

“正其谊不谋其利，明其道不计其功”，是儒家在人生理想上所表现的价值意识。“学也禄在其中”，既学而获禄，原亦未尝不可；为干禄而求学，或得禄而忘学便是颠倒本末。我国历来学子正坐此弊。记得从前有一个学生刚在中学毕业，他的父亲就要他做事谋生，有友人劝阻他说：“这等于吃稻种。”这句聪明话可表现一般家长视教育子弟为投资的心理。近来一般社会重视功利，青年学子便以功利自期，入学校只图混资格作敲门砖，对学问没有浓厚的兴趣，至于立身处世的道理更视为迂阔而远于事情。这是价值意识的混乱。教育的根基不坚实，影响到整个社会风气以至于整个文化。轻重倒置，急其所应缓，缓其所应急，这种毛病在每个人的生活上、在政治上、在整个文化动向上都可以看见。近来我看了英人贝尔的《文化论》（Clive Bell：Civilization），其中有一章专论价值意识为文化要素，颇引起我的一些感触。贝尔专从文化观点立论，我联想到“价值意识”在人生许多方面的意义。这问题值得仔细一谈。

自然界事物纷纭错杂，人能不为之迷惑，赖有两种发现，一是条理，一是分寸。条理是联系线索，分寸是本末轻重。有了条理，事物才能分别类居，不相杂乱；有了分寸，事物才能尊卑定位，各适其宜。条理是横面上的秩序，分寸是纵面上的等差。条理在大体上是纯理活动的产品，是偏于客观的；分寸的鉴别则有赖于实用智慧，常为情感意志所左右，带有主观的成分。别条理，审分寸，是人类心灵的两种最大的功能。一般自然科学在大体上都是别条理的事，一般含有规范性的学术如文艺、伦理、政治之类都是审分寸的事。这两种活动有时相依为用，但是别条理易，审分寸难。一个稍有逻辑修养的人大半能别条理，审分寸则有待于一般修养。它不仅是分析，而且是衡量；不仅是知解，而且是抉择。“厩焚，子退朝，曰‘伤人乎’，不问马。”这件事本很琐细，但足见孔子心中所存的分寸，这种分寸是他整个人格的表现。

所谓审分寸，就是辨别紧要的与琐屑的，也就是有正确的价值意识。“价值”是一个哲学上的术语，有些哲学家相信世间有绝对价值，永住常在，不随时空及人事环境为转移，如康德所说的道德责任，黑格尔所说的永恒公理。但是就一般知解说，价值都有对待，高下相形，美丑相彰，而且事物自身本无价值可言，其有价值，是对于人生有效用，效用有大小，价值就有高低。这所谓“效用”自然是指极广义的，包含一切物质的和精神的实益，不单指狭义功利主义所推崇的安富尊荣之类。作为这样的解释，价值意识对于人生委实是重要。人生一切活动，都各追求一个目的，我们必须先估定这目的有无追求的价值。如果根本没有价值而我们去追求，只追求较低的价值，我们就打错了算盘，没有尽量地享受人生最大的好处。有正确的价值意识，我们对于可用的力量才能做最经济的分配，对于人生的丰富意味才能尽量榨取。人投生在这个世界里如入珠宝市，有任意采取的自由，但是货色无穷，担负的力量不过百斤。有人挑去瓦砾，有人挑去钢铁，也有人挑去珠玉，这就看他们的价值意识如何。

价值意识的应用范围极广。凡是出于意志的行为都有所抉择、有所排弃。在各种可能的途径之中择其一而弃其余，都须经过价值意识的审核。小而衣食行止，大而道德学问事功，无一能为例外。

价值通常分为真善美三种。先说真，它是科学的对象。科学的思考在大体上虽偏于别条理，却也须审分寸。它分析事物的属性，必须辨别主要的与次要的；推求事物的成因，必须辨别自然的与偶然的；归纳事例为原则，必须辨别貌似有关的与实际有关的。苹果落地是常事，只有牛顿抓住它的重要性而发明引力定律；蒸汽上腾是常事，只有瓦特抓住它的重要性而发明蒸汽机。就一般学术研究方法说，提纲絜领是一套紧要的功夫，囫囵吞枣必定是食而不化。提纲挈领需要很锐敏的价值意识。

次说美，它是艺术的对象。艺术活动通常分欣赏与创造。欣赏全是价值意识的鉴别，艺术趣味的高低全靠价值意识的强弱。趣味低，不是好坏无鉴别，就是欢喜坏的而不了解好的。趣味高，只有真正好的作品才够味，低劣作品可以使人作呕。艺术方面的爱憎有时更甚于道德方面的爱憎，行为的失检可以原谅，趣味的低劣则无可容恕。至于艺术创造更步步需要谨严的价值意识。在作品酝酿中，许多意象纷呈，许多情致泉涌，当兴高采烈时，它们好像八宝楼台，件件惊心夺目，可是实际上它们不尽经得起推敲，艺术家必能知道割爱，知道剪裁洗练，才可披沙拣金。这是第一步。已选定的材料需要分配安排，每部分的分量有讲究，各部分的先后位置也有讲究。凡是艺术作品必有头尾和身材，必有浓淡虚实，必有着重点与陪衬点。“譬如北辰，居其所，而众星拱之。”艺术作品的意思安排也是如此。这是第二步。选择安排可以完全是胸中成竹，要把它描绘出来，传达给别人看，必借特殊媒介，如图画用形色，文学用语言。一个意思常有几种说法，都可以说得大致不差，但是只有一种说法，可以说得最恰当妥帖。艺术家对于所用媒介必有特殊敏感，觉得大致不差的说法实在是差以毫厘，谬以千里，并且在没有碰着最恰当的说法以前，心里就安顿不下去，他必肯呕出心肝去推敲。这是第三步。在实际创造时，这三个步骤虽不必分得如此清楚，可是都不可少，而且每步都必有价值意识在鉴别审核。每个大艺术家必同时是他自己的严厉的批评者。一个人在道德方面需要良心，在艺术方面尤其需要良心。良心使艺术家不苟且敷衍，不甘落下乘。艺术上的良心就是谨严的价值意识。

再次说善，它是道德行为的对象。人性本可与为善，可与为恶，世间善人少而不善人多，可知为恶易而为善难。为善所以难者，道德行为虽根于良心，当与私欲相冲突，胜私欲需要极大的意志力。私欲引人朝抵抗力最低的路径走，而道德行为往往朝抵抗力最大的路径走。这本有几分不自然。但是世间终有人为履行道德信条而不惜牺牲一切者，即深切地感觉到善的价值。“朝闻道，夕死可矣。”孔子醇儒，向少做这样侠士气的口吻，而竟说得如此斩截者，即本于道重于生命一个价值意识。古今许多忠臣烈士宁杀身以成仁，也是有见于此。从短见的功利观点看，这种行为有些傻气，但是人之所以为人，就贵在这点傻气。说浅一点，善是一种实益，行善社会才可安宁，人生才有幸福；说深一点，善就是一种美，我们不容行为有瑕疵，犹如不容一件艺术作品有缺陷。求行为的善，即所以维持人格的完美与人性的尊严。善的本身也有价值的等差。“礼与其奢也宁俭，丧与其奢也宁戚”，重在内心不在外表。“男女授受不亲，嫂溺援之以手”，重在权变不在拘守条文。“人尽夫也，父一而已”，重在孝不在爱。忠孝不能两全时，先忠而后孝。以德报怨，即无以报德，所以圣人主以直报怨。“其父攘羊，其子证之”，为国法而伤天伦，所以圣人不取。子夏丧子失明而丧亲民无所闻，所以为曾子所呵责。孔子自己的儿子死只有棺，所以不肯卖车为颜渊买椁。齐人拒嗟来之食，义本可嘉，施者谢罪仍坚持饿死，则为太过。有无相济是正当道理，微生高乞醯以应邻人之求，不得为直。战所以杀敌制胜，宋襄公不鼓不成列，不得为仁。这些事例有极重大的，有极寻常的，都可以说明权衡轻重是道德行为中的紧要功夫。道德行为和艺术一样，都要做得恰到好处。这就是孔子所谓“中”，孟子所谓“义”。中者无过无不及，义者事之宜。要事事得其宜而无过无不及，必须有很正确的价值意识。

真善美三种价值既说明了，我们可以进一步谈人生理想。每个人都不免有一个理想，或为温饱，或为名位，或为学问，或为德行，或为事功，或为醇酒妇人，或为斗鸡走狗，所谓“从其大体者为大人，从其小体者为小人”。这种分别究竟以什么为标准呢？哲学家们都承认：人生最高目的是幸福。什么才是真正的幸福？对于这问题也各有各的见解。积学修德可被看成幸福，饱食暖衣也可被看成幸福。究竟谁是谁非呢？我们从人的观点来说，须认清人的高贵处在哪一点。很显然地，在肉体方面，人比不上许多动物，人之所以高于禽兽者在他的心灵。人如果要充分地表现他的人性，必须充实他的心灵生活。幸福是一种享受。享受者或为肉体，或为心灵。人既有肉体，即不能没有肉体的享受。我们不必如持禁欲主义的清教徒之不近人情，但是我们也须明白：肉体的享受不是人类最上的享受，而是人类与鸡豚狗彘所共有的。人类最上的享受是心灵的享受。哪些才是心灵的享受呢？就是上文所述的真善美三种价值。学问、艺术、道德几无一不是心灵的活动，人如果在这三方面达到最高的境界，同时也就达到最幸福的境界。一个人的生活是否丰富，这就是说，有无价值，就看他对于心灵或精神生活的努力和成就的大小。如果只顾衣食饱暖而对于真善美不感觉兴趣，他就成为一种行尸走肉了。这番道理本无深文奥义，但是说起来好像很迂阔。灵与肉的冲突本来是一个古老而不易化除的冲突。许多人因顾到肉遂忘记灵，相习成风，心灵生活便被视为怪诞无稽的事。尤其是近代人被“物质的舒适”一个观念所迷惑，大家争着去拜财神，财神也就笼罩了一切。“哀莫大于心死”，而心死则由于价值意识的错乱。我们如想改正风气，必须改正教育，想改正教育，必须改正一般人的价值意识。

谈美感教育

世间事物有真善美三种不同的价值，人类心理有知情意三种不同的活动。这三种心理活动恰和三种事物价值相当：真关于知，善关于意，美关于情。人能知，就有好奇心，就要求知，就要辨别真伪，寻求真理。人能发意志，就要想好，就要趋善避恶，造就人生幸福。人能动情感，就爱美，就欢喜创造艺术，欣赏人生自然中的美妙境界。求知、想好、爱美，三者都是人类天性；人生来就有真善美的需要，真善美具备，人生才完美。

教育的功用就在顺应人类求知、想好、爱美的天性，使一个人在这三方面得到最大限度的调和的发展，以达到完美的生活。“教育”一词在西文为 education，是从拉丁动词 educare 来的，原义是“抽出”，所谓“抽出”就是“启发”。教育的目的在“启发”人性中所固有的求知、想好、爱美的本能，使它们尽量生展。中国儒家的最高的人生理想是“尽性”。他们说：“能尽人之性则能尽物之性，能尽物之性则可以赞天地之化育。”教育的目的可以说就是使人“尽性”“发挥性之所固有”。

物有真善美三面，心有知情意三面，教育求在这三方面同时发展，于是有智育、德育、美育三节目。智育叫人研究学问，求知识，寻真理；德育叫人培养良善品格，学做人处世的方法和道理；美育叫人创造艺术，欣赏艺术与自然，在人生世相中寻出丰富的兴趣。三育对于人生本有同等的重要，但是在流行教育中，只有智育被人看重，德育在理论上的重要性也还没有人否认，至于美育则在实施与理论方面都很少有人顾及。二十年前蔡孑民先生一度提倡过“美育代宗教”，他的主张似没有产生多大的影响。还有一派人不但忽略美育，而且根本仇视美育。他们仿佛觉得艺术有几分不道德，美育对于德育有妨碍。希腊大哲学家柏拉图就以为诗和艺术是说谎的，逢迎人类卑劣情感的，多受诗和艺术的熏染，人就会失去理智的控制而变成情感的奴隶，所以他对诗人和艺术家说了一番客气话之后，就把他们逐出“理想国”的境外。中世纪耶稣教徒的态度很类似。他们以倡苦行主义求来世的解脱，文艺是现世中一种快乐，所以被看成一种罪孽。近代哲学家中卢梭是平等自由说的倡导者，照理应该能看得宽远一点，但是他仍是怀疑文艺，因为他把文艺和文化都看成朴素天真的腐化剂。

托尔斯泰对近代西方艺术的攻击更丝毫不留情面，他以为文艺常传染不道德的情感，对于世道人心影响极坏。他在《艺术论》里说：“每个有理性有道德的人应该跟着柏拉图以及耶稣和伊斯兰教师，把这问题重新这样决定：宁可不要艺术，也莫再让现在流行的腐化的虚伪的艺术继续下去。”

这些哲学家和宗教家的根本错误在认定情感是恶的，理性是善的，人要能以理性镇压感情，才达到至善。这种观念何以是错误的呢？人是一种有机体，情感和理性既都是天性固有的，就不容易拆开。造物不浪费，给我们一份家当就有一份的用处。无论情感是否可以用理性压抑下去，纵是压抑下去，也是一种损耗，一种残废。人好比一棵花草，要根茎枝叶花实都得到平均的和谐的发展，才长得繁茂有生气。有些园丁不知道尽草木之性，用人工去歪曲自然，使某一部分发达到超出常态，另一部分则受压抑摧残。这种畸形发展是不健康的状态，在草木如此，在人也是如此。理想的教育不是摧残一部分天性而去培养另一部分天性，以致造成畸形的发展，理想的教育是让天性中所有的潜蓄力量都得尽量发挥，所有的本能都得平均调和发展，以造成一个全人。所谓“全人”除体格强壮以外，心理方面真善美的需要必都得到满足。只顾求知而不顾其他的人是书虫，只讲道德而不顾其他的人是枯燥迂腐的清教徒，只顾爱美而不顾其他的人是颓废的享乐主义者。这三种人都不是全人而是畸形人，精神方面的驼子、跛子。养成精神方面的驼子、跛子的教育是无可辩护的。

美感教育是一种情感教育。它的重要我们的古代儒家是知道的。儒家教育特重诗，以为它可以兴观群怨；又特重礼乐，以为“礼以制其宜，乐以导其和”。《论语》有一段话总述儒家教育宗旨说：“兴于诗，立与礼，成于乐。”诗、礼、乐三项可以说都属于美感教育。诗与乐相关，目的在怡情养性，养成内心的和谐（harmony）；礼重仪节，目的在使行为仪表就规范，养成生活上的秩序（order）。蕴于中的是性情，受诗与乐的陶冶而达到和谐；发于外的是行为仪表，受礼的调节而进到秩序。内具和谐而外具秩序的生活，从伦理观点看，是最善的；从美感观点看，也是最美的。儒家教育出来的人要在伦理和美感观点都可以看得过去。

这是儒家教育思想中最值得注意的一点。他们的着重点无疑地是在道德方面，德育是他们的最后鹄的，这是他们与西方哲学家、宗教家柏拉图和托尔斯泰诸人相同的。不过他们高于柏拉图和托尔斯泰诸人，因为柏拉图和托尔斯泰诸人误认美育可以妨碍德育，而儒家则认定美育为德育的必由之径。道德并非陈腐条文的遵守，而是至性真情的流露。所以德育从根本做起，必须怡情养性。美感教育的功用就在怡情养性，所以是德育的基础功夫。严格地说，善与美不但不相冲突，而且到最高境界根本是一回事，它们的必有条件同是和谐与秩序。从伦理观点看，美是一种善；从美感观点看，善也是一种美。所以在古希腊文与近代德文中，美、善只有一个字，在中文和其他近代语文中，“善”与“美”二字虽分开，仍可互相替用。真正的善人对于生活不苟且，犹如艺术家对于作品不苟且一样。过一世生活好比做一篇文章，文章求惬心贵当，生活也须求惬心贵当。我们嫌恶行为上的鄙卑龌龊，不仅因其不善，也因其丑；我们赞赏行为上的光明磊落，不仅因其善，也因其美。一个真正有美感修养的人必定同时也有道德修养。

美育为德育的基础，英国诗人雪莱在《诗的辩护》里也说得透辟。他说：

> 道德的大原在仁爱，在脱离小我，去体验我以外的思想行为和体态的美妙。一个人如果真正做善人，必须能深广地想象，必须能设身处地替旁人想，人类的忧喜苦乐变成他的忧喜苦乐。要达到道德上的善，最大的途径是想象；诗从这根本上做功夫，所以能产生道德的影响。

换句话说，道德起于仁爱，仁爱就是同情，同情起于想象。比如你哀怜一个乞丐，你必定先能设身处地想象他的痛苦。诗和艺术对于主观的情境必能“出乎其外”，对于客观的情境必能“入乎其中”，在想象中领略它、玩索它，所以能扩大想象，培养同情。这种看法也与儒家学说暗合。儒家在诸德中特重“仁”，“仁”

近于耶稣教的“爱”、佛教的“慈悲”，是一种天性，也是一种修养。仁的修养就在诗。儒家有一句很简赅深刻的话：“温柔敦厚诗教也。”诗教就是美育，温柔敦厚就是仁的表现。

美育不但不妨害德育而且是德育的基础，如上所述。不过美育的价值还不仅在此。西方人有一句恒言说：“艺术是解放的，给人自由的。”（Art is liberative.）这句话最能见出艺术的功用，也最能见出美育的功用。现在我们就在这句话的意义上发挥。从哪几方面看，艺术和美育是“解放的，给人自由的”呢？

第一，是本能冲动和情感的解放。人类生来有许多本能冲动和附带的情感，如性欲、生存欲、占有欲、爱、恶、怜、惧之类。本自然倾向，它们都需要活动，需要发泄。但是在实际生活中，它们不但常彼此互相冲突，而且与文明社会的种种约束如道德、宗教、法律、习俗之类不相容。我们每个人都知道，本能冲动和欲望是无穷的，而实际上有机会实现的却寥寥有数。我们有时察觉到本能冲动和欲望不大体面，不免起羞恶之心，硬把它们压抑下去；有时自己对它们虽不羞恶而社会的压力过大，不容它们赤裸裸地暴露，也还是被压抑下去。性欲是一个最显著的例。从前哲学家、宗教家大半以为这些本能冲动和情感都是卑劣的、不道德的、危险的，承认压抑是最好的处置。他们的整部道德信条有时只在理智镇压情欲。我们在上文指出这种看法的不合理，说它违背平均发展的原则，容易造成畸形发展。其实它的祸害还不仅此。弗洛伊德派心理学告诉我们，本能冲动和附带的情感仅可暂时压抑而不可永远消灭，它们理应有自由活动的机会，如果勉强被压抑下去，表面上像是消灭了，实际上在隐意识里凝聚成精神上的疮疖，为种种变态心理和精神病的根源。依弗洛伊德看，我们现代文明社会中人因受道德、宗教、法律、习俗的裁制，本能冲动和情感常难得正常的发泄，大半都有些“被压抑的欲望”所凝成的“情意综”（complexes）。这些情意综潜蓄着极强烈的捣乱力，一旦爆发，就成精神上种种病态。但是这种潜力可以借文艺而发泄，因为文艺所给的是想象世界，不受现实世界的束缚和冲突，在这想象世界中，欲望可以用“望梅止渴”的办法得到满足。文艺还把带有野蛮性的本能冲动和情感提到一个较高尚较纯洁的境界去活动，所以有升华作用（sublimation）。有了文艺，本能冲动和情感才得自由发泄，不致凝成疮疖酿精神病，它的功用有如机器方面的“安全瓣”（safety valve）。弗洛伊德的心理学有时近于怪诞，但实含有一部分真理。文艺和其他美感活动给本能冲动和情感以自由发泄的机会，在日常经验中也可以得到证明。我们每当愁苦无聊时，费一点工夫来欣赏艺术作品或自然风景，满腹的牢骚就马上烟消云散了。读古人痛快淋漓的文章，我们常有“先得我心”的感觉。看过一部戏或是读过一部小说之后，我们觉得曾经紧张了一阵是一件痛快事。这些快感都起于本能冲动和情感在想象世界中得解放。最好的例子是歌德著《少年维特之烦恼》的经过。他少时爱过一个已经许人的女子，心里痛苦已极，想自杀以了一切。有一天他听到一位朋友失恋自杀的消息，想到这事和他自己的境遇相似，可以写成一部小说。他埋头两礼拜，写成《少年维特之烦恼》，把自己心中怨慕愁苦的情绪一齐倾泻到书里，书成了，他的烦恼便去了，自杀的念头也消了。从这实例看，文艺确有解放情感的功用，而解放情感对于心理健康也确有极大的裨益，我们通常说一个人情感要有所寄托，才不致苦恼烦闷，文艺是大家公认为寄托情感的最好的处所。所谓“情感有所寄托”还是说它要有地方可以活动，可得解放。

第二，是眼界的解放。宇宙生命时时刻刻在变动进展中，希腊哲人有“濯足急流，抽足再入，已非前水”的譬喻，所以在这种变动进展的过程中每一时每一境都是个别的、新鲜的、有趣的。美感经验并无深文奥义，它只在人生世相中见出某一时某一境特别新鲜有趣而加以流连玩味，或者把它描写出来。这句话中“见”字最紧要。我们一般人对于本来在那里的新鲜有趣的东西不容易“见”着。这是什么缘故呢？不能“见”必有所蔽。我们通常把自己囿在习惯所画成的狭小圈套里，让它把眼界“蔽”着，使我们对它以外的世界都视而不见、听而不闻。比如我们如果囿于饮食男女，饮食男女以外的事物就见不着；囿于奔走钻营，奔走以外的事就见不着。有人向海边农夫称赞他的门前海景美，他很羞涩地指着屋后菜园说：“海没有什么，屋后的一园菜倒还不差。”一园菜囿住了他，使他不能见到海景美。我们每个人都有所囿，有所蔽，许多东西都不能见，所见到的天地是非常狭小、陈腐、枯燥的。诗人和艺术家所以超过我们一般人者就在情感比较真挚、感觉比较锐敏、观察比较深刻、想象比较丰富。我们“见”不着的他们“见”得着，并且他们“见”得到就说得出，我们本来“见”不着的他们“见”着说出来了，就使我们也可以“见”着。像一位英国诗人所说的，“他们借他们的眼睛给我们看”（they lend their eyes for us to see）。中国人爱好自然风景的趣味是陶、谢、王、韦诸诗人所传染的。在Turner和Whistler以前，英国人就没有注意到泰晤士河上有雾。Byron以前，欧洲人很少赞美威尼斯。前一世纪的人崇拜自然，常咒骂城市生活和工商业文化，但是现代美国、俄国的文学家有时把城市生活和工商业文化写得也很有趣。人生的罪孽灾害通常只引起愤恨，悲剧却教我们于罪孽灾祸中见出伟大庄严；丑陋乖讹通常只引起嫌恶，喜剧却教我们在丑陋乖讹中见出新鲜的趣味。Rembrandt画过一些疲癃残疾的老人以后，我们见出丑中也还有美。象征诗人出来以后，许多一纵即逝的情调使我们觉得精细微妙，特别值得留恋。文艺逐渐向前伸展，我们的眼界也逐渐放大，人生世相越显得丰富华严。这种眼界的解放给我们不少的生命力量，我们觉得人生有意义、有价值，值得活下去。许多人嫌生活干燥，烦闷无聊，原因就在缺乏美感修养，见不着人生世相的新鲜有趣。这种人最容易堕落颓废，因为生命对于他们失去意义与价值。“哀莫大于心死”，所谓“心死”就是对于人生世相失去解悟与留恋，就是不能以美感态度去观照事物。美感教育不是替有闲阶级增加一件奢侈，而是使人在丰富华严的世界中随处吸收支持生命和推展生命的活力。朱子有一首诗说：“半亩方塘一鉴开，天光云影共徘徊。问渠那得清如许？为有源头活水来。”这诗所写的是一种修养的胜境。美感教育给我们的就是“源头活水”。

第三，是自然限制的解放。这是德国唯心派哲学家康德、席勒、叔本华、尼采诸人所最着重的一点，现在我们用浅近语来说明它。自然世界是有限的，受因果律支配的，其中毫末细故都有它的必然性，因果线索命定它如此，它就丝毫移动不得。社会由历史铸就，人由遗传和环境造成。人的活动寸步离不开物质生存条件的支配，没有翅膀就不能飞，绝饮食就会饿死。由此类推，人在自然中是极不自由的。动植物和非生物一味顺从自然，接受它的限制，没有过分希冀，也就没有失望和痛苦。人却不同，他有心灵，有不可压的欲望，对于无翅不飞、绝食饿死之类事实总觉有些歉然。人可以说是两重奴隶，第一服从自然的限制，其次要受自己的欲望驱使。以无穷欲望处有限自然，人便觉得处处不如意、不自由，烦闷苦恼都由此起。专就物质说，人在自然面前是很渺小的，它的力量抵不住自然的力量，无论你有如何大的成就，到头终不免一死，而且科学告诉我们，人类一切成就到最后都要和诸星球同归于毁灭，在自然圈套中求征服自然是不可能的，好比孙悟空跳来跳去，终跳不出如来佛的掌心。但是在精神方面，人可以跳开自然的圈套而征服自然，他可以在自然世界之外另在想象中造出较能合理慰情的世界。这就是艺术的创造。在艺术创造中可以把自然拿在手里来玩弄，剪裁它、锤炼它，重新给以生命与形式。每一部文艺杰作以至于每人在人生自然中所欣赏到的美妙境界都是这样创造出来的。美感活动是人在有限中所挣扎得来的无限，在隶属中所挣扎得来的自由。在服从自然限制而汲汲于饮食男女的寻求时，人是自然的奴隶；在超脱自然限制而创造欣赏艺术境界时，人是自然的主宰，换句话说，就是上帝。多受些美感教育，就是多学会如何从自然限制中解放出来，由奴隶变成上帝，充分地感觉人的尊严。

爱美是人类天性，凡是天性中所固有的必须趁适当时机去培养，否则像花草不及时下种及时培植一样，就会凋残萎谢。达尔文在自传里懊悔他一生专在科学上做功夫，没有把他年轻时对于诗和音乐的兴趣保持住，到老来他想用诗和音乐来调剂生活的枯燥，就抓不回年轻时那种兴趣，觉得从前所爱好的诗和音乐都索然无味。他自己说这是一部分天性的麻木，这是一个很好的前车之鉴。美育必须从年轻时就下手，年纪愈大，外务日纷繁，习惯的牢笼愈坚固，感觉愈迟钝，心里愈复杂，欣赏艺术力也就愈薄弱。我时常想，无论学哪一科专门学问，干哪一行职业，每个人都应该会听音乐，不断地读文学作品，偶尔有欣赏图画、雕刻的机会。在西方社会中这些美感活动是每个受教育者的日常生活中的重要节目。我们中国人除专习文学艺术者以外，一般人对于艺术都漠不关心，这是最可惋惜的事，它多少表示民族生命力的低降与精神的颓靡。从历史看，一个民族在最兴旺的时候，艺术成就必伟大，美育必发达。史诗悲剧时代的希腊、文艺复兴时代的意大利、莎士比亚时代的英国、歌德和贝多芬时代的德国都可以为证。我们中国人古代对于诗乐舞的嗜好也极普遍。《诗经》《礼记》《左传》诸书所记载的歌乐舞的盛况常使人觉得仿佛是置身近代欧洲社会。孔子处周衰之际，特置慨于诗亡乐坏，也是见到美育与民族兴衰的关系密切。现在我们要想复兴民族，必须恢复周以前歌乐舞的盛况，这就是说，必须提倡普及的美感教育。

谈文学

序

这些短文都是在抗战中最后几年陆续写成的，在几个不同的刊物上发表过，因为都是谈文学，所以我把它们结集成为这个小册子。

文学是谈不尽的，坊间文学入门之类书籍实在太多。这类书籍没有多大用处，人人都知道。学文学第一件要事是多玩索名家作品，其次是自己多练习写作，如此才能亲自尝出甘苦，逐渐养成一种纯正的趣味，学得一副文学家体验人情物态的眼光和同情。到了这步，文学的修养就大体算成功了。如果不在这上面做功夫，读完任何数量的讨论文学的书籍，也无济于事。

这个小册子说浅一点不能算是文学入门，说深一点不能算是文学理论。它有时也为初入门者说法，有时也牵涉到理论，但是主要的是我自己学习文艺的甘苦之言。文学是我的第一个嗜好，这二十多年以来，很少有日子我不看到它，想到它。这些短文就是随时看和随时想所得到的一点收获。在写它们的时候，我一不敢凭空乱构，二不敢道听途说，我想努力做到“切实”二字。在这一点，我希望这个小册子和坊间一般文学入门之类书籍微有不同。我愿与肯用心的爱好文学的读者们印证经验。

文学与人生

文学是以语言文字为媒介的艺术。就其为艺术而言，它与音乐、图画、雕刻及一切号称艺术的制作有共同性：作者对于人生世相都必有一种独到的、新鲜的观感，而这种观感都必有一种独到的、新鲜的表现；这观感与表现，即内容与形式，必须打成一片，融合无间，成为一种有生命的和谐的整体，能使观者由玩索而生欣喜。达到这种境界，作品才算是“美”。美是文学与其他艺术所必具的特质。就其以语言文字为媒介而言，文学所用的工具就是我们日常运思说话所用的工具，无待外求，不像形色之于图画雕刻，乐声之于音乐。每个人不都能运用形色或音调，可是每个人只要能说话就能运用语言，只要能识字就能运用文字。语言文字是每个人表现情感思想的一套随身法宝，它与情感思想有最直接的关系。因为这个缘故，文学是一般人接近艺术的一条最直截简便的路；也因为这个缘故，文学是一种与人生最密切相关的艺术。

我们把语言文字连在一起说，是就文化现阶段的实况而言，其实在演化程序上，先有口说的语言而后有手写的文字，写的文字与说的语言在时间上的距离可以有数千年乃至数万年之久，到现在世间还有许多民族只有语言而无文字。远在文字未产生以前，人类就有语言，有了语言就有文学。文学是最原始的也是最普遍的一种艺术。在原始民族中，人人都欢喜唱歌，都欢喜讲故事，都欢喜戏拟人物的动作和姿态。这就是诗歌、小说和戏剧的起源。于今仍在世间流传的许多古代名著，像中国的《诗经》，希腊的《荷马史诗》，欧洲中世纪的民歌和英雄传说，原先都由口头传诵，后来才被人用文字写下来。在口头传诵的时期，文学大半是全民众的集体创作。一首歌或是一篇故事先由一部分人唱始，一部分人随和，后来一传十，十传百，辗转相传，每个传播的人都贡献一点心裁把原文加以润色或增损。我们可以说，文学作品在原始社会中没有固定的著作权，它是流动的，生生不息的，集腋成裘的。它的传播期就是它的生长期，它的欣赏者也就是它的创作者。这种文学作品最能表现一个全社会的人生观感，所以从前关心政教的人要在民俗歌谣中窥探民风国运，采风观乐在春秋时还是一个重要的政典。我们还可以进一步说，原始社会的文学就几乎等于它的文化；它的历史、政治、宗教、哲学等都反映在它的诗歌、神话和传说里面。希腊的神话史诗，中世纪的民歌传说以及近代中国边疆民族的歌谣、神话和民间故事都可以为证。

口传的文学变成文字写定的文学，从一方面看，这是一个大进步，因为作品可以不纯由记忆保存，也不纯由口诵流传，它的影响可以扩充到更久更远。但从另一方面看，这种变迁也是文学的一个厄运，因为识字另需一番教育，文学既由文字保存和流传，文字便成为一种障碍，不识字的人便无从创造或欣赏文学，文学就变成一个特殊阶级的专利品。文人成了一个特殊阶级，而这阶级化又随社会演进而日趋尖锐，文学就逐渐和全民众疏远。这种变迁的坏影响很多，第一，文学既与全民众疏远，就不能表现全民众的精神和意识，也就不能从全民众的生活中吸收力量与滋养，它就不免由窄狭化而传统化，形式化，僵硬化。其次，它既成为一个特殊阶级的兴趣，它的影响也就限于那个特殊阶级，不能普及于一般人，与一般人的生活不发生密切关系，于是一般人就把它认为无足轻重。文学在文化现阶段中几已成为一种奢侈，而不是生活的必需。在最初，凡是能运用语言的人都爱好文学；后来文字产生，只有识字的人才能爱好文学；现在连识字的人也大半不能爱好文学，甚至有一部分人鄙视或仇视文学，说它的影响不健康或根本无用。在这种情形之下，一个人要想郑重其事地来谈文学，难免有几分心虚胆怯，他至少须说出一点理由来辩护他的不合时宜的举动。这篇开场白就是替以后陆续发表的十几篇谈文学的文章做一个辩护。

先谈文学有用无用问题。一般人嫌文学无用，近代有一批主张“为文艺而文艺”的人却以为文学的妙处正在它无用。它和其他艺术一样，是人类超脱自然需要的束缚而发出的自由活动。比如说，茶壶有用，因能盛茶，是壶就可以盛茶，不管它是泥的瓦的扁的圆的，自然需要止于此。但是人不以此为满足，制壶不但要能盛茶，还要能娱目赏心，于是在质料、式样、颜色上费尽机巧以求美观。就浅狭的功利主义看，这种功夫是多余的、无用的；但是超出功利观点来看，它是人自作主宰的活动。人不惮烦要做这种无用的自由活动，才显得人是自家的主宰，有他的尊严，不只是受自然驱遣的奴隶；也才显得他有一片高尚的向上心。要胜过自然，要弥补自然的缺陷，使不完美的成为完美。文学也是如此。它起于实用，要把自己所知所感的说给旁人知道；但是它超过实用，要找好话说，要把话说得好，使旁人在话的内容和形式上同时得到愉快。文学所以高贵，值得我们费力探讨，也就在此。

这种“为文艺而文艺”的看法确有一番正当道理，我们不应该以浅狭的功利主义去估定文学的身价。但是我以为我们纵然退一步想，文学也不能说是完全无用。人之所以为人，不只因为他有情感思想，尤在他能以语言文字表现情感思想。试假想人类根本没有语言文字，像牛羊犬马一样，人类能否有那样光华灿烂的文化？文化可以说大半是语言文字的产品。有了语言文字，许多崇高的思想，许多微妙的情境，许多可歌可泣的事迹才能流传广播，由一个心灵出发，去感动无数心灵，去启发无数心灵的创造。这感动和启发的力量大小与久暂，就看语言文字运用得好坏。在数千载之下，《左传》《史记》所写的人物事迹还活现在我们眼前，若没有左丘明、司马迁的那种生动的文笔，这事如何能做到？在数千载之下，柏拉图的《对话集》所表现的思想对于我们还是那么亲切有趣，若没有柏拉图的那种深入而浅出的文笔，这事又如何能做到？从前也许有许多值得流传的思想与行迹，因为没有遇到文人的点染，就湮没无闻了。我们自己不时常感觉到心里有话要说而说不出的苦楚么？孔子说得好：“言之无文，行之不远。”单是“行远”这一个功用就深广不可思议。

柏拉图、卢梭、托尔斯泰和程伊川都曾怀疑到文学的影响，以为它是不道德的或是不健康的。世间有一部分文学作品确有这种毛病，本无可讳言，但是因噎不能废食，我们只能归咎于作品不完美，不能断定文学本身必有罪过。从纯文艺观点看，在创作与欣赏的聚精会神的状态中，心无旁涉，道德的问题自无从闯入意识阈。纵然离开美感态度来估定文学在实际人生中的价值，文艺的影响也绝不会是不道德的，而且一个人如果有纯正的文艺修养，他在文艺方面所受的道德影响可以比任何其他体验与教训的影响更为深广。“道德的”与“健全的”原无二义。健全的人生理想是人性的多方面的谐和的发展，没有残废也没有臃肿。譬如草木，在风调雨顺的环境之下，它的一般生机总是欣欣向荣，长得枝条茂畅，花叶扶疏。情感思想便是人的生机，生来就需要宣泄生长，发芽开花。有情感思想而不能表现，生机便遭窒塞残损，好比一株发育不完全而呈病态的花草。文艺是情感思想的表现，也就是生机的发展，所以要完全实现人生，离开文艺绝不成。世间有许多对文艺不感兴趣的人干枯浊俗，生趣索然，其实都是一些精神方面的残废人，或是本来生机就不畅旺，或是有畅旺的生机因为窒塞而受摧残。如果一种道德观要养成精神上的残废人，它本身就是不道德的。

表现在人生中不是奢侈而是需要，有表现才能有生长，文艺表现情感思想，同时也就滋养情感思想使它生长。人都知道文艺是“怡情养性”的。请仔细玩索“怡养”两字的意味！性情在怡养的状态中，它必定是健旺的、生发的、快乐的。这“怡养”两字却不容易做到，在这纷纭扰攘的世界中，我们大部分时间与精力都费在解决实际生活问题，奔波劳碌，很机械地随着疾行车流转，一日之中能有几许时刻回想到自己有性情？还论怡养！凡是文艺都是根据现实世界而铸成另一超现实的意象世界，所以它一方面是现实人生的反照，一方面也是现实人生的超脱。在让性情怡养在文艺的甘泉时，我们霎时间脱去尘劳，得到精神的解放，心灵如鱼得水地徜徉自乐；或是用另一个比喻来说，在干燥闷热的沙漠里走得很疲劳之后，在清泉里洗一个澡，绿树荫下歇一会儿凉。世间许多人在劳苦里打翻转，在罪孽里打翻转，俗不可耐，苦不可耐，原因只在洗澡歇凉的机会太少。

从前中国文人有“文以载道”的说法，后来有人嫌这看法的道学气太重，把“诗言志”一句老话抬出来，以为文学的功用只在言志；释志为“心之所之”，因此言志包含表现一切心灵活动在内。文学理论家于是分文学为“载道”“言志”两派，仿佛以为这两派是两极端，绝不相容——“载道”是“为道德教训而文艺”，“言志”是“为文艺而文艺”。其实这问题的关键全在“道”字如何解释。如果释“道”为狭义的道德教训，载道就显然小看了文学。文学没有义务要变成劝世文或是修身科的高头讲章。如果释“道”为人生世相的道理，文学就绝不能离开“道”，“道”就是文学的真实性。志为心之所之，也就要合乎“道”，情感思想的真实本身就是“道”，所以“言志”即“载道”，根本不是两回事，哲学科学所谈的是“道”，文艺所谈的仍然是“道”，所不同者哲学科学的道是抽象的，是从人生世相中抽绎出来的，好比从盐水中所提出来的盐；文艺的道是具体的，是含蕴在人生世相中的，好比盐溶于水，饮者知咸，却不辨何者为盐，何者为水。用另一个比喻来说，哲学科学的道是客观的、冷的、有精气而无血肉的；文艺的道是主观的、热的，通过作者的情感与人格的渗沥，精气与血肉凝成完整生命的。换句话说，文艺的“道”与作者的“志”融为一体。

我常感觉到，与其说“文以载道”，不如说“因文证道”。《楞严经》记载佛有一次问他的门徒从何种方便之门，发菩提心，证圆通道。几十个菩萨罗汉轮次起答，有人说从声音，有人说从颜色，有人说从香味，大家总共说出二十五个法门（六根、六尘、六识、七大，每一项都可成为证道之门）。读到这段文章，我心里起了一个幻想，假如我当时在座，轮到我起立作答时，我一定说我的方便之门是文艺。我不敢说我证了道，可是从文艺的玩索，我窥见了道的一斑。文艺到了最高的境界，从理智方面说，对于人生世相必有深广的观照与彻底的了解，如阿波罗凭高远眺，华严世界尽成明镜里的光影，大有佛家所谓万法皆空，空而不空的景象；从情感方面说，对于人世悲欢好丑必有平等的真挚的同情，冲突化除后的谐和，不沾小我利害的超脱，高等的幽默与高度的严肃，成为相反者之同一。柏格森说世界时时刻刻在创化中，这好比一个无始无终的河流，孔子所看到的“逝者如斯夫，不舍昼夜”，希腊哲人所看到的“濯足清流，抽足再入，已非前水”，所以时时刻刻有它的无穷的兴趣。抓住某一时刻的新鲜景象与兴趣而给以永恒的表现，这是文艺。一个对于文艺有修养的人绝不感觉到世界的干枯或人生的苦闷。他自己有表现的能力固然很好，纵然不能，他也有一双慧眼看世界，整个世界的动态便成为他的诗，他的图画，他的戏剧，让他的性情在其中“怡养”。到了这种境界，人生便经过了艺术化，而身临其境的人，在我想，可以算得一个有“道”之士。从事于文艺的人不一定都能达到这个境界，但是它究竟不失为一个崇高的理想，值得追求，而且在努力修养之后，可以追求得到。

资禀与修养

拉丁文中有一句名言："诗人是天生的不是造作的。"这句话本有不可磨灭的真理，但是往往被不努力者援为口实。迟钝人说，文学必须靠天才，我既没有天才，就生来与文学无缘，纵然努力，也是无补费精神。聪明人说，我有天才，这就够了，努力不但是多余的，而且显得天才还有缺陷，天才之所以为天才，正在它不费力而有过人的成就。这两种心理都很普遍，误人也很不浅。文学的门本是大开的。迟钝者误认为它关得很严密不敢去问津；聪明者误认为自己生来就在门里，用不着摸索。他们都同样地懒怠下来，也同样地被关在门外。

从前有许多迷信和神秘色彩附丽在"天才"这个名词上面，一般人以为天才是神灵的凭借，与人力全无关系。近代学者有人说它是一种精神病，也有人说它是"长久的耐苦"。这个名词似颇不易用科学解释。我以为与其说"天才"，不如说"资禀"。资禀是与生俱来的良知良能，只有程度上的等差，没有绝对的分别，有人多得一点，有人少得一点。所谓"天才"不过是在资禀方面得天独厚，并没有什么神奇。莎士比亚和你我相去虽不可以道里计，他所有的资禀你和我并非完全没有，只是他有的多，我们有的少。若不然，他和我们在智能上就没有共同点，我们也就无从了解他、欣赏他了。除白痴以外，人人都多少可以了解欣赏文学，也就多少具有文学所必需的资禀。不单是了解欣赏，创作也还是一理。文学是用语言文字表现思想情感的艺术，一个人只要有思想情感，只要能运用语言文字，也就具有创作文学所必需的资禀。

就资禀说，人人本都可以致力文学；不过资禀有高有低，每个人成为文学家的可能性和在文学上的成就也就有大有小。我们不能对于每件事都能登峰造极，有几分欣赏和创作文学的能力，总比完全没有好。要每个人都成为第一流文学家，这不但是不可能，而且也大可不必；要每个人都能欣赏文学，都能运用语言文字表现思想情感，这不但是很好的理想，而且是可以实现和应该实现的理想。一个人所应该考虑的，不是我究竟应否在文学上下一番功夫（这不成为问题，一个人不能欣赏文学，不能发表思想情感，无疑地算不得一个受教育的人），而是我究竟还是专门做文学家，还是只要一个受教育的人所应有的欣赏文学和表现思想情感的能力？

这第二个问题确值得考虑。如果只要有一个受教育的人所应有的欣赏文学和表现思想情感的能力，每个人只需经过相当的努力，都可以达到，不能拿没有天才做借口；如果要专门做文学家，他就要自问对文学是否有特优的资禀。近代心理学家研究资禀，常把普遍智力和特殊智力分开。普遍智力是施诸一切对象而都灵验的，像一把同时可以打开许多种锁的钥匙；特殊智力是施诸某一种特殊对象而才灵验的，像一把只能打开一种锁的钥匙。比如说，一个人的普遍智力高，无论读书、处事或作战、经商，都比低能人要强；可是读书、处事、作战、经商各需要一种特殊智力。尽管一个人件件都行，如果他的特殊智力在经商，他在经商方面的成就必比做其他事业都强。对于某一项有特殊智力，我们通常说那一项为“性之所近”。一个人如果要专门做文学家就非性近于文学不可。如果性不相近而勉强去做文学家，成功的固然并非绝对没有，究竟是用违其才；不成功的却居多数，那就是精力的浪费了。世间有许多人走错门路，性不近于文学而强做文学家，耽误了他们在别方面可以有为的才力，实在很可惜。“诗人是天生的，不是造作的”这句话，对于这种人确是一个很好的当头棒。

但是这句话终有语病。天生的资禀只是潜能，要潜能成为事实，不能不借人力造作。好比花果的种子，天生就有一种资禀可以发芽成树、开花结实，但是种子有很多不发芽成树、开花结实的，因为缺乏人工的培养。种子能发芽成树、开花结实，有一大半要靠人力，尽管它天资如何优良。人的资禀能否实现于学问事功的成就，也是如此。一个人纵然生来就有文学的特优资禀，如果他不下功夫修养，他必定是苗而不秀，华而不实。天才愈卓越，修养愈深厚，成就也就愈伟大。比如说李白、杜甫对于诗不能说是无天才，可是读过他们诗集的人都知道这两位大诗人所下的功夫。李白在人生哲学方面有道家的底子，在文学方面从《诗经》《楚辞》直到齐梁体诗，他没有不费苦心模拟过。杜诗无一字无来历为世所共知。他自述经验说，“读书破万卷，下笔如有神”。西方大诗人像但丁、莎士比亚、歌德诸人，也没有一个不是修养出来的。莎士比亚是一般人公评为天才多于学问的，但是谁能测量他的学问的深浅？医生说，只有医生才能写出他的某一幕；律师说，只有学过法律的人才能了解他的某一剧的术语。你说他没有下功夫研究过医学、法学等？我们都惊讶他的成熟作品的伟大，却忘记他的大半生精力都费在改编前人的剧本，在其中讨诀窍。这只是随便举几个例。完全是“天生”的而不经“造作”的诗人，在历史上却无先例。

孔子有一段论学问的话最为人所称道：“或生而知之，或学而知之，或困而知之，及其知之一也。”这话确有至理，但亦看“知”的对象为何。如果所知的是文学，我相信“生而知之”者没有，“困而知之”者也没有，大部分文学家是有“生知”的资禀，再加上“困学”的功夫，“生知”的资禀多一点，“困学”的功夫也许可以少一点。牛顿说：“天才是长久的耐苦。”这话也须用逻辑眼光去看，长久的耐苦不一定造成天才，天才却有赖于长久的耐苦。一切的成就都如此，文学只是一例。

天生的是资禀，造作的是修养；资禀是潜能，是种子；修养使潜能实现，使种子发芽成树，开花结实。资禀不是我们自己力量所能控制的，修养却全靠自家的努力。在文学方面，修养包含极广，举其大要，约有三端：

第一是人品的修养。人品与文品的关系是美学家争辩最烈的问题，我们在这里只能说一个梗概。从一方面说，人品与文品似无必然的关系。魏文帝早已说过：“古今文人类不护细行。”刘彦和在《文心雕龙·程器》篇里一口气就数了一二十个没有品行的文人，齐梁以后有许多更显著的例，像冯延巳、严嵩、阮大铖之流还不在内。在克罗齐（Croce）派美学家看，这也并不足为奇。艺术的活动出于直觉，道德的活动出于意志；一为超实用的，一为实用的，二者实不相谋。因此，一个人在道德上的成就不能裨益也不能妨害他在艺术上的成就，批评家也不应从他的生平事迹推论他的艺术的人格。

但是从另一方面说，言为心声，文如其人。思想情感为文艺的渊源，性情品格又为思想情感的型范，思想情感真纯则文艺华实相称，性情品格深厚则思想情感亦自真纯。“仁者之言霭如”“诐辞知其所蔽”。屈原的忠贞耿介，陶潜的冲虚高远，李白的徜徉自恣，杜甫的每饭不忘君国，都表现在他们的作品里面。他们之所以伟大，就因为他们的一篇一什都不仅为某一时会即景生情偶然兴到的成就，而是整个人格的表现。不了解他们的人格，就绝不能彻底了解他们的文艺。从这个观点看，培养文品在基础上下功夫就必须培养人品。这是中国先儒的一致主张，“文以载道”说也就是从这个看法出来的。

人是有机体，直觉与意志，艺术的活动与道德的活动恐怕都不能像克罗齐分得那样清楚。古今尽管有人品很卑鄙而文艺却很优越的，究竟是占少数，我们可以用心理学上的“双重人格”去解释。在甲重人格（日常的）中一个人尽管不矜细行，在乙重人格（文艺的）中他却谨严真诚。这种双重人格究竟是一种变态，如论常例，文品表现人品是千真万确的事实。所以一个人如果想在文艺上有真正伟大的成就，他必须有道德的修养。我们并非鼓励他去做狭隘的古板的道学家，我们也并不主张一切文学家在品格上都走一条路。文品需要努力创造，各有独到，人品亦如此，一个文学家必须有真挚的性情和高远的胸襟，但是每个人的性情中可以特有一种天地，每个人的胸襟中可以特有一副丘壑，不必强同而且也绝不能强同。

第二是一般学识经验的修养。文艺不单是作者人格的表现，也是一般人生世相的返照。培养人格是一套功夫，对于一般人生世相积蓄丰富而正确的学识经验又另是一套功夫。这可以分两层说。一是读书。从前中国文人以能熔经铸史为贵，韩愈在《进学解》里发挥这个意思，最为详尽。读书的功用在储知蓄理，扩充眼界，改变气质。读的范围愈广，知识愈丰富，审辨愈精当，胸襟也愈恢阔。在近代，一个文人不但要博习本国古典，还要涉猎近代各科学问，否则见解难免偏蔽。这事固然很难。我们第一要精选，不浪费精力于无用之书；第二要持恒，日积月累，涓涓终可成江河；第三要有哲学的高瞻远瞩，科学的客观剖析，否则食而不化，学问反足以梏没性灵。其次是实地观察体验。这对于文艺创作或比读书还更重要。从前中国文人喜游名山大川，一则增长阅历，一则吸纳自然界瑰奇壮丽之气与幽深玄渺之趣。其实这种“气”与“趣”不只在自然中可以见出，在一般人生世相中也可得到。许多著名的悲喜剧与近代小说所表现的精神气魄正不让于名山大川。观察体验的最大的功用还不仅在此，尤其在洞达人情物理。文学超现实而却不能离现实，它所创造的世界尽管有时是理想的，却不能不有现实世界的真实性。近代写实主义者主张文学须有“凭证”，就因为这个道理。你想写某一种社会或某一种人物，你必须对于那种社会那种人物的外在生活与内心生活都有彻底的了解，这非多观察多体验不可。要观察得正确，体验得深刻，你最好投身他们中间，和他们过同样的生活。你过的生活愈丰富，对于人性的了解愈深广，你的作品自然愈有真实性，不致如雾里看花。

第三是文学本身的修养。“工欲善其事，必先利其器”，文学的器具是语言文字。我们第一须认识语言文字，其次须有运用语言文字的技巧。这事看来似很容易，因为一般人日常都在运用语言文字；但是实在极难，因为文学要用平常的语言文字产生不平常的效果。文学家对于语言文字的了解必须比一般人都较精确，然后可以运用自如。他必须懂得字的形声义，字的组织以及音义与组织对于读者所生的影响。这要包含语文学、逻辑学、文法、美学和心理学各科知识。从前人做文言文很重视小学（即语文学），就已看出工具的重要。我们现在做语体文比较做文言文更难。一则语言文字有它的历史渊源，我们不能因为做语体文而不研究文言文所用的语文，同时又要特别研究流行的语文；一则文言文所需要的语文知识有许多专书可供给，流行的语文的研究还在草创，大半还靠作者自己努力去摸索。在现代中国，一个人想做出第一流文学作品，别的条件不用说，单说语文研究一项，他必须有深厚的修养。他必须达到有话都可说出而且说得好的程度。

运用语言文字的技巧一半根据对于语言文字的认识，一半也要靠虚心模仿前人的范作。文艺必止于创造，却必始于模仿，模仿就是学习。最简捷的办法是精选模范文百篇左右（能多固好；不能多，百篇就很够），细心研究每篇的命意布局分段造句和用字，务求透懂，不放过一字一句，然后把它熟读成诵，玩味其中声音节奏与神理气韵，使它不但沉到心灵里去，还须沉到筋肉里去。这一步做到了，再拿这些模范来模仿（从前人所谓“拟”），模仿可以由有意的渐变为无意的，习惯就成了自然。入手不妨尝试各种不同的风格，再在最合宜于自己的风格上多下功夫，然后融合各家风格的长处，成就一种自己独创的风格。从前做古文的人大半经过这种训练，依我想，做语体文也不能有一个更好的学习方法。

以上谈文学修养，仅就其大者略举几端，并非说这就尽了文学修养的能事。我们只要想一想这几点所需要的功夫，就知道文学并非易事，不是全靠天才所能成功的。

文学的趣味

文学作品在艺术价值上有高低的分别，鉴别出这高低而特有所好、特有所恶，这就是普通所谓趣味。辨别一种作品的趣味就是评判，玩索一种作品的趣味就是欣赏，把自己在人生自然或艺术中所领略得的趣味表现出就是创造。趣味对于文学的重要于此可知。文学的修养可以说就是趣味的修养。趣味是一个比喻，由口舌感觉引申出来的。它是一件极寻常的事，却也是一件极难的事。虽说“天下之口有同嗜”，而实际上“人莫不饮食也，鲜能知味”。它的难处在没有固定的客观的标准，而同时又不能完全凭主观的抉择。说完全没有客观的标准吧，文章的美丑犹如食品的甜酸，究竟容许公是公非的存在；说完全可以凭客观的标准吧，一般人对于文艺作品的欣赏有许多个别的差异，正如有人嗜甜，有人嗜辣。在文学方面下过一番功夫的人都明白文学上趣味的分别是极微妙的，差之毫厘往往谬以千里。极深厚的修养常在毫厘之差上见出，极艰苦的磨炼也常是在毫厘之差上做功夫。

举一两个实例来说。南唐中主的《浣溪沙》是许多读者所熟读的：

> 菡萏香销翠叶残，西风愁起绿波间。还与韶光共憔悴，不堪看。
>
> 细雨梦回鸡塞远，小楼吹彻玉笙寒。多少泪珠何限恨，倚阑干。

冯正中、王荆公诸人都极赏“细雨梦回”二句，王静安在《人间词话》里却说：“菡萏香销二句大有众芳芜秽、美人迟暮之感，乃古今独赏其细雨梦回二句，故知解人正不易得。”《人间词话》又提到秦少游的《踏莎行》，这首词最后两句是“郴江幸自绕郴山，为谁流下潇湘去”，最为苏东坡所叹赏；王静安也不以为然：“少游词境最为凄婉，至‘可堪孤馆闭春寒，杜鹃声里斜阳暮’，则变而为凄厉矣。东坡赏其后二语，犹为皮相。”

这种优秀的评判正足见趣味的高低。我们玩味文学作品时，随时要评判优劣，表示好恶，就随时要显趣味的高低。冯正中、王荆公、苏东坡诸人对于文学不能说算不得“解人”，他们所指出的好句也确实是好，可是细玩王静安所指出的另外几句，他们的见解确不无可议之处，至少是“郴江绕郴山”二句实在不如“孤馆闭春寒”二句。几句中间的差别微妙到不易分辨的程度，所以容易被人忽略过去。可是它所关却极深广，赏识“郴江绕郴山”的是一种胸襟，赏识“孤馆闭春寒”的另是一种胸襟；同时，在这一两首词中所用的鉴别的眼光可以应用来鉴别一切文艺作品，显出同样的抉择，同样的好恶，所以对于一章一句的欣赏大可见出一个人的一般文学趣味。好比善饮酒者有敏感鉴别一杯酒，就有敏感鉴别一切的酒。趣味其实就是这样的敏感。离开这一点敏感，文艺就无由欣赏，好丑妍媸就变成平等无别。

不仅欣赏，在创作方面我们也需要纯正的趣味。每个作者必须是自己的严正的批评者，他在命意布局遣词造句上都须辨析锱铢，审慎抉择，不肯有一丝一毫含糊敷衍。他的风格就是他的人格，而造成他的特殊风格的就是他的特殊趣味。一个作家的趣味在他的修改锻炼的功夫上最容易见出。西方名家的稿本多存在博物馆，其中修改的痕迹最足发人深省。中国名家修改的痕迹多随稿本淹没，但在笔记杂著中也偶可见一斑。姑举一例。黄山谷的《冲雪宿新寨》一首七律的五六两句原为“俗学近知回首晚，病身全觉折腰难”。这两句本甚好，所以王荆公在都中听到，就击节赞叹，说“黄某非风尘俗吏”。但是黄山谷自己仍不满意，最后改为“小吏有时须束带，故人颇问不休官”。这两句仍是用陶渊明见督邮的典故，却比原文来得委婉又含蓄。弃彼取此，亦全凭趣味。如果在趣味上不深究，黄山谷既写成原来两句，就大可苟且偷安。

以上谈欣赏和创作，摘句说明，只是为其轻而易举，其实一切文艺上的好恶都可作如是观。你可以特别爱好某一家、某一体、某一时代、某一派别，把其余都看成左道狐禅。文艺上的好恶往往和道德上的好恶同样地强烈深固，一个人可以在趣味异同上区别敌友，党其所同，伐其所异。文学史上许多派别，许多笔墨官司，都是这样起来的。

在这里我们会起疑问：文艺有好坏，爱憎起于好坏，好的就应得一致爱好，坏的就应得一致憎恶，何以文艺的趣味有那么大的分歧呢？你拥护六朝，他崇拜唐宋；你赞赏苏辛，他推尊温李，纷纭扰攘，莫衷一是。作品的优越不尽可为凭，莎士比亚、布莱克、华兹华斯一般开风气的诗人在当时都不很为人重视。读者的深厚造诣也不尽可为凭，托尔斯泰攻击莎士比亚和歌德，约翰逊看不起弥尔顿，法朗士讥诮荷马和维吉尔。这种趣味的分歧是极有趣的事实。粗略地分析，造成这事实的有下列几个因素：

第一是资禀性情。文艺趣味的偏向在大体上先天已被决定。最显著的是民族根性。拉丁民族最喜欢明晰，条顿民族最喜欢力量，希伯来民族最喜欢严肃，他们所产生的文艺就各具一种风格，恰好表现他们的国民性。就个人论，据近代心理学的研究，许多类型的差异都可以影响文艺的趣味。比如在想象方面，“造型类”人物要求一切像图画那样一目了然，“涣散类”人物喜欢一切像音乐那样迷离隐约；在性情方面，“硬心类”人物偏袒阳刚，“软心类”人物特好阴柔；在天然倾向方面，“外倾”者喜欢戏剧式的动作，“内倾”者喜欢独语体诗式的默想。这只是就几个荦荦大端来说，每个人在资禀性情方面还有他的特殊个性，这和他的文艺的趣味也密切相关。

其次是身世经历。《世说新语》中谢安有一次问子弟：“《毛诗》何句最佳？”谢玄回答：“昔我往矣，杨柳依依；今我来思，雨雪霏霏。”谢安表示异议，说：“‘讦谟定命，远猷辰告’句有雅人深致。”这两人的趣味不同，却恰合两人不同的身份。谢安自己是当朝一品，所以特别能欣赏那形容老成谋国的两句；谢玄是翩翩佳公子，所以那流连风景、感物兴怀的句子很合他的口味。本来文学欣赏，贵能设身处地去体会。如果作品所写的与自己所经历的相近，我们自然更容易了解，更容易起同情。杜工部的诗在这抗战期中读起来，特别亲切有味，也就是这个道理。

第三是传统习尚。法国学者泰纳著《英国文学史》，指出“民族”“时代”“周围”为文学的三大决定因素，文艺的趣味也可以说大半受这三种势力形成。各民族、各时代都有它的传统，每个人的“周围”（法文 milieu 略似英文 circle，意谓“圈子”，即常接近的人物，比如说，属于一个派别就是站在那个圈子里）都有它的习尚。在西方，古典派与浪漫派、理想派与写实派；在中国，六朝文与唐宋古文，选体诗、唐诗和宋诗，五代词、北宋词和南宋词，桐城派古文和阳湖派古文，彼此中间都树有很森严的壁垒。投身到某一派旗帜之下的人，就觉得只有那一派是正统，阿其所好，以至目空其余一切。我个人与文艺界朋友的接触，深深地感觉到传统习尚所产生的一些不愉快的经验。我对新文学属望很殷，费尽千言万语也不能说服国学耆宿们，让他们相信新文学也自有一番道理。我也很爱读旧诗文，向新文学作家称道旧诗文的好处，也被他们嗤为顽腐。此外新旧文学家中又各派别之下有派别，京派海派，左派右派，彼此相持不下。我冷眼看得很清楚，每派人都站在一个“圈子”里，那圈子就是他们的“天下”。

一个人在创作和欣赏时所表现的趣味，大半由上述三个因素决定。资禀性情、身世经历和传统习尚，都是很自然地套在一个人身上的，轻易不能摆脱，而且它们的影响有好有坏，也不必完全摆脱。我们应该做的功夫是根据固有的资禀性情而加以磨砺陶冶，扩充身世经历而加以细心的体验，接收多方的传统习尚而求截长取短、融会贯通。这三层功夫就是普通所谓学问修养。纯恃天赋的趣味不足为凭，纯恃环境影响造成的趣味也不足为凭，纯正的可凭的趣味必定是学问修养的结果。

孔子有言，“知之者不如好之者，好之者不如乐之者”，仿佛以为知、好、乐是三层事，一层深一层；其实在文艺方面，第一难关是知，能知就能好，能好就能乐。知、好、乐三种心理活动融为一体，就是欣赏，而欣赏所凭的就是趣味。许多人在文艺趣味上有欠缺，大半由于在知上有欠缺。

有些人根本不知，当然不会盛感到趣味，看到任何好的作品都如蠢牛听琴，不起作用。这是精神上的残废。犯这种毛病的人失去大部分生命的意味。

有些人知得不正确，于是趣味低劣，缺乏鉴别力，只以需要刺激或麻醉，取恶劣作品疗饥过瘾，以为这就是欣赏文学。这是精神上的中毒，可以使整个的精神受腐化。

有些人知得不周全，趣味就难免窄狭，像上文所说的，被囿于某一派别的传统习尚，不能自拔。这是精神上的短视，“坐井观天，诬天藐小”。

要诊治这三种流行的毛病，唯一的方剂是扩大眼界，加深知解。一切价值都由比较得来，生长在平原，你说一个小山坡最高，你可以受原谅，但是你错误。“登东山而小鲁，登泰山而小天下”，那“天下”也只是孔子所能见到的天下。要把山估计得准确，你必须把世界名山都游历过、测量过。研究文学也是如此，你玩索的作品愈多，种类愈复杂，风格愈分歧，你的比较资料愈丰富，透视愈正确，你的鉴别力（这就是趣味）也就愈可靠。

人类心理都有几分惰性，常以先入为主，想获得一种新趣味，往往须战胜一种很顽强的抵抗力。许多旧文学家不能欣赏新文学作品，就因为这个道理。就我个人的经验来说，起初习文言文，后来改习语体文，颇费过一番冲突与挣扎。在才置信语体文时，对文言文颇有些反感，后来多经摸索，觉得文言文仍有它的不可磨灭的价值。专就学文言文说，我起初学桐城派古文，跟着古文家们骂六朝文的绮靡，后来稍致力于六朝人的著作，才觉得六朝文也有为唐宋文所不可及处。在诗方面我从唐诗入手，觉宋诗索然无味，后来读宋人作品较多，才发现宋诗也特有一种风味。我学外国文学的经验也大致相同，往往从笃嗜甲派不了解乙派，到了解乙派而对甲派重新估定价值。我因而想到培养文学趣味好比开疆辟土，须逐渐把本来非我所有的征服为我所有。英国诗人华兹华斯说道：“一个诗人不仅要创造作品，还要创造能欣赏那种作品的趣味。”我想不仅作者如此，读者也须时常创造他的趣味。生生不息的趣味才是活的趣味，像死水一般静止的趣味必定陈腐。活的趣味时时刻刻在发现新境界，死的趣味老是囿在一个窄狭的圈子里。这道理可以适用于个人的文学修养，也可以适用于全民族的文学演进史。

文学上的低级趣味（上）：关于作品内容

一般讨论文学的人大半侧重好的文学作品，不很注意坏的文学作品，所以导引正路的话说得多，指示迷途的话说得少。刘彦和在《文心雕龙》里有一篇《指瑕》，只谈到用字不妥一点。章实斋在《文史通义》里有一篇《古文十弊》，只专就古文立论，而且连古文的弊病也未能说得深中要害，例如讥刺到“某国某封某公同里某人之柩”之类好袭头衔的毛病，未免近于琐屑。嗣后模仿《古文十弊》的文章有张鸿来的《今文十弊》（见《北平师大月刊》第十三期）和林语堂的《今文八弊》（见《人间世》第二十七期），也都偏从文字体裁和文人习气方面着眼，没有指出文学本身上的最大毛病。我以为文学本身上的最大毛病是低级趣味。所谓“低级趣味”就是当爱好的东西不会爱好，不当爱好的东西偏特别爱好。古人有“嗜痂成癖”的故事，就饮食说，爱吃疮疤是一种低级趣味。在文学上，无论是创作或是欣赏，类似“嗜痂成癖”的毛病很多。许多人自以为在创作文学或欣赏文学，其实他们所做的勾当与文学毫不相干。文学的创作和欣赏都要靠极锐敏的美丑鉴别力，没有这种鉴别力就会有低级趣味，把坏的看成好的。这是一个极严重的毛病。

在这两篇文章里我想把文学上的低级趣味分为十项来说。弊病并不一定只有十种，我不过仿章实斋《古文十弊》的先例，略举其成数而已，其余的不难类推。我把我所举的十种低级趣味略加分析，发现其中有五种是偏于作品内容的，另外五种是偏于作者态度的。

本篇先说关于内容方面的低级趣味。本来文学之所以为文学，在内容与形式构成不可分拆的和谐的有机整体。如果有人专从内容着眼或专从形式着眼去研究文学作品，他对于文学就不免是外行。比如说崔颢的《长干行》“君家何处住？妾住在横塘。移舟暂借问，或恐是同乡”这首短诗，如果把内容和形式拆开来说，那女子攀问同乡一段情节（内容）算得什么？那二十字所排列的五绝体（形式）又算得什么？哪一个船码头上没有攀问同乡的男女？哪一个村学究不会胡诌五言四句？然而《长干行》是世人公认的好诗，它就好在把极寻常的情节用极寻常的语言表现成为一种生动的画境，使读者如临其境，如见其人，如闻其声，如见其情。这是一个短例，一切文学作品都可作如此观。但是一般人往往不明白这个浅近的道理，遇到文学作品，不追问表现是否完美而专去问内容。他们所爱好的内容最普遍的是下列五种。

第一是侦探故事。人生来就有好奇心，一切知识的寻求、学问的探讨以及生活经验的尝试，都由这一点好奇心出发，故事的起源也就在人类的好奇心。小孩子略懂人事，便爱听故事，故事愈穿插得离奇巧妙，也就愈易发生乐趣。穿插得最离奇巧妙的莫过于侦探故事。看这种故事有如猜谜，先有一个困难的疑团，产生疑团的情境已多少埋伏着可以解释疑团的线索，若隐若现，忽起忽没，旧线索牵引新线索，三弯九转，最后终于转到答案。在搜寻线索时，“山重水复疑无路，柳暗花明又一村”，是一种乐趣；在穷究到底细时，“一旦豁然贯通”，更是一种乐趣。贪求这种乐趣本是人情之常，而且文学作品也常顾到要供给这种乐趣，在故事结构上做功夫。小说和戏剧所常讲究的“悬揣与突惊”（suspense and surprise）便是侦探故事所赖以引人入胜的两种技巧。所以爱好侦探故事本身并不是一种坏事，在文学作品中爱好侦探故事的成分也不是一种坏事。但是我们要明白，单靠寻常侦探故事的一点离奇巧妙的穿插绝不能成为文学作品，而且文学作品中有这种穿插的，它的精华也绝不在此。文学作品之成为文学作品，在能写出具体的境界，生动的人物和深刻的情致。它不但要能满足理智，尤其要感动心灵。这恰是一般侦探故事所缺乏的，看最著名的《福尔摩斯侦探案》或《春明外史》就可以明白。它们有如解数学难题和猜灯谜，所打动的是理智不是情感。一般人的错误就在把这一类故事不但看成文学作品，而且看成最好的文学作品，废寝忘餐，手不释卷，觉得其中滋味无穷。他们并且拿读侦探故事的心理习惯去读真正好的文学作品，第一要问它有没有好故事，至于性格的描写、心理的分析、情思与语文的融贯、人生世相的深刻了解，都全不去理会。如果一种文学作品没有侦探故事式的穿插，尽管写得怎样好，他们也尝不出什么味道。这种低级趣味的表现在一般读者中最普遍。

第二是色情的描写。文学的功用本来在表现人生，男女的爱情在人生中占极重要的位置，文学作品常用爱情的“母题”，本也无足深怪；一般读者爱好含有爱情“母题”的文学作品更无足深怪。不过我们必须明白一点重要的道理。爱情在文艺中只是一种题材，像其他题材一样，本身只像生铜顽石，要经过熔炼雕琢，得到艺术形式，才能成为艺术作品。所以文艺所表现的爱情和实际人生的爱情有一个重要的分别，就是一个得到艺术的表现，一个没有得到艺术的表现。《西厢记》里“软玉温香抱满怀，春至人间花弄色，露滴牡丹开”几句所指的是男女交媾。普通男女交媾是一回事；这几句词却不只是这么一回事，它在极淫猥的现实世界之上造成另一个美妙的意象世界。我们把这几句词当作文艺欣赏时，所欣赏的并不是男女交媾那件事实，而是根据这件事实而超出这件事实的意象世界。我们惊赞这样极平凡的事实表现得这样美妙。如果我们所欣赏的只是男女交媾这件事实，那么，我们大可以在实际人生中到处找出这种欣赏对象，不必求之于文艺。这个简单的说明可以使我们明白一般文艺欣赏的道理。我们在文艺作品中所当要求的是美感，是聚精会神于文艺所创造的意象世界，是对于表现完美的惊赞；而不是实际人生中某一种特殊情绪，如失恋、爱情满意、穷愁潦倒、恐惧、悲伤、焦虑之类。自然，失恋的人读表现失恋情绪的作品，特别觉得痛快淋漓。这是人之“常情”，却不是“美感”。文艺的特质不在解救实际人生中自有解救的心理上或生理上的饥渴，它不应以刺激性欲和满足性欲为目的，我们也就不应在文艺作品中贪求性欲的刺激或满足。但是事实上不幸得很，有许多号称文艺创作者专在逢迎人类要满足实际饥渴这个弱点，尽量在作品中刺激性欲，满足性欲；也有许多号称文艺欣赏者在实际人生中的欲望不能兑现，尽量在文学作品中贪求性欲的刺激和满足。鸳鸯蝴蝶派小说所以风行，就因为这个缘故。这种低级趣味的表现在“血气方刚”的男男女女中最为普遍。

第三是黑幕的描写。拿最流行的小说来分析，除掉侦探故事与色情故事以外，最常用的材料是社会黑幕。从前上海各报章所常披露的《黑幕大观》之类的小说（较好的例有《官场现形记》和《二十年目睹之怪现状》）颇风行一时，一般人爱看这些作品，如同他们打开报纸先看离婚案、暗杀案、诈骗案之类新闻一样，所贪求的就是那一点强烈的刺激，西方人所说的 sensation。本来社会确有它的黑暗方面，文学要真实地表现人生，并没有把世界渲染得比实际更好的必要。如果文艺作品中可悲的比可喜的情境较多，唯一的理由就是现实原来如此，文学只是反映现实。所以描写黑幕本身也并不是一件坏事。欧洲文学向推悲剧首屈一指，近代比较伟大的小说也大半带有悲剧性；这两类文学所写的也还可以说都是黑幕，离不掉残杀、欺骗、无天理良心之类的事件。不过悲剧和悲剧性的小说所以崇高，并不在描写黑幕，而在达到艺术上一种极难的成就，于最困逆的情境见出人性的尊严，于最黑暗的方面反映出世相的壮丽。它们令我们对于人生朝深一层看，也朝高一层看。我们不但不感受实际悲惨情境所应引起的颓丧与苦闷，而且反能感发兴起，对人生起一种虔敬。从悲剧和悲剧性的小说我们可以看出艺术点染的功用。大约情节愈残酷可怕，艺术点染的需要也就愈大，成功也就愈难。所以把黑幕化为艺术并不是一件易事。如果只有黑幕而没有艺术，它所赖以打动读者的就是上文所说的那一点强烈的刺激。我们在作品中爱看残酷、欺骗、卑污的事迹，犹如在实际人生中爱看这些事迹一样，所谓“隔岸观火”，为的是要满足残酷的劣根性。刑场上要处死犯人，不是常有许多人抢着去看吗？离开艺术而欣赏黑幕，心理和那是一样的。这无疑地还是一种低级趣味。

第四是风花雪月的滥调。古代文艺很少有流连风景的痕迹，自然通常只是人物生活的背景，画家和文人很少为自然而描写自然。崇拜自然的风气在欧洲到十九世纪浪漫主义起来以后才盛行。在中国它起来较早，从东晋起它就很占势力，所谓“老庄告退而山水方滋”，陶、谢的诗是这种新风气之下最灿烂的产品。从艺术境界说，注意到自然风景的本身，确是一种重要的开拓。人类生长在自然里，自然由仇敌而变成契友，彼此间互相的关系日渐密切。人的思想情感和自然的动静消息常交感共鸣。自然界事物常可成为人的内心活动的象征。因此文艺中乃有“即景生情”“因情生景”“情景交融”种种胜境。这是文艺上一种很重要的演进，谁都不否认。但是因为自然在大艺术家和大诗人的手里曾经放过奇葩异彩，因为它本身又可以给劳苦困倦者以愉快的消遣和安息，一般人对于它与艺术的关系便发生一种误解，以为风花雪月、花鸟山水之类事物是美的，文艺用它们做材料，也就因而是美的。这是误解，因为它假定艺术的美丑取决于题材的美丑。有些作家相信要写成伟大的作品，必选择伟大的题材如英雄事迹之类，和相信作品里有风花雪月、花鸟山水等就可以美，是犯了同样的错误。他们不明白“连篇累牍尽是月露风云”，其中有许多实在是空洞腐滥，不表现任何情感，也不能引起任何情感。从前号称风雅的骚人墨客常犯这毛病，现在新文学家有时也“雅到俗不可耐”。许多关于自然的描写都没有情感上的绝对必要，只是相习成风，人家盲目地说这才美，自己也就跟着相信这真是美。这种心理习惯，就是心理学家所谓“套板反应”（stock response），是一切低级趣味的病根。

第五是口号教条。文艺是不是一种宣传工具呢？关于这一点，我知道我的意见和许多人的不相同，话说来很长，我在《文艺心理学》里已说得相当详细，在这里我只能说一个梗概。这问题在古今中外都闹得很久，双方都有很有力的人提出很有力的理论，我们用不着固执成见。从一方面看，文艺对于人生必有彻底的了解与同情，把这了解与同情渗透到读者的心里，使他们避免狭陋与自私所必有的恶果；同时，它让心灵得到自由活动，情感得到健康的宣泄和怡养，精神得到完美的寄托场所，超脱现实世界所难免的秽浊而徜徉于纯洁高尚的意象世界，知道人生永远有更值得努力追求的东西在前面——这一切都可以见出文艺对于人的影响是良好的，人可以从文艺中得到极好的教训，最好的宣教工具就莫过于文艺。但从另一方面看，文艺在创作与欣赏中都是一种独立自足的境界，它自有它的生存理由，不是任何其他活动的隶属，除掉创造出一种合理慰情的意象世界叫作“作品”的东西以外，它没有其他目的，其他目的如果闯入，那是与艺术本身无关的。存心要创造艺术，那是一种内在的自由的美感活动；存心要教训人，那是一种道德的或实用的目的。这两桩事是否可合而为一呢？一箭射双雕是一件很经济的事，一人骑两马却是一件不可能的事，拿文艺做宣传工具究竟属于哪一种呢？从美学看，创作和欣赏都是聚精会神的事，顾到教训就顾不到艺术，顾到艺术也就顾不到教训。从史实看，大文艺家的作品尽管可以发生极深刻的教训作用，可是他们自己在创造作品时大半并不存心要教训人；存心要教训人的作品大半没有多大艺术价值。所以我对于利用文艺做宣传工具一事极端怀疑。我并不反对宣传，但是我觉得用文艺做宣传工具，作品既难成功，就难免得反结果，使人由厌恶宣传所取的形式因而厌恶到所宣传的主张。我也很了解甚至同情宣传者要冒文艺的名，但是我觉得从事于文艺的人要明白此中底细，立定脚跟，不要随声附和。我本不想说出这番不合时宜的话来开罪许多新作家，但是我深深感觉到“口号教条文学”在目前太流行，而中国新文学如果想有比较伟大的前途，就必须作家们多效忠于艺术本身。他们须感觉到自己的尊严，艺术的尊严以至于读者的尊严，否则一味做应声虫，假文艺的美名，做呐喊的差役，无论从道德观点看或从艺术观点看，都是低级趣味的表现。

总观上述五种弊病，共同的病根在离开艺术而单讲内容。离开艺术，内容本身就可以使我们爱好或厌恶，那自然也是常有的事，但那并不是艺术观点上的好恶；我们要爱它恶它，并不一定要在艺术作品中去找它。许多伟大的作品所用的材料都很平凡，许多美丽的作品所用的材料都很丑陋。艺术之为艺术，并不在所用的材料如何，而在取生糙的自然在情感与想象的炉火里熔炼一番，再雕琢成为一种超自然的意象世界。一种内容既经过艺术的表现，就根本变成另外一回事，我们就应把它当作内容形式不可分的有机体看待。我们鉴赏的对象不是未经艺术点化以前生糙的内容（如侦探故事、爱情故事、黑幕、自然风景、抽象的道理之类），而是艺术点化以后的作品。艺术点化的成功或失败就是美丑好恶所应有的唯一的标准。离开这标准而对于艺术作品判美丑，起好恶，那就是低级趣味。

文学上的低级趣味（下）：关于作者态度

文艺的功用在表现作者的情感思想，传达于读者，使读者由领会而感动。就作者说，他有两重自然的急迫需要。第一是表现。情感思想是生机，自然需要宣泄，宣泄才畅通愉快，不宣泄即抑郁苦闷。所以文艺是一件不得已的事。一个作家如果无绝对的必要，他最好是守缄默；得已而不已，勉强找话来说，他的动机就不纯正，源头就不充实，态度就不诚恳，作品也就不会有很大的艺术价值。其次是传达的需要。人是社会动物，需要同情，自己愈珍视的精神价值愈热烈地渴望有人能分享。一个作者肯以深心的秘蕴交付给读者，就显得他对读者有极深的同情，同时也需要读者的同情报答。所以他的态度必须是诚恳的，严肃而又亲切的。如果一个作家在内心上并无这种同情，只是要向读者博取一点版税或是虚声，为达到这种不很光明的目的，就不惜择不很光明的手段，逢迎读者，欺骗读者，那也就绝说不上文艺。在事实上，文艺成为一种职业以后，这两种毛病，这表现与传达两种急迫需要的缺乏，都很普遍。作者对自己不忠实，对读者不忠实，如何能对艺术忠实呢？这是作者态度上的基本错误，许多低级趣味的表现都从此起。

第一是无病呻吟，装腔作势。文艺必出于至性深情，谁也知道。但是没有至性深情的人也常有出产作品的引诱，于是就只有装腔作势，或是取浅薄俗滥的情调加以过分的夸张。最坏的当然是装腔作势，心里没有那种感触，却装着有那种感触。满腔尘劳俗虑，偏学陶谢滋情山水，冒充风雅；色情的追逐者实际只要满足生理的自然需要，却跟着浪漫诗人讴歌恋爱圣洁至上；过着小资产阶级的生活，行径近于市侩士绅，却诅咒社会黑暗，谈一点主义，喊几声口号，居然像一个革命家。如此等类，数不胜数，沐猴而冠，人不像人。此外有一班人自以为有的是情感，无论它怎样浅薄俗滥，都把它和盘托出，尽量加以渲染夸张。这可以说是“泄气主义”。人非木石，谁对于人事物态的变化没有一点小感触？春天来了，万物欣欣向荣，心里不免起一阵欣喜或一点留恋；秋天来了，生趣逐渐萧索，回想自家身世，多少有一点迟暮之感；清风明月不免扰动闺思，古树暮鸦不免令人暗伤羁旅；自己估定的身价没有得到社会的重视，就觉得怀才莫展，牢骚抑郁；喝了几杯老酒，心血来潮，仿佛自己有一副盖世英雄的气概，倘若有一两位“知己”，披肝沥胆，互相推许，于是感激图报的“义气”就涌上来了。这一切本来都是人情之常，但是人情之常中正有许多荒唐妄诞，酸气滥调，除掉当作喜剧的穿插外，用不着大吹大擂。不幸许多作家终生在这些浅薄俗滥的情调中讨生活，像醉汉呓语，就把这些浅薄俗滥的情调倾泻到他们所谓“作品”里去。“一把辛酸泪”却是“满纸荒唐言”。这种“泄气主义”有它的悠久的历史传统。中国自古有所谓“骚人墨客”，徜徉诗酒，嗟叹生平，看他们那样“狂歌当泣”的神情，竟似胸中真有销不尽的闲愁，浇不平的块垒。至于一般士女的理想向来是才子佳人，而才子佳人的唯一的身份证是“善病工愁”“吟风弄月”。在欧洲，与浪漫主义结缘最深的“感伤主义”（sentimentalism）事实上也还是一种“泄气主义”。诗人们都自以为是误落人寰的天仙，理想留在云端，双脚陷在泥淖，不能自拔，怨天尤人，仿佛以为不带这么一点感伤色彩，就显不出他们的高贵的身份。拜伦的那一身刺眼的服装，那一副憔悴行吟、长吁短叹的神情，在当时迷醉了几多西方的佳人才子！时代过了，我们冷眼看他一看，他那一副挺得笔直，做姿势让人画像的样子是多么滑稽可笑！我们在这新旧交替之际，还有许多人一方面承继着固有的骚人墨客和才子佳人的传统，一方面又染着西方浪漫主义的比较粗陋一面的色彩，满纸痛哭流泪，骨子里实在没有什么亲切深挚的情感。这种作品，像柏拉图老早就已经看到的，可以逢迎人类爱找情感刺激的弱点，常特别受读者欢迎。这种趣味是低级的，因为它是颓废的，不健康的，而且是不艺术的。

其次是憨皮臭脸，油腔滑调。取这种态度的作者大半拿文艺来逢场作戏，援“幽默”做护身符。本来文艺的起源近于游戏，都是在人生世相的新鲜有趣上面玩索流连，都是人类在精力富裕生气洋溢时所发的自由活动，所以文艺都离不掉几分幽默。我在《诗论》里《诗与谐隐》篇曾经说过：“凡诗都难免有若干谐趣。情绪不外悲喜两端。喜剧中都有谐趣，用不着说；就是把最悲惨的事当作诗看时，也必在其中见出谐趣。我们如果仔细玩味蔡琰的《悲愤诗》或是杜甫的《新婚别》之类的作品，或是写自己的悲剧，或是写旁人的悲剧，都是痛定思痛，把所写的事看成一种有趣的意象，有几分把它当作戏看的意思。丝毫没有谐趣的人大概不易作诗，也不易欣赏诗。诗与谐都是生气的富裕，不能谐是枯燥贫竭的征候，枯燥贫竭的人和诗没有缘分。但是诗也是最不易谐，因为诗最忌轻薄，而谐则最易流于轻薄。”这段引语里的“谐”就是幽默，我这番话虽专就诗说，实在可通用于一般文艺。我们须承认幽默对于文艺的重要，同时也要指出幽默是极不容易的事。幽默有种种程度上的分别。说高一点，庄子、司马迁、陶潜、杜甫一班大作家有他们的幽默；说低一点，说相声、玩杂耍、村戏打诨、市井流氓斗唇舌、报屁股上的余兴之类玩意也有他们的幽默。幽默之中有一个极微妙的分寸，失去这个分寸就落到下流轻薄。

大约在第一流作品中，高度的幽默和高度的严肃常化成一片，一讥一笑，除掉助兴和打动风趣以外，还有一点深刻隽永的意味，不但可耐人寻思，还可激动情感，笑中有泪，讥讽中有同情。许多大诗人、悲剧家、喜剧家和小说家常有这副本领。不过这种幽默往往需要相当的修养才能领会欣赏，一般人大半只会欣赏说相声、唱双簧、村戏打诨、流氓显俏皮劲那一类的幽默。他们在实际人生中欢喜这些玩意，在文艺作品中也还是要求这些玩意。有些作家为着要逢迎这种低级趣味，不惜自居小丑，以谑浪笑傲为能事。前些时候有所谓“幽默小品”借几种流行的刊物轰动了一时，一般男女老少都买它、读它、羡慕它、模仿它。一直到现在，它的影响还很大。

第三是摇旗呐喊，党同伐异。思想上只有是非，文艺上只有美丑。我们的去取好恶应该只有这一个标准。如果在文艺方面，我们有敌友的分别，凡是对文艺持严肃纯正的态度而确有成就者都应该是朋友，凡是利用文艺做其他企图而作品表现低级趣味者都应该是仇敌。至于一个作者在学术、政治、宗教、区域、社会地位各方面是否和我相同，甚至于他和我是否在私人方面有无恩怨关系，一律都在不应过问之列。文艺是创造的，各人贵有独到，所以人与人在文艺上不同，比较在政治上或宗教上不同应该还要多些。某一地某一时的文艺，不同愈多，它的活力也就愈大。当然，每一时一地的作家倾向常有相近的，本着同声相应的原则，聚集在一起成为一种派别，这是历史上常有的事而且本身也不是坏事。不过模仿江湖帮客结义的办法，立起一个寨主树起一面旗帜，招徒聚众，摇旗呐喊，自壮声威，逼得过路来往人等都来“落草”归化，敢有别树一帜的就兴师动众，杀将过去，这种办法于己于人都无好处，于文艺更无好处。我们毋庸讳言，这种江湖帮客的恶习在我们的文艺界似仍很猖獗。文艺界也有一班野心政客，要霸占江山，垄断顾客，争窃宗主，腼颜以“提携新进作家”自命，招收徒弟，一有了“群众”，就像王麻儿卖膏药，沿途号喊“只此一家，谨防假冒”，至于自己的膏药是“万宝灵应”，那更不用说了。他们一方面既虚张自己的声势，写成一部作品便大吹大擂地声张出去；一方面又要杀他人的威风，遇到一个不在自己旗帜之下的作品，便把它扯得稀烂，断章取义把它指摘得体无完肤，最优待的办法也只是予以冷酷的忽视。这种“策略”并不限于某一派人。文言作者与白话作者相待如此，白话作者中种种派别互相对待也是如此。可怜许多天真的读者经不起这种呐喊嘲骂的暗示，深入彀中而不自知，不由自主地养成一些偏见，是某派某人的作品必定是好的，某派某人的作品必定是坏的，在阅读与领会之前便已注定了作品的价值。拿“低级趣味”来形容他们，恐怕还太轻吧。

第四是道学冬烘，说教劝善。我们在讨论题材内容时，已经指出文艺宣传口号教条的错误。在这里我们将要谈的倒不是有意做宣传的作品，而是从狭义的道德观点来看作品中人物情境这个普遍的心理习惯。文艺要忠实地表现人生，人生原有善、恶、媸、妍、幸运、灾祸各方面。我们的道德意识天然地叫我们欢喜善的、美的、幸运的、欢乐的一方面，而厌恶恶的、丑的、灾祸的、悲惨的一方面。但是文艺看人生，如阿诺德（M. Arndd）所说的，须是“镇定的而且全面的”（Look on life steadily and as a whole），就不应单着眼到光明而闪避黑暗。站在高一层去看，相反的往往适以相成，造成人生世相的伟大庄严，一般人却不容易站在高一层去看，在实际人生中尽管有缺陷，在文艺中他们却希望这种缺陷能得到弥补。莎士比亚写《李尔王》，让一个最孝顺最纯洁的女子在结局时遭遇惨死。约翰逊说他不能把这部悲剧看到终局，因为收场太惨。十八世纪中这部悲剧出现于舞台，收场完全改过，孝女不但没有死而且和一位忠臣结了婚。我们中国的《红楼梦》没有让贾宝玉和林黛玉大团圆，许多人也引为憾事，所以有《续红楼梦》来弥补这个缺陷。《西厢记》本来让莺莺改嫁郑恒，《锦西厢》却改成嫁郑恒的是红娘，莺莺终于归了张珙。诸如此类的实例很多，都足以证明许多人把“道德的同情”代替了“美感的同情”。这分别在哪里呢？比如说一个戏子演曹操，扮那副老奸巨猾的样子，惟妙惟肖，观众中有一位木匠手头恰提着一把斧子，不禁义愤填膺，奔上戏台去把演曹操的那人的头砍下。这位木匠就是用“道德的同情”来应付戏中人物；如果他用“美感的同情”，扮曹操愈像，他就应该愈高兴，愈喝彩叫好。懂得这个分别，我们再去看看一般人是用哪一种同情去读小说戏剧呢？看武松杀嫂，大家感觉得痛快，金圣叹会高叫“浮一大白”；看晴雯奄奄待毙，许多少爷小姐流了许多眼泪。他们要“善恶报应，因果昭彰”，要“天下有情人都成眷属”，要替不幸运的打抱不平。从道德的观点看，他们的义气原可钦佩；从艺术的观点看，他们的头脑和《太上感应篇》《阴骘劝世文》诸书作者的是一样有些道学冬烘气，都不免有低级趣味在作祟。

第五是涂脂抹粉，卖弄风姿。文艺是一种表现而不是一种卖弄。表现的理想是文情并茂，“充实而有光辉”，虽经苦心雕琢，却是天衣无缝，自然熨帖，不现勉强作为痕迹。一件完美的艺术品像一个大家闺秀，引人注目而却不招邀人注目，举止大方之中仍有她的贞静幽娴，有她的高贵的身份。艺术和人一样，有它的品格，我们常说某种艺术品高，某种艺术品低，品的高低固然可以在多方面见出，最重要的仍在作者的态度。品高的是诚于中，形于外，表里如一的高华完美。品低的是内不充实而外求光辉，存心卖弄，像小家娼妇涂脂抹粉，招摇过市，眉挑目送的样子。文艺的卖弄有种种方式。最普通的是卖弄辞藻，只顾堆砌漂亮的字眼，显得花枝招展，绚烂夺目，不管它对于思想情感是否有绝对的必要。从前骈俪文犯这毛病的最多，现在新进作家也有时不免。其次是卖弄学识。文艺作者不能没有学识，但是他的学识须如盐溶解在水里，尝得出味，指不出形状。有时饱学的作者无心中在作品中流露学识，我们尚不免有“学问汩没性灵”之感，至于有意要卖弄学识，如暴发户对人夸数家珍，在寻常做人如此已足见趣味低劣，在文艺作品中如此更不免令人作呕了。过去中国文人犯这病的最多，在诗中用僻典、谈哲理、写古字，都是最显著的例。新文学作家常爱把自己知道比较清楚的材料不分皂白地和盘托出，不管它是否对于表现情调、描写人物或是点明故事为绝对必需，写农村就把农村所有的东西都摆进去，写官场也就把官场所有的奇形怪状都摆进去，有如杂货店，七零八落的货物乱堆在一起，没有一点整一性，连比较著名的作品如赛珍珠的《大地》、吴趼人的《二十年目睹之怪现状》之类均不免此病，这也还是卖弄学识。另外是卖弄才气。文艺作者固不能没有才气，但是逞才使气，存心炫耀，仍是趣味低劣。像英国哲学家休谟和法国诗人魏尔兰（Verlaine）所一再指示的，文学不应只是“雄辩”（eloquence），而且带不得雄辩的色彩。“雄辩”是以口舌争胜，说话的人要显出他聪明，要博得群众的羡慕，要讲究话的“效果”，要拿出一副可以镇压人说服人的本领给人看，免不掉许多装模作样，愈显得出才气愈易成功。但是这种浮浅的炫耀对于文学作品却是大污点。一般文学作者愈有才气，也就愈难避免炫耀雄辩的毛病。从前文人夸口下笔万言，倚马可待，文成一字不易，作诗押险韵，和韵的诗一作就是几十首，用堂皇铿锵的字面，戏剧式表情的语调，浩浩荡荡，一泻直下，乍听似可喜，细玩无余味，这些都是卖弄才气，用雄辩术于文学。爱好这一类的作品在趣味上仍不很高。

文学趣味上的毛病是数不尽的，以上十点只是举其荦荦大者。十点之中有些比较严重，有些比较轻微，但在一般初学者中都极普遍。许多读者听到我这番话，发现他们平时所沾沾自喜的都被我看成低级趣味，不免怪我太严格苛求，太偏狭。这事不能以口舌争，我只能说：一个从事文学者如果入手就养成低级趣味，愈向前走就离文学的坦途大道愈远。我认为文学教育第一件要事是养成高尚纯正的趣味，这没有捷径，唯一的办法是多多玩味第一流文艺杰作，在这些作品中把第一眼看去是平淡无奇的东西玩味出隐藏的妙蕴来，然后拿“通俗”的作品来比较，自然会见出优劣。优劣都由比较得来，一生都在喝坏酒，不会觉得酒的坏，喝过一些好酒以后，坏酒一进口就不对味。一切方面的趣味大抵如此。

写作练习

研究文学只阅读绝不够，必须练习写作，世间有许多人终生在看戏、念诗、读小说，却始终不动笔写一出戏、一首诗或是一篇小说。这种人容易养成种种错误的观念。自视太低者以为写作需要一副特殊的天才，自问既没有天才，纵然写来写去，总写不到名家的那样好，倒不如索性不写为妙。自视过高者以为自己已经读了许多作品，对于文学算是内行，不写则已，写就必与众不同，于是天天在幻想将来写出如何伟大的作品，目前且慢些再说。这两种人阅读愈多，对于写作就愈懒惰，所以有人把学问看成写作的累，以为学者与文人根本是两回事。这自然又是一个错误的观念。

只阅读而不写作的人还另有一种误解，以为自己写起来虽是平庸，看旁人的作品却有一副高明的眼光，这就是俗语所谓“眼高手低”。一般职业的批评家欢喜拿这话头来自宽自解。我自己在文艺批评中鬼混了一二十年，于今深知在文艺方面手眼必须一致，眼低者手未必高，手低者眼也未必高。你自己没有亲身体验过写作的甘苦，对于旁人的作品就难免有几分隔靴搔痒。很显著的美丑或许不难看出，而于作者苦心经营处和灵机焕发处，微言妙趣大则源于性情学问的融会，小则见于一字一句的选择与安排，你如果不曾身历其境，便难免忽略过去。克罗齐派美学家说，要欣赏莎士比亚，你须把你自己提升到莎士比亚的水准。他们理应补充一句说：你无法把自己提升到莎士比亚的水准，除非你试过他的工作。莎士比亚的朋友本·琼森说得好：“只有诗人，而且只有第一流诗人，才配批评诗。”你如果不信这话，你试想一想：文学批评虽被认为一种专门学问，古今中外有几个自己不是写作者而成为伟大的批评家？我只想到亚里士多德一个人，而他对于希腊诗仍有不少的隔膜处。

文学的主要功用是表现。我们如果只看旁人表现而自己不能表现，那就如哑子听人说话，人家说得愈畅快，自己愈闷得心慌。听人家说而自己不说，也不感觉闷，我不相信这种人对于文艺能有真正的热忱。人生最大的快慰是创造，一件难做的事做成了，一种闷在心里的情感或思想表现出来了，自己回头一看，就如同上帝创造了世界，母亲产出了婴儿，看到它好，自己也充分感觉到自己的力量，越发兴起鼓舞。没有尝到这种快慰的人就没有尝到文学的最大乐趣。

要彻底了解文学，要尽量欣赏文学，你必须自己动手练习创作。创作固然不是一件易事，也不是一件不可能的事。像一切有价值的活动一样，它需要辛苦学习才能做好。假定有中人之资，依着合理的程序，一步一步地向前进，有一分功夫，绝有一分效果，孜孜不辍，到后来总可以达到意到笔随的程度。这事有如下围棋，一段一段地前进，功夫没有到时，慢说想跳越一段，就是想多争一颗子也不行。许多学子对文学写作不肯经过浅近的基本的训练，以为将来一动笔就会一鸣惊人，那只是妄想，虽天才也未必能做到。

练习写作有一个最重要的原则须牢记在心的，就是有话必说，无话不说，说须心口如一，不能说谎。文学本来是以语文为工具的表现艺术。心里有东西要表现，才拿语文来表现。如果心里要表现的与语文所表现的不完全相同，那就根本失去表现的功用。所谓“不完全相同”可以有两个原因，一是作者的能力不够，一是他存心要说谎。如果是能力不够，他最好认清自己能力的限度，专写自己所能写的，如是他的能力自然逐渐增进。如果是存心说谎，那是入手就走错了路，他愈写就愈入迷，离文学愈远。许多人在文学上不能有成就，大半都误在入手就养成说谎的习惯。

所谓“说谎”，有两种含义。第一是心里那样想而口里不那样说。一个作家须有一个“我”在，须勇敢地维护他的“我”性。这事虽不容易，许多人有意或无意地在逢迎习俗，苟求欺世盗名，昧着良心去说话，其实这终究是会揭穿的。文学不是说谎的工具，你纵想说谎也无从说。“言为心声”，旁人听到你的话就会窥透你的心曲，无论你的话是真是假。《论语》载有几句逸诗：“棠棣之华，偏其反而；岂不尔思，室斯远而。”孔子一眼就看破这话的不诚实，他说：“未之思也，夫何远之有？”作者未尝不想人相信他“岂不尔思”，但是他心里“未之思”，语言就无从表现出“思”来。他在文学上失败，在说谎上也失败了。

其次，说谎是强不知以为知。你没有上过战场，却要描写战场的生活，没有仔细研究过一个守财奴的性格，却在一篇戏剧或小说中拿守财奴做主角，尽管你的想象如何丰富，你所写的一定缺乏文学作品所必具的真实性，人不能全知，也不能全无所知。一个聪明的作家须认清自己知解的限度，小心谨慎地把眼光注视着那限度以内的事物，看清楚了，才下笔去写。如果他想超过那限度以外去摸索，他与其在浪漫派作家所谓“想象”上做功夫，不如在写实派作家所谓“证据”上做功夫，这就是说，增加生活的经验，把那限度逐渐扩大。说来说去，想象也还是要利用实际经验。

记得不肯说谎这一个基本原则，每遇到可说的话，就要抓住机会，马上就写，要极力使写出来的和心里所想的恰相符合。习文有如习画，须常备一个速写簿带在身边，遇到一片风景，一个人物，或是一种动态，觉得它新鲜有趣，可以入画，就随时速写，写得不像，再细看摆在面前的模特儿，反复修改，务求其像而后已。这种功夫做久了之后，我们一可以养成爱好精确的习惯；二可以逐渐养成艺术家看事物的眼光，在日常生活中时时可发现值得表现的情境；三可以增进写作的技巧，逐渐使难写的成为易写。

在初写时，我们必须谨守着知道清楚的，和易于着笔的这两种材料的范围。我把这两层分开来说，其实最重要的条件还是知道得清楚，知道得不清楚就不易于着笔。我们一般人至少对于自己日常生活知得比较清楚，所以记日记是初学习作的最好的方法。普通记日记只如记流水账，或是做干燥无味的起居注，那自然与文学无干。把日记当作一种文学的训练，就要把本身有趣的材料记得有趣。如果有相当的敏感，到处留心，一日之内值得记的见闻感想绝不会缺乏。一番家常的谈话，一个新来的客，街头一阵喧嚷，花木风云的一种新变化，读书看报得到的一阵感想，听来的一件故事，总之，一切动静所生的印象，都可以供你细心描绘，成为好文章。你不必预定每天应记的字数，只要把应记的记得恰到好处，长则数百字，短则数十字，都可不拘。你也不必在一天之内同时记许多事，多记难免如“数莱菔下窖”，绝不会记得好。选择是文学的最重要的功夫，你每天选一件最值得记的，把它记得妥妥帖帖，记成一件“作品”出来，那就够了。

宇宙间一切现象都可以纳到四大范畴里去，就是情、理、事、态。情指喜怒哀乐之类主观的感动，理是思想在事物中所推求出来的条理秩序，事包含一切人物的动作，态指人物的形状。文字的材料就不外这四种。因此文学的功用通常分为言情、说理、叙事、绘态（亦称状物或描写）四大类。文学作品因体裁不同对这四类功用各有所偏重。例如诗歌侧重言情，论文侧重说理，历史、戏剧、小说都侧重叙事，山水人物杂记侧重绘态。这自然是极粗浅的分别，实际上情、理、事、态常交错融贯，事必有态，情常寓理，不易拆开。有些文学课本把作品分为言情、说理、叙事、绘态四类，未免牵强。一首诗、一出戏或一篇小说，可以时而言情说理，时而叙事绘态。纯粹属于某一类的作品颇不易找出，作品的文学价值愈高，愈是情理事态打成一片。

不过在习作时，我们不妨记起这四类的分别，因为四类做法对于初学有难有易，初学宜由易而难，循序渐进。从前私塾国文教员往往入手就教学生做论说，至今这个风气仍在学校里流行。这办法实在不妥。说理文需要丰富的学识和谨严的思考。这恰是青年人通常所缺乏的。他们没有说理文所必具的条件而勉强做说理文，势必袭陈腐的滥调，发空洞的议论。我有时看到大学生的国文试卷，常是满纸“大凡天下”，学理工者也是如此，因而深深地感觉到不健康的语文教育可以酿成思想糊涂。早习说理文的坏处还不仅此。青年期想象力较丰富，所谓“想象”是指运用具体的意象去思想，与我们一般成年人运用抽象的概念去思想不同。这两种思想类型的分别恰是文艺与科学的分别。所以有志习文学创作者必须趁想象力丰富时期，学会驾驭具体的情境，让世界本其光热色相活现于眼前，不只是一些无血无肉的冷冰冰的理。舍想象不去发展，只耗精力于说理，结果心里就只会有“理”而不会有“象”，那就是说，养成一种与文艺相反的习惯。我自己吃过这亏，所以知道很清楚。

现代许多文学青年欢喜写抒情诗文。我曾做过一个文艺刊物的编辑，收到的青年作家的稿件以抒情诗文为最多。文学本是表现情感的，青年人是最富于情感的，这两件事实凑拢起来，当然的结论是青年人是爱好文学的。在事实上许多青年人走上文学的路，也确是因为他们需要发泄情感。不过就习作说，入手就写言情诗文仍是不妥当。第一，情感迷离恍惚，不易捉摸，正如梦中不易说梦，醉中只觉陶陶。诗人华兹华斯说得好，“诗起于沉静中回味得来的情绪”，意与中文成语“痛定思痛”相近。青年人容易感受情绪，却不容易于沉静中回味情绪，感受情绪而加以沉静回味是始而“入乎其中”，继而“出乎其外”，这需要相当的修养。回味之后，要把情绪表现出来，也不能悲即言悲，喜即言喜，必须使情绪融化于具体的意象，或寓情于事，如“步出城东门，遥望江南路，前日风雪中，故人从此去”，不言惜别而惜别自见；或寓情于景（即本文所谓态），如“西风残照，汉家陵阙”，不言悲凉而悲凉自见。所以言情必借叙事绘态，如果没有先学叙事绘态，言情文绝不易写得好。现在一般青年作家只知道抽象地说悲说喜，再加上接二连三的惊叹号，以为这就算尽了言情的能事。悲即言悲，喜即言喜，谁不会？堆砌惊叹号，谁不会？只是你言悲言喜而读者不悲不喜，你用惊叹号而读者并不觉有惊叹的必要，那还算得什么文学作品？其次，情感自身也需要陶冶熔炼，才值得文学表现。人生经验愈丰富，事理观察愈深刻，情感也就愈沉着，愈易融化于具体的情感。最沉痛的言情诗文往往不是一个作家的早年作品，我们的屈原、庾信、杜甫和苏轼，西方的但丁、莎士比亚和歌德都可以为证。青年人的情感来得容易，也来得浮泛，十个人失恋就有九个人要悲观自杀，就有九个人表现同样的姿态，过了一些时候，就有九个人都仍旧欢天喜地过日子。他们的言情作品往往表现一种浅薄的感伤主义，即西方人所谓 sentimentalism。这恰是上品言情文的大忌讳。

为初学写作者说法，说理文可缓作，言情文也可缓作，剩下来的只有叙事、绘态两种。事与态都是摆在眼前的，极具体而有客观性，比较容易捉摸，好比习画写生，模特儿摆在面前，看着它一笔一笔地模拟，如果有一笔不像，还可以随看随改。紧抓住实事实物，绝不至堕入空洞肤泛的恶习。叙事与绘态之中还是叙事最要紧。叙事其实就是绘动态，能绘动态就能绘静态。纯粹的绘静态文极易流于呆板，而且在事实上也极少见。事物不能很久地留在静态中，离静而动，即变为事，即成为叙事的对象。因此叙事文与绘态文极不易分，叙事文即于叙事中绘态，绘态文也必夹叙事才能生动。叙事文与绘态文做好了，其他各体文自可迎刃而解，因为严格地说，情与理还是心理方面的动作，还是可以认成“事”，还是有它们的“态”，所不同者它们比较偏于主观的，不如一般外在事态那样容易着笔。在外在事态上下过一番功夫，然后再以所得的娴熟的手腕去应付内在的事态（即情理），那就没有多大困难了。

作文与运思

做文章通常也叫作“写”文章，在西文中作家一向称“写家”，作品叫作“写品”。写须用手，故会做文章的人在中文里有时叫作“名手”，会读而不会做的人说是“眼高手低”。这种语文的习惯颇值得想一想。到底文章是“做”的还是“写”的呢？创造文学的动作是“用心”还是“用手”呢？

这问题实在不像它现于浮面的那么肤浅。因近代一派最占势力的美学——克罗齐派——所争辩的焦点就在此。依他们看，文艺全是心灵的活动，创造就是表现也就是直觉。这就是说，心里想出一具体境界，情趣与意象交融，情趣就已表现于那意象，而这时刻作品也就算完全成就了。至于拿笔来把心里所已想好的作品写在纸上，那并非“表现”，那只是“传达”或“记录”。表现（即创造）全在心里成就，记录则如把唱出的乐歌灌音到留声机片上去，全是物理的事实，与艺术无关。如我们把克罗齐派学说略加修正一下，承认在创造时，心里不仅想出可以表现情趣的意象，而且也想出了描绘那意象的语言文字，这就是说，全部作品都有了“腹稿”，那么“写”并非“作”的一个看法大致是对的。

我提出这问题和连带的一种美学观点，因为它与作文方法有密切的关系。普通语文习惯把“写”看成“作”，认为写是“用手”，也有一个原因。一般人作文往往不先将全部想好，拈一张稿纸，提笔就写，一直写将下去。他们在写一句之前，自然也得想一番，只是想一句写一句，想一段，写一段；上句未写成时，不知下句是什么，上段未写成时，不知下段是什么；到写得无可再写时，就自然终止。这种习惯养成时，“不假思索”而任笔写下去，写得不知所云，也是难免的事。文章“不通”，大半是这样来的。这种写法很普遍，学生们在国文课堂里作文，不用这个写法的似居少数。不但一般学生如此，就是有名的职业作家替报章杂志写“连载”的稿子，往往也是用这个“急就”的办法。这一期的稿子印出来了，下一期的稿子还在未定之天。有些作家甚至连写都不写，只坐在一个沙发上随想随念，一个书记或打字员在旁边听着，随听随录，录完一个段落了就送出发表。这样做成的作品，就整个轮廓看，总难免前后欠呼应，结构很零乱。近代英美长篇小说有许多是这样做成的，所以大半没有连串的故事，也没有完整的形式。作家们甚至把“无形式”（formlessness）当作一个艺术的信条，以为艺术原来就应该如此。这恐怕是艺术的一个厄运，有生命的东西都有一定完整的形式，首尾躯干不完全或是不匀称，那便成了一种怪物，而不是艺术。

这是一个极端，另一个极端是把全部作品都在心里想好，写只是记录，像克罗齐派美学家所主张的。苏东坡记文与可画竹，说他先有“成竹在胸”，然后铺纸濡毫，一挥而就。“成竹在胸”于是成为“腹稿”的佳话。这种办法似乎是理想的，实际上很不易做到。我自己也尝试过，只有在极短的篇幅中，像作一首绝句或律诗，我还可以把全篇完全在心里想好；如篇幅长了那就很难。它有种种不方便。第一，我们的注意力和记忆力所能及的范围有一定的限度，把几千字甚至几万字的文章都一字一句地记在心里，同时注意到每字、每句、每段的线索关联，并且还要一直向前思索，纵假定是可能，这种繁重的工作对于心力也未免是一种不必要的损耗。第二，这也许是我个人的心理习惯，我想到一点意思，就必须把它写下来，否则那意思在心里只是游离不定。好比打仗，想出一个意思是夺取一块土地，把它写下来就像筑一座堡垒，可以把它守住，并且可以做进一步袭击的基础。第三，写自身是一个集中注意力的助力，既在写，心思就不易旁迁他涉。还不仅此，写成的字句往往可以成为思想的刺激剂，我有时本来已把一段话预先想好，可是把它写下来时，新的意思常源源而来，结果须把预定的一段话完全改过。普遍所谓“由文生情”与“兴会淋漓”，大半在这种时机发现。只有在这种时机，我们才容易写出好文章。

我个人所采用的是全用腹稿和全不用腹稿两极端的一种折中办法。在定了题目之后，我取一张纸条摆在面前，抱着那题目四方八面地想。想时全凭心理学家所谓“自由联想”，不拘大小，不问次序，想得一点意思，就用三五个字的小标题写在纸条上，如此一直想下去，一直记下去，到当时所能想到的意思都记下来了为止。这种寻思的工作做完了，我于是把杂乱无章的小标题看一眼，仔细加一番衡量，把无关重要的无须说的各点一齐丢开，把应该说的选择出来，再在其中理出一个线索和次第，另取一张纸条，顺这个线索和次第用小标题写成一个纲要。这纲要写好了，文章的轮廓已具。每小标题成为一段的总纲。于是我依次第逐段写下去。写一段之先，把那一段的话大致想好，写一句之先，也把那一句的话大致想好。这样写下去时，像上面所说的，有时有新意思涌现，我马上就修改。一段还没有写妥时，我绝不把它暂时摆下，继续写下去。因此，我往往在半途废去了很多稿纸，但是一篇写完了，我无须再誊清，也无须大修改。这种折中的办法颇有好处，一则纲要先想好，文章就有层次、有条理、有轻重安排，总之，就有形式；二则每段不预先决定，任临时触机，写时可以有意到笔随之乐，文章也不至于过分板滞。许多画家作画，似亦采取这种办法。他们先画一个大轮廓，然后逐渐填枝补叶，显出色调线纹阴阳向背。预定轮廓之中，仍可有气韵生动。

寻思是作文的第一步重要工作，思有思路，思路有畅通时也有蔽塞时。大约要思路畅通，须是精力弥满，脑筋清醒，再加上风日清和，窗明几净，临时没有外扰败兴，杂念萦怀。这时候静坐凝思，新意自会像泉水涌现，一新意酿成另一新意；如是辗转生发，写作便成为人生一件最大的乐事。一般“兴会淋漓”的文章大半都是如此做成。提笔作文时最好能选择这种境界，并且最好能制造这种境界。不过这是理想，有时这种境界不容易得到，有时虽然条件具备，文思仍然蔽塞。在蔽塞时，我们是否就应放下呢？抽象的理论姑且丢开，只就许多著名的作家的经验来看，苦思也有苦思的收获。唐人有“吟成一个字，捻断数茎须”的传说，李白讥诮杜甫说“借问近来太瘦生，总为从来作诗苦”，李长吉的母亲说“呕出心肝乃已”。福楼拜（Flaubert）有一封信札，写他著书的艰难说：“我今天弄得头昏脑晕，灰心丧气。我做了四个钟头，没有做出一句来。今天整天没有写成一行，虽然涂去了一百行。这工作真难！艺术啊，你是什么恶魔？为什么要这样咀嚼我们的心血？”但是他们的成就未始不从这种艰苦奋斗得来。元遗山与张仲杰论文诗说：“文章出苦心，谁以苦心为？”大作家看重“苦心”，于此可见。就我个人所能看得到的来说，苦心从不会白费的，思路太畅时，我们信笔直书，少控制，常易流于浮滑；苦思才能剥茧抽丝，鞭辟入里，处处从深一层着想，才能沉着委婉，此其一。苦思在当时或许无所得，但是在潜意识中它的工作仍在酝酿，到成熟时可以“一旦豁然贯通”，普通所谓“灵感”大半都先经苦思的准备，到了适当时机便突然涌现，此其二。难关可以打通，平路便可驰骋自如。苦思是打破难关的努力，经过一番苦思的训练之后，手腕便逐渐娴熟，思路便不易落平凡，纵遇极难驾驭的情境也可以手挥目送，行所无事，此其三。大抵文章的畅适境界有两种，有生来即畅适者，有经过艰苦经营而后畅适者。就已成功的作品看，好像都很平易，其实这中间分别很大，入手即平易者难免肤浅，由困难中获得平易者大半深刻耐人寻味，这是铅锡与百炼精钢的分别，也是袁简斋与陶渊明的分别。王介甫所说的“看似寻常最奇崛，成如容易却艰辛”，是文章的胜境。

作文运思有如抽丝，在一团乱丝中拣取一个丝头，要把它从错杂纠纷的关系中抽出，有时一抽即出，有时须绕弯穿孔解结，没有耐心就会使紊乱的更加紊乱。运思又如射箭，目前悬有鹄的，箭朝着鹄的发，有时一发即中，也有因为瞄准不正确，用力不适中，箭落在离鹄的很远的地方，习射者须不惜努力尝试，多发总有一中。

这譬喻不但说明思路有畅通和艰涩的分别，还可说明一个意思的涌现，固然大半凭人力，也有时须碰机会。普通所谓“灵感”，虽然源于潜意识的酝酿，多少也含有机会的成分。大约文艺创作的起念不外两种。一种是本来无意要为文，适逢心中偶然有所感触，一种情境或思致，觉得值得写一写，于是就援笔把它写下来。另一种是预定题目，立意要做一篇文章，于是抱着那题目想，想成熟了然后把它写下。从前人写旧诗标题常用“偶成”和“赋得”的字样，“偶成”者触兴而发，随时口占，“赋得”者定题分韵，拈得一字，就用它为韵作诗。我们可以借用这个术语，把文学作品分为“偶成”和“赋得”两类。“偶成”的作品全凭作者自己高兴，逼他写作的只有情思需要表现的一个内心冲动，不假外力。“赋得”的作品大半起于外力的催促，或是要满足一种实用的需要，如宣传、应酬、求名谋利、练习技巧之类。按理说，只有“偶成”作品才符合纯文学的理想；但是在事实上现存的文学作品大半属于“赋得”的一类，细看任何大家的诗文集就可以知道。“赋得”类也自有好文章，不但应酬唱和诗有好的，就是策论、奏疏、墓志铭之类也未可一概抹杀。一般作家在练习写作时期常是做“赋得”的工作。

“赋得”是一种训练，“偶成”是一种收获。一个作家如果没有经过“赋得”的阶段，“偶成”的机会不一定有，纵有也不会多。

“赋得”所训练的不仅是技巧，尤其是思想。一般人误信文学与科学不同，无须逻辑的思考。其实文学只有逻辑的思考固然不够，没有逻辑的思考却也绝不行。诗人柯尔律治（Coleridge）在他的《文学传记》里眷念一位无名的老师，因为从这老师的教诲，他才深深地了解极放纵的诗还是有它的逻辑。我常觉得，每一个大作家必同时是他自己的严厉的批评者。所谓“批评”就要根据逻辑的思想和文学的修养。一件作品如果有毛病——无论是在命意布局或是在造句用字——仔细穷究，病源都在思想。思想不清楚的人做出来的文章绝不会清楚。思想的毛病除了精神失常以外，都起于懒惰，遇着应该分析时不仔细分析，应该斟酌时不仔细斟酌，只图模糊敷衍，囫囵吞枣混将过去。练习写作第一件要事就是克服这种心理的懒怠，随时彻底认真，一字不苟，肯朝深处想，肯向难处做。如果他养成了这种谨严的思想习惯，始终不懈，他绝不会做不出好的文章。

选择与安排

在作文运思时，最重要而且最艰苦的工作不在搜寻材料，而在有了材料之后，将它们加以选择与安排，这就等于说，给它们一个完整有生命的形式。材料只是生糙的钢铁，选择与安排才显出艺术的锤炼刻画。就生糙的材料说，世间可想到可说出的话在大体上都已经从前人想过说过；然而后来人却不能因此就不去想不去说，因为每个人有他的特殊的生活情境与经验，所想所说的虽大体上仍是那样的话，而想与说的方式却各不相同。变迁了形式，就变迁了内容。所以他所想所说尽管在表面上是老生常谈，而实际上却可以是一种新鲜的作品，如果选择与安排给了它一个新的形式，新的生命。“袅袅兮秋风，洞庭波兮木叶下”，在大体上和“菡萏香销翠叶残，西风愁起绿波间”表现同样的情致，而各有各的佳妙处，所以我们不能说后者对于前者是重复或是抄袭。莎士比亚写过夏洛克以后，许多作家接着写过同样典型的守财奴（莫里哀的阿尔巴贡和巴尔扎克的葛朗台是著例），也还是一样入情入理。材料尽管大致相同，每个作家有他的不同的选择与安排，这就是说，有他的独到的艺术手腕，所以仍可以有他的特殊的艺术成就。

最好的文章，像英国小说家斯威夫特（Swift）所说的，须用“最好的字句在最好的层次”。找最好的字句要靠选择，找最好的层次要靠安排。其实这两桩工作在人生各方面都很重要，立身处世到处都用得着，一切成功和失败的枢纽都在此。在战争中我常注意用兵，觉得它和作文的诀窍完全相同。善将兵的人都知道兵在精不在多。精兵一人可以抵得许多人用，疲癃残疾的和没有训练、没有纪律的兵愈多愈不易调动，反而成为累赘或障碍。一篇文章中每一个意思或字句就是一个兵，你在调用之前，须加一番检阅，不能作战的，须一律淘汰，只留下精锐，让他们各站各的岗位，各发挥各的效能。排定岗位就是摆阵势，在文章上叫作“布局”。在调兵布阵时，步、骑、炮、工、辎须有联络照顾，将、校、尉、士、卒须按部就班，全战线的中坚与侧翼，前锋与后备，尤须有条不紊。虽是精锐，如果摆布不周密，纪律不严明，那也就成为乌合之众，打不来胜仗。文章的布局也就是一种阵势，每一段就是一个队伍，摆在最得力的地位才可以发生最大的效用。

文章的通病总不外两种，不知选择和不知安排。第一步是选择。斯蒂文森说：文学是“裁剪的艺术”。裁剪就是选择的消极方面。有选择就必有排弃，有割爱。在兴酣采烈时，我们往往觉得自己所想到的意思样样都好，尤其是费过苦心得来的，要把它一笔勾销，似未免可惜。所以割爱是大难事，它需要客观的冷静，尤其需要谨严的自我批评。不知选择大半由于思想的懒惰和虚荣心所生的错觉。遇到一个题目来，不肯朝深一层想，只浮光掠影地凑合一些实在是肤浅陈腐而自以为新奇的意思，就把它们和盘托出。我常看大学生的论文，把一个题目所有的话都一五一十地说出来，每一点都约略提及，可是没有一点说得透彻，甚至前后重复或自相矛盾。如果有几个人同做一个题目，说的话和那话说出来的形式都大半彼此相同，看起来只觉得“天下老鸦一般黑”。这种文章如何能说服读者或感动读者？这里我们可以再就用兵打比譬，用兵制胜的要诀在占领要塞，击破主力。要塞既下，主力既破，其余一切就望风披靡，不攻自下。古人所以有“射人先射马，擒贼先擒王”的说法。如果虚耗兵力于无战略性的地点，等到自己的实力消耗尽了，敌人的要塞和主力还屹然未动，那还能希望打什么胜仗？做文章不能切中要害，错误正与此相同。在艺术和在自然一样，最有效的方式常是最经济的方式，浪费不仅是亏损而且也是伤害。与其用有限的力量于十件事上而不能把任何一件事做得好，不如以同样的力量集中在一件事上，把它做得斩钉截铁。做文章也是如此。世间没有说得完的话，你想把它说完，只见得你愚蠢；你没有理由可说人人都说的话，除非你比旁人说得好，而这却不是把所有的话都说完所能办到的。每篇文章必有一个主旨，你须把着重点完全摆在这主旨上，在这上面鞭辟入里，烘染尽致，使你所写的事理情态成一个世界，突出于其他一切世界之上，像浮雕突出于石面一样。读者看到，马上就可以得到一个强有力的印象，不由得他不受说服和感动。这就是选择，这就是攻坚破锐。

我们最好拿戏剧、小说来说明选择的道理。戏剧和小说都描写人和事。人和事的错综关系向来极繁复，一个人和许多人有因缘，一件事和许多事有联络，如果把这种关系辗转追溯下去，可以推演到无穷。一部戏剧或小说只在这无穷的人事关系中割出一个片段来，使它成为一个独立自足的世界，许多在其他方面虽有关系而在所写的一方面无大关系的事事物物，都须斩断撇开。我们在谈劫生辰纲的梁山泊好汉，生辰纲所要送到的那个豪贵场合也许值得描写，而我们却不能去管。谁不想知道哈姆雷特在威登堡的留学生活，但是我们现在只谈他的家庭悲剧，时间和空间的限制都不许我们搬到威登堡去看一看。再就划定的小范围来说，一部小说或戏剧须取一个主要角色或主要故事做中心，其余的人物故事穿插，须能烘托这主角的性格或理清这主要故事的线索，适可而止，多插一个人或一件事就显得臃肿繁芜。再就一个角色或一个故事的细节来说，那是数不尽的，你必须有选择，而选择某一个细节，必须有它典型性，选了它其余无数细节就都可不言而喻。悭吝人到处悭吝，吴敬梓在《儒林外史》里写严监生只挑选他临死时看见油灯里有两茎灯芯不闭眼一事。《红楼梦》对于妙玉着笔墨最少，而她那一副既冷僻而又不忘情的心理却令我们一见不忘。刘姥姥吃过的茶杯她叫人掷去，却将自己用的绿玉斗斟茶给宝玉；宝玉做寿，众姊妹闹得欢天喜地，她一人枯坐参禅，却暗地递一张粉红笺的贺帖。寥寥数笔，把一个性格，一种情境，写得活灵活现。在这些地方多加玩索，我们就可悟出选择的道理。

选择之外，第二件要事就是安排，就是摆阵势。兵家有所谓“常山蛇阵”，它的特点是“击首则尾应，击尾则首应，击腹则首尾俱应”。亚里士多德在《诗学》里论戏剧结构说它要完整，于是替“完整”一词下了一个貌似平凡而实精深的定义：“我所谓完整是指一件事物有头，有中段，有尾。头无须有任何事物在前面笼盖着，而后面却必须有事物承接着。中段要前面既有事物笼盖着，后面又有事物承接着。尾须有事物在前面笼盖着，却不须有事物在后面承接着。”这与“常山蛇阵”的定义其实是一样。用近代语言来说，一个艺术品必须为完整的有机体，必须是一件有生命的东西。有生命的东西第一须有头有尾有中段，第二是头尾和中段各在必然的地位，第三是有一股生气贯注于全体，某一部分受影响，其余各部分不能麻木不仁。一个好的阵形应如此，一篇好的文章布局也应如此。

一段话如果丢去仍于全文无害，那段话就是赘疣；一段话如果搬动位置仍于全文无害，那篇文章的布局就欠斟酌。布局愈松懈，文章的活力就愈薄弱。

从前中国文人讲文章义法，常把布局当作呆板的形式来谈，例如全篇局势须有起承转合，脉络须有起伏呼应，声调须有抑扬顿挫，命意须有正反侧，如作字画，有阴阳向背。这些话固然也有它们的道理，不过它们是由分析作品得来的，离开作品而空谈义法，就不免等于纸上谈兵。我们想懂得布局的诀窍，最好是自己分析完美的作品；同时，自己在写作时，多费苦心衡量斟酌。最好的分析材料是西方戏剧杰作，因为它们的结构通常都极严密。习作戏剧也是学布局的最好方法，因为戏剧须把动作表现于有限时间与有限空间之中，如果起伏呼应不紧凑，就不能集中观众的兴趣，产生紧张的情绪。我国史部要籍如《左传》《史记》之类在布局上大半也特别讲究，值得细心体会。一篇完美的作品，如果细细分析，在结构上必具备下面的两个要件：

第一是层次清楚。文学像德国学者莱辛所说的，因为用在时间上承续的语文为媒介，是沿着一条线绵延下去。如果同时有许多事态线索，我们不能把它们同时摆在一个平面上，如同图画上许多事物平列并存；我们必须把它们在时间上分先后，说完一点，再接着说另一点，如此生发下去。这许多要说的话，谁说在先，谁说在后，须有一个层次。层次清楚，才有上文所说的头尾和中段。文章起头最难，因为起头是选定出发点，以后层出不穷的意思都由这出发点顺次生发出来，如幼芽生发出根干枝叶。文章有生发才能成为完整的有机体。所谓"生发"是上文意思生发下文意思，上文有所生发，下文才有所承接。文章的"不通"有多种，最厉害的是上气不接下气，上段上句的意思没有交代清楚就搁起，下段下句的意思没有伏根就突然出现。顺着意思的自然生发脉络必有衔接，不致有脱节断气的毛病，而且意思可以融贯，不致有前后矛盾的毛病。打自己耳光，是文章最大的弱点。章实斋在韩退之《送孟东野序》里挑出过一个很好的例。上文说"凡物不得其平则鸣"，下文接着说"伊尹鸣商，周公鸣周"，伊尹、周公并非不得其平。这是自相矛盾，下文意思不是从上文意思很逻辑地生发出来。意思互相生发，就能互相呼应，也就能以类相聚，不相杂乱。杂乱有两种：一是应该在前一段说的话遗漏着不说，到后来一段不很相称的地方勉强插进去；一是在上文已说过的话到下文再重复说一遍。这些毛病的根由都在思想疏懈。思想如果谨严，条理自然缜密。

第二是轻重分明。文章不仅要分层次，尤其要分轻重。轻重犹如图画的阴阳光影，一则可以避免单调，起抑扬顿挫之致；二则轻重相形，重者愈显得重，可以产生较强烈的效果。一部戏剧或小说的人物和故事如果不分宾主，群龙无首，必定显得零乱芜杂。一篇说理文如果有五六层意思都平铺并重，它一定平滑无力，不能说服读者。艺术的特征是完整，完与整是相因的，整一才能完美。在许多意思并存时，想产生整一的印象，它们必须轻重分明。文章无论长短，一篇须有一篇的主旨，一段须有一段的主旨。主旨是纲，由主旨生发出来的意思是目。纲必须能领目，目必须附丽于纲，尊卑就序，然后全体自能整一。“譬如北辰居其所而众星拱之”。一篇文章的主旨应有这种气象，众星也要分大小远近。主旨是着重点，有如照相投影的焦点，其余所有意思都附在周围，渐远渐淡。在文章中显出轻重通常不外两种办法：第一是在层次上显出。同是一个意思，摆的地位不同，所生的效果也就不同，不过我们不能指定某一地位是天然的着重点。起头有时可以成为着重点，因为它笼盖全篇，对读者可以生“先入为主”的效果；收尾通常不能不着重，虎头蛇尾是文章的大忌讳，作家往往一层深一层地掘下去，不断地引起读者的好奇心，使他不能不读到终了，到终了主旨才见分晓，故事才告结束，谜语才露谜底。中段承上启下，也可以成为着重点，戏剧的顶点大半落在中段，可以为证。一个地位能否成为着重点，全看作者渲染烘托的技巧如何，我们不能定出法则，但是可以从分析名著（尤其是叙事文）中探得几分消息。其次轻重可以在篇幅分量上显出。就普遍情形说，意思重要，篇幅应占多；意思不重要，篇幅应占少。这不仅是为着题旨醒豁，也是要在比例匀称上显出一点波澜节奏，如同图画上的阴阳。轻重倒置在任何艺术作品中都是毛病。不过这也不能一概而论，名手立论或叙事，往往在四面渲染烘托，到了主旨所在，有如画龙点睛反而轻描淡写地略过去，不多着笔墨。

从上面的话看来，我们可以知道文章有一定的理，没有一定的法。所以我们只略谈原理，不像一般文法修辞书籍，在义法上多加剖析。“大匠能诲人以规矩，不能使人巧。”知道文章做法，不一定就做出好文章。艺术的基本原则是寓变化于整齐，整齐易说，变化则全靠心灵的妙运，这是所谓“神而明之，存乎其人”了。

咬文嚼字

郭沫若先生的剧本《屈原》里婵娟骂宋玉说："你是没有骨气的文人！"上演时他自己在台下听，嫌这话不够味，想在"没有骨气的"下面加"无耻的"三个字。一位演员提醒他把"是"改为"这"，"你这没有骨气的文人！"就够味了。他觉得这字改得很恰当，他研究这两种语法的强弱不同，以为"你是什么"只是单纯的叙述语，没有更多的意义，有时或许竟会"不是"；"你这什么"便是坚决的判断，而且附带语省略去了。根据这种见解，他把另一文里"你有革命家的风度"一句话改为"你这革命家的风度"（参见《文学创作》第四期郭沫若《札记四则》）。

这是炼字的好例。我们不妨借此把炼字的道理研究一番。那位演员把"是"改为"这"，确是改得好，不过郭先生如果记得《水浒》，就会明白一般民众骂人，都用"你这什么"式语法。石秀骂梁中书说："你这与奴才做奴才的奴才！"杨雄醉骂潘巧云说："你这贱人，你这淫妇！你这你这大虫口里流涎！你这你这……"一口气就骂了六个"你这"。看这些实例，"你这什么"倒不仅是"坚决的判断"，而是带有极端憎恶的惊叹语，表现着强烈的情感。"你是什么"便只是不带情感的判断，纵有情感也不能在文字本身上见出。不过它也不一定就是"单纯的叙述语，没有更多的含义"。《红楼梦》里茗烟骂金荣说："你是个好小子，出来动一动你茗大爷！"这里"你是"含有假定语气，也带"你不是"一点讥刺的意味，如果改成"你这好小子！"神情就完全不对了。从此可知"你这"式语法并非在任何情形之下都比"你是"式语法来得更有力。其次，郭先生援例把

“你有革命家的风度”改为“你这革命家的风度”，似乎改得并不很妥。一、“你这”式语法大半表示深恶痛绝，在赞美时便不适宜。二、“是”在逻辑上是连接词（copula）[1]，相当于等号；“有”的性质全不同。在“你有革命家的风度”一句中“风度”是动词的宾词；在“你这革命家的风度”中“风度”便变成主词，和“你（的）”平行根本不成一句话。

这番话不免啰唆，但是我们原在咬文嚼字，非这样锱铢必较不可。咬文嚼字有时是一个坏习惯，所以这个成语的含义通常不很好。但是在文学，无论阅读或写作，我们必须有一字不肯放松的谨严。文学借文字表现思想情感；文字上面有含糊，就显得思想还没有透彻，情感还没有凝练。咬文嚼字，在表面上像只是斟酌文字的分量，在实际上就是调整思想和情感。从来没有一句话换一个说法而意味仍完全不变。例如《史记》李广射虎一段：“李广见草中石，以为虎而射之，中石没镞，视之，石也。因更复射，终不能入石矣。”这本是一段好文章，王若虚在《史记辨惑》里说它“凡多三石字”，当改为：“以为虎而射之，没镞，既知其为石，因更复射，终不能入。”或改为：“尝见草中有虎，射之，没镞。视之，石也。”在表面上改的似乎简洁些，却实在远不如原文。“见草中石，以为虎”并非“见草中有虎”。原文“视之，石也”有发现错误而惊讶的意味。改为“既知其为石”便失去这意味。原文“终不能入石矣”有失望而放弃得很斩截的意味，改为“终不能入”便觉索然无味。这种分别稍有文字敏感的人细心玩索一番，自会明白。

一般人根本不了解文字和思想情感的密切关系，以为更改一两个字不过是要文字顺畅些或是漂亮些。其实更动了文字，就同时更动了思想情感，内容和形式是相随而变的。姑举一个人人皆知的实例。韩愈在月夜里听见贾岛吟诗，有“鸟宿池边树，僧推月下门”两句，劝他把“推”字改成“敲”字。这段文字因缘古今传为美谈，于今人要把咬文嚼字的意思说得好听一点，都说“推敲”。古今人也都赞赏“敲”字比“推”字下得好。其实这不仅是文字上的分别，同时也是意境上的分别。“推”固然显得鲁莽一点，但是它表示孤僧步月归寺，门原来是他自己掩的，于今他“推”。他须自掩自推，足见寺里只有他孤零零的一个和尚。

1　即系动词。——编者注

在这冷寂的场合，他有兴致出来步月，兴尽而返，独往独来，自在无碍，他也自有一副胸襟气度。“敲”就显得他拘礼些，也就显得寺里有人应门。他仿佛是乘月夜访友，他自己不甘寂寞，那寺里如果不是热闹场合，至少也有一些温暖的人情。比较起来，“敲”的空气没有“推”的那么冷寂。就上句“鸟宿池边树”看来，“推”似乎比“敲”要调和些。“推”可以无声，“敲”就不免剥啄有声，惊起了宿鸟，打破了岑寂，也似乎平添了搅扰。所以我很怀疑韩愈的修改是否真如古今所称赏的那么妥当。究竟哪一种意境是贾岛当时在心里玩索而要表现的，只有他自己知道。如果他想到“推”而下“敲”字，或是想到“敲”而下“推”字，我认为那是不可能的事。所以问题不在“推”字和“敲”字哪一个比较恰当，而在哪一种境界是他当时所要说的而且与全诗调和的。在文字上推敲，骨子里实在是在思想情感上“推敲”。

无论是阅读或写作，字的难处在意义的确定与控制。字有直指的意义，有联想的意义。比如说“烟”，它的直指的意义见过燃烧体冒烟的人都会明白，只是他的联想的意义迷离不易捉摸，它可联想到燃烧弹，鸦片烟榻，庙里焚香，“一川烟水”“杨柳万条烟”“烟光凝而暮山紫”“蓝田日暖玉生烟”……种种境界。直指的意义载在字典，有如月轮，明显而确实；联想的意义是文字在历史过程上所累积的种种关系，有如轮外圆晕，晕外霞光，其浓淡大小随人随时随地而各各不同，变化莫测。科学的文字愈限于直指的意义就愈精确，文学的文字有时却必须顾到联想的意义，尤其是在诗方面。直指的意义易用，联想的意义却难用，因为前者是固定的，后者是游离的；前者偏于类型，后者偏于个性。既是游离的，个别的，它就不易控制，而且它可以使意蕴丰富，也可以使意思含糊甚至于支离。比如说苏东坡的《惠山烹小龙团》诗里三四两句“独携天上小团月，来试人间第二泉”，“天上小团月”是由“小龙团”茶联想起来的，如果你不知道这个关联，原文就简直不通；如果你不了解明月照着泉水和清茶泡在泉水里那一点共同的清沁肺腑的意味，也就失去原文的妙处。这两句诗的妙处就在不即不离若隐若现之中。它比用“惠山泉水泡小龙团茶”一句话来得较丰富，也来得较含混有蕴藉。难处就在于含混中显得丰富。由“独携小龙团，来试惠山泉”变成“独携天上小团月，来试人间第二泉”，这是点铁成金。文学之所以为文学就在这一点生发上面。

这是一个善用联想意义的例子。联想意义也最易误用而生流弊。联想起于习惯，习惯老是欢喜走熟路。熟路抵抗力最低，引诱性最大，一人走过，人人就都跟着走，愈走就愈平滑俗滥，没有一点新奇的意味。字被人用得太滥，也是如此。从前作诗文的人都依靠《文料触机》《幼学琼林》《事类统编》之类书籍，要找辞藻典故，都到那里去乞灵。美人都是“柳腰桃面”“王嫱、西施”，才子都是“学富五车，才高八斗”，谈风景必是“春花秋月”，叙离别不离“柳岸灞桥”，做买卖都有“端木遗风”，到现在用铅字排印书籍还是“付梓”“杀青”。像这样例子举不胜举，它们是从前人所谓“套语”，我们所谓“滥调”。一件事物发生时立即使你联想到一些套语滥调，而你也就安于套语滥调，毫不斟酌地使用它们，并且自鸣得意。这就是近代文艺心理学家们所说的“套板反应”。一个人的心理习惯如果老是倾向“套板反应”，他就根本与文艺无缘，因为就作者说，“套板反应”和创造的动机是仇敌；就读者说，它引不起新鲜而真切的情趣。一个作者在用字用词上面离不掉“套板反应”，在运思布局上面，甚至于在整个人生态度方面也就难免如此。不过习惯力量的深广非我们意料所及，沿着习惯去做，总比新创较省力，人生来有惰性，常使我们不知不觉地一滑就滑到“套板反应”里去。你如果随便在报章杂志或是尺牍宣言里面挑一段文章来分析，你就会发现那里面的思想情感和语言大半都由“套板反应”起来的。韩愈谈他自己做古文，“唯陈言之务去”。这是一句最紧要的教训。语言跟着思想情感走，你不肯用俗滥的语言，自然也就不肯用俗滥的思想情感，你遇事就会朝深一层去想，你的文章也就真正是“做”出来的，不至落入下乘。

以上只是随便举几个实例，说明咬文嚼字的道理。例子举不尽，道理也说不完。我希望读者从这粗枝大叶的讨论中，可以领略运用文字所应有的谨严精神。本着这个精神，他随处留心玩索，无论是阅读或写作，就会逐渐养成创作和欣赏都必需的好习惯。他不能懒，不能粗心，不能受一时兴会所生的幻觉迷惑而轻易自满。文学是艰苦的事，只有刻苦自勉，推陈翻新，时时求思想情感与语文的精练与吻合，他才会逐渐达到艺术的完美。

散文的声音节奏

咬文嚼字应从意义和声音两方面着眼。上篇我们只谈推敲字义，没有提到声音。声音与意义本不能强分，有时意义在声音上见出还比在习惯的联想上见出更微妙，所以有人认为讲究声音是行文的最重要的功夫。我们把这问题特别另作专篇来讨论，也就因为这个缘故。我们把诗除外，因为诗要讲音律，是人人都知道的，而且从前人在这方面已经说过很多的话。至于散文的声音节奏在西方虽有语音学专家研究，在我国还很少有人注意。一般人谈话写文章（尤其是写语体文），都咕咕喽喽地滚将下去，管他什么声音节奏！

从前人做古文，对声音节奏却也讲究。朱子说："韩退之、苏明允作文，敝一生之精力，皆从古人声响处学。"韩退之自己也说："气盛则言之短长，声之高下，皆宜。"清朝桐城派文家学古文，特重朗诵，用意就在揣摩声音节奏。刘海峰谈文，说："学者求神气而得之音节，求音节而得之字句，思过半矣。"姚姬传甚至谓："文章之精妙不出字句声色之间，舍此便无可窥寻。"此外古人推重声音的话还很多，引不胜引。

声音对于古文的重要可以从几个实例中看出。

范文正公做《严先生祠堂记》，收尾四句歌是："云山苍苍，江水泱泱，先生之德，山高水长。"他的朋友李太伯看见，就告诉他："公此文一出名世，只一字未妥。"他问何字，李太伯说："先生之德不如改先生之风。"他听了很高兴，就依着改了。"德"字与"风"字在意义上固然不同，最重要的分别还在声音上面。"德"字仄声音哑，没有"风"字那么沉重响亮。

相传欧阳公做《昼锦堂记》已经把稿子交给来求的人，而那人回去已经走得很远了，猛然想到开头两句“仕宦至将相，锦衣归故乡”，应加上两个“而”字，改为“仕宦而至将相，锦衣而归故乡”，立刻就派人骑快马去追赶，好把那两个“而”字加上。我们如果把原句和改句朗诵来比较看，就会明白这两个“而”字关系确实重大。原句气局促，改句便很舒畅；原句意直率，改句便有抑扬顿挫。从这个实例看，我们也可以知道音与义不能强分，更动了声音就连带地更动了意义。“仕宦而至将相”比“仕宦至将相”意思多一个转折，要深一层。

古文难于用虚字，最重要的虚字不外承转词（如上文“而”字），肯否助词（如“视之，石也”的“也”字），以及惊叹、疑问词（如“独吾君也乎哉”句尾三虚字）几大类。普通说话声音所表现的神情也就在承转、肯否、惊叹、疑问等地方见出，所以古文讲究声音，特别在虚字上做功夫。《孔子家语》往往抄袭《檀弓》而省略虚字，神情便比原文差得远。例如“仲子亦犹行古之道也”（《檀弓》）比“仲子亦犹行古人之道”（《孔子家语》），“予恶夫涕之无从也”（《檀弓》）比“予恶夫涕而无以将之”（《孔子家语》），“夫子为弗闻也者而过之”（《檀弓》）比“夫子为之隐佯不闻以过之”（《孔子家语》），风味都较隽永。柳子厚《钴鉧潭记》收尾：“于以见天之高，气之迥，孰使予乐居夷而忘故土者，非兹潭也欤？”如果省去两个“之”字为“天高气迥”，省去“也”字为“非兹潭欤”风味也就不如原文。

古文讲究声音，原不完全在虚字上面，但虚字最为紧要。此外段落的起伏开合，句的长短，字的平仄，文的骈散，都与声音有关。这须拿整篇文章来分析，才说得明白，不是本文篇幅所许可的。从前文学批评家常用“气势”“神韵”“骨力”“姿态”等词，看来好像有些弄玄虚，其实他们所指的只是种种不同的声音节奏，声音节奏在科学文里可不深究，在文学文里却是一个最主要的成分，因为文学须表现情趣，而情趣就大半要靠声音节奏来表现，犹如在说话时，情感表现于文字意义的少，表现于语言腔调的多，是一个道理。从前人研究古文，特别着重朗诵。姚姬传说：“大抵学古文者必要放声疾读，又缓读，只久之自悟。若但能默看，即终生做外行也。”读有读的道理，就是从字句中抓住声音节奏，从声音节奏中抓住作者的情趣、“气势”或“神韵”。自己作文，也要常拿来读读，才见出声音是否响亮，节奏是否流畅。

领悟文字的声音节奏，是一件极有趣的事。普通人以为这要耳朵灵敏，因为声音要用耳朵听才生感觉。就我个人的经验来说，耳朵固然要紧，但是还不如周身筋肉。我读音调铿锵、节奏流畅的文章，周身筋肉仿佛做同样有节奏的运动；紧张，或是舒缓，都产生出极愉快的感觉。如果音调节奏上有毛病，我的周身筋肉都感觉局促不安，好像听厨子刮锅烟似的。我自己在作文时，如果碰上兴会，筋肉方面也仿佛在奏乐、在跑马、在荡舟，想停也停不住。如果意兴不佳，思路枯涩，这种内在的筋肉节奏就不存在，尽管费力写，写出来的文章总是吱咯吱咯的，像没有调好的弦子。我因此深信声音节奏对于文章是第一件要事。

我们放弃了古文来做语体文，是否还应该讲声音节奏呢？维护古文的人认为语体文没有音调，不能拉着嗓子读，于是就认为这是语体文的一个罪状。做语体文的人往往回答说：文章原来只是让人看的，不是让人唱的，根本就用不着什么音调。我看这两方面的话都不很妥当。既然是文章，无论古今中外，都离不掉声音节奏。古文和语体文的不同，不在声音节奏的有无，而在声音节奏形式化的程度大小。古文的声音节奏多少是偏于形式的，你读任何文章，大致都可以拖着差不多的调子。古文能够拉着嗓子读，原因也就在它总有个形式化的典型，犹如歌有乐谱，固然每篇好文章于根据这个典型以外还自有个性。语体文的声音节奏就是日常语言的，自然流露，不主故常。我们不能拉着嗓子读语体文，正如我们不能拉着嗓子谈话一样。但是语体文必须念着顺口，像谈话一样，可以在长短、轻重、缓急上面显出情感思想的变化和生长。古文好比京戏，语体文好比话剧。它们的分别是理想与写实，形式化与自然流露的分别。如果讲究得好，我相信语体文比古文的声音节奏应该更生动、更有味。

不拘形式，纯任自然，这是语体文声音节奏的特别优点。因此，古文的声音节奏容易分析，语体文的声音节奏却不易分析。刘海峰所说的"无一定之律，而有一定之妙"，用在语体文比用在古文上面还更恰当。我因为要举例说明语体文的声音节奏，拿《红楼梦》和《儒林外史》来分析，又拿老舍、朱自清、沈从文几位文字写得比较好的作家来分析，我没有发现旁的诀窍，除掉"自然""干净""浏朗"几个优点以外。比如说《红楼梦》二十八回宝玉向黛玉说心事：

当初姑娘来了，那不是我陪着顽笑！凭我心爱的，姑娘要，就拿去；我爱吃的，听见姑娘也爱吃，连忙地收拾得干干净净，收着；等着姑娘到来，一桌子吃饭，一床儿上睡觉。丫头们想不到的，我怕姑娘生气，我替丫头们想到。我心里想着：姊妹们从小儿长大，亲也罢，热也罢，和气到了底，才见的比别人好。如今谁承望姑娘人大心大，不把我放在眼睛里！……

这只是随便挑出的，你把全段念着看，看它多么顺口，多么能表情，一点不做作，一点不拖沓。如果你会念，你会发现它里面也有很好的声音节奏。它有骈散交错，长短相间，起伏顿挫种种道理在里面，虽然这些都是出于自然，没有很显著的痕迹。

我也分析过一些写得不很好的语体文，发现文章既写得不好，声音节奏也就不响亮流畅。它的基本原因当然在作者的思路不清楚，情趣没有洗练得好，以及驾驭文字的能力薄弱。单从表面看，语体文的声音节奏有毛病，大致不外两个原因。第一个原因是文白杂糅，像下面随意在流行的文学刊物上抄来的两段：

摆夷的垄山多半是在接近村寨的地方，并且是树林荫翳，备极森严。其中荒冢累累，更增凄凉的成分。这种垄山恐怕就是古代公有墓园的遗风。故祭垄除崇拜创造宇宙的神灵外，还有崇拜祖先的动机。……

他的丑相依然露在外面，欺哄得过的无非其同类不求认识人格之人而已。然进一步言之，同类人亦不能欺哄，因同类人了解同类人尤其清楚。不过，有一点可得救的，即他们不求自反自省，所以对人亦不曾，且亦不求分析其最后之人格，此所以他们能自欺兼以欺人……

这些文章既登在刊物上，当然不能算是最坏的例子，可是念起来也就很“别扭”。我们不能像读古文一样拖起调子来哼，又不能用说话或演戏的腔调来说。第一例用了几句不大新鲜的文言，又加上“增”“故”两个作文言文用法的字，显得非驴非马，和上下文不调和。第二例除掉杂用文言文的用字法以外，在虚字上面特别不留心。你看：“无非……而已……然……不过……即……所以……亦……且亦……此所以……兼以……”一条线索多么纠缠不清！语体文的字和词不够丰富，须在文言文里借用，这是无可反对的。语体文本来有的字和词，丢着不用，去找文言文的代替字，那何不索性做文言文？最不调和的是在语体文中杂用文言文所特有的语句组织，使读者不知是哼好还是念好。比如说，“然进一步言之，同类人亦不能欺哄，因同类人了解同类人尤其清楚”一段话，如果写成纯粹的语体文，就应该是：“但是进一步来说，同类人也难得欺哄，因为同类人了解同类人更加清楚。”这样地，我们说起来才顺口，才有自然的节奏。

其次，没有锤炼得好的欧化文在音调节奏上也往往很糟，像下面的例子：

> 当然这不是说不要想象，而且极需要想象给作品以生动的色彩。但是想象不是幻想而是有事实或经验作根据。表现可能的事实，这依然对现象忠实，或者更忠实些。我们不求抓住片段的死的事实，而求表现真理。因为真理的生命和常存，那作品也就永远是活的。……

> 春来了，花草的生命充分表现在那嫩绿的枝叶和迷乱的红云般花枝，人的青春也有那可爱的玉般肢体和那苹果似的双颊呈现……

作者很卖气力，我们可以想象得到；但是这样生硬而笨重的句子里面究竟含有什么深奥的道理？第一例像是一段生吞活剥的翻译，思路不清楚，上下不衔接，（例如第一句“而且”接什么？“可能的事实”成什么话？作者究竟辩护想象，还是主张对现象忠实，还是赞扬真理？）音调节奏更说不上。第二例模仿西文堆砌形容词，把一句话（本来根本不成话，那双颊是人的还是青春的？）拖得冗长，念起来真是佶屈聱牙。从这个实例看，我们可以明白思路和节奏的密切关系，思想错乱，节奏就一定错乱；至于表面上欧化的痕迹还是次要的原因。适宜程度的欧化是理应提倡的，但是本国语文的特性也应当顾到。用外国文语句构造法来运用中文，用不得当，就像用外国话腔调说中国话一样滑稽可笑。

我在这里只是随意举例说明声音节奏上的毛病，对所引用的作者并非要做恶意的批评，还请他们原谅。语体文还在试验时期，错误人人都难免。我们既爱护语体文，就应努力使它在声音节奏上比较完美些，多给读者一些愉快，少给责难者一些口实。这事要说是难固然是难，要说是容易也实在容易。先把思想情感洗练好，下笔时你就当作你是在谈话，让思想情感源源涌现，力求自然。你在向许多人说话，要说服他们，感动他们，当然不能像普通谈话那样无剪裁，无伦次。你须把话说得干净些，响亮些，有时要斩截些，有时要委婉些。照这样办，你的文章在声音节奏上就不会有毛病。旁人读你的文章，就不但能明白你的意思，而且听得见你的声音，看得见你的笑貌。“如闻其语，如见其人。”你于是成为读者的谈心的朋友，你的话对于他也就亲切有味。

文学与语文（上）：内容、形式与表现

从前我看文学作品，摄引注意力的是一般人所说的内容。如果它所写的思想或情境本身引人入胜，我便觉得它好，根本不很注意到它的语言文字如何。反正语文是过河的桥，过了河，桥的好坏就可不用管了。近年来我的习惯几已完全改过。一篇文学作品到了手，我第一步就留心它的语文。如果它在这方面有毛病，我对它的情感就冷淡了好些。我并非要求美丽的辞藻，存心装饰的文章甚至使我嫌恶；我所要求的是语文的精确妥帖，心里所要说的与手里所写出来的完全一致，不含糊，也不夸张，最适当的字句安排在最适当的位置。那一句话只有那一个说法，稍加增减更动，便不是那么一回事。语文做到这个地步，我对作者便有绝对的信心。从我自己的经验和对于文学作品的观察看来，这种精确妥帖的语文颇不是易事，它需要尖锐的敏感，极端的谨严和极艰苦的挣扎。一般人通常只是得过且过，到大致不差时便不再苛求。他们不了解在文艺方面，差之毫厘往往谬以千里。文艺的功用原在表现，如果写出来的和心里所想说的不一致，那就无异于说谎，失去了表现的意义。一个作家如果不在语文精确妥帖上苛求，他不是根本不了解文学，就是缺乏艺术的良心，肯对他自己不忠实，像我们在下文须详细分析的，语文和思想是息息相关的，一个作家在语文方面既可以苟且敷衍，他对于思想情感的洗练安排也就一定苟且敷衍。处处都苟且敷衍，他的作品如何能完美？这是我侧重语文的一个看法。

我得到这么一个看法，并不是完全拿科学头脑来看文学，硬要文学和数学一样，二加二必等于四。我细心体会阅读和写作的经验，觉得文学上的讲究大体是语文上的讲究，而语文的最大德性是精确妥帖。文学与数学不同的，依我看来，只有两点：一是心里所想的不同，数学是抽象的理，文学是具体的情境；一是语文的效果不同，数学直述，一字只有一字的意义，不能旁生枝节，文学暗示，一字可以有无穷的含蓄。穷到究竟，这还是因为所想的不同，理有固定的线索，情境是可变化可伸缩的。至于运用语文需要精确妥帖，使所说的恰是所想说的，文学与数学并无二致。

人人都承认文学的功用在表现，不过究竟什么叫作“表现”，用这名词的人大半不深加考究。依一般的看法，表现是以形式表现内容。这话原来不错，但是什么是内容，什么是形式，又是一个纠纷的问题。中国旧有“意内言外”和“意在言先”的说法。照这样看，以“言”表现“意”，“意”就是内容，“言”就是形式。表现就是拿在外在后的“言”来翻译在内在先的“意”。有些人纵然不以为言就是形式，也至少认为形式是属于言的。许多文学理论上的误解都由此生，我们须把它加以谨严的分析。

“意”是情感思想的合称。情感是生理的反应在意识上所生的感觉，自身迷离恍惚，不易捉摸。文艺表现情感，不能空洞地言悲言喜，再加上一些惊叹号，它必须描绘情感所由生的具体情境，比如哈姆雷特的悲哀、彷徨和冲突，在莎翁名剧中是借一些可表演于舞台的言动笑貌表现出来的。这就是说，情感必须化为思想，才可以表现得出。这里所谓“思想”有两种方式。一种运用抽象的概念，一种运用具体的意象。比如说“我打狗”这个思想内容，我们可以用“我”“打”“狗”三个字所指的意义连串起来想，也可以用“我的身体形象”“打的动作姿态”和“狗被打时的形象”连成一幅图画或一幕戏景来想。前者是概念的思想，后者是意象的思想，就是“想象”。两种都离不着“想”的活动。文艺在大体上用具体情境（所想的象）表现情感，所以“意”是情感饱和的思想。

在未有语文时，原始人类也许很少有抽象的概念，须全用具体的意象去想，几乎一切思想都是想象。这是最生动的想法，也是最笨拙的想法。你试用这种想法想一想“百年三万六千日，一日须倾三百杯”，或是“左据函谷、二崤之阻，表以太华、终南之山，右界褒斜、陇首之险，带以洪河、泾、渭之川”，其中有许多事物动静，你如何能在一霎时想象遍？运用语文是思想的捷径，一个简短的符号如“三百”“倾”“太华”“界”“带”之类可以代替很笨重的实事实物。既有了语文，我们就逐渐避繁趋简，概念的思想就逐渐代替意象的思想，甚至不易成意象而有意义的事物如“百年”“陇首”之类仍可以为思想对象。到了现在，语文和它所代表的事物已发生了根深蒂固的联想，想到实物树，马上就联想起它的名谓“树”字。在一般人的思想活动中，语文和实事实物常夹杂在一起，时而由实事实物跳到语文，时而由语文跳到实事实物。概念与形象交互织成思想的内容。因为心理习惯不同，有人侧重用实事实物去想，有人侧重用语文去想，但是绝对只用一种对象去想的人大概不会有。

语文与思想密切相关，还可以另用一些心理的事实来证明。普通说思想“用脑”，这话实在不很精确。思想须用全身，各种器官在思想时都在活动。你可以猜出一个人在用思想，甚至猜出他在想什么，因为从动作姿态上可以得到一些线索。有些人用思想时，必须身体取某种姿态，做某种活动，如叉腿、抖腿、摇头、定睛、皱眉之类，你如果勉强停止或更动他的活动姿态，就会打断他的思路。在周身中，语言器官的活动对于思想尤为重要。婴儿想到什么就须说什么，成人在自言自语时就是在用思想。有些人看书必须口里念着才行，不念就看不下去。就是“闷着想”，语言器官仍是在活动。默想“三百”，喉舌就须做说“三百”两字的动作，虽然这动作的显著程度随人而异。所以行为派心理学家说：“思想是无声的语言，语言也就是有声的思想。”单从文化演进的过程来看，思想的丰富和语文的丰富常成正比。一般动物思想不如人类，野蛮人思想不如文明人，关键都在语文的有无或贫富。人类文化的进步可以说是字典的逐渐扩大。一个民族的思想类型也往往取决于语文的特性。中国的哲学文学和西方的不同，在我看，有大半由于语文的性质不同。我们所常想的（例如有些伦理观念）西方人根本不想；西方人所常想的（例如有些玄学观念）我们也根本不想，原因就在甲方有那一套语文而乙方没有。所以无论是哲学或文学，由甲国语文翻译到乙国语文，都很难得准确。我们固然很难说，思想和语文究竟谁是因谁是果，但是思想有时决定语言，语言也有时决定思想，这大概不成问题。

从这些事实看，思想是心理活动，它所借以活动的是事物形象和语文（即意象和概念），离开事物形象和语文，思想无所凭借，便无从进行。在为思想所凭借时，语文便夹在思想里，便是“意”的一部分，是在内的，与“意”的其余部分同时进行的。所以我们不能把语文看成在外在后的“形式”，用来“表现”在内在先的特别叫作“内容”的思想。“意内言外”和“意在言先”的说法绝对不能成立。

流俗的表现说大概不外起于两种误解。第一是把写下来的（或说出来的）语文当作在外的“言”，以为思想原无语文，到写或说时，才去另找语文，找得的语文便是思想的表现。其实在写或说之前，所要写要说的已在心中成就，所成就者是连带语文的思想，不是空洞游离的思想。比如我写下一句话，这一句话的意义连同语文组织都已在心中想好，才下笔写。写不过是记录，犹如将声音灌到留声机片，不能算是艺术的创作，更不能算是替已成的思想安一个形式。

第二个误解是起于语文有时确须费力寻求，我们常感觉到心里有话说不出，偶然有一阵感触，觉得大有“诗意”，或是生平有一段经验，仿佛是小说的好材料，只是没有本领把它写成作品。这好像是证明语文是思想以后的事。其实这是幻觉。所谓“有话说不出”，“说不出”因为它根本未成为话，根本没有想清楚。你看一部文学作品，尽管个个字你都熟悉，可是你做不到那样。举一个短例来说：“春眠不觉晓，处处闻啼鸟，夜来风雨声，花落知多少。”哪一个字你不认识，你没有用过？可是你也许终生作不成这么一首好诗。这可以证明你所缺乏的并不是语文，而是运用语文的思想。你根本没有想，或是没有能力想，在你心中飘忽来去的还是一些未成形的混乱的意象和概念，你的虚荣心使你相信它们是“诗意”或是“一部未写的小说”。你必须努力使这些模糊的意象和概念确定化和具体化，所谓确定化和具体化就是“语文化”，“诗意”才能成诗，像是小说材料的东西才能成小说。心里所能想到的原不定全有语文，但是文学须从有限见无限，只能用可以凝定于语文的情感思想来暗示其余。文学的思想不在起飘忽迷离的幻想，而在使情感思想凝定于语言。在这凝定中实质与形式同时成就。

我们写作时还另有一种现象，就是心里似有一个意思，须费力搜索才可找得适当的字句，或是已得到的一个字句还嫌不甚恰当，须费力修改，这也似足证明“意在言先”。其实在寻求字句时，我们并非寻求无意义的字句；字句既有意义，则所寻求的不单是字句而同时是它的意义。寻字句和寻意义是一个完整的心理活动，统名之为思想，其中并无内外先后的分别。比如说王介甫的“春风又绿江南岸”一句诗中的“绿”字是由“到”“过”“入”“满”诸字辗转改过来的。这几个不同的动词代表不同的意境，王介甫要把“过”“满”等字改成“绿”字，是嫌“过”“满”等字的意境不如“绿”字的意境，并非本来想到“绿”字的意境而下一“过”字，后来发现它不恰当，于是再换上一个“绿”字。在他的心中“绿”的意境和“绿”字同时生发，并非先想到“绿”的意境而后另找一个“绿”字来“表现”它。

语文既与思想同时成就，以语文表现思想的说法既不精确，然则“内容”“形式”“表现”之类名词在文艺上究竟有无意义呢？

要明白这问题，我们须进一步分析思想的性质。在文艺创作时，由起念到完成，思想常在生长的过程中，生长的方向是由浅而深，由粗而细，由模糊而明确，由混乱而秩序，这就是说，由无形式到有形式，或是由不完美的形式到完美的形式。起念时常是一阵飘忽的情感，一个条理不甚分明的思想，或是一幅未加剪裁安排的情境。这就是作者所要表现的，它是作品的胚胎，生糙的内容。他从这个起点出发去思想，内容跟着形式，意念跟着语文，时常在变动，在伸展。在未完成时，思想常是一种动态，一种倾向，一种摸索。它好比照相调配距离和度数，逐渐使所要照的人物形象投在最适合的焦点上。这种工作自然要靠技巧。老手一摆就摆在最适合的距离和角度上，初学有时须再三移动，再三尝试，才调配得好。文艺所要调配的距离角度同时是内容与形式，思想与语文，并非先把思想调配停当，再费一番手续去调配语文。一切调配妥帖了，内容与形式就已同时成就，内容就已在形式中表现出来。谈文艺的内容形式，必须以已完成的作品为凭。在未完成之前，内容和形式都可以几经变更；完成的内容和形式大半与最初所想的出入很大。在完成的作品中，内容如人体，形式如人形，无体不成形，无形不成体，内容与形式不能分开，犹如体与形不能分开。形式未成就时，内容也就没有完全成就；内容完全成就，就等于说，它有了形式，也就等于说，它被表现了。所谓“表现”就是艺术的完成；所谓“内容”就是作品里面所说的话；所谓“形式”就是那话说出来的方式。这里所谓“话”指作者心中想着要说的，是思想情感语文的化合体，先在心中成就，然后用笔记录下来。

作品无论好坏，都有一个形式，通常所谓“无形式”还是一种形式。坏作品的形式好比残废人的形貌，丑恶不全；好作品的形式好比健全人，体格生得齐全匀称，精神饱满。批评作品的形式只有一个很简单的标准，就是看它是否为完整的有机体。有机体的特征有两个：一是亚里士多德所说的有头有尾有中段，一是全体与部分，部分与部分，互相联络照应，变更任何一部分，其余都必同时受牵动。

这标准直接应用到语文，间接应用到思想。我们读者不能直接看到在作者心中活动的思想，只能间接从他写下来的语文窥透他的思想。这写下来的语文可以为凭，因为这原来就是作者所凭借以思想的，和他写作时整个心灵活动打成一片。思想是实体，语文是投影。语文有了完整的形式，思想绝不会零落错乱；语文精妙，思想也绝不会粗陋。明白这一点，就明白文学上的讲究何以大体是语文上的讲究，也就明白许多流行的关于内容与形式的辩论——例如“形式重要抑内容重要”“形式决定内容，抑内容决定形式”之类——大半缺乏哲理的根据。

附注：这问题在我脑中已盘旋了十几年，我在《诗论》里有一章讨论过它，那一章曾经换过两次稿。近来对这问题再加思索，觉得前几年所见的还不十分妥当，这篇所陈述的也只能代表我目前的看法。我觉得语文与思想的关系不很容易确定，但是在未把它确定以前，许多文学理论上的问题都无从解决。我很愿虚心思索和我不同的意见。

文学与语文（中）：体裁与风格

每一个开化民族的语文到了它的现阶段，都曾经过很悠久的历史。它常在生长、变化和新陈代谢；它是一个活的东西，随着一个民族的精神生活而生发无穷。那个民族的精神生活衰竭了，它也就随之衰竭。这种语文发展的发动和支配固然大半靠全民族在历史过程中所拿出来的力量，但是关键仍在那民族中的文学作家。他们是与语文打交涉最多最密切者，也是运用语文最谨严而又最富于创造性者。他们在写成一部有价值的作品时，不仅替文艺国库里添上一件瑰宝，也替当时语文的生长打开了一条新路，决定了一个新动向。所以研究一国语文的演变史，如果丢开文学作品的例证，就无法进行。

不过文学作家所能拿来运用的是当时公认的流行的语文，这就是说，他的工具是旁人已经替他造就的，无论它对他合适不合适，他都须用它，他不能凭空地替自己铸造一个崭新的工具。他的使命是创造，而天造地设的局面逼得他要接受传统，要因袭。他须抓住一个已定的起点去前进。这个原则固然适用于他的整个精神生活，在语文方面他尤其感觉得迫切。语文的已成之局固然可以给他很多的方便，他可以在遗产里予取予求，俯拾即是；但是也可以给他很多的不方便，常使他感觉困难。最显著的是固有的语文不够应付新的需要。人类一切活动，自物质的设施、社会的组织以至于心智的运用，都逐渐由粗趋精，由简趋繁。在每一时代写作者都感觉到语文的守旧性，世界变了，而语文还没有迎头赶上；要语文跟着变，还要他来出力。他须把旧字送到铅炉里熔解，他须铸造新字，尤其重要的是他须发明新的排字法。但是最大的困难还不在此。流行的语文像流行的货币，磨得精光，捏得污烂，有时须贬值，有时甚至不能兑现。文学作家须凭借这人人公用的东西，来运用他个人在特殊情境的思想。他稍不当心，就会中了引诱，落到陈腐滥调的陷阱里去，他的语文连同他的思想都停滞到人人所能达到的境界，他所要表现的那特殊情境没有到手就溜走。古今中外的作家能从这种陷阱中爬起来的并不多，爬起来的人才真正是创造者，开辟风气者。从开辟风气者人数寥寥看，我们可以知道语文的创造大非易事。它需要极艰苦的努力，取精光烂污的语文加以一番揉捏洗练，给它一种新形样、新生命、新价值，使它变为自己的可适应特殊情境的工具。文学的创造是思想（抽象的连同具体的）的创造，也就是语文的创造。

语文有普通性，有个别性。普通性来自沿袭传统，个别性起于作者的创造。一个作品的语文有普通性，才能博得读者的了解；有个别性，才能见得作者在艺术上的成就。这原则不但适用于用字造句，还可以适用于体裁与风格。严格地说，每一个作品所要表现的是特殊的，它的语言形式也必是特殊的，否则它就没有存在的理由。一个人云亦云的作品就各方面说，都是精力的浪费。所以每一个名副其实的文学作品必有一个特殊的形式，犹如世间没有两个人模样完全相同。所谓“形式”只有这一个意义经得起哲理的分析——就是一篇完成的作品的与内容不能分开的特殊形式。这形式就是作品的生命的自然流露，水到渠成，不由外铄。

不过一般人谈形式，往往把它看作传统的类型，例如“诗”“骈文”“散文”“戏剧”“小说”“书疏”“墓志铭”之类也被称为形式。其实这是法国人所谓 genres，英国人所谓 kinds，只宜称为“种类”或“体裁”。文学史家和批评家常欢喜采自然科学的方法，将文学作品分类，并且在每类中找出一些共同原则来，想把它们定为规律。这种工作并没有多大价值，美学家克罗齐已再三详辩过。它没有谨严的逻辑性，例如诗分叙事、状物、抒情等，实际上叙事诗有状物抒情的，抒情诗也有叙事状物的。我们只看《文选》《古文辞类纂》《经史百家杂钞》之类选本对于文章的分类，互不相同，而且都很勉强，就可以知道把文学作品摆进鸽子笼里去，不是一件合理的事。同属一类型的作品有时差别很大，我们很难找出共同原则来，求其适合一切事例。《红楼梦》《水浒传》也叫作小说，却与西方一般小说不同，《西厢记》《燕子笺》也叫作戏剧，却也与西方一般戏剧不同。无论你拿看《红楼梦》的标准看《包法利夫人》，或是拿《罗密欧与朱丽叶》的标准看《西厢记》，你都是扣盘扪烛，认不清太阳。不但如此，你能拿看《红楼梦》的标准看《水浒传》？或是拿《哈姆雷特》的标准看《浮士德》？每一篇成功的作品都有一个内在的标准，也就都自成一类。它采用流行的类型，犹如它采用流行的语言；但是那类型须有新生命，也犹如语言的普通性之外须有个别性。

体裁或种类只是一个空壳。它有历史的渊源，例如戏剧起于宗教仪式的表演，逐渐生长，遂奠定一种文学体裁。作家一方面因为有些已成的范作可模仿，一方面也因为听众容易接受他们所熟悉的类型，于是就利用它来做创作的媒介。旧瓶装新酒自是一种方便，不过我们不能根据瓶来评定酒，更不能武断地说某种酒只有某种瓶可装。我从前也主张过某种体裁只宜于某种内容，“反串”就违背自然。后来我仔细比较同一体裁的许多作品，发现体裁虽同，内容可以千差万别。我们试想想诗中五律七律，词中任何一个调子，在从前经过几多人用过，表现过几多不同的情调，就可以知道体裁与内容并无必然的关系。批评家常责备韩昌黎以做文章的方法去作诗，苏东坡以作诗的方法去作词，说这不是本色当行。这就是过于信任体裁和它的规律。每一个大作家沿用旧体裁，对于它都多少加以变化甚至于破坏。他用迎合风气的方法来改变风气。莎士比亚和易卜生对于戏剧，可以为例。我相信莎士比亚如果生在现代欧洲也许写小说，生在唐代中国也许和李白、杜甫一样写五七言诗。体裁至多像服装一样，服装虽可以供人公用，却可以随时随地变更样式；至于每个作品的形式则如人的容貌，没有两个完全相同的。

每一篇作品有它的与内容不能分开的形式，每一个作者在他的许多作品中，也有与他的个性不能分开的共同特性，这就是“风格”。莎士比亚的四大悲剧的风味各不相同，但是拿他来比较和他同时的悲剧作家，这四大悲剧却有一种共同的特性，是在当时作品中找不着的。这是他的独到的风格。一般修辞学家往往以风格为修辞的结果，专从语文技巧上来分析风格，这种工作本也有它的效用，但是也容易使人迷失风格的真正源泉。历史上许多伟大作者成就了独到的风格，往往并不很关心到风格问题；而特别在修辞技巧上钩心斗角的作者却不一定能成就独到的风格。风格像花草的香味和色泽，自然而然地放射出来。它是生气的洋溢，精灵的焕发，不但不能从旁人抄袭得来，并且不能完全受意志的支配。古今讨论风格的话甚多，只有法国自然科学家布丰所说的最简单而中肯：“风格即人格。”一个作者的人格决定了他的思想情感的动向，也就决定了他的文学的风格。弥尔顿说得好：“谁想做一个诗人，他必须自己是一首真正的诗。”“言为心声”，要看“言”如何，须先看“心”如何，从前人所以有“和顺积中，英华外发”的话。司空图的《诗品》是中国批评文中最精妙的，他所要描绘的是诗品（诗的风格），而他实际所描绘的大半是人品。人格与风格的密切关联证实了一个基本原则，就是文学不能脱离人生而独立。我们要想在文学上有成就，从源头做起必须修养品格。我们并非希望文学作家都变成道学家，我们所着重的是他必须有丰富的精神生活。有生气然后有生气的洋溢。

抓住了这个基本原则，其他关于风格的争辩全属枝节问题。历来讨论风格者都着重字的选择与安排。斯威夫特说：风格是“用适当的字在适当的地位”（the use of proper words in proper places）。柯尔律治论诗，说它是“最好的字在最好的次第”（the best words in their best order）。福楼拜是近代最讲究风格的作家，也是在“正确的字”（lejuste mot）上做功夫。他以为一句话只有一个最恰当的说法，一个字的更动就可以影响全局，所以常不惜花几个钟头去找一个恰当的字，或是斟酌一个逗点的位置。这些都是有经验的作家，他们都特别看重选字排字的重要，当然有一番大道至理。在我们看，他们在表面上重视用字的推敲，在骨子里仍是重视思想的谨严。唯有谨严，思想情感才能正确地凝定于语文，人格才能正确地流露于风格。

作家第一件应当心的是对于他自己的忠实。一句话恰好表现了他自己的思想情感，照理他就应该感觉满意。不过通常作家的顾虑，不仅在一句话是否恰好表现了他自己，同时也在它是否能说服或感动读者。因此，语文有两重功用：一是表现，一是感动。理想的文学作品是它的语文有了表现力就有了感动力，不在表现之外另求所谓“效果”（effect）。不过这究竟是理想，满作家自己意的作品往往不尽能满读者意。在这种时会，缺陷有时在作品本身，也有时在读者的欣赏力。如果它在读者的欣赏力，它可以借教育弥补。一个作家最难的事往往不在创造作品，而在创造欣赏那种作品的趣味。这就是所谓“开风气之先”。如果缺陷在作品本身，根本的救济仍在思想情感的深厚化，而不在语文的铺张炫耀。但是平庸的作家往往不懂得这简单的道理，以为文学只是雕章琢句就可以了事，于是“修辞学”成为一种专门学问，而文学与雄辩混为一谈。从文学史看，文学到了专在修辞家所谓“辞藻”上显雕虫小技时，往往也就到了它的颓废时期。文学与雄辩的分别，穆勒（J. S. Mill）说得最好：“雄辩是使人听见的（heard），诗是无意中被人听见的（overheard）。当言说非自身就是目的而是达到一种目的之手段时，……当情感的表现带着有意要在旁人心上产生一个印象时，那就不复是诗而变为雄辩了。”穆勒虽专指诗，其实凡是纯文学都与诗一理。雄辩意在炫耀，文学须发于真心，心里有那样的话非那样说出不可，一炫耀就是装点门面，出空头支票。所以诗人魏尔兰在《论诗》的诗里大声疾呼：“抓住雄辩，扭断它的颈项！”

一个作家有一个作家的风格，一时代或一学派也带有它的特殊风格。在欧洲，“古典的”“浪漫的”“写实的”是几种重要的不同的作风；在中国，文则六朝与唐宋，诗则选体与唐，唐与宋，词则花间与北宋，北宋与南宋，各有各的特殊风味。这种分别固然有一部分是实在的，它的根源在脾胃和眼光的不同；但是也有一部分是由文学史家和批评家夸张出来的，真正完美的文学都必合于一些基本的条件，纯粹是“古典的”或纯粹是“浪漫的”作家往往不是第一流作家。一种风格流行到相当时期以后，有时容易由呆板而僵硬腐朽，穷则必变，于是一个反动跟着来，另一种风格代起。但是过些时候，这种新风格又变成旧的，引起另一个反动，有时打开另一新径，也有时回转到曾经一度放弃的旧径，这种“趣味的旋转”是文学演进的自然现象。但是虚心静气的读者和作者当不为一时风气所囿，知道每一种风气中都可以有好作品，承认它们的不同，但是不必强分优劣。

这个原则可以应用到关于风格的另一些区别。中国批评家常欢喜谈阳刚与阴柔、浓丽与清淡、朴直与委婉、艰深与平易之类分别，而且各阿其所好，喜清淡就骂浓丽，喜浓丽就瞧不起清淡。西方批评家也有同样的脾气。这些分别有时起于作者的个性，是苏东坡那样的人，就会持铜琶铁板，唱“大江东去”；是柳耆卿那样的人，就会执红牙板，歌“杨柳岸晓风残月”；也有时起于所写情境的分别，王摩诘写田园山林之乐固然清淡，写宫殿的排场还是很浓丽。这都是自然而然，不假做作的。如果与作者个性相称，与题材内容相称，各种不同的风格都可以有好文章。最忌讳的是情思枯涩而要装浓丽，情思平庸而要显得艰深，性格偏于阴柔而要张牙露爪地卖弄阳刚。说来说去，还是回到我们对于表现的基本主张，思想必须与语文同一，人格必须与风格同一。这就是《易经》所说的“修辞立其诚”。

文学与语文（下）：文言、白话与欧化

摆在我面前的是一本新出版的刊物，里面劈头一篇就是一位大学中文系主任的《中国文学系之精神》的文章。他郑重申明“本系之精神，力矫流俗，以古为则”。他很痛心疾首地骂“无识之徒，倡导白话，竞煽小调，共赏伧言，谓合自然，呼为天籁”；同时又骂“诡异之徒，轻议旧业，谓为陈腐，以西体为提倡，创造为号召”。他反对白话的理由是“语言之与文学本有区分，俗曲之与雅奏岂能并论！……文学自有艺术之高下，岂村童野老之所能工？且自然与白话有殊，古典非故实之谓。……自然须自艰苦中来，非白话之能期，而古典为经世之必需，尤非可以邪说抹杀”；至于西体不应提倡，是因为：“文学有语言文字之殊，文法声韵之异，是有国别，岂可强同？……文字创造乃自然之演进，必以旧业为基，岂可斩绝历史，刮灭前言，而以异邦异物，强相改易？”

这篇文章很可以代表许多维护国学者对于近年来白话运动和欧化运动的反响。我认识的朋友中持这种“以古为则”的态度的人颇不少，而且他们不尽是老年人，我知道上面所引的文章的作者比我较年轻，因为我和他曾有一面之雅。我很明白他们这一批人的立场，也很同情他们的诚恳；可是我碰巧站在“无识之徒”与“诡异之徒”一边，对于他们的见地不能心悦诚服。一般人似以为新旧之争已成过去，不肯再提这老问题，上引一文可以证明它并未完全过去。本来事实胜于雄辩，无论站在旧的或新的一边，最有力的武器是作品；到最后哪一派能产生最有生命的作品，哪一派就会胜利。不过不正确的思想和理论也可以迷惑视听，用人工的歪曲阻碍自然的进展；所以关于新旧之争，在思想与理论上多加检讨，还是有益的。

这问题还与我们所讨论的文学与语文的关系密切相关。它是目前最切实际的一个问题。在讨论它以前，我须向“以古为则”者申明，我从识字到现在，四十年不间断地在读旧书，从前也做过十几年的古文，我爱护中国旧诗文的热忱也许不在他们之下，可是我也常在读新文学作品，做过二十年左右的白话文；我的职业是教外国文，天天都注意到中文和西文的同异。我也经过骂“无识之徒”与“诡异之徒”那么一个阶段，现在觉得“无识”与“诡异”的不是旁人而是当年的自己。事非经过不知难，我希望“登泰山而小天下”的诸公多登一些高峰，然后再做高低大小的比较。成见、固执和意气永远是真理的仇敌。

先说文言与白话。“文学自有艺术之高下”，谁也不否认，不过“艺术之高下”以用文言与用白话做标准来定，似大有问题。无论用哪一种语文做媒介，是文学作品就得要符合文学的基本条件：有话说，说得好。这两层都需要思想的锐敏与谨严，都颇不是易事，用文言或用白话都不能天生地减去思想上的困难。思想的工作做到家，文言文可以做得好，白话文也还可以做得好。“自然须从艰苦中来”，白话文作者也是如此想；“非白话之能期”，这句话就不像“从艰苦中来”的。文言文所能有的毛病，白话文都能有；白话文所能有的毛病，文言文也在所不免。肤浅、俗滥、空洞、晦涩、流滑，都不是哪一方面的专利品。如果说文言文比白话文简洁，我大致可承认；但这也看作者的能力，白话文也还是可以简洁。比如说，上文所引的“以西体为提倡”一句话，用白话来说，“提倡西体”就很够，用不着“以……为”。“以西体为提倡”读起来像很顺口，但是想起来似不如“以古为则”那样合逻辑。文言有时可以掩盖文章的毛病，这是一个眼前的例证。如果不为篇幅所限，这种例证我可以举得很多。

从语文的观点看，文言文与白话的分别也只是比较的而不是绝对的。活的语文常在生长，常在部分地新陈代谢。在任何一个时期，每一种活的语文必有一部分是新生的，也必有一部分是旧有的。如果全是旧有的，它就已到了衰死期；如果全是新生的，它与过去语文就脱了节，彼此了不相干。我们中国语文虽然变得很慢，却也还是活的，生长的，继续一贯的。这就是说，白话也还是从文言变来的，文言与白话并非两种截然不同的语文。不但许氏《说文》里面的字有许多到现在还在口头流传，就是《论语》《孟子》《左传》《史记》一类古典的字句组织法也还有许多是白话所常用的。我们如果硬要把文言奉为天尊，白话看成大逆不道，那就无异于替母亲立贞节牌坊，斥她的儿子为私生子，不让他上家谱。

白话的定义容易下，它就是现在人在口头说的语文；文言的定义却不易下，如果它指古语，指哪一时代的古语呢？所谓“用文言作文”只有三个可能的意义。一是专用过去某一时代的语文，学周秦人说话，或是学两汉人说话。这是古文家们所提倡的。这种办法没有很充足的理由，从前似已有人反对过，并不限于现在“无识之徒”。而事实上这也未必真正可以办到。比如先秦诸子在同时代写文章，所用的语文却往往彼此相差很远。我们以哪一家为标准呢？第二种办法是杂会过去各时代的语文，任意选字，任意采用字句组织法。比如在同一篇文章里，这句学《论语》，那句学《楚辞》，另一句学《史记》，另一句又学归震川；只要是字，无论它流行于哪一个时代，都一律采用。多数文言文作者口里尽管只说周秦两汉，实际上都是用这个“一炉而冶之”的办法。这种办法的长处在丰富，短处在驳杂芜乱，就在讲古文义法的人们看来，也未必是正路。第三种办法是用浅近文言。所谓“浅近文言”是当代人易于了解的文言，一方面冷僻古字不用，奇奥的古语组织法不用；一方面也避免太俚俗的字和太俚俗的口语组织法。以往无心执古而自成大家的作者大半走这条路，我想孟子、左丘明、司马迁、王充、陶潜、白居易、欧阳修、王安石、苏轼一班人都是显著的代表。看这些人的作品，我们可以看出两点：第一，他们的语文跟着时代变迁，不悬某一代“古文”做标准，泥古不化；第二，他们的原则与白话文的原则大致相近，就是要求语文有亲切生动的表现力与平易近人的传达力，作者写起来畅快，读者读起来也畅快。

好的白话文比起似六朝而非六朝，似唐宋而非唐宋的文言文，好处就在这两点。首先，就作者自己说，语文与思想，语文与实际生活经验，都有密切的关联。在实际生活中，他遇着不开心的事，“哎”地叹一口气，心里想着这声叹息还是想着“哎”，传达这情感于语文时也还是写“哎”，这多么直截了当！你本想着“哎”，而偏经一道翻译手续，把它写成“呜呼”甚至于“於戏”，这又何苦来？古人在用“呜呼”“於戏”时，还是和我们现在用“哎”一样叹气，古人可以用“呜呼”“於戏”，我们何以一定不可以用“哎”？这还是小事，最要紧的是现时名谓字与拿来代替的古代名谓字所指的常不完全相同。东南大学只是东南大学，你要叫它“南雝”；行政专员只是行政专员，你要叫他“太守”或“刺史”。这不但不自然，而且也不忠实。“以古为则”者似没有理会“修辞立其诚”一句古训。

其次就读者说，流行的语文对于他比较亲切，你说“呜呼”，他很冷淡地抽象地想这两字的意义；你说“哎”，这声音马上就钻进他的耳朵，钻进他的心窝，使他联想起自己在说“哎”时的那种神情。读白话文，他仿佛与作者有对谈之乐，彼此毫无隔阂；读文言文，尤其读现代人的文言文，他总不免像看演旧戏，须把自己在想象中搬到另一种世界里去，与现实世界隔着一层。还不仅此，读文言文须先有长时期的辛苦训练，才能彻底了解。这种训练原来是有益的，不过我们不能希望一般读者都有。一般读者知道东南大学是东南大学，不知道所谓“南雝”，并没有多大妨碍；你偏要他因为不知道“南雝”就不知道东南大学，以为非如此不足以“挽救颓风”，这就未免执古不化了。

做白话文是一件事，读古典另是一件事。现在一班“以古为则”者以为既提倡白话文就必须废弃古典，这其实是过虑。就逻辑说，这两件事中间并无必然关系。就事实说，做白话文的人们谈古典的还是很多，施耐庵、曹雪芹、吴敬梓没有读过古典？朱元晦、王阳明一班语录的作者没有读过古典？就西方各国来说，每一个时代的作者都只用当时流行的语文，可是没有一个很重要的作者不研究前代的名著。原因很简单，他们要利用前人在数千百年中所逐渐积蓄的经验，要承继历史的遗产。文学与语文都有长久的历史，前人已得的成就是后人前进的出发点。后人对于前人的传统不是因袭，就是改革。无论是因袭或是改革，都必须对于传统有正确的了解。我们尽管做白话文，仍须认清文言文的传统，知道它的优点和弱点，才知道哪些地方可因袭，哪些地方可改革。现代语文是由过去语文蜕化出来，所以了解文言文对于运用白话还是有极大的帮助。丢开技巧不说，单说字汇。拿文盲和读书人比较，读书人的字汇无疑地较为丰富。在文盲听起来莫知所云的，在读书人却是寻常口语。超出于文盲所有的那部分字汇当然从书本上得来。各国语文都常有古字复活的现象。这复活往往由文章逐渐蔓延到口语。在今日中国，复活古字尤其紧要，因为通常口语字汇过于贫乏，把一部分用得着的古字复活起来，一方面可以增加白话文的表现力，一方面也可以使文言与白话的距离变小，文章读起来不太难，通常说话也不太粗俗不精确。单就扩充字汇来说，研究文言文的古典，确是写作家应有的准备。我们只略取现在人写的较好的白话文来做一个分析，就知道古字复活正在大量地进行，也就知道白话文仍然可以承继一部分文言文的遗产，历史的赓续性并不致因为放弃文言就被打断。

“以古为则”者看不起白话文，以为它天生是下贱的，和乡下佬说的话一样粗俗，他们以为用文言才能“雅”。这种误解一半起于他们的固执，不肯虚心研究白话文；一半也起于初期提倡白话文者的“作文如说话”这句带有语病的口号。我们尽管用白话，作文并不完全如说话。说话时信口开河，思想和语文都比较粗疏；写作时有斟酌的时间，思想和语文都比较缜密。在这两方面可以见出。头一点是用字，说话用的字比较有限，作文用的字比较丰富。无论在哪一国，没有人要翻字典去谈话，可是作文和读文却有时要翻字典。作文思想谨慎些，所以用字也比较谨慎些。一篇寻常对话，如果照实记录下来，必定有很多不精确的字。其次是语句组织。通常谈话不必句句讲文法，句句注意到声音节奏，反正临时对方可以勉强懂得就够了。至于作文，我们对于文法及声调不能不随时留意。所以“写的语文”（written language）和“说的语文”（spoken language）在各国都不能完全一致。“写的语文”不一定就是文言，例如现在西方作家尽管研究但丁、乔叟（Chaucer）、蒙田、莎士比亚诸古代作者，写作时并不用这些作者所用的语文（可以说是西方的文言），这一点是拥护古文者所忽略的。至于雅俗并不在文之古今，《诗经》《楚辞》在当时大体是白话，想来在当时也还可以算得“雅”，何以现在人用白话写诗文，就一定要“俗”呢？依我想，“雅”只能作艺术的或“精美纯正的”解，这并不在字本身的漂亮，而在它与情感思想的吻合。如果把“雅”看成涂脂敷粉，假装门面，那就根本没有了解文艺。我颇有一点疑心许多固执把白话看成“不雅”的“文坛耆宿”对于文艺的趣味并不很高。

我们承认白话在目前还不是一个尽美尽善的工具，它还须加以扩充和精练。这只有两个方法，一是上文所说的接受用得着的文言文遗产，一是欧化。提起欧化，“以古为则”者听到，怕比听到白话还更痛心疾首。其实管你高兴不高兴，白话文久已在接受欧化，和它久已在接受文言文的遗产，同是铁一般的事实。这事实有它的存在理由，是自然演变所必经过的，绝不会被你泼妇骂街似的骂它“鄙薄”“夸诞”“诡异”“悖谬”，就可以把它压倒的。关于欧化问题可说的话甚多，我姑且提出几点来，供虚心人衡量思索。

第一，语文和思想不能分开。思想的方式和内容变迁，语文就必跟着变迁，除非你绝对拒绝西方学术，要不然，你无法不酌量接受西方语文的特殊组织。你不能用先秦诸子的语文去“想”康德或怀特海的思想，自然也就不能用那种语文去“表现”他们的思想。如果你用很道地的中国语文翻译他们的著作，你的译文读起来愈是好中文，很可能就愈不忠实。这道理佛经的翻译大师都知道，所以他们宁可冒“诡异”大不韪，尽量让中文印度化，不愿失去佛经原来的意义与风味。西文有根底的人们都知道林琴南翻译的小说尽管是“古道照颜”的中文，所得到的仅是粗枝大叶，原文的微妙处都不复存在。这虽然只是说翻译，也可以适用于写作。我们既然接受西方的哲学和文学，能不在上面体验玩索？能不采同样的思想方式去想出自己的哲学系统？能不采同样的看人生世相的眼光去创造自己的文学作品？如果这些都不是分外的事，我们必定有意地或无意地使我们的语文多少受些欧化。

第二，文化交流是交通畅达的自然结果。人类心灵活动所遵循的理本来不能有很大的差别，《易经》所以有东圣西圣心同理同的名言。但是因为有地理上的阻隔，每个民族各囿于一个区域发展它的文化；又因为历史和自然环境的关系，每个文化倾向某方面发展，具有它所特有的个性，逐渐与其他文化不同。不同的文化如果不相接触，自然不能互相影响；如果相接触，则模仿出于人类的天性，彼此截长补短往往是不期然而然的。就人类全体说，这种文化交流是值得提倡的，它可以除去各民族都难免的偏蔽，逐渐促成文化上的大同。一个民族接受其他民族的文化犹如吸收滋养料，可以使自己的文化更加丰富。这里我们大可不必听短见的狭义的国家主义作祟。“相观而善之谓摩”，这是我们先圣对于个人交友的看法，它也可以推广到整个民族。“见贤思齐”原来不是一件羞耻，我不了解“文坛耆宿”何以必定把接受欧化当作一件奇耻大辱。单就文学与语文来说，欧洲各国从有文学史以来，就互相影响。最显著的是英文，于今英文所保留的盎格鲁撒克逊的成分极少，大部分都是从希腊、拉丁、北欧语和法文“借”来的。从十四世纪起，英国文学和语文几乎没有一时不受法国的影响。因为英文肯虚心采纳外来的成分，它才变成了世界上一种最丰富的语文。为什么我们就觉得欧化是“腾笑友邦，毒虐国家”呢？难道我们忘记以往翻译佛典的那一大宗公案？“如是我闻”“合掌恭敬而白佛言”“当知，阿难，诸如来身即是法身”“日镜相远，非和非合，不应火光，无从自有”“以积聚义故，说名为蕴”“所有一切众生之类，若卵生，若胎生，若湿生，若化生，若有色，若无色，若有想，若无想，若非有想，非无想，我皆令入无余涅槃而灭度之”……这些语句的组织，如果稍加分析，都是由欧化来的（因为印度文仍属印度欧罗巴系）。何以古人接受欧化可成经典，我们主张接受欧化，就是大逆不道？

所谓欧化，当然不仅指语文，体裁和技巧也应当包含在内。有了《佛本行赞》和《唐三藏游西域记》那样长篇传记并游记的模范，我想不出理由我们一定要学司马迁和柳宗元。元曲固然有它的优点，要在近代舞台上演，写莎士比亚、易卜生、契诃夫那种样式的剧本，似也未见得就损失尊严。我们不必从西方小说的观点去轻视《水浒传》或《红楼梦》，但是现代中国作家采用西方技巧所写的小说似也有相当的成绩。此外，说理的文章如果能采用柏拉图《对话集》那样深入浅出、亲切有趣的方式，或是康德《纯粹理性批判》那样有系统有条理的方式，似也不一定就要比“论说”“语录”体逊色。我颇怀疑刘彦和如果不精通佛理，能否写出那样颇有科学系统组织的《文心雕龙》。对于这些问题我不敢武断，我希望“文坛耆宿”不必持“拒人于千里之外”的态度，把它们加一番虚心检讨。

第三，中国语文的优点很多，我们不必否认，但是拿欧洲语文来仔细比较，它有不少的弱点，我们似亦毋庸讳言。举几个最显著的来说。动词自身不能表示时间性，虽然有“曾”“已”“正”“将”之类副词可用，普通人写作却不常拿来用，所以要明白动作的时间先后次第，我们常须依文义猜测。文法本由习惯形成，在语文是文法，在思想就是逻辑。我们多数人的思想都缺乏谨严的逻辑，所以用语文很少注意文法的习惯，一句话有时没有主词，有时没有主要动词。主动词和被动词有时在形式上可以无分别。最重要的是关系代名词和关系连接词的缺乏，因此写复合句颇不容易，西文所有的紧凑的有机组织和伸缩自如的节奏在中文中颇难做到。我们很少用插句的习惯，在一句话之中有一个次要的意思临时发生，或是须保留某一个条件，或是须做一个轻淡的旁敲侧击，我们很不容易顺着思想的自然程序与轻重分寸把它摆进那一句话里；要把它说出，只好另来一句。这个欠缺使语文减少弹性和浓淡阴影。只知道中文而不知道西文的人们自然不会感觉到这些欠缺不方便，知道西文而没有做翻译工作的人或许也不感觉到它们的严重，但是忠实的翻译者都会明白我说这番话的甘苦。各国语文习惯本各不相同，我们固然不能拿西文文法来衡量中文，但是上述几种欠缺不全是习惯问题而是思想的谨严与松懈问题。如果我们能了解西文在这几方面确比中文好，我们似没有理由说中文不应把好的地方接受过来。

根据上面三层理由，我以为久已在进行的欧化运动是必须继续进行的。这不是一件易事，我明白；它可以弄得很糟，我也不否认。采用欧化的作者有两点须特别留意。头一点是不要生吞活剥。各国语文都有它的特性（法国人所谓génie），我们在大体上不能违反它。如果一句话依中文习惯可以说得同样精确有力，我们就绝对不能欧化它；欧化须在表现上有绝对必要时才可采用。第二点是不要躁进偾事。语文是逐渐生长的，我们不能希望一个重大的变动一蹴而就。一个作者的语文如果欧化到一般读者不易了解接受的程度，那反引起不必要的麻烦。群众需要按部就班的训练。这一代所认为欧化的，下一代就习惯成自然；这一代欧化得轻微一点，下一代欧化得彻底一点，如此逐渐下去，到适可程度为止，也许可以免除许多固执者的少见多怪。照我看，这是自然的大势所趋。

作者与读者

作者心目中应不应该有读者呢？他对于读者应该持怎样一种态度呢？初看起来，这问题好像值不得一问，但实在是文学理论中一个极重要的问题。文艺还只是表现作者自己就算了事，还是要读者从这表现中得到作者所要表现的情感思想？作者与读者的资禀经验和趣味绝难完全一致，作者所自认为满意的是否叫读者也能同样地满意？文艺有无社会性？与时代环境有无关系？每时代的特殊的文艺风气如何养成？在文艺史上因袭和反抗两种大势力如何演变？文艺作品何以有些成功，有些失败，有时先成功的后失败，先失败的后成功？这种种问题实在都跟着作者与读者的关系究应如何这个基本问题旋转。

我从前在《论小品文》一封公开信里曾经主张道："最上乘的文章是自言自语"，它"包含大部分纯文学，它自然也有听众，但是作者的用意第一是要发泄自己心中所不能不发泄的。这就是劳伦斯所说的'为我自己而艺术'"。于今回想，这话颇有语病。当时我还是克罗齐的忠实信徒。据他说，艺术即表现，表现即直觉，直觉即情感与意象相交而产生具体形式的那一种单纯的心灵综合作用。所以艺术的创造完全在心里孕育，在心里完成。至于把心里所已完成的艺术作品用文字符号记载下来，留一个永久固定的痕迹，可以防备自己遗忘，或是传给旁人看，这只是"物理的事实"，犹如把乐歌灌音到留声机片上，不能算是艺术的活动。备忘或是准备感动旁人，都有实用目的，所以传达（即以文字符号记载心里所成就的形象）只是实用的活动。就艺术家之为艺术家而言，他在心中直觉到一种具体意象恰能表现所要表现的情感，他就已完全尽了他的职责。如果他不止于此，还要再进一步为自己或读者谋便利，把自己所独到的境界形诸人人可共睹的文字，他就已放弃艺术家的身份而变为实用人了。这第二步活动尽管如何重要，却不能与艺术的创造相混。严格地说，真正的艺术家都是自言自语者。

这一套理论是上引一段话中“最上乘的文章是自言自语”一句话所由来。克罗齐的学说本有它的谨严的逻辑性，纯从逻辑抽象分析，颇不容易推翻。不过这种看法显然和我们的常识违反。它向常识挑衅，常识也就要向它挑衅。这两个敌阵在我心中支持过很长期的争斗。克罗齐所说的艺术人与实用人在理论上虽可划分，在实际上是否截然两事互不相谋呢？艺术家在创作之际是否完全不受实用目的影响呢？假如偶然也受实用目的影响，那影响对于艺术是否绝对有损呢？假如艺术家止于直觉形象与自言自语而不传达其心中蕴蓄，艺术的作用就止于他自身，世间许多有形迹可求的艺术作品是否都是枝指骈拇呢？这些问题常在我心中盘旋。于是我在事实中求解答，我发现常识固然不可轻信，也不可轻易抹杀。每时代的作者大半接受当时所最盛行的体裁。史诗、悲剧、小说、五七言诗和词曲，都各有它的特盛时代。作者一方面固然因为耳濡目染，相习成风，一方面也因为流行体裁易于为读者接受和了解。荷马和莎士比亚之类大家如果不存心要得到当时人玩赏，是否要费心力去完成他们伟大的作品，我以为大是问题。近代作者几乎以写作为职业，先存一个念头要产生作品，而后才去找灵感，造成艺术的心境，所谓“由文生情”，正不少于“因情生文”。创造一件作品，藏在心中专供自己欣赏，和创造一件作品，传达出来求他人欣赏，这两种心境大不相同。如果有求他人欣赏的“实用目的”，这实用目的绝不能不影响到艺术创作本身上去。姑举一例，小说、戏剧常布疑阵，突出惊人之笔（英文所谓 suspense and surprise），作者自己对于全局一目了然，本无须有此，他所以出此，大半为着要在读者心中产生所希望的效果。由此类推，文艺上许多技巧，都是为打动读者而设。

从这个观点看，用文字传达出来的文艺作品没有完全是“自言自语”的。它们在表面上尽管有时像是向虚空说话，实际上都在对着读者说话，希冀读者和作者自己同样受某一种情趣感动，或是悦服某一点真理。这种希冀克罗齐称之为“实用目的”。它尽管不纯粹是艺术的，艺术却多少要受它的影响，因为艺术创造的心灵活动不能不顾到感动和说服的力量，感动和说服的力量强大也是构成艺术完美的重要成分。

感动和说服的希冀起于人类最原始而普遍的同情心。人与人之间，有交感共鸣的需要。每个人都不肯将自己囚在小我牢笼里，和四周同类有墙壁隔阂着，忧喜不相闻问。他感觉这是苦闷，于是有语言，于是有艺术。艺术和语言根本是一回事，都是人类心灵交通的工具，它们的原动力都是社会的本能。世间也许有不立文字的释迦，不制乐谱的贝多芬，或是不写作品的杜甫，只在心里私自欣赏所蕴蓄的崇高幽美的境界，或私自庆幸自己的伟大，我们也只能把他们归在自私的怪物或心理有变态者一类，和我们所谈的文艺不起因缘。我们所谈的文艺必有作品可凭，而它的作者必极富于同情心，要在人与人之中造成情感思想的交流汇通，伸张小我为大我，或则泯没小我于大我，使人群成为一体。艺术的价值之伟大，分别地说，在使各个人于某一时会心中有可欣赏的完美境界；综合地说，在使个人心中的可欣赏的完美境界浸润到无数同群者的心里去，使人类彼此中间超过时空的限制而有心心相印之乐。托尔斯泰说："艺术是一种'人性活动'，它的要义只是：一个人有意地用具体的符号，把自己所曾经历的情感传给旁人，旁人受这些情感的传染，也起同感。"因此，他以为艺术的功用，在打破界限隔阂，"巩固人和人以及人和上帝的和合"。克罗齐派美学家偏重直觉，把艺术家看成"自言自语者"，就只看到艺术对于个人的意义与价值；托尔斯泰着重情感的传染，把艺术家看成人类心灵的胶漆，才算看到艺术对于人群的意义与价值。两说本可并行不悖，合并起来，才没有偏蔽。总之，艺术家在直觉形象时，独乐其乐；在以符号传达所直觉之形象时，与人同乐。由第一步活动到第二步活动，由独赏直觉到外现直觉以与人共赏，其中间不容发，有电流水泻不能自止之势。如将两步活动截然划开，说前者属于"艺术人"，后者属于"实用人"，前后了不相涉，似不但浅视艺术，而且把人看得太像机械了。实际上艺术家对于直觉与传达，容或各有偏重（由于心理类型有内倾外倾之别）；但止于直觉而不传达，或存心传达而直觉不受影响，在我看来，都像与事实不很符合。

艺术就是一种语言，语言有说者就必有听者，而说者之所以要说，就存心要得到人听。作者之于读者，正如说者之于听者，要话说得中听，眼睛不得不望着听众。说的目的本在于作者读者之中成立一种情感思想上的交流默契；这目的能否达到，就看作者之所给予是否为读者之所能接受或所愿接受。写作的成功与失败一方面固然要看所传达的情感思想本身的价值，一方面也要看传达技巧的好坏。传达技巧的好坏大半要靠作者对于读者所取的态度是否适宜。

这态度可以分为不视、仰视、俯视、平视四种。不视即目中无读者。这种态度可以产生最坏的作品，也可以产生最好的作品。一般空洞议论，陈腐讲章，枯燥叙述之类作品属于前一种。在这种作品中，作者向虚空说话，我们反复寻求，找不出主人的性格，嚼不出言语的滋味，得不着一点心灵默契的乐趣。他看不见我们，我们也看不见他，我们对面的只是一个空心大老倌！他不但目中无读者，根本就无目可视。碰到这种作者，是读者的厄运。另有一种作品，作者尽管不挺身现在我们面前，他尽管目中不像看见有我们存在，只像在自言自语，而却不失其为最上乘作品。莎士比亚是最显著的例。他写戏剧，固然仍是眼睛望着当时戏院顾主，可是在他的剧本中，我们只看见形形色色的人物活现在眼前，而不容易抓住莎士比亚自己。他的嬉笑怒骂像是从虚空来的，也是像朝虚空发的。他似无意要专向某一时代、某一国籍或某一类型的人说话，而任何时代、任何国籍、任何类型的读者都可以在他的作品中各见到一种天地，尝到一种滋味。他能使雅俗共赏，他的深广伟大也就在此。像他这一类作者，我们与其说他们不现某一片面的性格，毋宁说他们有多方的丰富的性格；与其说他们“不视”，不如说他们“普视”。他们在看我们每一个人，我们却不容易看见他们。

普视是最难的事。如果没有深广的心灵，光辉不能四达，普视就流于不视。普视是不朽者所特有的本领，我们凡人须择一个固定的观点，取一个容易捉摸的态度。文书吏办公文，常分“下行上”“上行下”“平行”三种。作者对于读者也可以取三种态度，或仰视，或俯视，或平视。仰视如上奏疏，俯视如颁诏谕，平视则如亲友通信叙家常，道衷曲。曾国藩在《经史百家杂钞》的序例里仿佛曾经指出同样的分别。我们所指的倒不限于在选本上所常分开的这几种体类，而是写任何体类作品时作者对于读者所存的态度。作者视读者或是比自己高一层，或是比自己低一层，或是和自己平行，这几种态度各有适合的时机，也各随作者艺术本领而见成败，我们不能抽象地概括地对于某一种有所偏袒。犹太人的《旧约》是最好的例证。《颂诗》颂扬上帝，祷祝上帝，捧着一片虔敬的丹心，向神明呈献，是取仰视的态度。《先知书》是先知者对于民众的预言和谆谆告诫，是取俯视的态度。其他叙述史事诸书只像一个人向他的同胞谈论往事，是取平视的态度。它们在文艺上各臻胜境。仰视必有尊敬的心情，俯视必有爱护的心情，平视必有亲密的心情，出乎至诚，都能感动。

在仰视、俯视、平视之中，我比较赞成平视。仰视难免阿谀逢迎。一个作者存心取悦于读者，本是他的分内事，不过他有他的身份和艺术的良心，如果他将就读者的错误的见解，低级的趣味，以佞嬖俳优的身份打诨呐喊，猎取世俗的炫耀，仰视就成为对于艺术的侮辱。一个作者存心开导读者，也本是他的分内事，不过他不能有骄矜气，如果他把自己高举在讲台上，把台下人都看成蒙昧无知，盛气凌人地呵责他们，讥笑他们，教训他们，像教蒙童似的解释这样那样，俯视就成为对于读者的侮辱。世间人一半欢喜人捧，另一半欢喜人踩，所以这两种态度常很容易获得世俗上的成功。但是从艺术观点看，我们对这种仰视与俯视都必须深恶痛绝。因此，我不欢喜 ××× 先生（让问心有愧的作者们填进他们自己的姓名），也不欢喜萧伯纳。

我赞成平视，因为这是人与人中间所应有的友谊的态度。“酒逢知己饮，诗向会人吟。”我们心中有极切己的忧喜，极不可为俗人言的秘密，隐藏着是痛苦，于是找知心的朋友去倾泻，我们肯向一个人说心事话，就看得起他这位朋友，知道在他那方面可以得到了解与同情。文艺所要表现的正是这种不得不言而又不易为俗人言的秘密。你拿它向读者吐露时，就已经假定他是可与言的契友。你拿哀乐和他分享，你同情他，而且也希望得到同情的回报。你这种假定，这种希望，是根据“人同此心，心同此理”这个基本原则。你传达你的情感思想，是要在许多“同此心”的人们中取得“同此理”的印证。这印证有如回响震荡，产生了读者的喜悦，也增加了作者的喜悦。这种心灵感通之中不容有骄矜，也不容有虚伪的谦逊，彼此须平面相视，赤心相对，不装腔作势，也不吞吐含混，这样人与人可以结成真挚的友谊，作者与读者也可以成立最理想的默契。凡是第一流作家，从古代史诗悲剧作者到近代小说家，从庄周、屈原、杜甫到施耐庵、曹雪芹，对于他们的读者大半都持这种平易近人的态度。我们读他们的作品，虽然觉得他们高出我们不知若干倍，同时也觉得他们诚恳亲切，听得见他们的声音，窥得透他们的心曲，使我们很快乐地发现我们的渺小的心灵和伟大的心灵也有共通之点。“尚友古人”的乐趣就在此。

诚恳亲切是人与人相交接的无上美德，也是作者对于读者的最好的态度，文化愈进，人与人的交接不免有些虚伪节仪，连写作也有所谓“礼貌”。这在西文中最易见出。记得我初从一位英国教师学作文时，他叮咛嘱咐我极力避免第一人称代名词。分明是“我想”“我说”，讲一点礼貌，就须写“我们想”“我们说”。英、德、法文中单数“你”都只能用于最亲密的人，对泛泛之交本是指“你”时却须说“你们”。事实上是我请你吃饭，正式下请帖却须用第三人称。“某某先生请某某先生予以同餐的荣幸”。有时甚至连有专指的第三人称都不肯用，在英、法文中都有非你非我非他而可以用来指你指我指他的代名词（英文的 one、法文的 on）。在这些语文习惯琐例中，我们可以看出人们有意要在作者与读者（或说者与听者）之中辟出所谓“尊敬的距离”，说“你”和“我”未免太显得亲密，太固定，说“你们”和“我们”既客气又有闪避的余地。说“张某李某”未免无忌惮，说实虽专指而貌似泛指的 one 或 on，那就沾染不到你或我了。一般著作本都是作者向读者说话，而作者却装着向虚空说话，自己也不肯露面，也正犹如上举诸例同是有“客气”作祟。这种客气我认为不仅是虚伪，而且是愚笨，它扩大作者与读者的距离，就减小作品的力量。我欢喜一部作品中，作者肯说自己是“我”，读者是“你”，两方促膝谈心，亲密到法国人所说的 entre nous（“在咱俩中间”，意谓只可对你说不可对旁人说）的程度。

文艺的语言同是社会交接的工具，所以说文艺有社会性，如同说人是动物一样，只是说出一个极平凡的真理。但是我们虽着重文艺的社会性，却与一般从社会学观点谈文艺者所主张的不同。在他们看，政治经济种种社会势力对于文艺倾向有决定的力量；在我们看，这些势力虽可为文艺风气转变的助因，而它的主因仍在作者对于读者的顾虑。各时代、各派别的文艺风气不同，因为读者的程度和趣味不同。汉人的典丽的词赋，六朝人的清新的骈俪文，唐宋人的平正通达的古文，多少都由于当时读者特别爱好那种味道，才特别发达。中国过去文艺欣赏者首先是作者的朋友和同行的文人，所以唱酬的风气特盛，而作品一向是“斗方名士”气味很重。在西方，有爱听英雄故事的群众才有荷马史诗和中世纪传奇，有欢喜看戏的群众才有希腊悲剧和伊丽莎白后期的戏剧。近代人欢喜看小说消遣，所以小说最盛行，这些都是很粗浅的事例，如果细加分析，文学史上体裁与风格的演变，都可以证明作者时时在迁就读者。

一个作者需要读者，就不能不看重读者；但是如果完全让读者牵着鼻子走，他对于艺术也绝不能有伟大的成就。就一般情形说，读者比作者程度较低，趣味较劣，也较富于守旧性。因此，作者常不免处在两难境遇：如果一味迎合读者，揣摩风气，他的艺术就难超过当时已达到的水准；如果一味立异为高，孤高自赏，他的艺术至少在当时找不着读者。在历史上，作者可以分为两大类，有些甘心在已成立的风气之下享一时的成功，有些要自己开辟一个风气让后人继承光大。一是因袭者，守成者；一是反抗者，创业者。不过这只是就粗浅的迹象说，如果看得精细一点，文学史上因袭和反抗两种势力向来并非绝不相谋的。纯粹的因袭者绝不能成为艺术家，真正艺术家也绝不能一味反抗而不因袭。所以聪明的艺术家在应因袭时因袭，在应反抗时反抗。他接受群众，群众才接受他；但是他也要高出群众，群众才受到他的启迪。他须从迎合风气去开导风气，这话看来像圆滑骑墙，但是你想一想曹植、陶潜、阮籍、杜甫、韩愈、苏轼、莎士比亚、歌德、易卜生、托尔斯泰，哪一个大家不是如此？

一般人都以为文艺风气全是少数革命作家所创成的。我对此颇表怀疑。从文艺史看，一种新兴作风在社会上能占势力，固然由于有大胆的作者，也由于有同情的读者。唐代诗人如卢仝、李贺未尝不各独树一帜，却未能造成风气。一种新风气的成立，表示作者的需要，也表示读者的需要；作者非此不揣摩，读者非此不爱好，于是相习成风，弥漫一时。等到相当时期以后，这种固定的作风由僵化而腐朽，读者看腻了，作者也须另辟途径。文艺的革命和政治的革命是一样的，只有领袖而无群众，都绝不能成功。作者与读者携手，一种风气才能养成，才能因袭；作者与读者携手，一种风气也才能破坏，才能转变。作者水准高，可以把读者的水准提高，这道理是人人承认的；读者的水准高，也可以把作者的水准提高，这道理也许不那么浅显，却是同样的正确。在我们现在的时代，作者们须从提高读者去提高自己。

具体与抽象

“文章之精妙不出字句声色之间。”如果记住语文情思一致的基本原则而单从语文探求文章的精妙，姚姬传的这句话确是一语破的。在《散文的声音节奏》篇中我们已谈到声的重要，现在来讲色。所谓“色”并不专指颜色，凡是感官所接触的，分为声、色、臭、味、触，合为完整形体或境界，都包含在内（佛典所谓“色蕴”亦广指现象界）。那篇所说的“声”侧重它的形式的成分，如音的阴阳平仄和字句段落的节奏之类；至于人物所发的声音可以帮助我们了解一种具体性格或情境的仍应归在本文所说的“色”。“色”可以说就是具体意象或形象。

我们接受事物的形象用感官，领会事物的关系条理用理智。感官所得的是具体意象，理智所运用的是抽象概念。在白马、白玉、白雪等个别事物所“见”到的白是具体意象，离开这些个别事物而总摄其共象所“想”到的白是抽象概念。理智是进一步、高一层的心理机能，但是抽象概念须从具体意象得来，所以感官是到理智的必由之路。一个人在幼稚时代，一个民族在原始时代，运用感官都多于运用理智，具体意象的力量都大于抽象概念。拿成年人和开化民族说，象仍先于理，知觉仍先于思想。因此，要人明了“理”最好的方法是让他先认识“象”（即“色”），古人所以有“象教”的主张。宗教家宣传教义多借重图画和雕刻，小学教科书必有插画，就是根据这个道理。

有些人在这中间见出文学与哲学科学的分别。哲学科学都侧重理，文学和其他艺术都侧重象。这当然没有哲学科学不要象、文艺不要理的含义。理本寓于象，哲学科学的探求止于理，有时也要依于象；文艺的探求止于象，但也永不能违理。在哲学科学中，理是从水提炼出来的盐，可以独立；在文艺中，理是盐所溶解的水，即水即盐，不能分开。文艺是一种“象教”，它诉诸人类最基本、最原始而也最普遍的感官机能，所以它的力量与影响永远比哲学科学深厚广大。

文艺的表现必定是具体的，诉诸感官的。如果它完全是抽象的，它就失去文艺的特质而变为哲学科学。记得这个原则，我们在写作时就须尽量避免抽象而求具体。“他与士卒同甘苦”“他为人慈祥”“他有牺牲的精神”之类语句是用抽象的写法，“他在战场上受伤临危时，口渴得厉害，卫兵找得一杯水给他喝，他翻身看见旁边躺着一个受伤发热的兵，自己就不肯喝，把那杯水传过去给那伤兵说：‘喝了罢，你的需要比我的更迫切！’”这才是具体的写法。仆人慌慌张张地跑去找主人说：“不好了！糟了！”他还是在弄抽象的玩意儿，令人捉摸不着；等到他报告说：“屋里起了火，房子烧光了，小少爷没救得出来，老太太吓昏过去了。”他才把我们引到具体的境界。“少所见，多所怪”，本是常理，你就以常理待它，如耳边风听过去；到了“见骆驼，言马肿背”，你就一惊一喜，看见一个具体的情境活现在眼前。凡是完美的诗、小说或戏剧，里面所写的人物故事和心境，如果抽象地说，都可以用三言两语总括起来，可是作者却要把它“演”成长篇大作，并非不知道爱惜笔墨，他要把人物化成有血有肉的人物，把情境化成有声有色的情境，使读者看到如在眼前。文艺舍创造无能事。所谓创造，就是托出一个意象世界来。从前人做寿序、墓志铭，把所有可赞扬人的话都堆积起来，一样话在任何场合都拿来应用，千篇一律，毛病就在不具体。现在许多人写文章还没有脱去这种习气。你尽管惊叹“那多么美丽啊”“人生多么悲哀哟”“我真爱你”，读者却不稀罕听这种空洞的话，他要你“拿出证据来”。

文学必以语文这媒介，语文的生长就带有几分艺术性。这在文字的引申义上面最容易看出。许多抽象的意义都借表达事物的字表达出来。就如这里所说的“生长”和“引申”都是抽象的意义，原来“生产”“展开”“牵引”“欠伸”却都指具体的动作。此外如“道”（路）、“理”（玉石的文理）、“风”（空气流动）、“行”（走）、“立”（站）、“推”（用手推物）、“断”（用刀断物）、“组织”（编织丝布）、“吹嘘”（以口鼓动空气）、“联络”（系数物于一处）之类在流行语文中用来表示抽象意义（即引申义），反比用原来的具体意义更为普通。如果略知文字学者把流行语文所用的抽象字义稍加分析，他会发现它们大半都是引申义，原义大半是指具体的事物。引申大半含有比喻的意味。“行道”有如“走路”，语文的“生长”有如草木的“发芽长叶”。比喻是文学修辞中极重要的一格。小则零句，大则整篇，用具体事物比喻抽象意义的都极多。零句如“人生若梦”“天地者万物之逆旅”“割鸡焉用牛刀”“鱼相忘乎江湖，人相忘乎道术”“秋风弃扇知安命，小炷留灯悟养生”之类，整篇如庄子的《养生主》、屈原的《离骚》、佛典中的《百喻经》、《伊索寓言》和英国班扬的《天路历程》之类都可以为例。读者如果循例推求，就可明白比喻在文学作品中，如何普遍，如何重要。

在《写作练习》篇中，我们已谈到文章的作用不外说理、言情、叙事、状物四种。事与物本来就是具体的，所以叙事文与状物文比较容易具体。情感在发动时虽有具体的表现，内为生理变化，外为对人处事的态度和动作，都有迹象可寻，但是身当其境者常无暇自加省察；即自加省察，也常苦其游离飘忽，不易捉摸。加以情随境迁，哀乐尽管大致相同，而个别经历悬殊，这个人的哀乐和那个人的哀乐，这一境的哀乐和另一境的哀乐终必有微妙的分别。文学不但要抓住类型，尤其紧要的是抓住个性。在实际中哀可以一哭表现，乐可以一笑表现；但是在文学作品中，哀只言哭，乐只言笑，就绝不能打动人，因为言哭言笑还是太抽象。要读者深刻地感觉到某人在某境中哀如何哀，乐如何乐，就必须把它所伴的具体情境烘托出来。因此，言情常须假道于叙事状物。美学家谈表现，以为情感须与意象融合，就因为这个道理。《诗经》里名句“蒹葭苍苍，白露为霜，所谓伊人，在水一方，溯回从之……宛在水中央”所写的是一些事物，一种情境，而所表现的却是一种情致。那种情致本身不能直接叙述或描绘，必须借“蒹葭”“白露”“伊人”“水”这些具体的意象所组成的具体的情境才可表现出来。

在文学所用的四类材料之中，理最为抽象。它无形无声无臭亦无味触，不能由感官直接感触，只能用理智领悟。纯文学必为具体的有个性的表现，所以想把说理文抬举到纯文学的地位，颇不容易。理愈高深就愈抽象，也就愈难为一般人了解欣赏。像《洪范》、《中庸》、《道德经》、墨子的《经》及《经说》、佛典中的论、康德的《纯粹理性批判》、斯宾诺莎（Spinoza）的《伦理学》之类典籍陈义非不高深，行文却极抽象，不免使读者望而生畏。世间有许多高深的思想都埋没在艰晦的文字里，对于文学与文化都是很大的损失。有些思想家知道这一点，虽写说理文，也极力求其和文学作品一样具体。古代的柏拉图和庄子，近代的柏格森和詹姆斯，都是好例。他们通常用两种方法。一是举例证，拿具体的个别事件说明抽象的普遍原理，有如律师辩护，博引有关事实，使听者觉其证据确凿可凭为之动听。一是多用譬喻，理有非直说可明者，即用类似的具体事物来打比。“人相忘乎道术”颇不易懂，“鱼相忘乎江湖”却是众人皆知的。《庄子》多用寓言，寓言多是譬喻。《战国策》所记载的当时游说之士的言辞，也大半能以譬喻说理见长。最有名的是画蛇添足、鹬蚌相争、狐假虎威几段故事。区区数语在当时外交政治上曾发生极大的影响。战国时言谈的风气很盛，而譬喻是言谈达到目的所必由之径。刘向《说苑》曾经有这样一段记载：

梁惠王问惠子曰：“愿先生言事则直言耳，无譬也。”惠子曰：“今有人于此而不知弹者。”曰：“弹之状何若？”应曰：“弹之状若弹，则喻乎？”王曰：“未喻也。”于是更应曰：“弹之状如弓而以竹为弦则知乎？”王曰：“可知矣。”惠子曰：“夫说者固以其所知，喻其所不知，而使人知之。今王曰‘无譬’则不可矣。”

这段话可以见出当时譬喻的流行，也把譬喻的道理说得极清楚：“以其所知喻其所不知。”文学要用具体的意象说出抽象的道理，功用也是如此。

从梁惠王不欢喜譬喻这件事实看，我们可以知道譬喻要多说话，尽管是最有效的办法，却不是最简洁的办法。分明只有一个道理，不直接说出，却要找一个陪衬把它烘托出来，不免是绕弯子。但是人类心智都要由具体达到抽象，这是无可如何的事。大凡具体的写法都比抽象的写法较费笔墨，不独譬喻如此。抽象的写法有如记总账，画轮廓，悬牌宣布戏单；具体的写法有如陈列账上所记的货物，填颜色画出整个形体，生旦净丑穿上全副戏装出台扮演。前者虽简赅而不免空洞，后者有时须不避烦琐才能生动逼真。文学在能简赅而又生动时，取简赅；在简赅而不能生动时，则毋宁取生动。这个道理我们有一个很好的例子可以说明。《穀梁传》成公元年有一条记载：

季孙行父秃，晋郤克眇，卫孙良夫跛，曹公子手偻，同时而聘于齐。齐使秃者御秃者，使眇者御眇者，使跛者御跛者，使偻者御偻者。

这段文字的重复是有意的，重复才能着重当时情境的滑稽。刘知几在《史通》里嫌它太繁，主张在“齐使秃者御秃者”句下只用“各以其类逆”一句总括其余。这就是把具体的改成抽象的，虽较简赅，却没有原文的生动和幽默。大约理智胜于想象的人对于文学中画境和剧情都不很能欣赏，而且嫌它琐细。这就无异于说他们的文学欣赏力薄弱。

具体的写法也不一定就要烦琐。繁简各有时宜，只要能活跃有生气，都不失其为具体。作文如绘画，有用工笔画法的，把眼前情景和盘托出，巨细不遗，求于精致周密处擅长；也有用大笔头画法的，寥寥数笔就可以把整个性格或情境暗示出来，使读者觉得它“言有尽而意无穷”。就常例说，作品的艺术价值愈高，就愈含蓄。含蓄的秘诀在于繁复情境中精选少数最富于个性与暗示性的节目，把它们融化成一完整形象，让读者凭这少数节目做想象的踏脚石，低回玩索，举一反三。着墨愈少，读者想象的范围愈大，意味也就愈深永。这道理在第一流史诗、戏剧和小说里都可以看出。荷马描写海伦的美，只叙述特洛伊国一般元老见到她如何惊叹，是一个最有名的实例。

要写得具体，也并非堆砌具体意象就可以了事。貌似具体的作品还可以说是太“抽象”，因为它陈腐、肤泛、空洞。广告商标的图画非无具体意象，可是从艺术眼光看，我们不能说它具体，它千篇一律，没有个性和生气。作文使用意象，颇非易事。我们脑中积着许多陈腐辞藻，一动笔就都拥挤上来。一提到美人就是桃面柳眉，一提到变化无常就是浮云流水、桑田沧海。写恋爱老是那一套三角场面，写抗战老是那一套间谍勾当。这其实和绘广告商标没有分别。我们所提倡的“具体”不仅是要用感官所接受的意象，而且是要把这种意象通过创造的想象，熔成一种独到的新鲜的境界或是一个有特殊生命的性格。情境写得像《水浒》里的武松打虎或《史记》里的鸿门宴，人物写得像莎士比亚的哈姆雷特或曹雪芹的刘姥姥，我们说那才不愧为“具体的”。我们在实际生活中所经历的人物境情还没有那么具体，那么真实。只就这一个意义说，我们才承认文艺所创造的世界是理想化的世界。

情与辞

一切艺术都是抒情的，都必表现一种心灵上的感触，显著的如喜、怒、爱、恶、哀、愁等情绪，微妙的如兴奋、颓唐、忧郁、宁静以及种种不易名状的飘来忽去的心境。文学当作一种艺术看，也是如此。不表现任何情致的文字就不算是文学作品。文字有言情、说理、叙事、状物四大功用，在文学的文字中，无论是说理、叙事、状物，都必须流露一种情致，若不然，那就成为枯燥的没有生趣的日常应用文字，如账簿、图表、数理化教科书之类。不过这种界线也很不容易划清，因为人是有情感的动物，而情感是容易为理、事、物所触动的。许多哲学的、史学的甚至于科学的著作都带有几分文学性，就是因为这个道理。我们不运用言辞则已，一运用言辞，就难免要表现几分主观的心理倾向，至少也要有一种“理智的信念”（intellectual conviction），这仍是一种心情。

情感和思想通常被人认为是对立的两种心理活动。文字所表现的不是思想，就是情感。其实情感和思想常互相影响，互相融会。除掉惊叹语和谐声语之外，情感无法直接表现于文字，都必借事、理、物烘托出来，这就是说，都必须化成思想。这道理在中国古代有刘彦和说得最透辟。《文心雕龙》的《熔裁》篇里有这几句话：“草创鸿笔，先标三准。履端于始，则设情以位体；举正于中，则酌事以取类；归余于终，则撮辞以举要。”

用现代话来说，行文有三个步骤，第一步要心中先有一种情致，其次要找出具体的事物可以烘托出这种情致，这就是思想分内的事，最后要找出适当的文辞把这内在的情思化合体表达出来。近代美学家克罗齐的看法恰与刘彦和的一致。

文艺先须有要表现的情感，这情感必融会于一种完整的具体意象（刘彦和所谓“事”），即借那个意象得表现，然后用语言把它记载下来。

我特别提出这一个中外不谋而合的学说来，用意是在着重这三个步骤中的第二个步骤。这是一般人所常忽略的。一般人常以为由“情”可以直接到“辞”，不想到中间须经过一个“思”的阶段，尤其是十九世纪浪漫派理论家主张“文学为情感的自然流露”，很容易使人发生这种误解。在这里我们不妨略谈艺术与自然的关系和分别。艺术（art）原义为“人为”，自然是不假人为的；所以艺术与自然处在对立的地位，是自然就不是艺术，是艺术就不是自然。说艺术是“人为的”就无异于说它是“创造的”。创造也并非无中生有，它必有所本，自然就是艺术所本。艺术根据自然，加以熔铸雕琢，选择安排，结果乃是一种超自然的世界。换句话说，自然须通过作者的心灵，在里面经过一番意匠经营，才变成艺术。艺术之所以为艺术，全在“自然”之上加这一番“人为”。

这番话并非题外话。我们要了解情与辞的道理，必先了解这一点艺术与自然的道理。情是自然，融情于思，达之于辞，才是文学的艺术。在文学的艺术中，情感须经过意象化和文辞化，才算得到表现。人人都知道文学不能没有真正的情感，不过如果只有真正的情感，还是无济于事。你和我何尝没有过真正的情感？何尝不自觉平生经验有不少的诗和小说的材料？但是诗在哪里？小说在哪里？浑身都是情感不能保障一个人成为文学家，犹如满山都是大理石不能保障那座山有雕刻，是同样的道理。

一个作家如果信赖他的生糙的情感，让它“自然流露”，结果会像一个掘石匠而不能像一个雕刻家。雕刻家的任务在把一块顽石雕成一个石像，这就是说，给那块顽石一个完整的形式，一条有灵有肉的生命。文学家对于情感也是如此。英国诗人华兹华斯有一句名言：“诗起于在沉静中回味过来的情绪。”在沉静中加过一番回味，情感才由主观的感触变成客观的观照对象，才能受思想的洗练与润色，思想才能为依稀隐约不易捉摸的情感造出一个完整的可捉摸的形式和生命。这个诗的原理可以应用于一切文学作品。

这一番话是偏就作者自己的情感说。从情感须经过观照与思索而言，通常所谓“主观的”就必须化为“客观的”，我必须跳开小我的圈套，站在客观的地位，来观照我自己，检讨我自己，把我自己的情感思想和行动姿态当作一幅画或是一幕戏来点染烘托。古人有“痛定思痛”的说法，不只是“痛”，写自己的一切的切身经验都必须从追忆着手，这就是说，都必须把过去的我当作另一个人去看。我们需要客观的冷静的态度。明白这个道理，我们也就应该明白在文艺上通常所说的“主观的”与“客观的”分别是粗浅的，一切文学创作都必须是“客观的”，连写“主观的经验”也是如此。

但是一个文学家不应只在写自传，独角演不成戏，虽然写自传，他也要写到旁人，也要表现旁人的内心生活和外表行动。许多大文学家向来不轻易暴露自己，而专写自身以外的人物，莎士比亚便是著例。形形色色的人物的心理变化在他们手中都可以写得惟妙惟肖，淋漓尽致。他们所以能做到这一点，因为他们会设身处地去想象，钻进所写人物的心窍，和他们同样想，同样感，过同样的内心生活。写哈姆雷特，作者自己在想象中就变成哈姆雷特；写林黛玉，作者自己在想象中也就要变成林黛玉。明白这个道理，我们也就应该明白一切文学创作都必须是“主观的”，所写的材料尽管是通常所谓“客观的”，作者也必须在想象中把它化成亲身经验。

总之，作者对于所要表现的情感，无论是自己的或旁人的，都必须能“入乎其内，出乎其外”，体验过也观照过，热烈地尝过滋味，也沉静地回味过，在沉静中经过回味，情感便受思想熔铸，由此附丽到具体的意象，也由此产生传达的语言（即所谓“辞”），艺术作用就全在这过程上面。

在另一篇文章里我已讨论过情感思想与语文的关系，在这里我不再做哲理的剖析，只就情与辞在分量上的分配略谈一谈。就大概说，文学作品可分为三种：“情尽乎辞”“情溢乎辞”或是“辞溢乎情”。心里感觉到十分，口里也就说出十分，那是“情尽乎辞”；心里感觉到十分，口里只说出七八分，那是“情溢乎辞”；心里只感觉到七八分，口里却说出十分，那是“辞溢乎情”。德国哲学家黑格尔曾经指出与此类似的分别，不过他把“情”叫作“精神”，“辞”叫作“物质”。艺术以物质表现精神，物质恰足表现精神的是“古典艺术”，例如希腊雕刻，体肤恰足以表现心灵；精神溢于物质的是“浪漫艺术”，例如中世纪“哥特式”雕刻和建筑，热烈的情感与崇高的希望似乎不能受具体形象的限制，磅礴四射；物质溢于精神的是“象征艺术”（黑格尔的“象征”与法国象征派诗人所谓“象征”绝不相同），例如埃及金字塔，以极笨重庞大的物质堆积在那里，我们只能依稀隐约地见出它所要表现的精神。

黑格尔最推尊古典艺术，就常识说，情尽乎辞也应该是文学的理想。“无情者不得尽其辞”“和顺积中，英华外发”“修辞立其诚”，我们的古圣古贤也是如此主张。不过概括立论，都难免有毛病。“情溢乎辞”也未尝没有它的好处。语文有它的限度，尽情吐露有时不可能，纵使可能，意味也不能很深永。艺术的作用不在陈述而在暗示，古人所谓“言有尽而意无穷”。含蓄不尽，意味才显得闳深婉约，读者才可自由驰骋想象，举一反三。把所有的话都说尽了，读者的想象就没有发挥的机会，虽然“观止于此”，究竟“不过尔尔”。拿绘画来打比，描写人物，用工笔画法仔细描绘点染，把一切形色，无论巨细，都尽量地和盘托出，结果反不如用大笔头画法，寥寥数笔，略现轮廓，更来得生动有趣。画家和画匠的分别就在此。画匠多着笔墨不如画家少着笔墨，这中间妙诀在选择与安排之中能以有限寓无限，抓住精要而排去秕糠。黑格尔以为古典艺术的特色在物质恰足表现精神，其实这要看怎样解释，如果当作“情尽乎辞”解，那就显然不很正确，古典艺术的理想是“节制”（restraint）与“静穆”（serenity），也着重中国人所说的“弦外之响”，“不着一字，尽得风流”。

在普通情境之下，“辞溢乎情”总不免是一个大毛病，它很容易流于空洞、腐滥、芜冗。它有些像纸折的花卉，金叶剪成的楼台，绚烂夺目，却不能真正产生一点春意或是富贵气象。我们看到一大堆漂亮的辞藻，期望在里面玩味出来和它相称的情感思想，略经咀嚼，就知道它索然乏味，心里仿佛觉得受了一回骗，作者原来是一个穷人要摆富贵架子！这个毛病是许多老老少少的人所最容易犯的。许多叫作“辞章”的作品，旧诗赋也好，新“美术文”也好，实在是空无所有。

不过“辞溢乎情”有时也别有胜境。汉魏六朝的骈俪文就大体说，都是“辞溢乎情”。固然也有一派人骂那些作品一文不值，可是真正爱好文艺而不夹成见的虚心读者，必能感觉到它们自有一种特殊的风味。我曾平心静气地玩味庾子山的赋、温飞卿的词、李义山的诗、莎士比亚的悲剧和商籁、弥尔顿的长短诗，以及近代新诗试验者如斯温伯恩、马拉梅和罗威尔诸人的作品，觉得他们的好处有一大半在辞藻的高华与精妙，而里面所表现的情趣往往却很普通。这对于我最初是一个大疑团，我无法在理论上找到一个圆满的解释。我放眼看一看大自然，天上灿烂的繁星，大地在盛夏时所呈现葱茏的花卉与锦绣的河山，大都会中所铺陈的高楼大道、红墙碧瓦、车如流水马如龙，说它们有所表现固无不可，不当作它们有所表现，我们就不能借它们娱目赏心吗？我再看一看艺术，中国古瓷上的花鸟、刺绣上的凤翅龙鳞，波斯地毯上的以及近代建筑上的图案，贝多芬和瓦格纳的交响曲，不也都够得上说“美丽”，都能令人欣喜？我们欣赏它们所表现的情趣居多呢，还是欣赏它们的形象居多呢？我因而想起，辞藻也可以组成图案画和交响曲，也可以和灿烂繁星、青山绿水同样地供人欣赏。“辞溢乎情”的文章如能做到这地步，我们似也毋庸反对。

刘彦和本有“为情造文”与“为文造情”的说法，我觉得后起的“因情生文，因文生情”的说法比较圆满，一般的文字大半“因情生文”，上段所举的例可以说是“因文生情”。“因情生文”的作品一般人有时可以办得到，“因文生情”的作品就非极大的艺术家不办。在平地起楼阁是寻常事，在空中架楼阁就有赖于神刀鬼斧。虽是在空中，它必须是楼阁，是完整的有机体。一般“辞溢乎情”的文章所以要不得，因为它根本不成为楼阁。不成为楼阁而又悬空，想拿旁人的空中楼阁来替自己辩护，那是狂妄愚蠢，为初学者说法，脚踏实地最稳妥，只求“因情生文”“情见于辞”，这一步做到了，然后再做高一层的企图。

想象与写实

在这些短文里，我着重学习文学的实际问题，想撇开空泛的理论，不过对于想象与写实这个理论上的争执不能不提出一谈，因为它不仅有关于写作基本态度上的分别，而且涉及对于文艺本质的认识。这个理论上的争执在十九世纪后期闹得最剧烈。在十九世纪前期，浪漫主义风靡一时，它反抗前世纪假古典主义过于崇拜理智的倾向，特提出“情感”和“想象”两大口号。浪漫作者坚信文艺必须表现情感，而表现情感必借想象。在他们的心目中与想象对立的是理智，是形式逻辑，是现实的限制；想象须超过理智打破形式逻辑与现实的限制，任情感的指使，把现实世界的事理情态看成一个顽皮孩子的手中的泥土，任他搬弄糅合，造成一种基于现实而又超于现实的意象世界。这意象世界或许是空中楼阁，但空中楼阁也要完整美观，甚至于比地上楼阁还要更合于情理。这是浪漫作者的信条，在履行信条之中，他们有时不免因走极端而生流弊。比如说，过于信任想象，蔑视事实，就不免让主观的成见与幻想作祟，使作品离奇到不近情理，空洞到不切人生。因此到了十九世纪后期，文学界起了一个大反动，继起的写实主义咒骂主观的想象情感，一如从前浪漫主义咒骂理智和常识。写实作家的信条在消极方面是不任主观，不动情感，不凭空想；在积极方面是尽量寻求实际人生经验，应用自然科学的方法搜集“证据”，写自己所最清楚的，愈忠实愈好。浪漫派的法宝是想象，毕生未见大海的人可以歌咏大海；写实派的法宝是经验，要写非洲的故事便须背起行囊亲自到非洲去观察。

这显然是写作态度上一个基本的分别。在谈写作练习时我曾经说过初学者须认清自己知解的限度，与其在浪漫派作家所谓“想象”上做功夫，不如在写实派作家所谓“证据”上做功夫，多增加生活经验，把那限度逐渐扩大。不过这只是就写作训练来说，如果就文艺本质做无偏无颇的探讨，我们应该知道，凡是真正的文艺作品都必同时是写实的与想象的。想象与写实相需为用，并行不悖，并不如一般人所想象的那样绝对相反。理由很简单，凡是艺术创造都是旧经验的新综合。经验是材料，综合是艺术的运用。唯其是旧经验，所以读者可各凭经验去了解；唯其是新综合，所以见出艺术的创造，每个作家的特殊心裁。所谓“写实”就是根据经验，所谓“想象”就是集旧经验加以新综合（想象就是“综合”或“整理”）。想象绝不能不根据经验，神鬼和天堂地狱虽然都是想象的，可也是都根据人和现世想象出来的，神鬼都像人一样有四肢五官，能思想行动，天堂地狱都像现世一样有时间空间和摆布在时空中的事事物物，如宫殿楼阁饮食男女之类。一切艺术的想象都可以作如是观。至于经验——写实派所谓“证据”——本身不能成为艺术，它必须透过作者的头脑，在那里引起一番意匠经营，一番选择与安排，一番想象，然后才能产生作品。任何作品所写的经验绝不能与未写以前的实际经验完全一致，如同食物下了咽喉未经消化就排泄出来一样。食物如果要成为生命素，必经消化；人生经验如果要形成艺术作品，必经心灵熔铸。从艺术观点看，这熔铸的功夫比经验还更重要千百倍，因为经验人人都有，却不是每个人都能表现他的经验成为艺术家。许多只信“证据”而不信“想象”的人为着要产生作品，钻进许多偏僻的角落里讨实际生活，实际生活算是讨到手了，作品仍是杳无踪影；这正如许多书蠹读过成千成万卷的书，自己却无能力写出一本够得上称为文艺作品的书，是同一道理。

极端的写实主义者对于“写实”还另有一个过激的看法，写实不仅根据人生经验，而且要忠实地保存人生经验的本来面目，不许主观的想象去矫揉造作。据我们所知，写实派大师像福楼拜、屠格涅夫诸人并不曾实践这种理论。但是有一班第三四流写实派作家往往拿这种理论去维护他们的艺术失败。他们的影响在中国文艺界似开始流毒。“报告文学”作品有许多都很芜杂零乱，没有艺术性。我们首先要明白的是写实派所谓“实”。文艺作品应该富于“真实感”，“对自然真实”，或是“对人生真实”，这都是没有问题的；问题在“什么叫作真实”，这是一个哲学上的问题，这里不能详谈，我们只能说，判断任何事物是否真实，须有一个立场。从某一个立场看一件事物是真实的，从另一个立场看它，可能是不真实。这就是说，世间并不只有一种真实。概略地说，真实有三种，大家所常认得的是“历史的真实”，这也可以叫作“现象的真实”。比如说，“中国在亚洲”“秦始皇焚书坑儒”“张三昨天和他的太太吵了一架”“李四今天跌了一跤”，这些都是曾经在自然界发生过的现象，在历史上是真实的。其次是“逻辑的真实”，比如说，“凡人皆有死”“勾方加股方等于弦方”“白马之白犹白玉之白”“自由意志论与命定论不能并存”，这些都是于理为必然的事实，经过逻辑思考而证其为真实的。现象的真实不必合于逻辑的真实，比如现象界并无绝对的圆，而绝对的圆在逻辑上仍有它的真实性。第三就是“诗的真实”或“艺术的真实”。在一个作品以内，所有的人物内心生活与外表行动都写得尽情尽理，首尾融贯整一，成为一种独立自足的世界，一种生命与形体谐和一致的有机体，那个作品和它里面所包括的一切就有“诗的真实”。比如说，在《红楼梦》那圈套里，贾宝玉应该那样痴情，林黛玉应该那样心窄，薛宝钗应该那样圆通，在任何场合，他们一举一动，一言一笑，都切合他们的身份，表现他们的性格，叫我们惊疑他们“真实”，虽然这一切在历史上都是子虚乌有。

极端的写实派的错误在只求历史的或现象的真实，而忽视诗的真实。艺术作品不能不有几分历史的真实，因为它多少要有实际经验上的根据；它却也不能只有历史的真实，因为它是艺术，而艺术必于“自然”之上加以“人为”，不仅如照相底片那样呆板地反映人物形象。艺术创造是旧经验的新综合。旧经验在历史上是真实的，新综合却必须在诗上是真实的。要审问一件事物在历史上是否真实，我们问：它是否发生过？有无事实证明？要审问一件事物在诗上是否真实，我们问：衡情度理，它是否应该如此？在完整体系（即作品）以内，它与全部是否融贯一致？不消说得，就艺术观点来说，最重要的真实是诗的真实而不是历史的真实；因为世间一切已然现象都有历史的真实，而诗的真实只有在艺术作品中才有，一件作品在具有诗的真实时才能成其为艺术。

我们还可以进一步说，诗的真实高于历史的真实。自然界无数事物并存交错，繁复零乱，其中尽管有关系条理，却忽起忽没，若隐若现，有时现首不现尾，有时现尾不现首，我们一眼看去，无从把某一事物的来踪去向从繁复事态中单提出来，把它看成一个融贯整一的有机体。文艺作品都有一个“母题”或一个主旨，一切人物故事，情感动作，都以这主旨为中心，可以附丽到这主旨上去的摄取来，一切无关主旨的都排弃去，而且在摄取的材料之中轻重浓淡又各随班就位，所以关系条理不但比较明显，也比较紧凑，没有自然现象所常呈现的颠倒错乱，也没有所谓“偶然”。自然界现象只是“如此如此”，而文艺作品所写的事变则在接受了一些假定的条件之下，每一样都是“必须如此如此”。比如拿人物来说，文学家所创造的角色如哈姆雷特、夏洛克、达尔杜弗、卡拉马佐夫、鲁智深、刘姥姥、严贡生之类，比我们在实际生活中的常遇见的类似的典型人物还更入情入理。我们指不出某一个人恰恰是夏洛克或刘姥姥，但是觉得世间有许多人都有几分像他们。根据这个事实去想，我们可以见出诗的真实高于历史的真实是颠扑不破的至理。亚里士多德说“诗比历史更富于哲理”，意思也就在此。诗的真实所以高于历史的真实者，因为自然现象界是未经发掘的矿坑，文艺所创造的世界是提炼过的不存一点渣滓的赤金纯钢。艺术的功夫就在这种提炼上见出，它就是我们所说的“想象”。

中国文学理论家向重“境界”二字，王静安在《人间词话》里提出“造境”和“写境”的分别，以为“造境”即“理想”（即“想象”），“写境”即“写实”，并加以补充说：“二者颇难分别，因大诗人所造之境必合乎自然，所写之境亦必邻于理想。”这话很精妙，其实充类至尽，写境仍是造境，文艺都离不掉自然，也都离不掉想象，写实与想象的分别终究是一庸俗的分别。文艺的难事在造境，凡是人物性格事变原委等都要借境界才能显出。境界就是情景交融事理相契的独立自足的世界，它的真实性就在它的融贯整一，它的完美。“完”与“美”是不能分开的，这世界当然要反映人生自然，但是也必须是人生自然经过重新整理。大约文艺家对于人生自然必须经过三种阶段。头一层他必须跳进里面去生活过（live），才能透懂其中甘苦；其次他必须跳到外面观照过（contemplate），才能认清它的形象；经过这样的主观的尝受和客观的玩索以后，他最后必须把自己所得到的印象加以整理（organize），整理之后，生糙的人生自然才变成艺术的融贯整一的境界。写实主义所侧重的是第一阶段，理想主义所侧重的是第三阶段，其实这三个阶段都是不可偏废的。

精进的程序

文学是一种很艰难的艺术，从初学到成家，中间须经过若干步骤，学者必须循序渐进，不可一蹴而就。拿一个比较浅而易见的比喻来讲，作文有如写字。在初学时，笔拿不稳，手腕运用不能自如，所以结体不能端正匀称，用笔不能平实遒劲，字常是歪的，笔锋常是笨拙扭曲的。这可以说是“疵境”。特色是驳杂不稳，纵然一幅之内间或有一两个字写得好，一个字之内间或有一两笔写得好，但就全体看去，毛病很多。每个人写字都不免要经过这个阶段。如果他略有天资，用力勤，多看碑帖笔迹（多临摹，多向书家请教），他对于结体用笔，分行布白，可以学得一些规模法度，手腕运用的比较灵活了，就可以写出无大毛病、看得过去的字。这可以说是“稳境”，特色是平正工稳，合于规模法度，却没有什么精彩，没有什么独创。多数人不把书法当作一种艺术去研究，只把它当作日常应用的工具，就可以到此为止。如果想再进一步，就须再加揣摩，真草隶篆各体都须尝试一下，各时代的碑版帖札须多读多临，然后荟萃各家各体的长处，造成自家所特有的风格，写成的字可以算得艺术作品，或奇或正，或瘦或肥，都可以说得上“美”。这可以说是“醇境”，特色是凝炼典雅，极人工之能事，包世臣和康有为所称的“能品”“佳品”都属于这一境。但是这仍不是极境，因为它还不能完全脱离“匠”的范围，任何人只要一下功夫，到功夫成熟了，都可以达到。最高的是“化境”，不但字的艺术成熟了，而且胸襟学问的修养也成熟了，成熟的艺术修养与成熟的胸襟学问的修养融成一片，于是字不但可以见出驯熟的手腕，还可以表现高超的人格；悲欢离合的情调，山川风云的姿态，哲学宗教的蕴藉，都可以在无形中流露于字里行间，增加字的韵味。这是包世臣和康有为所称的“神品”“妙品”，这种极境只有极少数幸运者才能达到。

作文正如写字。用字象用笔，造句象结体，布局象分行布白。习作就是临摹，读前人的作品有如看碑帖墨迹，进益的程序也可以分“疵”“稳”“醇”“化”四境。这中间有天资和人力两个要素，有不能纯借天资达到的，也有不能纯借人力达到的。人力不可少，否则始终不能达到“稳境”和“醇境”；天资更不可少，否则达到“稳境”和“醇境”有缓有速，“化境”却永远无法望尘。在“稳境”和“醇境”，我们可以纯粹就艺术而言艺术，可以借规模法度作前进的导引，在“化境”，我们就要超出艺术范围而推广到整个人的人格以至整个的宇宙，规模法度有时失其约束的作用，自然和艺术的对峙也不存在。如果举实例来说，在中国文字中，言情文如屈原的《离骚》，陶渊明和杜工部的诗，说理文如庄子的《逍遥游》《齐物论》和《楞严经》，记事文如太史公的《项羽本纪》、《货殖传》和《红楼梦》之类作品都可以说是到了“化境”，其余许多名家大半止于“醇境”或是介于“化境”与“醇境”之间，至于“稳境”和“疵境”都无用举例，你我就大概都在这两个境界中徘徊。

一个人到了艺术较高的境界，关于艺术的原理法则无用说也无可说；有可说而且需要说的是在“疵境”与“稳境”。从前古文家有奉“义法”为金科玉律的，也有攻击“义法”论调的。在我个人看，拿“义法”来绳“化境”的文字，固近于痴人说梦；如果以为学文艺始终可以不讲“义法”，就未免更误事。记得我有一次和沈尹默先生谈写字，他说：“书家和善书者有分别，世间尽管有人不讲规模法度而仍善书，但是没有规模法度就不能成为一个真正的书家。”沈先生自己是“书家”，站在书家的立场他拥护规模法度，可是仍为“善书者”留余地，许他们不要规模法度。这是他的礼貌。我很怀疑“善书者”可以不经过揣摩规模法度的阶段。我个人有一个苦痛的经验。我虽然没有正式下功夫写过字，可是二三十年来没有一天不在执笔乱写，我原来也相信此事可以全凭自己的心裁，苏东坡所谓“我书意造本无法”，但是于今我正式留意书法，才觉得自己的字太恶劣，写过几十年的字，一横还拖不平，一竖还拉不直，还是未脱“疵境”。我的病根就在从头就没有讲一点规模法度，努力把一个字写得四平八稳。我误在忽视基本功夫，只求要一点聪明，卖弄一点笔姿，流露一点风趣。我现在才觉悟“稳境”虽平淡无奇，却极不易做到，而且不经过“稳境”，较高的境界便无从达到。文章的道理也是如此，韩昌黎所谓“醇而后肆”是作文必循的程序。由“疵境”到“稳境”那一个阶段最需要下功夫学规模法度，小心谨慎地把字用得恰当，把句造得通顺，把层次安排得妥帖，我作文比写字所受的训练较结实，至今我还在基本功夫上着意，除非精力不济，注意力松懈时，我必尽力求稳。

稳不能离规模法度。这可分两层说，一是抽象的，一是具体的。抽象的是文法、逻辑以及古文家所谓“义法”，西方人所谓文学理论和文学批评。在这上面再加上一点心理学和修辞学常识，就可以对付了。抽象的原则和理论本身并没有多大功用，它的唯一的功用在帮助我们分析和了解作品。具体的规模法度须在模范作品中去找。文法、逻辑、义法等在具体实例中揣摩，也比较更彰明较著。从前人说：“熟读唐诗三百首，不会吟诗也会吟”，语调虽卑，却是经验之谈。为初学说法，模范作品在精不在多，精选熟读透懂，短文数十篇，长著三数种，便已可以作为达到“稳境”的基础。读每篇文字须在命意、用字、造句和布局各方面揣摩；字，句、局三项都有声义两方面，义固重要，声音节奏更不可忽略。既叫作模范，自己下笔时就要如写字临帖一样，亦步亦趋地模仿它。我们不必唱高调轻视模仿，古今大艺术家，据我所知，没有不经过一个模仿阶段的。第一步模仿，可得规模法度，第二步才能集合诸家的长处，加以变化，造成自家所特有的风格。

练习作文，一要不怕模仿，二要不怕修改。多修改，思致愈深入，下笔愈稳妥。自己能看出自己的毛病才算有进步。严格地说，自己要说的话是否从心所欲地说出，只有自己知道，如果有毛病，也只有自己知道最清楚，所以文章请旁人修改不是一件很合理的事。丁敬礼向曹子建说：“文之佳恶，吾自得之，后世谁相知定吾文者耶？”杜工部也说：“文章千古事，得失寸心知。”大约文章要做得好，必须经过一番只有自己知道的辛苦，同时必有极谨严的艺术良心，肯严厉地批评自己，虽微疵小失，不肯轻易放过，须把它修到无疵可指，才能安心。不过这番话对于未脱“疵境”的作者恐未免是高调。据我的观察，写作训练欠缺者通常有两种毛病：第一是对于命意用字造句布局没有经验，规模法度不清楚，自己的毛病自己不能看出，明明是不通不妥，自己却以为通妥；其次是容易受虚荣心和兴奋热烈时的幻觉支配，对自己不能作客观的冷静批评，仿佛以为在写的时候既很兴高采烈，那作品就一定是杰作，足以自豪。只有良师益友，才可以医治这两种毛病。所以初学作文的人最好能虚心接受旁人的批评，多请比自己高明的人修改。如果修改的人肯仔细指出毛病，说出应修改的理由，那就可以产生更大的益处。作文如写字，养成纯正的手法不易，丢开恶劣的手法更难。孤陋寡闻的人往往辛苦半生，没有摸上正路，到发现自己所走的路不对时，已悔之太晚，想把“先入为主”的恶习丢开，比走回头路还更难更冤枉。良师益友可以及早指点迷途，引上最平正的路，免得浪费精力。

自己须经过一番揣摩，同时又须有师友指导，一个作者才可以逐渐由“疵境”达到“稳境”。“稳境”是不易达到的境界，却也是平庸的境界。我认识许多前一辈子的人，幼年经过科举的训练，后来借文字“混差事”，对于诗文字画，件件都会，件件都很平稳，可是老是那样四平八稳，没有一点精彩，不是“庸”，就是“俗”，虽是天天在弄那些玩艺，却到老没有进步。他们的毛病在成立了一种定型，便老守着那种定型，不求变化。一稳就定，一定就一成不变，由熟以至于滥，至于滑。要想免去这些毛病，必须由稳境重新尝试另一风格。如果太熟，无妨学生硬；如果太平易，无妨学艰深；如果太偏于阴柔，无妨学阳刚。在这样变化已成风格时，我们很可能地回到另一种“疵境”，再由这种“疵境”进到“熟境”，如此辗转下去，境界才能逐渐扩大，技巧才能逐渐成熟，所谓“醇境”大半都须经过这种“精钢百炼”的功夫才能达到。比如写字，入手习帖的人易于达到“稳境”，可是不易达到很高的境界。稳之后改习唐碑可以更稳，再陆续揣摩六朝碑版和汉隶秦篆以至于金文甲骨文，如果天资人才都没有欠缺，就必定有“大成”的一日。

这一切都是“匠”的范围以内的事，西文所谓“手艺”（crafcsmanship）。要达到只有大艺术家所能达到的“化境”，那就还要在人品学问各方面另下一套更重要的功夫。我已经说过，这是不能谈而且也无用谈的。本文只为初学说法，所以陈义不高，只劝人从基本功夫下手，脚踏实地循序渐进地做下去。

谈翻译

在现代研究文学，不精通一两种外国文是一个大缺陷。尽管过去的中国文学如何优美，如果我们坐井观天，以为天下之美尽在此，我们就难免对本国文学也不能尽量了解欣赏。美丑起于比较，比较资料不够，结论就难正确。纯正的文学趣味起于深广的观照，不能见得广，就不能见得深。现在还有一批人盲目地颂扬中国文学，盲目地鄙弃外国文学，这对于中国文学的发展实在是一个大障碍。我们承认中国文学有很多优点，但是不敢承认文学所可有的优点都为中国文学所具备。单拿戏剧小说来说，我们的成就比起西方的实在是很幼稚。至于诗，我们也只在短诗方面擅长，长诗根本就没有。再谈到文学研究，没有一个重要的作家的生平有一部详细而且精确的传记可参考，没有一部重要作品曾经被人做过有系统的研究和分析，没有一部完整而有见解的文学史，除《文心雕龙》以外，没有一部有哲学观点或科学方法的文学理论书籍。我们以往偏在注疏评点上做功夫，不失之支离破碎，便失之陈腐浅陋。我们需要放宽眼界，多吸收一点新的力量，让我们感发兴起。最好我们学文学的人都能精通一两种外国文，直接阅读外国文学名著。为多数人设想，这一层或不易办到，不得已而思其次，我们必须做大规模的有系统的翻译。

谈到翻译这并不是一件易事，据我个人的经验，译一本书比自己写一本书要难得多。要译一本书，起码要把那本书懂得透彻。这不仅要懂文学，还须看懂文学后面的情理韵味。一般人说，学外国文只要有阅读的能力就够了，仿佛以为这并不很难。其实阅读就是一个难关。许多大学外文系教授翻译的书仍不免错误百出，足见他们对于外国文阅读的能力还不够。我们常易过于自信，取一部外国文学作品从头读到尾，便满以为自己完全了解。可是到动手译它时，便发现许多自以为了解的地方还没有了解或是误解。迅速的阅读使我们无形中自己欺骗自己。因此，翻译是学习外国文的一个最有效的方法。它可以训练我们细心，增加我们对于语文的敏感，使我们透彻地了解原文，文学作品的精妙大半在语文的运用，对语文不肯仔细推敲斟酌，只抱着“好读书不求甚解”的态度，就只能得到一个粗枝大叶，绝不能了解文学作品的精妙。

阅读已是一个难关，翻译在这上面又加上一个更大的难关，就是找恰当的中文字句把原文的意思表达出来。阅读只要精通西文，翻译于精通西文之外，又要精通中文。许多精通西文而不精通中文的人所译的书籍往往比原文还更难懂，这就未免失去翻译的意义。

严又陵以为译事三难：信、达、雅。其实归根到底，“信”字最不容易办到。原文“达”而“雅”，译文不“达”不“雅”，那还是不“信”；如果原文不“达”不“雅”，译文“达”而“雅”，过犹不及，那也还是不“信”。所谓“信”是对原文忠实，恰如其分地把它的意思用中文表达出来。有文学价值的作品必是完整的有机体，情感思想和语文风格必融为一体，声音与意义也必欣合无间。所以对原文忠实，不仅是对浮面的字义忠实，对情感、思想、风格、声音节奏等必同时忠实。稍有翻译经验的人都知道这是极难的事。有些文学作品根本不可翻译，尤其是诗（说诗可翻译的人大概不懂得诗）。大部分文学作品虽可翻译，译文也只能得原文的近似。绝对的“信”只是一个理想，事实上很不易做到。但是我们必求尽量符合这个理想，在可能范围之内不应该疏忽苟且。

“信”最难，原因甚多。头一层是字义难彻底了解。字有种种不同方式的意义，一般人翻字典看书译书，大半只看到字的一种意义，可以叫作直指的或字典的意义（indicative or dictionary meaning）。比如指“火”的实物那一个名谓字，在中西各国文字虽各不相同，而所指的却是同一实物，这就是古字典上所规定的。这种文字最基本的意义，最普遍也最粗浅。它最普遍，因为任何人对于它有大致相同的了解。它也最粗浅，因为它用得太久，好比旧铜钱，磨得光滑破烂，虽然还可用来在市场上打交易，事实上已没有一点个性。在文学作品里，每个字须有它的个性，它的特殊生命。所以文学家或是避免熟烂的字，或是虽用它而却设法灌输一种新生命给它。一个字所结的邻家不同，意义也就不同。比如“步出城东门，遥望江南路，前日风雪中，故人从此去”和“骏马秋风冀北，杏花春雨江南”两诗中同有“江南”，而前诗的“江南”含有惜别的凄凉意味，后诗的“江南”却含有风光清丽的意味。其次，一个字所占的位置不同，意义也就不同。比如杜甫的名句“香稻啄残鹦鹉粒，碧梧栖老凤凰枝”，有人疑这话不通，说应改为“鹦鹉啄残香稻粒，凤凰栖老碧梧枝”。其实这两种说法意义本不相同。杜句着重点在“香稻”和“碧梧”（香稻是鹦鹉啄残的那一粒，碧梧是凤凰栖老的那一枝），改句着重点在“鹦鹉”和“凤凰”（鹦鹉啄残了香稻粒，凤凰栖老了碧梧枝），杜甫也并非倒装出奇，他当时所咏的主体原是香稻、碧梧，而不是鹦鹉、凤凰。这种依邻伴不同和位置不同而得的意义在文学上最为重要，可以叫作上下文决定的意义（contextual meaning）。这种意义在字典中不一定寻得出，我们必须玩索上下文才能明了。一个人如果没有文学修养而又粗心，对于文字的这一种意义也难懂得透彻。

此外文字还有另一种意义，每个字在一国语文中都有很长久的历史，在历史过程中，它和许多事物情境发生联想，和那一国的人民生活状态打成一片，它有一种特殊的情感氛围。各国各地的事物情境和人民生活状态不同，同指一事物的字所引起的联想和所打动的情趣也就不同。比如英文中 fire sea，Roland，castle，sport，shepherd，nightingale，rose 之类字对于英国人所引起的心理反应和对于我们中国人所引起的心理反应大有分别。它们对于英国人意义较为丰富。同理，中文中“风”“月”“江”“湖”“梅”“菊”“燕”“碑”“笛”“僧”“隐逸”“礼”“阴阳”之类字对于我们所引起的联想和情趣也绝不是西方人所能完全了解的。这可以叫作“联想的意义”（associative meaning），它带有特殊的情感的氛围，甚深广而微妙，在字典中无从找出，对文学却极要紧。如果我们不熟悉一国的人情风俗和文化历史背景，对于文字的这种意义也就茫然，尤其在翻译时，这一种字义最不易应付。有时根本没有相当的字，比如外国文中没有一个字恰当于我们的“礼”，中文没有一个字恰当于英文的“gentleman”。有时表面上虽有相当的字，而这字在两国文字中情感氛围、联想不同。比如我们尽管以“海”译“sea”或是以“willow”译“柳”，所译的只是字典的直指的意义，“sea”字在英文中，“柳”字在中文中的特殊情感氛围则无从译出。

外国文学最难了解和翻译的第一是联想的意义，其次就是声音美。字有音有义，一般人把音义分作两件事，以为它们各不相关。在近代西方，诗应重音抑应重义的问题争论得很剧烈。“纯诗”派以为意义打动理想，声音直接打动感官，诗应该逼近音乐，力求声音和美，至于意义则无关宏旨。反对这一说的人则以为诗根本不是音乐，我们绝不能为声音而牺牲意义。其实这种争执起于误解语言的性质。语言都必有意义，而语言的声音不同，效果不同，则意义就不免有分别。换句话说，声音多少可以影响意义。举一个简单的例来说，“他又来了”和“他来了又去了”两句话中都用“又”字，因为腔调着重点不同，上句的“又”字和下句的“又”字在意义上就微有区别。作诗填词的人都知道一个字的平仄不同，开齐合撮不同，发音的器官不同，在效果上往往悬殊很大。散文对于声音虽没有诗讲究得那么精微，却也不能抹杀。中西文字在声音上悬殊，最显著的是中文有，而西文没有四声的分别；中文字尽单音，西文字多复音；中文多谐声字，西文少谐声字。因此，无论是以中文译西文或是以西文译中文，遇着声音上的微妙处，我们都不免束手无策。原文句子的声音很幽美，译文常不免佶屈聱牙；原文意味深长，译文常不免索然无味。文字传神，大半要靠声音节奏。声音节奏是情感风趣最直接的表现。对于文学作品无论是阅读或是翻译，如果没有抓住它的声音节奏，就不免把它的精华完全失去。但是抓住声音节奏是一件极难的事。

以上是文字的四种最重要的意义，此外还有两种次要的，第一种是“历史沿革的意义”（historic meaning）。字有历史，即有生长变迁。中国文言和白话在用字上分别很大，阅读古书需要特殊的训练，西文因为语文接近，文字变迁得更快。四百年前（略当于晚明）的文字已古奥不易读，就是十八世纪的文字距今虽只一百余年，如果完全用现行字义去解，也往往陷于误谬。西方字典学比较发达，某字从某时代变更意义或新起一意义，常有例证可考。如果对文字沿革略有基础而又肯勤翻详载字源的字典，这一层困难就可以免除。许多译者在这方面不注意，所以翻译较古的书常发生错误。

其次，文字是有生命的东西，有时欢喜开一点玩笑，耍一点花枪。离奇的比譬可以使一个字的引申义与原义貌不相关，某一行业的隐语可以变成各阶级的普通话，文字游戏可以使两个本不相关而只有一点可笑的类似点的字凑合在一起，一种偶然的使用可以变成一个典故，如此等类的情境所造成的文字的特殊意义可以叫作“习惯语的意义”（idiomatic meaning）。普通所谓“土语”（slang）也可以纳于这一类。这一类字义对于初学是一个大难关。了解既不易，翻译更难。英文的习惯语和土语勉强用英文来解释，还不免失去原有的意味；如果用中文来译，除非是有恰巧相当的陈语，意味更索然了。

从事翻译者必须明了文字意义有以上几种分别，遇到一部作品，须揣摩那里所用的文字是否有特殊的时代、区域或阶级上的习惯，特殊的联想和情感氛围，上下文所烘托成的特殊“阴影”（nuance），要把它们所有的可能的意义都咀嚼出来，然后才算透懂那部作品，这不是易事，它需要很长久的文字训练和文学修养。看书和译书都必有勤翻字典的习惯，可是根底不够的人完全信任字典，也难免误事，他只能得一知半解，文字的精妙处实无从领会。一般英汉字典尤其不可靠，因为编译者大半并不精通外国文，有时转抄日译，以讹传讹。普通这一类字典每页上难免有几个错误或不精确处。单举一两个极普通的字来说，在中国一般学生心里，pride 只是“骄傲”，envy 只是“妒忌”，satisfactory 只是“满意”。其实“骄傲”和“妒忌”在中文里含义都不很好，而 pride“尊荣心”和 envy“欣羡”在英文里却有很好的意思，至于 satisfactory 所“满”的并不一定是“意”，通常只应译为“圆满”。这种不正确的知解都是中了坏字典的毒。

上文只就文字的意义来说，困难已经够多了，如果我们进一步研究语句的组织，又可发现其他更大的困难。拿中文和西文来比较，语句组织上的悬殊很大。先说文法。中文也并非没有文法，只是中文的弹性比较大，许多虚字可用可不用，字与词的位置有时可随意颠倒，没有西文法那么谨严。因此，意思有时不免含糊，虽然它可以做得很简练。其次，中文少用复句和插句，往往一义自成一句，特点在简单明了，但是没有西文那样能随情思曲折、变化而现出轻重疾徐，有时不免失之松散平滑。总之，中文以简练直截见长，西文以繁复绵密见长，西文一长句所包含的意思用中文来表达，往往需要几个单句才行。这对于阅读比较费力。初学西文者看见一长句中包含许多短句或子句，一意未完又插入另一意，一个曲折之后又一个曲折，不免觉得置身五里雾中，一切都朦胧幻变，捉摸不住。其实西文语句组织尽管如何繁复曲折，文法必定有线索可寻，把文法一分析，一切都了如指掌。所以中国人学西文必须熟悉文法，常做分析句子的练习，使一字一句在文法上都有着落，意义就自然醒豁了。这并非难事，只要下过一两年切实仔细的功夫就可以办到。翻译上的错误不外两种：不是上文所说的字义的误解，就是语句的文法组织没有弄清楚。这两种错误第一种比较难免，因为文字意义的彻底了解需要长久的深广的修养，多读书，多写作，多思考，才可以达到；至于语句文法组织有一种规律可循，只要找一部较可靠的文法把它懂透记熟，一切就可迎刃而解。所以翻译在文法组织上的错误是不可原恕的，但是最常见的错误也起于文法上的忽略。

语句文法组织的难倒不在了解而在翻译，在以简单的中文语句来译繁复的西文语句。这种困难的原因很多，姑举几个实例来说明：

（一）

But my pride was soon humbled, and a sober melancholy was spread over my mind, by the idea that I had taken an everlasting leave of an old and agreeable companion; and that, whatsoever might be the future date of my History, the life of the historian must be short and precarious. —E. Gibbon

（二）

This is why those periods have been so exceptional in history in which men who differed from the holders of power have been permitted, in an atmosphere of reasoned calm, to prove the validity of the insight they claim. —H. Laski

（三）

All the loneliness of humanity amid hostile forces is concentrated upon the individual soul, which must struggle alone, with what of courage it can command, against the whole weight of a universe that cares nothing for its hopes and fears.—B. Russell

这三句文字并不算很难，我叫学生试译，意思译对的不多，译文顺畅可读的更少。我自己试译，译文读起来也不很顺口，至于原文的风味更减色不少：

（一）

但是我的自豪不久就降下去，一阵清愁在（我的）心头展开，想到我已经和一个愉快的老伴侣告永别；并且想到将来我的史书流传的日子无论多么久，作史者的生命却是短促而渺茫的。

（二）

因此，人们和掌权者持异见时，还被允许（可以）在心平气和的空气中证明他们所自以为有的真知灼见是对的，这种时会在历史上很不多见。

（三）

人类在各种对敌的（自然）势力之中所感受的寂寞都集中在各个人的心灵上，这各种人的心灵不得不凭它以能鼓起的勇气，孤独地奋斗，去撑持宇宙的全副重压，那宇宙对于它（各个人的心灵）的希冀和恐惧是漠不关心的。

我所感觉的困难有几种。头一种是复句。中文里不常用关系代名词和连接词（relative pronouns and conjunctions）如 which、that、whose、where、when 之类，所以复句少。我们遇着用关系代名词和连接词很多的复句，翻译起来就感到棘手。比如第一例的 by the idea that and that，第二例的 why、in which、who，第三例的 which、that 都很难直译。第一例只好把 by the idea that 译成“想到”。第三例 why 前后文本是一气，译文只好把它译成有停顿的子句“因此”，in which 一个插句只好和主句 those periods... 分开，把主句移置于全句尾。这样译，可以避免冗长笨重的句子如：

这就是为什么那些时期在历史上很是例外，当其中人们和掌权者持异见还被允许……

但是第三例中两个代名词 which 和 that 就无法直译。which 本是代前面的“这各个人的心灵”，中文没有相当的代名词，只好把“这各个人的心灵”复述一遍，that 代前面的“宇宙”也是如此。这样一来，原文一个复句便变成三个单句。它的绵密组织和抑扬顿挫的节奏因此就不能保存了。总之关系代名词和连接词所造成的复句在西文里很自然，在中文里很不自然，译西文复句时常须把它化成单句，虽然略可传达原文的意思，却难保存原文的风味。如果不把它化成单句，读起来就很不顺口，意思既暧昧，风味更不能保存。

其次，我感觉的困难是被动语气（passive voice）。被动语气在西文里用得很多，在中文里却不常见，依中文习惯，在应该用被动语气时，我们仍用主动语气。例如：

他挨打了。（他被打了。）

秘密让人发现了。（秘密被发现了。）

房子给火烧了。（房子被火烧了。）

碗打破了。（碗被打破了。）

他不为人所了解。（他不被了解。）

孟子不列于学官。（孟子不被列于学官。）

如此等例不可胜举。在翻译时，如果遇到被动语气，就很难保存。例如 It is said that his book has been published 一句英文，依被动口气，应该译为：

那是被说过，他的书已被发行了。

但是依中文习惯，它应该译为：

据说，他的书已发行了。

上面引的 Gibbon“自传”里一段文字只是一个用被动语气的长句，可分析为下式：

My pride was humbled a sober melancholy was spread...	by the idea that... and that...

如果勉强保持原文被动语气，那就成为：

但是我的自豪不久就被我已知一个愉快的老伴侣永别那一个念头，和我的史书将来流传的日子无论多么久，而作史者的生命却是短促而渺茫的那一个念头所降伏下去了；而且一阵清愁也被这两个念头散布在我的心头。

一般初学者大半这样生吞活剥地翻译，但是这句话是多么笨重！为求适合中文习惯使语气顺畅起见，被动语气改译为主动语气较为方便。但是西文的被动语气有它的委婉曲折，译为主动语气，就难保存。比如上文所引的 Laski 一句中的 Men...have been permitted 依英文被动语气应译为“人们被允许”；依中文习惯应译为“人们可以”；“被允许”和“可以”究竟有一点差别。

第三，原文和译文在繁简上有分别，有时原文简而明；有时原文字多才合文法。译文须省略一些字才简练。比如第一例 Whatsoever might be the future date of my History 直译应为“无论我的史书的将来的日子是怎样”，意思就不明白，我们必须加字译为“我的史书将来流传的日子无论多么久”。第二例“人们和掌权者持异见时还被允许……”加了“时”字文气才顺，加了“还”字语气才足。第三例 struggle alone...against the whole weight of a universe 直译应为“孤独地向宇宙的全副重压奋斗”，但是意思不如“孤独地奋斗，去撑持（或抵挡）宇宙的全副重压”那么醒豁。至于虚字的省略是很容易见出的，第一例 and a sober melancholy was spread over my mind 中 and（而且）和 my（我的）都可以不译。中文用虚字比西文较少，这是文字习惯，可省略的就不必要。

这是关于语句组织的几大困难。此外像词句的位置，骈散长短的分配，中西文也往往不同，翻译时我们也须费心斟酌。在这里我们可以趁便略谈直译和意译的争执。所谓“直译”是指依原文的字面翻译，有一字一句就译一字一句，而且字句的次第也不更动。所谓“意译”是指把原文的意思用中文表达出来，不必完全依原文的字面和次第。“直译”偏重对于原文的忠实，“意译”偏重译文语气的顺畅。哪一种是最妥当的译法，人们争执得很厉害。依我看，直译和意译的分别根本不应存在。忠实的翻译必定能尽量表达原文的意思。思想感情与语言是一致的，相随而变的，一个意思只有一个精确的说法，换一个说法，意味就完全不同。所以想尽量表达原文的意思，必须尽量保存原文的语句组织。因此，直译不能不是意译，而意译也不能不是直译。不过同时我们也要顾到中西文的习惯不同，在尽量保存原文的意蕴与风格之中，译文仍应是读得顺口的中文。以相当的中国语文习惯代替西文语句习惯，而能尽量表达原文的意蕴，这也并无害于“直”。总之，理想的翻译是文从字顺的直译。

一般人所谓直译有时含有一种不好的意思，就是中西文都不很精通的翻译者，不能融会中西文的语句组织，又不肯细心推敲，西文某种说法恰当于中文某种说法，一面翻字典，一面看原文，用生吞活剥的办法，勉强照西文字面顺次译下去，结果译文既不通顺，又不能达原文的意思。许多这一类的译品读起来佶屈聱牙，远比读原文困难，读者费很大的气力还抓不住一段文章的意思。严格地说，这并不能算是直译。

一般人所谓意译也有时含有一种不好的意思，就是不求精确，只粗枝大叶地摘取原文大意，有时原文不易了解或不易翻译处，便索性把它删去，有时原文须加解释意思才醒豁处，便硬加一些话进去。林琴南是这派意译的代表。他本不通西文，只听旁人讲解原文大意，便用唐人小说体的古文敷衍成一部译品。他的努力不无可钦佩处，可是他是一个最不忠实的译者。从他的译文中见不出原文的风格。较早的佛典翻译如《佛教遗经》和《四十二章经》之类，读起来好像中国著述，思想和文章风格都很像是从印度来的。英国人译布瓦洛（Boileau）的《诗艺》，遇着原文所举的法国文学例证，都改用英国文学例证代替。英美人译中国诗常随意增加原文所没有的话，以求强合音律。这些都不足为训，只是“乱译”。

提起“改译”，人们都会联想到英人 Fitzgerald 所译的波斯诗人奥马康颜的《劝酒行》。据说这诗的译文比原文还好，假如这样，那便不是翻译而是创作。译者只是从原诗得到一种灵感，根据它的大意，而自己创作一首诗。近来我国人译西方戏剧，也有采用这种办法的。我们对于这一类成功尝试不必反对，不过从翻译的立场说，我们还是要求对原文尽量的忠实。纵非“改译”，好的翻译仍是一种创作。因为文学作品以语文表达情感思想，情感思想的佳妙处必从语文见出。作者须费一番苦心才能使思想情感凝定于语文，语文妥帖了，作品才算成就。译者也必须经过同样的过程。第一步须设身处在作者的地位，透入作者的心窍，和他同样感，同样想，同样地努力使所感所想凝定于语文。所不同者作者是用他的本国语文去凝定他的情感思想，而译者除着了解欣赏这情感思想语文的融贯体以外，还要把它移植于另一国语文，使所用的另一国语文和那情感思想融成一个新的作品。因为这个缘故，翻译比自著较难；也因为这个缘故，只有文学家才能胜任翻译文学作品。